高等学校数学教育系列教材

研究 初等几何

第二版

孙海　邓鹏　汤强　主编

中国教育出版传媒集团

高等教育出版社·北京

内容简介

本书是在中小学新的数学课程改革背景下,按照"跟上时代,力求创新"的原则编写的,凸显课程改革中的新理念、新内容、新方法与新特点,努力做到与中小学教材有机衔接。全书构思新颖、取材典型,注重理论探究并与教学实际相结合,有一定的学术研究价值和较好的教学参考价值。

全书共九章,内容既包括几何证明与计算,又包括几何作图与应用,还包括几何试题与课程等。本次修订增添了三节,更新了第五、六、八章的内容,调整了部分例题与习题,并在各章末增加部分习题参考答案,以二维码的形式呈现。

本书可作为高等师范院校和职业技术院校数学教育专业的本、专科学生以及研究生的教材,也可作为中学数学教师继续教育的培训用书,还可供广大中学数学教师及教研人员参考使用。

图书在版编目(CIP)数据

初等几何研究/孙海,邓鹏,汤强主编.--2版
.--北京:高等教育出版社,2023.4(2024.6重印)
    ISBN 978-7-04-060033-9

    Ⅰ.①初… Ⅱ.①孙…②邓…③汤… Ⅲ.①初等几
何-研究 Ⅳ.①O123

    中国国家版本馆CIP数据核字(2023)第036633号

Chudeng Jihe Yanjiu

策划编辑	刘 荣	责任编辑	刘 荣	封面设计 赵 阳		版式设计 杜微言
责任绘图	杨伟露	责任校对	刘丽娴	责任印制 刁 毅		

出版发行	高等教育出版社	网 址	http://www.hep.edu.cn
社 址	北京市西城区德外大街4号		http://www.hep.com.cn
邮政编码	100120	网上订购	http://www.hepmall.com.cn
印 刷	涿州市京南印刷厂		http://www.hepmall.com
开 本	787mm×1092mm 1/16		http://www.hepmall.cn
印 张	19.5	版 次	2012年2月第1版
字 数	400千字		2023年4月第2版
购书热线	010-58581118	印 次	2024年6月第2次印刷
咨询电话	400-810-0598	定 价	42.00元

《初等几何研究》（第二版）编委会

第二版前言

教育是民族振兴、社会进步的重要基石。教材是教育内容的重要载体,是学校教学的基本依据,因此教材必须体现培根铸魂、启智增慧的内在要求。为了贯彻落实新时期对教材建设的新理念和新要求,在保持本教材原有特色与风格的基础上,我们做了认真细致的修订。具体修订内容如下:

一是增添了三节,分别为"§1.8 中国近现代数学家添彩几何文化""§2.3 证题中的两大问题""§3.4 几何计算中的常见错误",意在培养学生的爱国情怀和批判性思维;

二是重点修订了第五、六、八章,意在与时俱进、求新求异,培养学生的创新思维和实践能力;

三是删去了各章的繁难例题和习题,第六章增加了"分析"和"注",意在培养学生的探究精神和分析问题、解决问题的能力;

四是在各章末增加部分习题参考答案数字资源,以二维码的形式呈现,意在辅助学生更好地学习本教材。

除了上一版的编者,参加本次修订的还有四川省南充市嘉陵区教育科学室教研员张明,四川省南充高级中学的魏扬、易志伟老师,南充市第十中学校的赵和民老师。

本教材自 2012 年 2 月出版以来,至 2021 年 4 月已印刷 9 次,无论是教材的体系、内容的呈现方式,还是装帧设计,均受到广大读者的好评。我们真诚地希望广大读者继续关心和使用本教材,并批评指正其中的不足,使之不断完善。谢谢!

编　者

2022 年 12 月 15 日

第一版前言

几何课程内容的改革，历来是国内外数学教育改革中的一个热点问题，也是每一次数学课程内容改革的焦点。随着中小学新一轮数学课程改革的深入开展，高等师范院校的"初等几何研究"课程改革势在必行。为此，我们按照"跟上时代，力求创新"的原则，在原《初等几何研究讲义》的基础上，编著了本书，使之更加凸显新课程改革中的新理念、新内容、新方法与新特点，更加紧密地与中学数学新教材有机衔接，为高等师范院校和职业技术院校数学教育专业开设"初等几何研究"课程提供新的教学用书。

本书与国内外已经出版的同类书籍相比较，其特点是：体现一个"新"字，抓住一个"研"字，凸显一个"精"字。所谓"新"，一是理念新，体现中学数学新课程改革的最新理念；二是体系新，本书的结构体系打破了传统的结构体系，具有较强的创新性；三是内容新，本书在内容的呈现上，既反映了一些传统的初等几何研究问题，又吸收了许多新的研究成果，大幅度扩展了传统初等几何研究的范围。所谓"研"，是指学生在学习了初等几何及高等几何知识与方法的基础上，不仅要进一步学习几何的相关知识和思维方法，而且要更多地研究"初等几何"：研究几何发展的历程和光辉的文化，研究几何科学的体系、严谨的证明、准确的计算及广阔的应用，研究几何巧妙的变换和现代技术下的作图，研究几何教学中的新理念、新内容、新方法以及几何课程改革中的新问题。所谓"精"，一是精心设计教材体系，使其既有科学性又有创新性；二是精选研究问题，注重典型性，避免随意性；三是精选例题和习题，书中选用的题目大多是从中考、高考、数学竞赛试题中精心挑选出来的，既有真实性又有实用性，能使读者举一反三、触类旁通。

值得一提的是，在本书的第一、二、七、九章中，我们兼顾历史与现实，传统几何知识与现代几何发展并重，有利于学生从宏观上把握几何学和几何课程发展的全貌；在第三、四、六章中，我们又特别注意几何问题处理的细节，有利于学生学习具体的几何知识、思想方法和技能技巧；在第五、八章中，我们重点介绍用计算机实现快捷准确的几何作图和数学课程标准中的几何新理念、新内容和新方法，有利于学生深入理解数学课程标准，正确认识几何课程内容改革。

因此，本书既注重理论探究，又重视与教学实际紧密结合；既有自己的视角，又不简单地重复他人的成果，力求在创新上有所突破。

关于本书的使用，鉴于各学校教学时数不同，我们建议：课堂上重点讲授第二至六章，第一、八、九章可作为教师专题讲座内容，第七章可作为学生自主探究与合作交流的内容。

  参加本书编写的有西南科技大学陈翰林教授,四川文理学院何聪教授,乐山师范学院邹进教授和张彦春老师,绵阳师范学院唐再良教授和盛登老师,宜宾学院王雄瑞教授和刘兴燕老师,内江师范学院王新民教授,阿坝师范专科学校吴文权教授,四川职业技术学院廖辉教授与西华师范大学汤强副教授、杨孝斌副教授、黄群宾副教授和熊华副教授。全书由西华师范大学邓鹏教授、康纪权教授和孙海副教授统稿。

  由于编者水平有限,书中难免有疏漏和不妥之处,恳请读者批评指正。

编　者

2011 年 1 月 15 日

目　　录

第一章　光辉灿烂的几何文化

什么是文化？中国古籍中的"文化"是与"武功"相对的概念,是文治教化的意思.西欧文化一词来源于拉丁文 cultura,原意指农耕和作物培植.文艺复兴以后,逐渐推广使用,把对人的教化即称文化.较早给文化下明确定义的是英国人类学家泰勒(Tylor),他认为,文化是一个复杂的总体,包括知识、信仰、艺术、道德、法律、风俗以及人类在社会里所得到的一切能力与习惯.随后由于学者各自的学术立场和观察角度不同,产生了各种互补的定义.《辞海》中关于文化的解释,广义指人类在社会实践过程中所获得的物质、精神的生产能力和创造的物质、精神财富的总和;狭义指精神生产能力和精神产品,包括一切社会意识形式:自然科学、技术科学、社会意识形态,有时又专指教育、科学、艺术等方面的知识与设施.

什么是几何学？几何学是研究空间和图形性质的一个数学分支,有其悠久的发展历史,是为后人学习和创新的宝贵精神产品.几何文化闪耀着灿烂的光辉!

§1.1　几何学的发展简史

几何学的发展历经了四个基本阶段.

一、经验事实的积累和初步整理

在古埃及,尼罗河水年年泛滥,两岸田亩地界经常被淹,事后必须设法测量,重新勘定地界线.在这个实际的需求中,测量土地的方法自然应运而生.据考证,西方的几何学就起源于这种测地术."几何学"这个名词是我国明朝徐光启译的,这个词的原义无论在拉丁文或希腊文里都包含测地术的意思.

众所周知,古埃及建有很多金字塔,这些金字塔的工程非常浩大,而它的精美造型,直到现在还令人十分叹服.由此可见,埃及人很早就已经知道很多几何知识了.大约公元前 1650 年,埃及人阿姆士(A'hmose)手抄了一本书,即后人所称的"阿姆士手册",最早发现于埃及底比斯的废墟中.公元 1858 年该书由英国的埃及学者莱茵德(Rhind)购得,故又名"莱茵德纸草书".此书中载有很多关于面积的测量法以及关于金字塔的几何问题.这本古老的数学书出于埃及并不是偶然的,应该说是埃及人智慧积累的结果.

在我国秦汉间成书的《周髀算经》和《九章算术》已记载了许多关于几何的问题,由这两部书可以知道"圆周率"及"勾股定理"很早就被中国古代数学家研究了.再推前一些,无论在石器时代的陶器上,还是在殷商的钟鼎上,都已经有了精美的几何图案.所以,我国对几何学的研究也有悠久的历史.

由此可见,人们在实践过程中积累了丰富的几何经验,形成了一些粗略的概念.这些概念反映了某些经验事实以及它们之间的联系,并逐步得到系统的整理.而且,在这个漫长的过程中,人们也进行过某些简单的推理和直观的论证.

二、理论几何的形成和发展

古埃及虽然积累了许多几何知识,但是还没有将其组织成一门系统的科学.后来希腊和埃及通商,当时希腊的许多学者先后来到埃及留学,于是几何知识渐渐传入希腊.此后,这些知识无论在实际材料方面,还是在某些理论基础的奠基方面,在希腊得到了辉煌发展.这样,几何学便成为一门独立的科学.这门科学后来传播到欧洲诸国,一直流传至今.

古希腊的许多数学家,如泰勒斯(Thales)、毕达哥拉斯(Pythagoras)、希波克拉底(Hippocrates)、柏拉图(Plato)、欧几里得(Euclid)等人,对几何学都有很大贡献.泰勒斯曾发现若干几何定理和证明的方法,这是理论几何的开端,他还利用几何定理来解决实际问题,如凭一根竹竿就可以测得金字塔的高度.毕达哥拉斯认为数学是一切学问的基础,他对几何有很多研究,著名的勾股定理在西方就叫做"毕达哥拉斯定理".希波克拉底是编著第一部初等几何教科书并首先使用"反证法"的人,他还与柏拉图等同为研究"几何三大问题"的人,并因此发现了许多几何定理.柏拉图首创证题利器"分析法",而确立缜密的定义和明晰的公理作为几何学的基础,这种思想也由柏拉图开其先河.欧几里得搜集当时所有已知的初等几何知识的材料(也包括他自己的发现),按照严密的逻辑系统,编成《原本》13卷.这本书在历史上极负盛名,被后世誉为几何学的杰作.

在我国,战国时代的墨子及其弟子们著有《墨经》,其中所载科学文字、言论主张都极其精微深刻.就其所论的几何学的各条来说,较之西方近百年后欧几里得的论述,毫无逊色.如《墨经》上说:"圜,一中同长也."这里的圜即是圆,是说圆有唯一的中心,而这个中心距圆上任何点都一样远.又如"方,柱隅四讙也",其中的方指正方形,柱就是边,隅就是角,讙有相等的意思,是说正方形四边及四角分别相等.像这样对"圜"和"方"下的定义,字句简单而定义准确,欧几里得所下的"圆"和"正方形"的定义亦不过如此.其后又有荀子,在他及其弟子们所著《荀子》中说:"五寸之矩,尽天下之方也."这和欧几里得的第四公设"凡直角都相等"意义完全相同.由此记录可以窥见我国古代几何的一斑.

三、解析几何的产生与发展

16世纪以后,由于生产力和科学技术的发展,天文、力学和航海等方面都对几何学提出了新的要求. 例如,德国天文学家开普勒(Kepler)发现行星是绕太阳沿着椭圆轨迹运行的,太阳处在这个椭圆的一个焦点上;意大利科学家伽利略(Galileo)发现投掷物体沿着抛物线运动. 这些发现都涉及圆锥曲线,要研究这些比较复杂的曲线,原来的一套方法显然已经不适用了,这就促使了解析几何的出现.

1637 年法国哲学家和数学家笛卡儿(Descartes)发表了他的著作《更好地指导推理和寻求科学真理的方法论》,这本书含三篇附录:《屈光学》《气象学》和《几何学》. 这个"几何学"实际上指的是数学,就像中国古代"算术"和"数学"是一个意思一样. 后世的数学家和数学史学家都把笛卡儿的《几何学》作为解析几何的起点.

从笛卡儿的《几何学》可以看出,笛卡儿的中心思想是建立起一种"普遍"的数学,把算术、代数、几何统一起来. 他设想把任何数学问题化为一个代数问题,再把任何代数问题归结到解一个方程式. 为了实现上述设想,笛卡儿从天文和地理的经纬度出发,提出平面上的点和实数对(x, y)的对应关系,x, y的不同数值可以确定平面上许多不同的点,这样就可以用代数的方法研究曲线的性质,这就是解析几何的基本思想.

解析几何的产生并非偶然. 在笛卡儿写《几何学》以前,就有许多学者研究过利用两条相交直线构造一种坐标系,也有人在研究天文、地理的时候,提出了一个点的位置可由两个"坐标"(经度和纬度)来确定. 这些都对解析几何的创立产生了很大的影响.

在数学史上,一般认为和笛卡儿同时代的法国业余数学家费马(Fermat)也是解析几何的创立者之一,应该分享创立这个数学分支的荣誉. 费马是一个业余从事数学研究的学者,对数论、解析几何、概率论三方面都有重要贡献. 他性情谦和,对自己所写的书无意发表. 但从他的信件中知道,早在笛卡儿发表《几何学》以前,费马就已写了关于解析几何的小论文,有了解析几何的思想. 直到 1665 年费马去世后,他的思想和著述才从给友人的信件中得到公开.

笛卡儿系统地总结了用数对表示点的位置的方法,建立了笛卡儿直角坐标系,运用了代数方法研究几何问题,从而扩展了几何学的研究内容,使圆锥曲线等图形也成为几何学的研究对象. 特别是,研究几何的方法从单纯强调逻辑方法,到强调逻辑方法和代数方法并重,从而促进了几何学的进一步发展. 因此,解析几何的产生与发展就成为几何学发展的第三阶段的重要标志.

四、现代几何的发展

在初等几何和解析几何的发展过程中,人们不断发现欧几里得的《原本》在逻辑上有不够严密之处,并不断充实了一些公理. 特别是尝试去证明第五公设的失败,促使人们重新考察几何学的逻辑基础,并取得了两方面的成果. 一方面,人们改变了几何的公理系统,即用和欧几里得的第五公设相矛盾的命题来代替第五公设,从而实现几何学研究对象的根本突破. 先后由高斯(Gauss)、波尔约(Bolyai)和罗巴切夫斯基(Lobachevskii)建立起罗巴切夫斯基几何,以后又有了黎曼(Riemann)几何. 另一方面,人们在对公理系统的严格分析中形成了严格的公理化方法,并于 1899 年由希尔伯特(Hilbert)在他的《几何基础》中建立起完善的欧几里得几何公理系统.

随着工农业生产和科学技术的不断发展,几何学的知识也越来越丰富,研究对象和方法不断拓广,使现代几何以空前的速度向前发展.几何学的分支有平面几何、立体几何、罗巴切夫斯基几何、黎曼几何、解析几何、射影几何、仿射几何、代数几何、微分几何、计算几何、分形几何、拓扑学等.而我们研究的初等几何,则主要涉及平面几何、立体几何的内容.

§1.2　欧几里得的《原本》

为了有效地研究初等几何,我们必须了解欧几里得的《原本》.《原本》共 13 卷,其中第五、七至十卷,讲述比例和算术理论(用几何方式来叙述),其余都是讲纯粹几何.第一卷包括三角形全等的条件、三角形边和角的关系、平行线的理论和三角形以及多边形等积的条件.第二卷主要用等积变换的方法研究代数的一些结论.第三卷讲的是圆.第四卷讨论圆内接和外切多边形.第六卷论述相似多边形.最后三卷叙述立体几何原理.

《原本》每卷都以一些概念的定义、公理和公设为基础.第一卷便是以 23 个定义、5 个公理和 5 个公设开始的.

定义

(1) 点是没有部分的;

(2) 线是有长度而没有宽度的;

(3) 线的界限是点;

(4) 直线是这样的线,它对于它的所有点都有同样的位置;

(5) 面是只有长度和宽度的;

(6) 面的界限是线;

(7) 平面是这样的面,它对于在它上面的所有直线都有同样的位置;

(8) 平面上的角是在一个平面上的两条相交直线的相互倾斜度;

(9) 当形成一个角度的两线是一直线时,那角度称为平角.

定义(10)—(22)涉及直角和垂线,钝角和锐角,圆、圆周和中心,直线,三角形,四边形,等边、等腰和不等边三角形,正方形,直角三角形,菱形及其他.最后一个定义是(23)平行直线是在同一平面上而且尽管向两侧延长也绝不相交的直线.

公理

Ⅰ. 等于同量的量彼此相等;

Ⅱ. 等量加等量,其和相等;

Ⅲ. 等量减等量,其差相等;

Ⅳ. 彼此能重合的量是全等的;

Ⅴ. 整体大于部分.

公设

Ⅰ. 过两点能作且只能作一直线;

Ⅱ. 线段(有限直线)可以无限地延长;

Ⅲ. 以任一点为圆心,任意长为半径,可作一圆;

Ⅳ. 凡是直角都相等;

Ⅴ. 同平面内一条直线和另外两条直线相交,若在直线同侧的两个内角之和小于180°,则这两条直线经无限延长后在这一侧一定相交.(等价命题——平行公设:过直线外一点有且仅有一条直线与已知直线平行.)

这里有两点值得一提.

一是《原本》原有 13 卷,后来有人在书末续了两卷.明朝万历三十五年(1607 年)徐光启与意大利的耶稣会传教士利玛窦(Matteo Ricci)合译前六卷,在北京出版,这是西洋数学输入我国的开始.1852—1859 年李善兰与英国传教士伟烈亚力(Alexander Wylie)在上海续译后九卷.

二是欧几里得本人并没有说明公理与公设的区别.按字面内容来看,似乎欧几里得所谓的公理,指的是人们认为明白无疑的公共观念,而公设是一种假设的事项.几何学里用它们作为最简单的论理根据.或者,欧几里得认为假设的事项,容许还有商榷的余地,试看他把第五公设(平行公设)排在靠后的位置,仿若他觉得这条最可怀疑,到不得已时才将它提出来.欧几里得煞费苦心,于此可见一斑.近代著作已不再区分公理与公设,而一律叫做公理.

在几何学发展的历史长河中,欧几里得的《原本》具有重大的历史意义.《原本》最突出的一点,是它从一些特别提出的公理、公设和定义有计划地论证其他命题.其次,它第一次把丰富而散漫的几何材料整理成了系统严明的读本.这些优点使它集古代数学之大成、源远流长、影响深远、号称两千年来公认的第一部科学巨著.两千多年来,所有初等教科书以及 19 世纪以前的一切有关初等几何的论著无不以《原本》为依据.于是这部系统严明的著作被人们看做几何学的经典著作,甚至将"欧几里得"用作几何学的代名词.由于这个历史性的称誉,人们一直就把这种体系的几何学称为欧几里得几何学.现在中学所学的几何,大致还是欧几里得的几何体系.

但是,由于历史条件的局限性,《原本》还存在一些缺点.我们知道,定义一个概念需要利用其他已知概念.所以,追根溯源就要有一些不能加以定义的原始概念作为定义其他概念的出发点.点、线、面、直线、平面等都应当作为原始概念处理,但《原本》却另外用了"部分""长度""宽度""界限"以及"同样的位置"等概念对它们进行定义,这些概念的意义更不明确或者还不如点、线、面等概念直观.

同时,在《原本》中还重复用到"在……之间""在……同侧"等概念,但都未加定义也未作必要的解释或通过公理来加以规定.

欧几里得把全部的公设和公理,作为几何学严格的逻辑推理的基本命题,实在过于贫乏,它的缺点也在于此.因而欧几里得推证命题时往往求助于图形的直观性,若明若暗地默认一些"显然的事实".例如作等边三角形时,就默认了图形经过移动以后保持形状、大小不变.事实上,要证明以上默认的事实还得有连续公理、运动或合同公理,可是《原本》不但缺这些公理,甚至没有明确建立相应的概念.

从严格的逻辑观点来看,欧几里得的《原本》确有以上提出的一些缺点,但我们不应该因此去苛责古人,因为在他所处的时代,他所建立的几何逻辑结构不能不算是非常严密的了.无疑地,欧几里得在几何发展史上不可磨灭的功绩,是他示范地完成了用形式逻辑建立严明的几何体系这个出色的工作,所以我们对于《原本》的评价,并不因它的缺点而有所降低.正如徐光启在评论《原本》时说:"此书为益能令学理者祛其浮气,练其精心;学事者资其定法,发其巧思,故举世无一人不当学."徐光启同时也说:"能精此书者,无一事不可精;好学此书者,无一事不可学."

爱因斯坦(Einstein)更是认为:"如果欧几里得未激发你少年时代的科学热情,那你肯定不是天才科学家."

由此可见,《原本》是一部具有一定历史价值的承前启后的杰作,对人类科学思维的影响巨大.

§1.3　第五公设的试证

欧几里得第五公设问题在几何发展中占有特殊而又重要的地位,因为这个公设在词句和内容方面都比其他四个公设复杂得多,而且不像其他公设那么显而易见;另一方面,因为这个公设在《原本》中的应用很靠后,仅在第二十九命题中才被应用,所以人们一直有这样的疑问:是否可以证明第五公设呢?从古希腊时期到18世纪两千余年间,许多学者试图证明它,然而他们大都不自觉地引用了与第五公设等效的命题,使愿望落空.托勒密(Ptolemy)、沃利斯(Wallis)、萨凯里(Saccheri)、勒让德(Legendre)等都进行过这种失败的尝试,但也有收获,因为他们弄清了一系列与第五公设等价的命题,其中萨凯里做了最重要的工作.

萨凯里最先使用归谬法来证明平行公设.他在一本名叫《欧几里得无懈可击》的书中,从研究等腰双直角四边形(萨凯里四边形)开始(其中 $\angle A = \angle B$ 为直角,且 $AD = BC$)来证明平行公设.容易证明 $\angle C = \angle D$.为了证明第五公设,萨凯里提出了三种可能情形:$\angle C$ 和 $\angle D$ 都是钝角,或者都是锐角,或者都是直角.已证第三种直角假设与第五公设等价,所以需要否定其他两种.萨凯里首先在钝角假设下引出了矛盾,于是考虑锐角假设.他在锐角假设下深入展开了推论,建立了复杂的几何系统,其中有一部分与直觉观念不合.例如,共面的两条不交直线或者只有一条公垂线,此两直线在它两侧互相无界地分离;或者没有公垂线,此两直线在一个方向无限接近,而在另一方向无界地分离.虽然他没有得到任何矛盾,但他认为这些结论太不合情理了,于是判定锐角假设是不真实的.这样他认为自己证明了第五公设.实际上萨凯里得到的一系列异于直觉的推论正是属于非欧几里得几何的,可惜他自己并未觉察这一点,而把它们否定了.

1763 年,德国数学家克吕格尔(Klügel)在他的论文中指出:(1) 公理的实质在于经验,而并非不证自明,人们之所以接受欧几里得平行公设为真理是基于人们对空间观念的经验;(2) 欧几里得平行公设的可证明性值得怀疑,萨凯里并没有得出矛盾,他只得到似乎异于经验的结果.对上述提示,瑞士数学家兰伯特(Lambert)作了进一步的研究,认识到一组假设如果不导致矛盾,一定可以提供一种可能的几何.受此影响,施韦卡特(Schweikart)在 1818 年送交高斯征求意见的备忘录中已区分了两种几何:欧几里得几何与假设三角形内角和不是两直角之和的几何;他的外甥陶里努斯(Taurinus)继续进行研究,在有关著作中叙述了如何用纯粹形式的分析方法展开由锐角假设所导出的几何,他证明了虚半球面上成立的公式恰好是他所研究的星空几何中的公式.遗憾的是,陶里努斯认为只有欧几里得几何对物质空间才是正确的,而星空几何只是逻辑上无矛盾,他不能想象使锐角假设成立的空间,因而把锐角假设作为一个非实在的东西予以抛弃了.从克吕格尔到陶里努斯,这几位学者都已承认第五公设的不可证明性,即第五公设相对于欧几里得几何其他公设是独立的;但他们都没有认识到,就描述物质空间的性质来说,欧几里得几何并非唯一的几何.

由于一连串的失败大多出于名家之手,不少人便望而却步,直到 19 世纪初,仍流行着黑格尔(Hegel)的论点:欧几里得几何相当完备,"不可能有更多的进展",教会保守势力正好利用这点宣扬上帝创造万物是"亘古不变的".欧几里得几何数千年的垄断性的全线突破、非欧几里得几何体系的全面探讨,应归功于高斯、罗巴切夫斯基及波尔约.

§1.4　希尔伯特的公理体系

关于公理体系的产生以及公理体系所起的作用直到近代才形成完全明确的概念,也就是说,在构成几何体系时只允许纯粹按逻辑推理进行,不允许默认,这种逻辑上的严格要求是近代才提出的.

1899 年,德国数学家希尔伯特发表了著名的论著《几何基础》.在书中,他不但给出了完备的几何公理系统,而且还给出了证明一个完备公理系统的普遍原则.希尔伯特的工作,使欧几里得几何有了牢固的基础,这就是所谓的希尔伯特公理体系.

希尔伯特公理体系的全部公理分为五组.在公理的开始,采用了"点""直线""平面"三个基本概念和"点在直线上""点在平面上""一点介于两点之间""两线段相等"

"两角相等"五个基本关系.

公理Ⅰ 结合公理

(1) 对于任意两个不同的点 A，B，存在直线 a 通过点 A，B.

(2) 对于任意两个不同的点 A，B，至多存在一条直线通过点 A，B.

(3) 在每条直线上至少有两个点，至少存在三个点不在一条直线上.

(4) 对于不在一条直线上的任意三个点 A，B，C，存在平面 α 通过点 A，B，C. 在每个平面上至少有一个点.

(5) 对于不在一条直线上的任意三个点 A，B，C，至多有一个平面通过点 A，B，C.

(6) 如果直线 a 上的两个点 A，B 在平面 α 上，那么直线 a 上的每个点都在平面 α 上.

(7) 如果两个平面 α，β 有公共点 A，那么至少还有另一公共点 B.

(8) 至少存在四个点不在一个平面上.

公理Ⅱ 顺序公理

(1) 如果点 B 在点 A 和点 C 之间，那么 A，B，C 是一条直线上的不同的三点，且 B 也在 A，C 之间.

(2) 对于任意两点 A 和 B，直线 AB 上至少有一点 C，使得 B 在 A，C 之间.

(3) 在一条直线上的任意三点中，至多有一点在其余两点之间.

(4) 设 A，B，C 是不在一条直线上的三个点，直线 a 在平面 ABC 上但不通过 A，B，C 中任一点. 如果 a 通过线段 AB 的一个内点（线段 AB 的内点即 A，B 之间的点），那么 a 也必通过 AC 或 BC 的一个内点（帕施(Pasch)公理）.

公理Ⅲ 合同公理（合同记为≡）

(1) 如果 A，B 是直线 a 上的两点，A' 是直线 a 或另一条直线 a' 上的一点，那么在 a 或 a' 上点 A' 的某一侧必有且只有一点 B'，使得 $A'B' \equiv AB$.

(2) 如果两线段都合同于第三线段，这两线段也合同.

(3) 设 AB，BC 是直线 a 上的两线段且无公共的内点；$A'B'$，$B'C'$ 是 a 或另一直线 a' 上的两线段，也无公共的内点. 如果 $AB \equiv A'B'$，$BC \equiv B'C'$，那么 $AC \equiv A'C'$.

(4) 设平面 α 上给定 $\angle(h,k)$，在 α 或另一平面 α' 上给定直线 a' 和 a' 所确定的某一侧，如果 h' 是 a' 上以点 O' 为端点的射线，那么必有且只有一条以 O' 为端点的射线 k' 存在，使得 $\angle(h',k') \equiv \angle(h,k)$.

(5) 设 A，B，C 是不在一条直线上的三点，A'，B'，C' 也是不在一条直线上的三点，若 $AB \equiv A'B'$，$AC \equiv A'C'$，$\angle BAC \equiv \angle B'A'C'$，则 $\angle ABC \equiv \angle A'B'C'$，$\angle ACB \equiv \angle A'C'B'$.

公理Ⅳ 平行公理

过定直线外一点，至多有一条直线与该直线平行.

公理Ⅴ 连续公理

(1) 如果 AB 和 CD 是任意两线段,那么以 A 为端点的射线 AB 上,必有这样的有限个点 $A_1,A_2,\cdots,A_n$,使得线段 $AA_1,A_1A_2,\cdots,A_{n-1}A_n$ 都和线段 CD 合同,而且 B 在 A_{n-1} 和 A_n 之间(阿基米德(Archimedes)公理).

(2) 一直线上的点集在保持公理Ⅰ(1),Ⅰ(2),Ⅱ,Ⅲ(1),Ⅴ(1)的条件下,不可能再行扩充.

注 有些关于几何基础的书中,常以康托尔(Cantor)公理代替上述的公理Ⅴ(2):

"一条直线上如果有线段的无穷序列 $A_1B_1,A_2B_2,A_3B_3,\cdots$,其中每一线段都在前一线段的内部,且对于任何线段 PQ 总有一个 n 存在,使得 $A_nB_n<PQ$,那么在这直线上有且只有一点 X 落在 $A_1B_1,A_2B_2,A_3B_3,\cdots$ 的内部."

有的书中,用与公理Ⅴ等价的戴德金(Dedekind)公理作为连续公理:

"如果线段 AB 及其内部的所有点能分为有下列性质的两类.

(1) 每点恰属一类;A 属于第一类,B 属于第二类;

(2) 第一类中异于 A 的每个点在 A 和第二类点之间,那么,必有一点 C,使 A,C 间的点都属于第一类,而 C,B 间的点都属于第二类."

§1.5 非欧几里得几何

非欧几里得几何是一个大的数学分支,一般来讲,它有广义、狭义、通常意义这三个方面的不同含义.所谓广义泛指一切和欧几里得几何学不同的几何学,狭义的非欧几里得几何只是指罗巴切夫斯基几何,至于通常意义的非欧几里得几何,就是指罗巴切夫斯基几何和黎曼几何这两种几何.

欧几里得的《原本》提出了五个公设,一些数学家提出,第五公设能不能不作为公设,而作为定理? 能不能依靠前四个公设来证明第五公设? 这就是几何发展史上最著名的、争论了长达两千多年的关于"平行线理论"的讨论.

由于证明第五公设的问题始终得不到解决,人们逐渐思考证明的思路对不对,第五公设到底能不能证明.

到了 19 世纪 20 年代,俄国喀山大学教授罗巴切夫斯基在证明第五公设的过程中走了另一条路子.他提出了一个和欧几里得平行公理相矛盾的命题,用它来代替第五公设,然后与欧几里得几何的前四个公设结合成一个公理系统,展开一系列的推理.他认为如果以这个系统为基础的推理中出现矛盾,就等于证明了第五公设.

但是,在他极为细致深入的推理过程中,得出了一个又一个在直觉上匪夷所思,但在逻辑上毫无矛盾的命题. 最后,罗巴切夫斯基得出两个重要的结论:

第一,第五公设不能被证明.

第二,在新的公理体系中展开的一连串推理,得到了一系列在逻辑上无矛盾的新的定理,并形成了新的理论. 这个理论像欧几里得几何一样是完善的、严密的几何学. 这种几何学后来被称为罗巴切夫斯基几何. 这是第一个被提出的非欧几里得几何学.

从罗巴切夫斯基创立的非欧几里得几何学中,可以得出一个极为重要的、具有普遍意义的结论:逻辑上互不矛盾的一组假设都有可能提供一种几何学.

几乎在罗巴切夫斯基创立非欧几里得几何学的同时,匈牙利数学家波尔约也发现了第五公设不可被证明和非欧几里得几何学的存在. 波尔约在研究非欧几里得几何学的过程中也遭到了家庭、社会的冷漠对待. 他的父亲(同为数学家)认为研究第五公设是耗费精力、劳而无功的蠢事,劝他放弃这种研究. 但波尔约坚持为发展新的几何学而辛勤工作,终于在 1832 年,在他父亲的一本著作里,以附录的形式发表了研究结果.

那个时代被誉为"数学王子"的高斯也发现第五公设不能被证明,并且研究了非欧几里得几何. 但是高斯担心这种理论会遭到当时教会力量的打击和迫害,不敢公开发表自己的研究成果,只是在书信中向朋友表示了自己的看法,也不敢站出来公开支持罗巴切夫斯基、波尔约的新理论.

罗巴切夫斯基几何的公理系统和欧几里得几何不同的地方仅仅是把欧几里得几何平行公理用"从直线外一点,至少可以作两条直线和这条直线平行"来代替,其他公理基本相同. 由于平行公理不同,因此经过演绎推理引出了一连串和欧几里得几何内容不同的新的几何命题.

我们知道,除了平行公理之外,罗巴切夫斯基几何采用了欧几里得几何的其他一切公理. 因此,凡是不涉及平行公理的几何命题,在欧几里得几何中如果是正确的,在罗巴切夫斯基几何中也同样是正确的. 在欧几里得几何中,凡涉及平行公理的命题,在罗巴切夫斯基几何中都不成立,它们都相应地含有新的意义. 下面举几个例子加以说明:

欧几里得几何

同一直线的垂线和斜线相交.

垂直于同一直线的两条直线互相平行.

存在相似的多边形.

过不在同一直线上的三点可以作且仅能作一个圆.

罗巴切夫斯基几何

同一直线的垂线和斜线不一定相交.

垂直于同一直线的两条直线,当两端延长的时候,离散到无穷.

不存在相似的多边形.

过不在同一直线上的三点,不一定能作一个圆.

从上面所列举的罗巴切夫斯基几何的一些命题可以看到,这些命题和我们习惯的直观形象有矛盾. 所以罗巴切夫斯基几何中的一些几何事实没有像欧几里得几何那样容易被接受. 但是,数学家们经过研究,提出可以用我们习惯的欧几里得几何中的事实作一个直观"模型"来解释罗巴切夫斯基几何是正确的.

1868 年,意大利数学家贝尔特拉米(Beltrami)发表了一篇著名论文《非欧几里得几何解释的尝试》,证明非欧几里得几何可以在欧几里得空间的曲面(例如伪球面)上实现. 这就是说,非欧几里得几何命题可以"翻译"成相应的欧几里得几何命题,如果欧几里得几何没有矛盾,非欧几里得几何也就自然没有矛盾.

由此,长期无人问津的非欧几里得几何直到这时才开始获得学术界的普遍注意和深入研究,罗巴切夫斯基的独创性研究也由此得到学术界的高度评价和一致赞美,他本人则被人们赞誉为"几何学中的哥白尼".

黎曼几何

欧几里得几何与罗巴切夫斯基几何中的结合公理、顺序公理、合同公理及连续公理都是相同的,只是平行公理不一样. 欧几里得几何中"过直线外一点有且只有一条直线与已知直线平行",罗巴切夫斯基几何中"过直线外一点至少存在两条直线与已知直线平行". 那么是否存在某种几何,"过直线外一点,不能作直线与已知直线平行"? 黎曼回答了这个问题. 他在 1851 年所作的一篇论文《论几何学作为基础的假设》中明确提出另一种几何学(即黎曼几何)的存在,开创了几何学新的广阔领域.

黎曼几何中的一条基本公设是:在同一平面内任何两条直线都有公共点(交点). 在黎曼几何中不承认平行线的存在,它的另一条公设是:直线可以无限延长,但总的长度是有限的. 黎曼几何的模型是一个经过适当"改进"的球面.

近代黎曼几何在广义相对论里得到了重要的应用. 在物理学家爱因斯坦的广义相对论中的空间几何就是黎曼几何. 在广义相对论里,爱因斯坦放弃了关于时空均匀性的观念,他认为时空只是在充分小的空间里近似均匀,但是整个时空却是不均匀的. 在物理学中的这种解释,恰恰和黎曼几何的观念是相似的.

此外,黎曼几何在数学中也是一个重要的工具. 它不仅是微分几何的基础,也应用于微分方程、变分法和复变函数论等方面.

§1.6 非欧几里得几何的应用与发展

非欧几里得几何的产生,在数学史上具有重大意义,它打破了两千多年来欧几里得空间概念的传统束缚,在几何学史上开辟了一个新的时代,使数学和其他科学进入了一个新的境界,非欧几里得几何也得以应用和发展. 1868 年贝尔特拉米在《非欧几里得几何解释的尝试》一文中,证明了非欧几里得平面几何(局部)实现在普通欧几里得空间里,作为伪球面,即负常数高斯曲率曲面上的内蕴几何,这样,非欧几里得几何的相容性问题与欧几里得几何相容性的事实就一样清晰明了.

1871 年德国数学家克莱因(Klein)从射影几何推导出度量几何,并建立了非欧几里得平面几何(整体)的模型. 这样,非欧几里得几何相容性问题就归结为欧几里得几何的相容性问题. 1872 年,克莱因受聘为埃尔兰根大学的数学教授,他发表了著名的《埃尔兰根纲领》作为他的就职演说,从变换群的观点对各种几何学进行了分类,阐述了几何学统一的思想,对于几何学的进一步发展产生重大影响.

1899 年希尔伯特建立了欧几里得几何的公理体系. 之后,数学家们又建立并研究了如算术、数理逻辑、概率论等数学分支的公理系统,由此形成的公理化方法已成为现代数学的重要方法之一.

非欧几里得几何学的创建不仅推广了几何学观念,而且对于物理学在 20 世纪初期所发生的关于空间和时间的物理观念的改革也起了重大作用. 非欧几里得几何学首先提出了弯曲的空间,它为更广泛的黎曼几何的产生创造了前提,而黎曼几何后来成了爱因斯坦广义相对论的数学工具. 爱因斯坦和他的后继者们在广义相对论的基础上研究了宇宙的结构. 按照相对论的观点,宇宙结构的几何学不是欧几里得几何学而是接近于非欧几里得几何学. 许多学者采用非欧几里得几何学作为宇宙的几何模型.

非欧几里得几何学在数学的一些分支中有着重要的应用,它们互相渗透,促进着各自的发展. 法国数学家庞加莱(Poincaré)利用复平面上作出的罗巴切夫斯基几何模型证明了自守函数的基本区域是一些互相合同的多边形. 这个结果对于建立自守函数理论有重要的作用. 从一个已知的负常数高斯曲率曲面出发,可以通过经典的贝克隆(Bäcklund)变换构造出新的负常数高斯曲率曲面,这个方法对于求解正弦戈登(Gordon)方程提供了由一个特解构造新的特解的有效方法. 20 世纪 70 年代以来,人们又注意到贝克隆变换以及它的各种推广是研究一大类在物理学上有重要作用的非线性偏微分方程的重要工具.

欧几里得几何、罗巴切夫斯基几何、黎曼几何是三种各有区别的几何. 这三种几何各自所有的命题都构成了一个严密的公理体系. 在我们的日常生活中,欧几里得几何是适用的;在宇宙空间中或原子核世界中,罗巴切夫斯基几何更符合客观实际;在研究地球表面航海、航空等实际问题中,黎曼几何更准确一些.

§1.7 中国古代数学中的几何问题

中国古代数学包含着丰富的几何内容,中国数学家在面积、体积和勾股理论方面取得了卓越的成就. 然而,与古希腊几何学迥然不同,中国古代的图形研究表现为数量的计算,它以长度、面积和体积等度量为主要对象. 几何对象的度量化,使中国数学"以算为主"的特点得以充分体现,并突出地表现为几何方法和代数方法的相互渗透. 数与形的这种美妙结合,使中国数学在理论与应用两方面都获得了很大的成就. 下面我们通过几本著作来了解中国古代数学中的几何问题.

一、《墨经》

在西方,最古老而又系统的几何学著作是欧几里得的《原本》;在中国,最古老而又涉及几何的书是《墨经》.《墨经》是《墨子》中的重要部分,约完成于周安王十四年(公元前 388 年).《墨子》是墨翟(人称墨子)和他的弟子们写的,比欧几里得的《原本》早近一百年.

《墨经》中的几何思想:

关于"倍"的定义.墨子说:"倍,为二也."亦即原数加一次,或原数乘二称为"倍". 如二尺为一尺的"倍".

关于"平"的定义.墨子说:"平,同高也."也就是同样的高度称为"平". 这与欧几里得几何学定理"平行线间的公垂线相等"意思相同.

关于"同长"的定义.墨子说:"同长,以正相尽也."也就是说两个物体的长度相互比较,正好一一对应,完全相等,称为"同长".

关于"中"的定义.墨子说:"中,同长也."这里的"中"指物体的对称中心,也就是物体的中心为与物体表面距离都相等的点.

关于"圜"的定义.墨子说:"圜,一中同长也."这里的"圜"即为圆,墨子指出圆可用圆规画出,也可用圆规进行检验.圆规在墨子之前早已得到广泛地应用,但给出圆的精确定义,则是墨子的贡献.墨子关于圆的定义与欧几里得几何学中圆的定义完全一致.

关于"方"的定义.墨子说:"方,柱隅四讙也(讙同'欢')."意思是说"四边及四角均相等即为正方形",并指出正方形可用直角曲尺"矩"来画图和检验.这与欧几里得的《原本》中的正方形定义也是一致的.

关于"直线"的定义.墨子说,三点共线即为直线.三点共线为直线的定义,在后世测量物体的高度和距离方面得到广泛的应用.魏晋时期的数学家刘徽在其测量学专著《海岛算经》中,就是应用三点共线来测量的.古代弩机上的瞄准器"望山"也是据此发明的.

《墨经》不是几何专著,其中只含约 17 条几何内容,没有欧几里得的《原本》内容丰富,组织严密.但仅由以上举例可知,其中的几何思想,就其定义确切、立论精辟等方面而言,并不在《原本》之下.可惜这些几何思想两千年无人过问,直到近代才有人研究,其中的奥秘尚有待进一步发掘.

二、《周髀算经》

中国古代几何问题见诸详细记载的,首推《周髀》一书,成书年代不晚于公元前 2 世纪.它是我国最古老的天文和数学著作,主要阐述盖天说和四分历法的理论.唐代李淳风等人把它列为国子监明算科的教材"算经十书"之一,故又名《周髀算经》.

　　据考证,现传本《周髀算经》大约成书于西汉时期(公元前 1 世纪).南宋嘉定六年(1213 年)时的篆刻本是目前传世的最早刻本,收藏于上海图书馆.历代许多数学家都曾为此书作注,其中最著名的是李淳风等人所作的注.《周髀算经》还曾传入朝鲜和日本,对东亚乃至世界其他地区的数学发展产生过较大的影响.

　　从所包含的数学内容来看,《周髀算经》主要讲述了学习数学的方法,用勾股定理来计算高深远近的方法,以及比较复杂的分数计算问题等.其中与几何学有关的内容主要有矩(一种量直角、画矩形的工具)的用途、勾股定理及其在测量上的应用、相似直角三角形对应边成比例等.下面介绍《周髀算经》中的勾股定理.

　　《周髀算经》卷上记载西周开国时期周公与大夫商高讨论勾股测量的对话,商高答周公问时提到"勾广三,股修四,径隅五",这是勾股定理的特例.卷上另一处叙述周公后人荣方与陈子(约公元前六世纪)的对话中,则包含了勾股定理的一般形式:"……以日下为勾,日高为股,勾股各自乘,并而开方除之,得邪至日."这是从天文测量中总结出来的普遍定理.

　　《周髀算经》主要是以文字形式叙述了勾股算法.中国数学史上最先完成勾股定理证明的数学家,是 3 世纪三国时期的吴国人赵爽.赵爽注《周髀算经》,作"勾股圆方图",其中的"弦图",相当于运用面积的出入相补证明了勾股定理.

　　如图 1.1 所示,考察以一直角三角形的勾和股为边的两个正方形的合并图形,其面积应有 a^2+b^2.如果将这合并图形所含的两个三角形移补到图中所示的位置,将得到一个以原三角形之弦为边的正方形,其面积应为 c^2,因此 $a^2+b^2=c^2$.

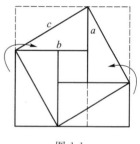

图 1.1

　　赵爽这一简洁优美的证明,可以看成对《周髀算经》中紧接在"勾三股四弦五"特例之后的一段说明文字的诠释.《周髀算经》的这段文字说:"既方之,外半其一矩,环而共盘,得成三四五.两矩共长,二十有五,是谓积矩."

　　"既方之,外半其一矩,环而共盘,得成三四五",这就是关键的证明过程——以矩的两条边画正方形(勾方、股方),根据矩的弦外面再画一个矩(曲尺,实际上用作直角三角形),将"外半其一矩"得到的三角形剪下环绕复制形成一个大正方形,可看到其中有边长三勾方、边长四股方、边长五弦方三个正方形.

　　"两矩共长,二十有五,是谓积矩",此为验算——勾方、股方的面积之和,与弦方的面积二十五相等——从图形上来看,大正方形减去四个三角形面积后为弦方,再者大正方形减去右上、左下两个长方形面积后为勾方、股方之和.因为三角形为长方形面积的一半,可推出四个三角形面积等于右上、左下两个长方形面积,所以勾方+股方=弦方,如图 1.2 所示.

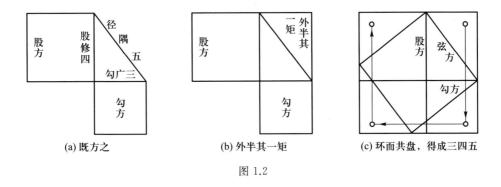

(a) 既方之　　　　(b) 外半其一矩　　　　(c) 环而共盘,得成三四五

图 1.2

三、《九章算术》

我国数学史上有一部堪与欧几里得《原本》媲美的数学著作,这就是历来被尊为算经之首的《九章算术》.《九章算术》是中国古典数学最重要的著作. 这部著作的成书年代,根据现在的考证,至迟在公元前 1 世纪,但其中的数学内容,有些也可以追溯到周代.《周礼》记载西周贵族子弟必学的六门课程("六艺")中有一门是"九数",刘徽的《九章算术注》"序"中就称《九章算术》是由"九数"发展而来,并经过西汉张苍、耿寿昌等人删补. 1984 年出土的湖北张家山汉初古墓竹简《算术书》,有些内容与《九章算术》类似. 因此可以认为,《九章算术》是从先秦至西汉中叶的长时期里经众多学者编纂、修改而成的一部数学著作.

《九章算术》采用问题集的形式,全书 246 个问题,分成九章,依次为方田、粟米、衰分、少广、商功、均输、盈不足、方程、勾股,其中所包含的数学成就是丰富和多方面的.

《九章算术》"方田""商功"和"勾股"三章处理几何问题,其中方田章讨论面积问题,商功章讨论体积问题,勾股章则是关于勾股定理的应用.

《九章算术》中的几何问题具有很明显的实际背景,如面积问题多与农田测量有关,体积问题则主要涉及土方计算. 各种几何图形的名称就反映着它们的现实来源. 如平面图形有"方田"(正方形)、"直田"(长方形)、"圭田"(三角形)、"箕田"(梯形)、"圆田"(圆)、"弧田"(弓形)、"环田"(圆环)等;立体图形则有"仓"(长方体)、"方堢壔"(正方柱)、"圆堢壔"(直圆柱)、"方亭"(平截头方锥)、"壍堵"(底面为直角三角形的直三棱柱)、"阳马"(底面为长方形而有一棱与底面垂直的四棱锥)、"鳖臑"(底面为直角三角形而有一棱与底面垂直的三棱锥)、"羡除"(三个侧面均为梯形的楔形体)以及"刍童"(上、下底面都是长方形的棱台)等.

《九章算术》中给出的所有直线形的面积、体积公式都是准确的. 如刍童(图 1.3)体积公式为

$$V = \frac{h}{6}\big[(2b+d)a + (2d+b)c\big],$$

羡除(图 1.4)体积公式为

15

$$V = \frac{1}{6}(a + b + c)hl.$$

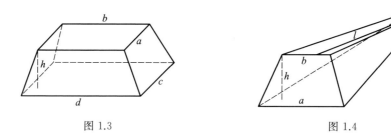

图 1.3 　　　　　　　　　　　　　　图 1.4

《九章算术》方田章"圆田术"圆面积公式 $A = \pi R^2$ 是正确的,但以 3 为圆周率失于粗疏."开立圆术"则相当于给出球体积公式 $V = \frac{3}{16}\pi D^3$(D 为直径),这是不正确的,加之取 π 为 3,误差过大.

《九章算术》勾股章提出了勾股数问题的通解公式,用现代符号表示为若 a, b, c 分别是勾股形的勾、股、弦,则

$$c : b : a = \frac{1}{2}(m^2 + n^2) : mn : \frac{1}{2}(m^2 - n^2), \quad m > n.$$

在西方,毕达哥拉斯、欧几里得等仅得到了这个公式的几种特殊情况,直到 3 世纪的丢番图(Diophantus)才取得相近的结果.

然而,《九章算术》对于它所给出的几何问题的算法,一律没有推导证明.可以说《九章算术》中的几何部分主要是实用几何.但稍后的魏晋南北朝,数学家们开始试图证明《九章算术》中的算法,从而书写了中国古典几何中最闪亮的篇章,其中以刘徽的工作为代表.

刘徽是中国算学史上第一位建立可靠的理论来推算圆周率的数学家.刘徽在《九章算术注》中批评了《九章算术》中取圆周率为 3(周三径一)的错误.刘徽在方田章"圆田术"注中,提出以割圆术作为计算圆的周长、面积以及圆周率的基础.割圆术的要旨是用圆内接正多边形去逐步逼近圆.刘徽从圆内接正六边形出发,将边数逐次加倍,并计算逐次得到的正多边形的面积和周长.他指出:"割之弥细,所失弥少,割之又割,以至于不可割,则与圆周合体而无所失矣."刘徽从圆内接正六边形出发,并取半径为 1 尺,一直计算到正 192 边形,得出了圆周率的精确到小数点后两位的近似值 $\pi \approx$ 3.14,化成分数为 $\frac{157}{50}$,这就是有名的"徽率".刘徽一再声明"此率尚微少",需要的话,可以继续算下去,得出更精密的近似值.

关于球体积公式,刘徽证明了《九章算术》中的球体积公式是不正确的,并在《九章算术》"开立圆术"注文中指出了一条推算球体积公式的正确途径.他创造了一个新的立体图形,称之为"牟合方盖",并指出:一旦算出牟合方盖的体积,球体积公式也就唾

手可得. 如图 1.5 所示, 在一立方体内作两个互相垂直的内切圆柱. 这两个圆柱体相交的部分, 就是刘徽所说的牟合方盖. 牟合方盖恰好把立方体的内切球包含在内并且同它相切. 如果用同一个水平面去截它们, 就得到一个圆(球的截面)和它的外切正方形(牟合方盖的截面). 刘徽指出, 在每一高度上的水平截面圆与其外切正方形的面积之比都等于 $\frac{\pi}{4}$, 因此球体积与牟合方盖体积之比也应该等于 $\frac{\pi}{4}$. 刘徽在这里实际已用到了西方微积分史著作中所说的卡瓦列里(Cavalieri)原理(在中国即祖暅原理), 可惜没有将它总结为一般形式. 牟合方盖的体积怎么求呢? 刘徽最终未能解决. 最后他说: "敢不阙疑, 以俟能言者!" 这个问题后来由祖冲之、祖暅父子彻底解决, 李淳风注释《九章算术》时详细记述了祖氏的方法.

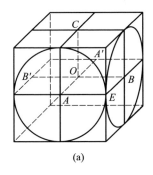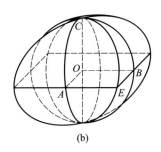

(a)   (b)

图 1.5

《九章算术》及其刘徽注, 以杰出的数学成就、独特的数学体系, 对东方数学乃至世界数学的发展产生了深远的影响, 在科学史上占有极为重要的地位. 今天, 随着计算机的出现和发展, 《九章算术》所蕴含的算法和程序化思想, 仍给数学家以启迪. 吴文俊先生指出《九章算术》所蕴含的思想影响, 必将日益显著, 在下一世纪中凌驾于《原本》思想体系之上, 不仅不无可能, 甚至说是殆成定局, 本人认为也绝非过甚妄测之辞."

§1.8 中国近现代数学家添彩几何文化

贡献意味着价值, 中国近现代数学家在几何学方面的贡献, 为几何文化增光添彩. 这里简介 11 位中国数学家(排序不分先后)对几何学发展作出的贡献.

1. 华罗庚

天才数学家华罗庚, 祖籍江苏丹阳, 出生于常州金坛区, 1925 年初中毕业就读上海中华职业学校, 因缺少学费退学回家帮父亲料理杂货铺, 用 5 年时间自学完高中和大学低年级全部数学课程; 1930 年发表《苏家驹之代数的五次方程式解法不能成立之理由》轰动数学界, 清华大学数学系主任熊庆来打破常规安排华罗庚到图书馆担任馆员;1936 年前往英国剑桥大学做访问学者,其间至少发表 15 篇论文;1937 年回清华任教授;1948 年被美国伊利诺依大学聘为教授;1950 年春回清华担任数学系主任.

华罗庚对几何的贡献有:证明了历史长久遗留的一维射影几何的基本定理,给出了"体的正规子体一定包含在它的中心内"这个结果的一个简单而直接的证明,是中国矩阵几何学方面研究的创始人和开拓者.

华罗庚概括了数形结合的诗句,成为人们的口头禅:

> 数缺形时少直观,形少数时难入微;
>
> 数形结合百般好,隔离分家万事休.

华罗庚曾任中国科学院数学研究所所长,获评中国科学院院士、美国国家科学院外籍院士、第三世界科学院院士等.国际上以华罗庚命名的数学科研成果有"华氏定理""华氏不等式""华-王方法"等.

2. 陈省身

现代微分几何之父陈省身,祖籍浙江嘉兴,1930 年南开大学毕业后到清华任助教;1931 年读研究生,研究射影微分几何;1932 年发表第一篇学术论文《具有一一对应的平面曲线对》;1934 年获硕士学位,并赴德国汉堡大学;1935 年完成博士论文《关于网的计算》和《$2n$ 维空间中 n 维流形三重网的不变理论》,随后获科学博士学位,并前往法国巴黎研究微分几何;1937 年回国,被聘为清华大学数学教授,后到西南联大讲授微分几何;1943 年在美国普林斯顿大学全身心投入大范围微分几何研究,发表了几篇匠心独运的微分几何论文.

陈省身在微分几何方面的成果丰硕,发展了高斯-博内(Gauss - Bonnet)公式,该公式被命名为"高斯-博内-陈省身公式";发展了微分纤维丛理论,其影响遍及数学的各个领域;创立复流形上的值分布理论,影响及于代数论;为广义的积分几何奠定基础,获得基本运动学公式;他所引入的陈氏示性类已成为理论物理的重要工具.

陈省身获评美国国家科学院院士、第三世界科学院创始成员、英国皇家学会国外会员、中国科学院首批外籍院士等,是第一位获沃尔夫(Wolf)奖的华裔数学家.1984—1992 年陈省身任天津南开大学数学研究所所长,后为名誉所长.2004 年 11 月 2 日,经国际天文学联合会小天体命名委员会讨论通过,1998CS2 小行星被命名为"陈省身星".2009 年 6 月 2 日,国际数学联盟与陈省身奖基金会联合设立"陈省身奖".

3. 苏步青

几何大师苏步青,浙江温州平阳人,祖籍福建泉州,1919 年受资助到日本留学,随后考入东京高等工业专科学校;1924 年考入日本东北帝国大学理学院数学系并于 1927 年毕业;1931 年回国到浙江大学数学系任教;1933 年晋升教授并担任数学系主任;1952 年到复旦大学先后任系主任、教务长、副校长,1978—1983 年任复旦大学校长.

苏步青主要从事微分几何学和计算几何学等方面的研究,在仿射微分几何学和射影微分几何学研究方面取得出色成果,在一般空间微分几何学、高维空间共轭理论、几何外形设计、计算机辅助几何设计等方面取得突出成就. 在射影微分几何学方面,苏步青用富有几何意味的构图来建立一般射影曲线的基本理论,1945 年出版的《射影曲线概论》一书就是对这一理论的综合报告. 他研究了许多重要类型的曲面和共轭网,得出内容丰富的几何构图.

苏步青 1955 年任中国科学院学部委员. 1991 年由教育部支持设立"苏步青数学教育奖",是国内中学数学教育界最高奖,1992 年起 2—3 年为一届. 2003 年 8 月,国际工业与应用数学联合会(ICIAM)决定设立"ICIAM 苏步青奖",奖励利用数学在经济腾飞和人类发展过程中做出贡献的个人.

4. 傅种孙

中国数学教育先驱傅种孙,生于江西高安上湖乡,1920 年在北京高等师范学校毕业后留在母校附中任教. 在附中任教期间,他联合学校教员集股筹款、印刷课本,并担任总编辑. 到 1935 年,除高中代数外,中学数学各课程的书籍已经全部问世,这是我国自主编辑出版的一套数学教科书. 从 1933 年起,北京师范大学每年暑假都会举办中学数学教员暑期讲习会. 傅种孙一直是该讲习会的主讲教师,历年讲述,很少重复,到 1945 年共积累讲题 32 个,油印的讲稿 15 篇. 2005 年,人民教育出版社出版的《傅种孙数学教育文选》一书收录了他的大部分讲稿,内容是一般教员容易忽略、甚至错了还不自知的问题,这些都是他自己的读书心得,不是一般书籍里所能见到的,十分珍贵. 1949 年春,他被任命为北京师范大学教务长,1952 年升为副校长.

傅种孙是钱学森的中学数学老师. 钱学森曾回忆:"几何老师傅种孙博学多才……傅先生不仅有扎实的数学功底,而且古文造诣很深,他用有名的桐城派古文自编了几何讲义." 傅种孙编写的《高中平面几何》在全国影响很大,采用它的教师都说用起来有事半功倍之效. 他发表在《数理杂志》上的《几何原理》是中国报道几何基础的第一篇文章,他的《大衍(求一术)》更是国内第一篇用近代数学观点研究中国古算的论文. 傅种孙在几何基础、近世代数方面有多篇论文和多部著作. 2001 年,北京师范大学出版社出版了他的研究成果,正式定名为《几何基础研究》.

傅种孙非常珍爱人才,并且敢于用才. 当他审阅了自学成才、仅具有初中学历的数学爱好者梁绍鸿的一篇论文后,傅种孙就毫不迟疑地邀请梁绍鸿到北京师范大学任教. 梁绍鸿主编的《初等平面几何复习与研究》于 1958 年出版,至今还是中学教师的参考书. 梁绍鸿的贡献与傅种孙的果断决策有关,这也充分说明傅种孙有知人之明且果毅过人.

5. 吴文俊

开创几何定理机器证明的吴文俊,生于上海,祖籍浙江嘉兴,1936 年保送西安交通大学数学系;1948 年到巴黎留学,随后获博士学位;1951 年回到北京大学任教;1952 年到中科院数学研究所任研究员;1979 年到中科院系统科学研究所任副所长;

1990 年到中科院系统科学研究所数学机械化研究中心任主任.

吴文俊于 1977 年给出了初等几何一类主要定理的机械化证明方法,被称为"吴方法".所谓几何定理的机器证明,就是由计算机自动证明某一类几何定理,也就是数学问题的机械化.1978 年,吴文俊招研究生,第一节课就讲"几何定理的机器证明".后来他编写出版了《几何定理机器证明的基本原理》(初等几何部分).

吴文俊 1957 年当选为中国科学院学部委员,1991 年当选第三世界科学院院士,2001 年获国家最高科学技术奖,2019 年被授予"人民科学家"国家荣誉称号,入选"最美奋斗者"名单、"中国海归 70 年 70 人"榜单.2010 年 5 月 4 日,国际小行星中心先后发布公报通知国际社会,将国际永久编号第 7683 号小行星永久命名为"吴文俊星".

6. 谷超豪

在一般空间微分几何学颇有建树的谷超豪,生于浙江省永嘉县城,1948 年大学毕业后留校任助教,1952 年晋升为讲师;1953 年到复旦大学从事教学科研工作,1956 年晋升为副教授;1957 年到苏联莫斯科大学力学数学系进修,1959 年通过博士论文答辩,被授予物理-数学科学博士学位,是第一个在莫斯科大学作博士论文答辩且被授予博士学位的中国人;1959 年 7 月回国在复旦大学任微分方程教研组主任,1960 年晋升为教授;1962 年受聘任全国科学技术委员会数学组组员;1962 年任复旦大学数学研究所副所长;1980 年当选中国科学院学部委员;1982 年任复旦大学副校长;1988 年任中国科学技术大学校长;1999 年任温州大学校长;2009 年获国家最高科学技术奖.

谷超豪主要从事偏微分方程、微分几何、数学物理方法等方面的研究和教学工作,在一般空间微分几何学、齐性黎曼(Riemann)空间、无限维变换拟群、双曲型和混合型偏微分方程、规范场理论、调和映照和孤立子理论等方面取得了系统、重要的研究成果,特别是首次提出了高维、高阶混合型方程的系统理论,在超音速绕流的数学问题、规范场的数学结构、波映照和高维时空的孤立子的研究中取得了重要的突破.他是一位向(几何学或物理学方面的)难题进攻并解决该难题的偏微分方程专家.

谷超豪 2006 年卸任温州大学校长职务,将 7 年里温州大学支付的 140 万元薪资全部捐还,以给贫寒学子设立奖学金.复旦大学为纪念谷超豪教授对数学事业的杰出贡献、激励青年数学工作者投身数学事业、努力做出具有创造性的数学研究工作而设立了"谷超豪奖",并于 2013 年举办了首届"谷超豪奖"颁奖仪式.2009 年,经国际小行星中心和国际小行星命名委员会批准,一颗国际编号为 171448 的小行星被命名为"谷超豪星".

7. 胡和生

为我国微分几何学的发展做出杰出贡献的胡和生,生于上海,籍贯江苏南京,1945—1948 年在西安交通大学数学系学习;1950 年初毕业于大夏大学(今华东师范大学)数理系;1952 年浙江大学数学系研究生毕业;1956 年调至复旦大学任教;1991 年当选为中国科学院学部委员;2002 年应邀为世界数学家大会演讲人.

胡和生长期从事微分几何研究,早期研究超曲面的变形理论、常曲率空间的特征等问题,发展和改进了几位著名数学家的工作.在黎曼空间运动群方面,她给出确定黎曼空间运动群空隙性的一般方法,在关于规范场强场能否决定规范势的研究中取得深入成果,在对具质量规范场的解的研究中第一个得到经典场论中不连续的显式事例;在研究规范场团块现象和球对称规范势的决定等问题中,都取得难度大、水平高的重要成果.

胡和生与丈夫谷超豪同为院士,她长期担任复旦大学数学研究所微分几何研究室主任,并担任国家自然科学基金会重点项目"整体微分几何和物理应用"的负责人,对推进我国微分几何事业发展做出很大贡献.

8. 丘成桐

几何分析学科的奠基人丘成桐,原籍广东梅州,出生于广东汕头,随父母移居香港,1966 年进入香港中文大学数学系,1969 年提前修完四年课程,为美国伯克利加州大学陈省身教授所器重,破格录取为研究生.在陈省身的指导下,丘成桐 1971 年获博士学位,其博士论文巧妙地解决了当时十分著名的"沃尔夫猜想".他于 1976 年成为斯坦福大学数学教授,1994 年当选为中国科学院首批外籍院士,2009 年任清华大学数学研究中心主任.

丘成桐于 1978 年应邀在芬兰举行的世界数学家大会上作题为《微分几何中偏微分方程作用》的学术报告,这一报告代表了 20 世纪 80 年代前后微分几何的研究方向、方法及其主流;1981 年获得了美国数学会的维布伦(Veblen)奖,这是世界微分几何界的最高奖项之一;1982 年被授予菲尔兹(Fields)奖章.

丘成桐在 1976 年对卡拉比(Calabi)猜想的证明中阐明了"万有理论"所要求的十维时空大部分都卷曲起来,消失于现在被称为卡拉比-丘空间的视野之外.1973 年丘成桐又证明了另外一个关于爱因斯坦(Einstein)广义相对论的重要结果:爱因斯坦方程的任何解都必须具有正能量.从此,丘成桐开始了他的跨学科研究生涯,也因此与物理学家霍金(Hawking)结成好友.

9. 张景中

拓展平面几何新路的张景中,河南省汝南县人,1954 年进入北京大学数学力学系学习;1979 年任中国科技大学数学系讲师,1981 年升为副教授;1985 年起在中国科学院成都分院工作,任数理科学研究室主任、研究员;1995 年 10 月当选中国科学院院士.

张景中在距离几何的研究中,提出了"度量方程",解决了伪欧几里得空间等距嵌入等一些该领域长期未解决的难题,他和杨路合作完成的这些工作和发表的论文,实际上已经开辟了一个很活跃的研究领域.其成果《几何定理机器证明理论与算法新进展》1995 年获"中科院自然科学奖一等奖",1997 年获"国家自然科学奖二等奖".张景中"教育数学丛书"《平面几何新路》《平面几何新路——解题研究》《平面几何新路——基础研究》被评为"第九届中国图书奖"一等奖和"全国教育图书奖"一等奖.

张景中在几何学方面提出了面积解题方法,并用于机器证明的研究,使几何定理可读证明的自动生成这个多年来进展甚小的难题得到突破;创立计算机生成几何定理可读证明的原理和算法,这项成果被权威学者认为是使计算机能像处理算术一样处理几何工作的"里程碑";创立定理机器证明的数值并行方法的原理和算法;对几何定理机器证明的吴方法进行了改进和发展,创立了含参结式法、升列组的 WR 分解算法,彻底解决了可约升列相对分解问题;创立了教育数学的思想和方法.

10. 朱德祥

编、译几何教材的朱德祥,出生于江苏南通,1932 年毕业于南通师范学校,留校任职员并代课,工作之余努力自学数学;1934 年决定就读清华大学数学系的清寒公费生,读大学的最后一年,课余翻译外文数学专著,后留昆明师范学院任教. 他的几何学系列教材获首届全国优秀教学成果奖,《高等几何》获全国优秀教材奖.

朱德祥为我国现代数学教育,特别是几何学教育,作出了杰出的贡献,被誉为"20 世纪云南教育界的一代宗师". 鉴于朱德祥在几何学方面的精深造诣,教育部指定他编写了 3 部高校数学教材,至今仍在印刷使用. 掌握英、法、德、俄四种语言的他翻译了多部国外数学专著,至 21 世纪初,其译著累计发行达 200 多万册,堪称奇迹.

朱德祥胸怀宽广,诚挚朴实,屡拒名利. 1962 年,他晋升为二级教授,工资较高,便多次要求学校降低工资,但因不符政策规定而未被接受. 于是,他就两个月只领一个月的工资. 为表彰他的懿德嘉行、激励学生,学校于 1983 年用他未领的工资设立了奖学金. 作为云南师范大学学子的一项最高荣誉,"朱德祥奖学金"一直发放至今.

11. 梁绍鸿

我国平面几何与几何运算研究领域先驱者之一的梁绍鸿,出生于广西百色,1934年初中毕业后,在西江学院任图书管理员;在西江学院迁南宁之后,留百色任小学教师和公路局会计多年,精通珠算. 1944—1949 年,梁绍鸿在家协助父亲记账,并从事数学研究,进行数学论述,积累资料百余万字.

梁绍鸿对几何的贡献有:著有《密布两氏图象相关与推广的研究》《几何运算的基本原理》《近世几何学研究之一:朋力点》《近世几何学研究之二:九点圆图象之推演》,1954 年与人合作翻译俄文版《初等几何学教程》(下卷:空间几何学),1958 年又著《初等数学复习及研究(平面几何)》一书,1979 年病重前著《初等几何》一书.

梁绍鸿在百色期间,将《近世几何学研究之一:朋力点》一书寄给武汉大学数学系刘正经教授审阅. 刘教授认为该书含新论点,且有推广价值,即向北京师范大学数学系傅仲孙主任推荐. 梁绍鸿于 1950 年被聘为北京师范大学数学系助教,不久被提升为讲师、副教授. 这里还特别值得一提的是,由陈省身大师亲笔题词的《初等数学复习及研究(平面几何)》,是国内初等几何学方面的一部集大成之作,曾作为高等师范院校开设的平面几何课程的通用教材,风行大江南北,培育出了一大批有扎实初等几何基础的中学数学教师.

§1.9 笛卡儿的几何思想方法

笛卡儿,法国人,伟大的哲学家、物理学家、数学家、生理学家,解析几何的创始人. 他的著作主要有《思想的指导法则》《世界体系》《更好地指导推理和寻求科学真理的方法论》(简称《方法论》)等.《方法论》的附录之一《几何学》中包括了他关于解析几何和代数的思想.

在笛卡儿之前,几何与代数是数学中两个不同的研究领域. 笛卡儿站在方法论的自然哲学的高度,认为希腊人的几何学过于依赖图形,束缚了人的想象力. 对于当时流行的代数学,他觉得它完全从属于法则和公式,不能成为一门改进智力的科学. 因此他提出必须把几何与代数的优点结合起来,建立一种"真正的数学". 笛卡儿的思想核心是:把几何学的问题归结成代数形式的问题,用代数学的方法进行计算、证明,从而达到最终解决几何问题的目的. 依照这种思想,他创立了我们现在称为"解析几何学"的数学分支. 1637 年,笛卡儿发表了《几何学》,创立了平面直角坐标系. 其思想方法主要表现在以下几方面:

(1) 引入坐标观念. 笛卡儿从天文和地理的经度和纬度出发,指出平面上的点和实数对 (x,y) 的对应关系,从而建立起坐标的观念.

(2) 用方程表示曲线. 笛卡儿把互相关联的两个未知数的任意代数方程看成平面上的一条曲线. 考虑二元方程 $F(x,y)=0$ 的性质,满足这个方程的 x,y 值有无穷多个,当 x 变化时,y 也跟着变化,x,y 的不同的数值确定平面上许多不同的点,便构成了一条曲线. 具有某种性质的点之间有某种关系,笛卡儿说"这关系可用一个方程来表示",这就是用方程来表示曲线的思想. 这样,就可以用一个二元方程来表示平面曲线,并根据方程的代数性质来研究相应曲线的几何性质;反过来,可以根据已知曲线的几何性质,确定曲线的方程,并用几何的观点来考察方程的代数性质.

(3) 推广了曲线的概念. 笛卡儿不但接纳以前被排斥的曲线,而且开辟了整个曲线领域. 笛卡儿所说的曲线,是指具有代数方程的那一种. 他认为,几何曲线是那些可用唯一的含 x 和 y 的有限次代数方程来表示的曲线. 这就取消了"曲线是否存在取决于它是否可以画出"这个判别标准. 但是,笛卡儿关于曲线概念的推广并不彻底,几何曲线未必都能用代数方程表示出来. 莱布尼茨(Leibniz)把有代数方程的曲线叫代数曲线,否则叫超越曲线. 实际上笛卡儿及其同时代人都以同样的热情去研究摆线、对数曲线、对数螺线和其他非代数曲线.

(4) 按方程的次数对几何曲线分类. 按照笛卡儿的观点,含 x 和 y 的一次和二次方程的曲线属于第一类,即最简单的类;三次和四次方程的曲线构成第二类;五次和六次方程的曲线构成第三类;余类推. 之所以如此分类,是因为笛卡儿相信每一类中高次的可以化为低次的. 如四次方程的解可以通过三次方程的解来求出. 然而他这个信念是不对的.

笛卡儿的《几何学》标志着解析几何学的诞生,是数学史上划时代的著作,开创了数学发展的一个崭新时代. 恩格斯(Engels)说:"数学中的转折点是笛卡儿的变数. 有了变数,运动进入了数学;有了变数,辩证法进入了数学;有了变数,微分和积分也就立刻成了必要的了."这段话正确地评价了笛卡儿的坐标法在几何思想方法上的历史功绩.

习　题

A 必做题

1. 欧几里得的《原本》对几何学的发展有何重大影响?

2. 欧几里得第五公设问题在几何发展中占有什么特殊重要地位?

3. 什么是公理体系?什么是希尔伯特公理体系?

4. 什么是非欧几里得几何?它是怎样产生的?它有什么应用?

5. 笛卡儿的几何思想对几何学的发展有何重大影响?

6. 数学课堂教学中如何渗透几何文化?

B 选做题

7. 几何文化对素质教育和创新教育有何重大影响?

8. 几何文化有何美学价值?

9. 几何文化对培养学生良好的思维品质有何重大作用?

10. 什么是课堂文化?几何文化对数学课堂文化有何重大影响?

11. 什么是校园文化?几何文化对校园文化有何重大影响?

C 思考题

12. 什么是数学文化?

13. 社会文化的发展对几何文化的发展有何重大影响?

14. 为什么说几何文化光辉灿烂?

15. 中国对光辉灿烂的几何文化增添了哪些光彩?

16. 当代世界数学课程改革对几何文化的发展有何重大影响?

第一章部分习题

参考答案

第二章　科学严谨的几何证明

历史证明,仅仅有经验的积累,还不能上升为理论而构成系统的科学.古埃及丰富的几何知识的积累,一经与古希腊的形式逻辑相结合,便使几何学光照寰宇,成为最早成熟的科学典范.这里起作用的是科学严谨的逻辑推理.所谓几何证明,就是由假设,根据公理、定理、定义、公式、性质等数学命题,经过逻辑推理得出结论.推理的每一步都要求科学严谨,每次都要言必有据、逐步深入.因此,几何证明是培养学生逻辑推理能力的最好方法,迄今为止还没有其他方法能够替代几何证明的这种地位.

§2.1　简明逻辑知识

§2.1.1　数学命题

1. 判断

我们学过的几何知识常常用一些语句来表达.例如,经过两点有且只有一条直线;三角形的三个内角之和为一个平角;三条高相等的三角形是等边三角形;等高三角形的面积比等于底之比;三角形的三条中线交于一点等.这些语句有一个共同的特点:它们都是判断某一事物的句子.

对事物情况有所肯定或者有所否定的思维形式叫做判断.判断一般具有三种形式:一是判断某个属性是否属于这个或那个事物.例如,$\triangle ABC$ 是等边三角形.二是判断思维对象间的关系.例如,三角形三个内角之和等于 $180°$.三是判断各个思维对象间的制约关系.例如,直线 l 经过直线 a 与 b 的交点 P.

判断作为一种思维形式不能离开语句而存在,语句是判断的语言表达形式,而判断则是语句所表达的思想内容.二者有联系,也有区别,但不是一一对应的.为此应注意两点:

第一,同一判断可用不同的语句来表达.例如,"平行四边形对角相等""没有哪个平行四边形的对角是不相等的""绝不会有对角不等的平行四边形",等等,它们的区别仅仅是语言表达的形式不同,而实质一样.

第二,不是所有的语句都表示判断.例如,疑问句不能表示判断,如"三角形是多边形吗?"就不是判断.

如果判断正确地反映了事物间的关系,这种判断称为真判断,否则称为假判断.例如,"对顶角相等"是真判断;"相等的两个角都是对顶角"是假判断.

2. 命题

表达判断的陈述句叫做命题. 数学中的判断语句, 通常称为数学命题. 例如, 等腰三角形两底角相等; $\triangle ABC \backsim \triangle A_1 B_1 C_1$ 等都是数学命题.

表达一个真判断的命题 A, 我们说 A 成立; 或说 A 是一个真命题; 或说 A 的真值(简称值)等于 1, 简记为 $A=1$. 表达一个假判断的命题 B, 我们说 B 不成立; 或说 B 是一个假命题; 或说 B 的真值等于 0, 简记为 $B=0$. 在"二值"逻辑里, 一个命题的真值或者是 1 或者是 0, 但不可能既是 1 又是 0.

根据已知的概念和真命题, 遵循逻辑规律, 运用正确的逻辑方法可以证明其真实性的命题叫做定理.

由于证明命题要以已知的真命题作为根据, 作为根据的真命题的证明又要根据另一些已知的真命题. 这样一来, 在真命题的序列中, 必有某些真命题不能由别的真命题推导出来, 这样的真命题叫做该学科系统中的公理. 例如, 立体几何中的三个公理:

公理 1 如果一条直线上的两点在一个平面内, 那么这条直线上所有的点都在这个平面内.

公理 2 如果两个平面有一个公共点, 那么它们有且只有一条通过这个点的公共直线.

公理 3 经过不在同一直线上的三点有且只有一个平面.

数学上的公理是一切数学命题的出发点, 是数学的基础命题. 它的真实性一般是经人类亿万次的实践检验后归纳和总结出来的.

数学体系中的公理, 要求具有不矛盾性、独立性和完备性. 但在中学数学教材中, 往往为了照顾学生接受能力, 而不要求公理系统具有独立性. 如将定理"两条直线被第三条直线所截, 如果同位角相等, 则此二直线平行"; 全等三角形的两个判定定理当作公理来用就是例证.

3. 命题形式

命题可真可假, 非真即假, 但不能含糊不清. "直角三角形两锐角互余""任意三角形的三边都相等""锐角比钝角大"都是命题, 但只有第一个是真的, 其余两个是假的. 命题不仅有真假之分, 而且还有简单命题与复合命题之别. 复合命题又分为五种形式.

在数学中用联结词"不"形成的命题, 称为命题的否定式. 它表明: 若某一命题为"真", 则此命题的否定必"假"; 反之, 若某一命题为"假", 则此命题的否定必"真".

例如, 命题"对角线互相平分的四边形是矩形"(假), 其否定"对角线互相平分的四边形不一定是矩形"(真).

在数学中用联结词"与"(或用"并且")将两个简单命题组合成一个复合命题, 称为命题的合取式. 它表明: 若两个简单命题同时为真, 则其合取式为真; 只要这两个简单命题中至少有一个为假, 则其合取式亦为假.

例如, "$\triangle ABC$ 是等腰三角形"(真), "$\triangle ABC$ 是直角三角形"(真), 则其合取式

"$\triangle ABC$ 是等腰直角三角形"(真).

在数学中用联结词"或"将两个简单命题组合而成的复合命题称为命题的析取式. 它表明:若两个简单命题中至少有一个为"真",则其析取式为"真";只有两个简单命题都为"假",其析取式才为"假".

例如,"四边形 $ABCD$ 是正方形""四边形 $ABCD$ 是矩形"均为"假",则其析取式"四边形 $ABCD$ 是正方形或矩形"为"假".

在数学中用联结词"若(如果)…,则(那么)…"将两个简单命题组成一个复合命题,称为命题的蕴含式. 假设 A,B 表示两个简单命题,则其蕴含式为"若 A,则 B". 它表明:除去 A 是"真"且 B 是"假"的情况外,"若 A,则 B"都为"真".

例如,在下列四个命题

(1) 若 $-1>2$(假),则 $(-1)^2>2^2$(假);

(2) 若 $-4>3$(假),则 $(-4)^2>3^2$(真);

(3) 若 $1>-2$(真),则 $1^2>(-2)^2$(假);

(4) 若 $3>2$(真),则 $3^2>2^2$(真)

中,仅(3)是假命题,其余三个命题都是真命题.

在数学中用联结词"当且仅当"(或说"必须而且只需")组成的复合命题称为命题的等值式(或称等价式). 它表明:只有当两个简单命题同时为"真"或同时为"假"时,其等值式才为"真",除此以外为"假".

例如,"$3>5$"(假),"$5>6$"(假),则其等值式"$3>5$ 必须而且只需 $5>6$"(真).

4. 命题的四种变化

我们先来介绍两个名词. 一个名词叫命题的换位,即把一个命题的前提和结论互换其地位,前提变为结论,结论变为前提. 换位以后的命题称为原命题的逆命题. 因而,逆命题的逆命题就变回为原命题,二者互为逆命题.

设原命题为"若 A,则 B",则逆命题为"若 B,则 A",以符号表达,原命题是 $A \Rightarrow B$,逆命题是 $B \Rightarrow A$.

另一个名词叫做命题的换质,即把命题的两部分同时加以否定,至于地位则保持不变. 换质以后的命题称为原命题的否命题. 否定的否定就是肯定,因而否命题的否命题就变回为原命题,二者互为否命题.

否定 A,B(即 A,B 的反面)记为 $\overline{A},\overline{B}$. 所以,否命题以符号表示为 $\overline{A} \Rightarrow \overline{B}$.

一个命题经过换位或换质可得出四个命题:

(1) 原命题:若 A,则 B ($A \Rightarrow B$);

(2) 逆命题:若 B,则 A ($B \Rightarrow A$);

(3) 否命题:若 $\overline{A}$,则 $\overline{B}$ ($\overline{A} \Rightarrow \overline{B}$);

(4) 逆否命题:若 $\overline{B}$,则 $\overline{A}$ ($\overline{B} \Rightarrow \overline{A}$).

这四个命题的关系,如图 2.1 所示.

值得注意的是:将一个命题换质以后再跟着换位,或换位以后再跟着换质,都达到了既换位又换质的目的. 这即是说,否命题的逆命题以及逆命题的否命题,都是原命题的逆否命题.

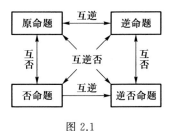

图 2.1

命题既然有真有假,那么这四个命题的真假之间应该有一定的内在联系.

例 1

(1) 菱形的对角线互(相)垂(直)　　　　　　　(真);

(2) 若四边形的对角线互垂,那么它是菱形　　(假);

(3) 若四边形不是菱形,那么它的对角线不互垂　(假);

(4) 若四边形的对角线不互垂,那么它不是菱形　(真).

例 2

(1) 三角形中若两边相等,则其对角亦等　　　　(真);

(2) 三角形中若两角相等,则其对边亦等　　　　(真);

(3) 三角形中若两边不等,则其对角亦不等　　　(真);

(4) 三角形中若两角不等,则其对边亦不等　　　(真).

例 3

(1) 若四边形四边相等,则为正方形　　　　　　(假);

(2) 若四边形为正方形,则四边相等　　　　　　(真);

(3) 若四边形四边不等,则非正方形　　　　　　(真);

(4) 若四边形非正方形,则四边不等　　　　　　(假).

由例 1 知:原命题真,它的逆命题和否命题未必真. 所以,一个定理的逆命题和否命题,必须通过证明才能判断其是否成立.

由上面三例看出:(1)和(4)真则同真,假则同假. 事实上,这可以归纳为一条规律:互为逆否的两命题,真则同真,假则同假. 因此,(1)与(4)可以互推,(2)与(3)可以互推. 我们说原命题(1)与逆否命题(4)是等效或等价的;(2)与(3)互为逆否命题,也是等价的,即:原命题与逆否命题等价;逆命题与否命题等价.

由此可知,要证(1)—(4)四个命题同真,只要证(1)和(2),(1)和(3),(2)和(4),(3)和(4)四组中有一组成立就够了.

5. 充分条件,必要条件,充要条件

在定理 $A \Rightarrow B$ 中,条件 A 称为性质 B 的充分条件,B 称为 A 的必要条件.

A 是 B 的充分条件也称为 A 的充分性,A 是 B 的必要条件也称为 A 的必要性. 如果 A 既是 B 的充分条件,也是 B 的必要条件,则称 A 是 B 的充要条件. 这时 B 亦为 A 的充要条件.

因此,如欲确定 A 是否为 B 的充分条件,只要检查命题 $A \Rightarrow B$ 是否成立,或者检

查逆否命题 $\overline{B}\Rightarrow\overline{A}$ 是否成立;如欲确定 A 是否为 B 的必要条件,只要检查逆命题 $B\Rightarrow$ A 是否成立,或者检查否命题 $\overline{A}\Rightarrow\overline{B}$ 是否成立;如欲确定 A 是否为 B 的充要条件,一般应该分别检查充分性与必要性.

在数学中,必须区分三种类型的条件,才能正确地进行判断和论证.

一是充分而非必要条件. 这时,原命题为真而逆(或否)命题为假. 例如,"若两个几何图形全等,则这两个图形等积"(真);"若两个几何图形等积,则这两个图形全等"(假). 所以,两个图形全等是这两个图形等积的充分而非必要条件.

二是必要而非充分条件. 这时,原命题为假,而逆(或否)命题为真. 如上例,两个图形等积是这两个图形全等的必要而非充分条件. 这一条件既不可以撤换,又不一定完全保证事件的成立.

三是充分而且必要的条件. 这时,原命题和逆(或否)命题必须同时为真. 例如,三个数 a,b,c 不全为零的充要条件是其中至少有一个不是零.

应当注意的是:条件 A 对于条件 B 可能是既不充分也不必要的. 例如,

$$A:\alpha+\beta \text{ 是第一象限的角}; \quad B:\alpha \text{ 与 } \beta \text{ 都是第一象限的角}.$$

这里,只要举反例就可以说明. 如 $\alpha+\beta=\dfrac{\pi}{3}$ 是第一象限的角,而 $\alpha=\dfrac{2\pi}{3},\beta=-\dfrac{\pi}{3}$ 都不是第一象限的角. 这说明 A 真并不能保证 B 真,即 A 不是 B 的充分条件. 又如 $\alpha=\dfrac{\pi}{3},\beta=\dfrac{\pi}{4}$ 都是第一象限的角,但 $\alpha+\beta=\dfrac{7\pi}{12}$ 不是第一象限的角. 这说明 A 也不是 B 的必要条件. 因此,A 既不是 B 的充分条件,也不是 B 的必要条件.

我们在解答有关充分、必要条件的基本问题时,首先要弄清已知条件和要求证的结论,然后再应用上述概念和方法作出论断.

例 1 试证:$\triangle ABC$ 能够内接于半径为 1 的圆的必要条件是至少有一边不大于 $\sqrt{3}$. 这个条件是充分的吗?

分析 至少有一边不大于 $\sqrt{3}$,包括一边、二边、三边不大于 $\sqrt{3}$ 三种情况. 直接证明情况较多,而且用直接法不易证明. 但是,结论的否定只有一种情形:三边都大于 $\sqrt{3}$. 因此,本题用反证法为宜.

证明 设 $\triangle ABC$ 中 $BC=a,AC=b,AB=c$. 又假设 $\triangle ABC$ 的三边都大于 $\sqrt{3}$,即 $a>\sqrt{3},b>\sqrt{3},c>\sqrt{3}$.

由正弦定理得

$$a=2\sin A>\sqrt{3}\Rightarrow\sin A>\frac{\sqrt{3}}{2}\Rightarrow 60°<A<120°.$$

同理,$B>60°$,$C>60°$,则 $A+B+C>180°$,与三角形内角和定理矛盾. 因此 a,b,c 中至少有一边不大于 $\sqrt{3}$,即 $\triangle ABC$ 三边中至少有一边不大于 $\sqrt{3}$.

这个条件不是充分条件. 例如,若 $a=1,b=2.2,c=2.1$,则 $a=1<\sqrt{3}$ 满足条件,但

b,c 都大于圆的直径,显然不能内接于半径为 1 的圆.

例 2　在下面各小题中,指出 A 是 B 的充分、必要还是充要条件.

	A	B	A 是 B 的什么条件
(1)	四边形 $ABCD$ 为平行四边形	四边形 $ABCD$ 为矩形	必要条件
(2)	$a = 3$	$|a| = 3$	充分条件
(3)	$\theta = 150°$	$\sin\theta = \dfrac{1}{2}$	充分条件
(4)	点 (a,b) 在圆 $x^2 + y^2 = R^2$ 上	$a^2 + b^2 = R^2$	充要条件

§2.1.2　数学推理

1. 形式逻辑的基本规律

数学推理必须以形式逻辑的基本规律为依据. 考虑到中学生的接受能力,这些规律在中学数学里不作正面讲述,教师可以结合教材有目的地进行示范和渗透.

形式逻辑的基本规律有:

(1) **同一律**,公式:"A 是 A"(A 表示概念或判断).

在同一论证过程中,概念和判断的意义必须前后保持一致,亦即有确定性. 也就是说,在同一论证过程中的概念和判断不得中途变更或含混不清. 违反同一律的逻辑错误叫做偷换概念.

(2) **矛盾律**,公式:"A 不是 $\overline{A}$"(A 表示判断).

在同一论证过程中,对同一对象的两个互相矛盾(或对立)的判断,不能同真,其中至少有一个是假的. 也就是说,在同一论证过程中,我们不能同时承认相互矛盾或对立的判断. 违反矛盾律的错误叫做自相矛盾.

(3) **排中律**,公式:"或者是 A,或者是 $\overline{A}$"(A 表示判断).

在同一论证过程中,对同一对象所作的肯定判断或否定判断,这两个互相矛盾的判断必有一个是真的,也就是说,不可能有第三种情况存在. 排中律要求人们的思维具有明确性,避免模棱两可. 违反排中律的错误也叫自相矛盾.

(4) **充足理由律**,公式:"之所以有 B 是因为有 A"(A,B 都表示判断).

任何一个真实的判断必须有真实的理由,也就是说,对任何事物的肯定或否定都要以充足的理由为根据. 若 A 是 B 的充足理由,则 A 是 B 的充分条件,B 是 A 的必要条件. 违反充足理由律的常见逻辑错误有:理由虚假,不能推出等.

注　(1) 同一律要求的"同一"是相对的、有条件的,在不同的科学系统的不同论证过程中,对同一个概念或判断允许有不同的认识.

(2) 矛盾律是对同一律的引申,它用否定形式来表达同一律的内容. 因此矛盾律是否定判断的基础,其目的是排除思维中的逻辑矛盾.

(3)排中律是对同一律和矛盾律的补充,它和矛盾律一样,承认客观事物的矛盾性,其目的也是排除思维中的逻辑矛盾.

数学推理,要求概念和判断要确定(同一律),判断不能自相矛盾(矛盾律),不能模棱两可(排中律),有充足理由(充足理由律),这就是推理所必须遵循的思维规律.这四条规律是紧密联系、互相制约的,例如,违反了前三条就必然没有充足理由了.

根据判断之间的关系,以一个或几个已有判断作出一个新判断的思维过程叫做推理.按照推理的逻辑过程,可将它分为归纳推理、演绎推理和类比推理三种形式.在几何证明过程中,经常运用这三种推理.

2. 归纳推理

归纳是由个别、特殊到一般的认识过程,是通过对特殊情形或事物的一部分进行观察与综合,进而发现和提出关于一般性结论或规律的过程,是通过揭露对象的部分属性过渡到对象的整体属性的过程.

归纳的本质特征是,虽然考察的只是若干个别现象,但是所得结论却能超出考察的范围.归纳的认识依据在于同类事物的各种特殊情形中蕴含的同一性和相似性.归纳不仅是一种逻辑推理方法,也是一种科学研究发现的方法.

归纳一般是从观察开始,先收集有关的观察材料,然后考察它们并加以比较,注意到一些规律性,最后把零零碎碎的细节归纳成有明显意义的整体.这与考古学家从破石碑上零零散散的文字考证出全部材料,或古生物学家从几片烂碎骨头推出古代动物的整体形态的过程极其相似.

从各方面看,数学是研究归纳推理的最合适的工具.数学中的绝大多数定理都是经归纳、猜想得到的.至于严格的证明往往是后来补做的工作.而且在许多情况下,提出猜想的过程已经蕴含了对命题的直观证明或不严格证明.

根据考察的对象范围是涉及了某类事物的一部分还是全体,可把数学中运用的归纳法分为两种类型:不完全归纳法与完全归纳法.

(1)完全归纳法

完全归纳法是在研究事物的一切特殊情况所得结论的基础上,得出有关事物的一般性结论的方法,即根据某类事物的前提对象具有某种属性进行概括的一种思考方法.例如,由圆、椭圆、抛物线、双曲线均是二次曲线,归纳出圆锥曲线是二次曲线,用的就是完全归纳法.

由于完全归纳法考察事物的各种情形或每个对象,所以只要考察各种情形或每个对象之后得出的结论是真实的,则最后所得结论也必定是真实的.由此,完全归纳法是可靠的.但在运用完全归纳法进行推理时,要注意对所考察事物的各种特殊情形都要进行讨论,不能重复也不能遗漏.为此,使用完全归纳法时,必须先作一个划分,而后进行证明.其模式如下:

要证明 $A \Rightarrow B$.

方法:作一个划分 $A \Leftrightarrow A_1, A_2, \cdots, A_n$;

　　用演绎法证明 $A_1 \Rightarrow B$;

　　用演绎法证明 $A_2 \Rightarrow B$;

　　……

　　用演绎法证明 $A_n \Rightarrow B$;

　　作归纳推理,得出 $A \Rightarrow B$.

完全归纳法在数学中分为穷举归纳法与类分归纳法两种.

穷举归纳法是数学中常用的一种完全归纳法.用它对具有有限个对象的某类事物进行研究时,先将该事物所有对象的属性分别讨论,若肯定它们都具有某一属性,则可以得到这类事物都有这一属性.

例 1　设在 $\odot O$($\odot$表示圆)内引一条直径 PA 和另一弦 PB(图 2.2(a)),由"三角形一外角等于不相邻两内角之和"这个定理得 $\angle AOB = 2\angle APB$.

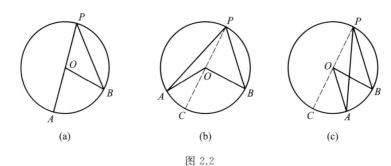

图 2.2

当 PA(图 2.2(b)(c))为任一弦,点 O 在 $\angle APB$ 内或在其外时,这个等式也成立.于是归纳为一个定理:

同弧所对的圆心角是圆周角的两倍.

在数学中考察的对象大多数是无穷多的.此时,穷举归纳法就不适用.然而对于有些无限多的对象,如果可将其分为有限的几个类来分别研究,则要用下面的类分归纳法.

先对研究的对象按前提中可能存在的一切情况进行分类,再按类分别进行证明.如果每一类均得证,则结论就得到了,此即类分法.

类分法是一种重要的完全归纳法,它在许多数学问题的论证或解答中起着重要作用,特别是可用于研究以下两类问题:

其一,因已知条件本身或相互关系发生变化,其论证或解答的根据亦随之有所不同,这时就不能只考虑某种特殊情况,而必须把前提中一切可能的特殊情况都考察完,再进行归纳推理,这种推理的根据才是充分的.

例如,三角形的三条高线共点定理、正弦定理等,其证明可以分别就锐角三角形、直角三角形和钝角三角形进行,因为每种特殊情况的证明所用的根据不尽相同.

其二,有些数学问题一时难以找到或无法找到一种能够适合所有情况的解题方法,但如果把前提加以适当分类,则可化难为易,此时也适合运用类分归纳法.

例 2 能否用一条直线把一个三角形截成两个互相相似的三角形.

分析 虽然研究对象是无限的,但可用类分法把三角形分成有限种,然后按类型来研究. 从三角形三边关系可以把三角形分成等边三角形、等腰三角形(非等边三角形)和不等边三角形(即无任何两边相等的三角形).

① 等边三角形. 一条直线要把一个三角形分成两个三角形,那么这条直线必须过三角形的一个顶点并与此顶点的对边相交(图 2.3),这样分成的两个三角形一定有一组角是相等的. 因此,要使截成的两个三角形相似,图 2.3 另外两组角也必须相等. 所以这样的截线只能是内角平分线,而等边三角形有三条内角平分线,也就有三解.

② 等腰三角形(非等边三角形),此时截线可分为过顶角顶点的截线和过底角顶点的截线两种情况.

截线过顶角顶点的情况与①相同,得一解.

截线过底角顶点,不妨设截线为 BD(图 2.4),此时在等腰 $\triangle ABC$(非等边三角形)中,有

$$\angle C = \angle ABC \neq \angle A, \quad \angle ABD < \angle C < \angle ADB.$$

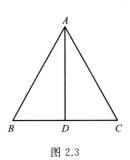

图 2.3

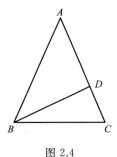

图 2.4

所以 $\triangle BCD$ 中的 $\angle C$ 不等于 $\triangle ABD$ 中的任一内角,可知 $\triangle BCD$ 与 $\triangle ABD$ 不会相似,即在此种情况下无解.

因此在等腰三角形(非等边三角形)时只有一解.

③ 不等边三角形,又可分为锐角不等边三角形、直角不等边三角形、钝角不等边三角形三种情况.

对锐角不等边三角形,如图 2.5 所示,不妨设截线为 BD,则

$$\angle BDC > \angle A, \quad \angle BDC > \angle ABD.$$

因此,要使 $\triangle BDC \backsim \triangle BDA$,只有使 $\angle BDC = \angle BDA$,于是截线 BD 必须垂直于 AC. 但由于 $\angle C \neq \angle A$,因此 $\angle C$ 只能

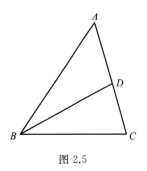

图 2.5

与∠ABD 相等. 而当 BD⊥AC 时,∠ABD 与∠A 互余,于是∠C 与∠A 互余. 这就要求∠B 为直角,与锐角三角形定义不符,故此种情况无解.

对直角不等边三角形,从上述探讨中可知此时有一解,截线为直角三角形斜边上的高.

对钝角不等边三角形,同样可知,此时无解.

综合①—③可知,问题当且仅当三角形为等腰三角形(包括等边三角形)或直角三角形时才有解. 由于等腰三角形顶角平分线就是底边上的高,因此有解时截线可以归纳为等腰三角形底边上的高或直角三角形斜边上的高.

能够应用完全归纳法来研究的问题,应具备的条件是:被研究的问题只有有限个对象或虽有无限多个对象但能进行有限的分类. 事实上,在我们所研究的问题中,有很多问题有无穷多个对象又不能进行有限的分类,有些虽只有有限个对象,但数目很大,要穷举亦非易事,研究这类问题常常需要运用不完全归纳法.

(2)不完全归纳法

在研究事物的某些特殊情况所得结论的基础上,得出有关事物的一般性结论的推理方法叫做不完全归纳法.

从逻辑观点上看,不完全归纳法是根据某类事物的部分对象具有某种属性,而推出该类事物全部对象都具有这种属性的一般性结论的一种归纳推理. 其推理模式为

$$S_1 \text{ 具有(不具有)} P$$
$$S_2 \text{ 具有(不具有)} P$$
$$\cdots\cdots\cdots\cdots$$
$$S_k \text{ 具有(不具有)} P$$
$$(S_1, S_2, \cdots, S_k \text{ 是 } A \text{ 类事物的部分对象})$$

结论:A 类事物具有(不具有)P

在数学中,不完全归纳法又分为枚举归纳法和因果关系归纳法.

枚举归纳法是找几个特殊对象进行试验,然后归纳出共性特征,最后提出一种比较合理的猜想的推理方法. 运用枚举归纳法的步骤是:

第一,枚举各种特殊情况. 尽量选择相互差异较大或较典型的情况加以观察,这是归纳的前提材料.

第二,整理从枚举的特殊情况中得到的材料和各种信息. 能否获得归纳结论往往与前提材料的整理有极大关系. 常根据不同设想和需要,从不同的研究角度去整理.

第三,对整理好的材料和信息进行观察、比较,探索其共性,然后归纳,提出对于一般情况的猜想.

第四,进一步选择一些特殊情况,尤其是那些似乎与归纳猜想不符合的个别情况来检验猜想,以使猜想更可靠.

上述步骤简单概括为:试验—归纳—猜想—检验. 至于要观察多少个特殊对象,

要视具体情况而定.

因果归纳法是将一类事物中部分对象的因果关系作为判断的前提而作出一般性结论的推理方法.

例3 平面上 n 条直线最多能将平面分成多少个平面块?

题目要研究最多的情况,因而有理由假定这 n 条直线中任意两条都相交,而且任意三条都不交于同一点. 以 $f(n)$ 表示 n 条直线将平面能分成的最多块数,并依次计算 $f(n)(n=1,2,\cdots)$.

$f(1)=2$ 这是显然的,一条直线 l_1 确实将一个平面分成两块.

$f(2)=4$,$f(2)$ 比 $f(1)$ 增加了两块,研究因果关系:当平面内增加一直线 l_2 时,l_1 与 l_2 有一个交点,这个交点把 l_2 分成两段,每一段都把所在的平面块一分为二,这样就增加了两块,于是可以说 $f(2)=f(1)+2$.

再添作直线 l_3,得 $f(3)=7$,$f(3)$ 比 $f(2)$ 增加 3,研究其因果关系,发现以上解释仍然适用:直线 l_3 与 l_1,l_2 分别相交,则 l_3 被两个交点分成三段,每一段将它所在的平面一分为二,各段增加一个平面块,共增加三块,即 $f(3)=f(2)+3$.

于是猜想:$f(4)$ 应比 $f(3)$ 增加 4. 一般地,当添加第 n 条直线时,l_n 被前 $n-1$ 条直线与之相交的 $n-1$ 个不同的交点分成 n 段,这 n 段将所在的每个平面块一分为二,从而增加 n 个平面块,亦即有

$$f(n)=f(n-1)+n=f(n-2)+(n-1)+n$$
$$=\cdots=f(1)+2+3+\cdots+(n-1)+n$$
$$=2+2+3+\cdots+(n-1)+n$$
$$=1+\frac{(1+n)n}{2}=\frac{n^2+n+2}{2}.$$

我们得到的 $f(n)$ 的表达式仍然是猜想,然而这个猜想的依据不再纯粹是枚举归纳中某些特殊现象共同特征,而是它们之间的因果关系. 这种由因果关系揭示的规律,比由某种特殊现象的共同特征所揭示的规律更接近事物的本质. 所以,由因果归纳法建立起来的猜想一般要比由枚举归纳法建立的猜想可靠性大一些. 至于因果归纳法是否能够揭示事物的本质,在很大程度上取决于人们对现象的分析和理解. 对同一现象的不同理解和分析,往往会得到不同的结果.

尽管不完全归纳法是似真推理,得出的结论可真可假,因而不能作为严格的数学论证方法,但是在探索数学真理的过程中,它却能使我们迅速发现一些客观事物的特征、属性和规律,为我们提供研究方向,提供猜想的基础和依据,是数学发现的手段之一. 高斯曾经说过,他的许多定理都是靠归纳发现的,证明只是一个补行的手续. 拉普拉斯(Laplace)也曾指出:"甚至在数学里,发现真理的方法也是归纳和类比." 不完全归纳法在数学研究中具有提出猜想和发现、探索真理的作用. 虽然猜想结果的正确性有待于证明,但猜想本身却为发现真理提供了线索,是发现真理的有效方法.

例 4 欧拉(Euler)公式的发现.

欧拉曾经观察一些特殊的多面体,如正方体、三棱柱、五棱柱、三棱锥、四棱锥、五棱锥、八面体、塔顶体(正方体上放一个四棱锥,图2.6)、截角立方体(图2.7)等,将每个多面体的面数 F、顶点数 V、棱数 E 整理出来并列成下表:

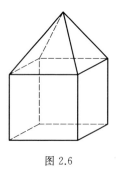 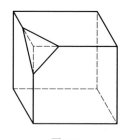

图 2.6 图 2.7

多面体	面数 F	顶点数 V	棱数 E
三棱锥	4	4	6
四棱锥	5	5	8
三棱柱	5	6	9
五棱锥	6	6	10
立方体	6	8	12
八面体	8	6	12
五棱柱	7	10	15
截角立方体	7	10	15
塔顶体	9	9	16
正二十面体	20	12	30
正十二面体	12	20	30

由表中数据可知均有 $V+F-E=2$ 成立.从而,他得出猜想:多面体的面数 F、顶点数 V、棱数 E 满足 $V+F-E=2$.

在没有证明以前,这还只是一个猜想.只有当欧拉用巧妙的压缩变形对普通情况证明之后,它就成了著名的欧拉公式.

3. 演绎推理

由一般原理推出特殊场合的知识的思维形式称为演绎推理.它是以某类事物的一般判断为前提作出这类事物的个别特殊事物的判断的推理方法.运用演绎推理的解题方法称为演绎法.

演绎推理的过程刚好和归纳推理的过程相反.归纳是从个别到一般的推理,演绎是从一般到个别的推理.或者说归纳是从一般性较小的前提导出一般性较大的结论的推理,演绎是从一般性较大的前提导出一般性较小的结论的推理.

演绎推理有多种形式,但在数学中运用得最多的是三段论式.一个三段论式由大前提、小前提和结论三个简单的判断组成.大前提是一个一般性原理,小前提给出了一个适合一般性原理的特殊场合,结论是大前提和小前提的逻辑结果.

三段论推理的基本模式是

$$大前提:一切 M 都是 P$$

$$小前提:S 是 M$$

$$\overline{}$$

$$结论:S 是 P$$

其中 P 称为大项,M 称为中项,S 称为小项.在这里,大项包含中项,中项包含小项,中项是媒介,在结论中媒介就消失了.

三段论推理的根据,用集合论的观点来讲,就是:若集合 M 的所有元素都具有性质 P,S 是 M 的子集,则 S 中所有的元素都具有性质 P.

由于演绎推理的特殊结论包含在一般性原理之中,因而它的前提和结论之间有着必然的联系.如果前提正确,推理又符合逻辑,那么由演绎推理所得结论就一定正确.因此,演绎推理是一种必然性的推理,它是逻辑论证中最常用的,也是数学证明常用的推理方法.

演绎的基本步骤是,要证明命题 $A \Rightarrow B$.选择论据 $A_1 \Rightarrow B_1$ 作为推理的前提,而且有 $A \Rightarrow A_1$,根据演绎推理三段论,推出 $A \Rightarrow B_1$;再选择论据 $A_2 \Rightarrow B_2$ 作为推理的前提,而且有 $B_1 \Rightarrow A_2$,根据演绎推理三段论,得出 $B_1 \Rightarrow B_2$;如此下去,直至得出 $B_{n-1} \Rightarrow B_n$;再选择论据 $A_{n+1} \Rightarrow B$,且 $B_n \Rightarrow A_{n+1}$,根据演绎推理三段论,得出 $B_n \Rightarrow B$.这样就得出一个系列:

$$A \Rightarrow B_1, \quad B_1 \Rightarrow B_2, \quad \cdots, \quad B_{n-1} \Rightarrow B_n, \quad B_n \Rightarrow B,$$

从而得出 $A \Rightarrow B$.问题得以解决.

例 1 因为平行四边形的对角相等 $A_1 \Rightarrow B$,

四边形 $ABCD$ 是平行四边形 $A \Rightarrow A_1$,

所以,四边形 $ABCD$ 的对角相等 $A \Rightarrow B$.

例 2 平行四边形的对角相等 $A_1 \Rightarrow B$,

菱形是平行四边形 $A \Rightarrow A_1$,

菱形的对角相等 $A \Rightarrow B$.

三段论推理必须满足两条要求:一是大、小前提都必须是正确的;二是大、小前提的结构关系必须是正确的.由于运用三段论推理时过程比较繁杂,因此往往采用省略形式,省略大前提,甚至大、小前提都省去.

例 3 已知,在 $\triangle ABC$ 中,$AB = AC$,BD 和 CE 分别是 $\angle ABC$ 与 $\angle ACB$ 的角平分线(图 2.8).求证:$BD = CE$.

证明 因为 $AB = AC$,所以 $\angle ABC = \angle ACB$(省略大前提).又因为

$$2\angle 1=\angle ABC, \quad 2\angle 2=\angle ACB,$$

所以 $\angle 1=\angle 2$(省略大前提).

在 $\triangle BDC$ 与 $\triangle CEB$ 中,

$$\angle DCB=\angle EBC, \quad BC=BC, \quad \angle 1=\angle 2,$$

所以 $\triangle BDC\cong\triangle CEB$(省略大前提), $BD=CE$(省略大、小前提).

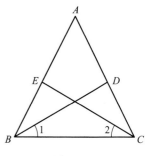

图 2.8

4. 类比推理

类比推理是从特殊到特殊的推理. 它是根据两个对象都具有一些相同或类似的属性,并且其中一个对象还具有另外某一属性,从而推出另一个对象也具有与该属性相同或类似的属性的推理. 其基础是对象与对象之间有某些相同或相似的性质. 运用类比推理来启发所研究的对象具有某种关系或属性的方法称为类比法.

类比可用如下公式表示:

系统甲中具有属性(或元素) a,b,c,d 且有关系 R

系统乙中具有属性(或元素) a',b',c'

系统乙中可能具有属性(或元素) d' 及关系 R',它们分别类似于 d 及 R

从上述类比公式中可总结出类比法的几个特征:

(1) 类比是由人们已经掌握了的事物的属性,推测正在被研究中的事物的属性,它以已有的认识作基础,得出新的结果;

(2) 类比是从一种事物的特殊属性推测另一种事物的特殊属性;

(3) 类比的结果是猜测性的,不一定可靠,但具有发现功能.

类比法是以比较为基础,通过对两个(或两类)不同的对象进行比较,找出相似点和近似程度,以此为依据,把其中一个对象的性质推移到另一个对象中去(猜想),然后通过实验或推理肯定或否定,它的作用可图示为

从具体问题或素材出发 — 类比 — 联想 — 预见 — 形成普遍命题 — 证明

一般地,类比所根据的相似属性越多,相似属性间的关联程度越高(不是表面的、偶然的);相似数学模型越精确,则类比的应用也就越有效与可靠.

类比的步骤可简单概括为:

(1) 提出一个与要求解的问题相类似的、较简单的、容易解决的问题;

(2) 对这个问题的解法进行分析,并重新整理、改造以便用它作为一个模型;

(3) 利用这个问题所提供的模型再来解决原来那个较难的问题.

例 已知 A,B,C,D 为圆内接正七边形顺序相邻的四个顶点. 求证: $\dfrac{1}{AB}=\dfrac{1}{AC}+\dfrac{1}{AD}$.

分析 如图 2.9 所示,将要证的等式去分母,化简后成为

$$AC \cdot AD = AB \cdot AD + AB \cdot AC.$$

从形式上看,这个等式有点类似于托勒密定理:四边形 $ABCD$ 内接于圆的充要条件是

$$AC \cdot BD = AB \cdot CD + AD \cdot BC.$$

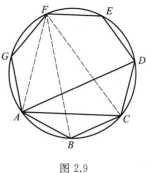

图 2.9

现在,四边形 $ABCD$ 又恰好是圆内接四边形,是否可借助托勒密定理来解此题呢? 问题是 AC 和 AD 不是圆内接四边形的两条对角线,AB 又被重复使用. 但圆内有许多相等的线段,能否用另外的线段来代替 AD 和 AB,使之可用托勒密定理证明呢? 这样就易于证明了.

证明 连接 AF, BF 与 CF,在四边形 $ABCF$ 内,根据托勒密定理有

$$AC \cdot BF = AB \cdot CF + BC \cdot AF.$$

因为 $AD = CF$, $AB = BC$, $BF = AD$, $AF = AC$,代入上式得

$$AC \cdot AD = AB \cdot AD + AB \cdot AC,$$

即得去分母化简之后需推证的等式.

类比法既可在同类范围内进行,也可在近类、远类、异类或毫不相干的范围内进行. 在解数学问题时,我们有时可以先大胆地设想出某种结论,然后小心地验证.

§2.2 证 题 方 法

任何几何证明都由论题、论据、论证三部分组成. 论题是需要证明其真实性的判断,论据是用来证明论题真实性所引用的那些判断,论证就是由论据出发进行一系列推理来证明论题真实性的过程.

几何证明中的证题方法可以分类如下:

$$\text{证题方法} \begin{cases} \text{直接证法} \\ \text{间接证法} \begin{cases} \text{反证法} \begin{cases} \text{归谬法} \\ \text{穷举法} \end{cases} \\ \text{同一法} \end{cases} \end{cases}$$

§2.2.1 直接证法

由命题的已知条件出发,根据公理、定义、定理、公式、性质进行一系列正面的逻辑推理,最后得出命题的结论,这种证明方法叫做直接证法. 直接证法包括综合、分析等具体方法.

1. 综合法——由因导果

综合法是从命题的条件出发,寻求其结论的方法. 用综合法证明命题"若 A 则 D"

的思路是:$A \Rightarrow B \Rightarrow C \Rightarrow \cdots \Rightarrow D$.

事实上,由条件 A 出发可以推出很多结论. 我们先尽可能找到与 A 靠近的结论 B, B_1, B_2, 这是第一层次;而后对于 B, B_1, B_2 这三者之中的每一个进行推理,得出第二层次 C, C_1, C_2, C_3, C_4;这样一直下去,直至在某一层次中出现 D, 从而找到由 A 到 D 的证明路线.

综合法的特点是:从"已知"看"可知",逐步推出"未知",由因导果,其逐步推理实际是寻找一系列必要条件. 其思路是由条件和已证的真实判断出发,经过一系列的中间推理,着力于寻找它们之间的内在联系,最后综合推得所要证明的结论. 这一系列的中间推理是由条件到目标的"中途点"来实现的.

例 如图 2.10 所示,平行四边形 $ABCD$ 外接于平行四边形 $EFGH$,则两者的对角线 AC, BD, EG, HF 共点.

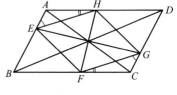

图 2.10

证明 设 AC, BD 的交点为 O,则 O 为 AC 和 BD 的中点. 因

$$\angle AHE = \angle CFG, \quad \angle AEH = \angle CGF, \quad EH = GF,$$

故 $\triangle AHE \cong \triangle CFG$,从而

$$AE = CG, \quad AH = CF.$$

可见 AE 与 GC 平行且相等,即 $AECG$ 是平行四边形. 所以,EG 和 AC 互相平分,即 EG 通过 AC 的中点 O.

同理可证,HF 也通过点 O.

2. 分析法——执果索因

分析法是从命题的结论出发,寻求其成立的充分条件的证明方法,即先假定所求证的结论成立,分析使这个命题成立的条件,把证明这个命题转化为判定这些充分条件是否具备的问题. 如果能够肯定这些充分条件都已具备,那么就可以断定原命题成立. 我们称之为"执果索因".

运用分析法证明命题"若 A 则 D",就要由结论 D 出发向条件 A 回溯. 先假定结论 D 成立,寻求 D 成立的原因,而后就各个原因分别研究,找出它们成立的条件,逐步进行下去,最后达到条件 A,从而证明了命题. 其思考路线是

$$D \Leftarrow C \Leftarrow B \Leftarrow \cdots \Leftarrow A.$$

分析法的特点是:从"未知"看"需知",逐步靠拢"已知",执果索因,寻找充分条件. 此处的"需知"是倒推的"中途点".

分析法的优点在于容易找到证明思路,具有打开思维通路的奇效.

例 证明:等腰三角形底边上任一点到两腰的距离之和为常量.

证明 如图 2.11 所示,设 P 为等腰 $\triangle ABC$ 底边 BC 上任一点,$PD \perp AB, PE \perp AC$. 要证明 $PD + PE$ 为常量,考虑点 P 的极端位置,即将点 P 移到底边的一个端点

（如点 C），容易看出，常量便是一腰上的高 CH. 因此我们证明 $PD+PE=CH$. 在高线 CH 上截取 $FH=PD$，则只需证 $PE=CF$.

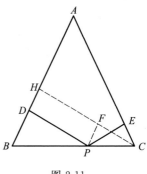

图 2.11

由于 $\angle PCE=\angle BCA=\angle ABC=\angle CPF$，又 $PC=CP$，易知 $\triangle PCE\cong\triangle CPF$. 于是结论得证.

注 此题还可以延长 DP 到 G，使 $PG=PE$，继而得到证明；也可以利用面积法，即利用 $\triangle ABC$ 的面积等于 $\triangle ABP$ 的面积与 $\triangle ACP$ 的面积之和来证明本题.

综上易知：

（1）要证命题"若 A 则 D"，综合法从条件 A 出发，由因导果，一步一步地推到结论 D. 相邻两个判断，后边是前边的必要条件. 分析法是从结论 D 出发，执果索因，一步步地探索到条件 A，相邻的两个判断，后边是前边的充分条件. 因此，综合法与分析法是互相对立的.

（2）综合法与分析法各有其长也各有不足. 综合法易于表述，但对稍复杂的问题不易找到解题思路；分析法步步逆求命题成立的充分条件，思路分析较为自然，易于找到解题途径，但解题过程的表述较为烦琐. 因此，在解题时两种思考方法往往交替使用，先用分析法探求解题途径，打开思维通道，再用综合法进行叙述，珠联璧合，相得益彰.

3. 综合法与分析法的有机结合

综合法是由条件到结论顺推，分析法是由结论到条件倒推. 从逻辑推理本身的要求来说，综合法显得自然，而分析法在探求证题途径方面则优于综合法. 因此把分析法与综合法有机结合，在分析法中有综合法，在综合法中有分析法，或交叉使用两者去论证，这种逻辑思维也是几何证明的常用方法.

例 设在 $\triangle ABC$ 中，$BC=a$，$CA=b$，$AB=c$，$\angle A=\alpha$，$\angle B=\beta$，$\angle C=\gamma$. 这里 α，β，γ 是弧度数. 试证：$\dfrac{a\alpha+b\beta+c\gamma}{a+b+c}\geqslant\dfrac{\pi}{3}$.

分析 首先假定结论成立，即

$$\frac{a\alpha+b\beta+c\gamma}{a+b+c}\geqslant\frac{\pi}{3},\qquad\qquad ①$$

则

$$3(a\alpha+b\beta+c\gamma)\geqslant\pi(a+b+c),$$

即

$$(3\alpha-\pi)a+(3\beta-\pi)b+(3\gamma-\pi)c\geqslant0.$$

由 $\alpha+\beta+\gamma=\pi$ 消去上式的 π，即得

$$(2\alpha-\beta-\gamma)a+(2\beta-\gamma-\alpha)b+(2\gamma-\alpha-\beta)c\geqslant0.\qquad ②$$

至此难以逆推上去,同时条件也似乎难以与②式联系起来.

进一步对条件作分析,根据三角形的边或角的不等关系,有

$$(a-b)(\alpha-\beta)\geqslant 0, \quad (b-c)(\beta-\gamma)\geqslant 0, \quad (c-a)(\gamma-\alpha)\geqslant 0,$$

展开上面三个式子,左右两端分别相加,提取 a,b,c 即得②式,从而便可证明所要证的不等式.

§2.2.2 间接证法

有些命题不容易甚至不能直接证明,我们转而证明它的否定命题不真实,或在特定条件下,证明它的逆否命题真实,从而间接地证明了原命题真实.这种证明方法,称为间接证法.间接证法包括反证法、同一法等.

1. 反证法

有些数学命题从正面不易解答时,可以从反面思考,即观察所求结果的所有对立的情况或假定要证明的结果不成立,看看能出现什么矛盾,这种思维形式就是反证法.运用反证法证明数学问题一般包括三个步骤:一是否定结论,做出反设;二是进行推理,导出矛盾;三是否定反设,肯定结论.

反证法的逻辑根据是矛盾律和排中律,反证法推出矛盾后,否定反设用的就是矛盾律;否定反设后,肯定结论用的就是排中律.因为从命题结论 B 的反面 $\bar{B}$ 出发,推出了和题设、定义、公理、定理等相矛盾的结果 F,而题设、定义、公理、定理等为真,根据矛盾律,两个互相矛盾的判断不能同真,知 F 必为假.再根据排中律,两个对立的矛盾判断不能同假.但推出 F 时的论据真实,论证正确,因此只有反设这个前提为假,再根据排中律知结论 B 必为真.

按照反设所涉及的情况的多少,反证法可分为归谬反证法和穷举反证法.

(1)归谬反证法

如果命题结论的反面只有一种情形,反设单一,那么只需驳倒这种情形,便可达到反证的目的,这就是归谬反证法.

例1 坐标都是整数的点叫做格点.试证:平面上任意三个格点都不能组成正三角形.

证明 设 $\triangle ABC$ 为正三角形,点 A,B,C 的坐标分别为 $(x_1,y_1),(x_2,y_2),(x_3,y_3)$,其中每个坐标分量均为整数,于是 $\triangle ABC$ 的面积可以表示为

$$\frac{1}{2}\begin{vmatrix} x_1 & y_1 & 1 \\ x_2 & y_2 & 1 \\ x_3 & y_3 & 1 \end{vmatrix} \text{的绝对值},$$

且为有理数,这与

$$S_{\triangle ABC}=\frac{\sqrt{3}}{4}|AB|^2=\frac{\sqrt{3}}{4}\big[(x_2-x_1)^2+(y_2-y_1)^2\big]$$

为无理数矛盾,故原命题成立.

(2) 穷举反证法

如果命题结论的反面不止一种情形,那么,要将各个反面情形一一驳倒,才能肯定原命题正确,这就是穷举反证法.

例 2 直角三角形斜边上的中线等于斜边的一半.

已知 在△ABC 中,∠ACB=90°,M 是 AB 的中点(图 2.12).

求证 $CM=AM=BM$.

证明 CM 与 AM 的大小关系有穷举而互斥的三种:

$$CM>AM, \quad CM<AM, \quad CM=AM.$$

① 若 $CM>AM$,则 $CM>BM$,于是在△ACM 和 △BCM 中,

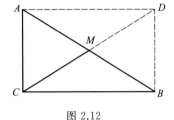

图 2.12

$$\angle A>\angle ACM, \quad \angle B>\angle BCM.$$

相加得∠A+∠B>∠ACB,即

$$180°-\angle ACB>\angle ACB, \quad 则 \quad \angle ACB<90°,$$

与已知∠ACB=90°矛盾.

② 若 $CM<AM$,则 $CM<BM$,由①可知,∠ACB>90°,也与已知∠ACB=90°矛盾.

结论反面的这两种情况都不成立,所以结论成立,即

$$CM=AM=BM.$$

注 ① 这定理很容易直接证明:Rt△ACB 是矩形 $ACBD$ 的一半,矩形对角线相等且互相平分,立即得证本题. 我们这样证明,既阐明了穷举法,又可引出一个更为深刻的定理:

设 CM 为△ABC 的中线,则

当 $CM>\dfrac{1}{2}AB$ 时,∠ACB 为锐角;

当 $CM<\dfrac{1}{2}AB$ 时,∠ACB 为钝角;

当 $CM=\dfrac{1}{2}AB$ 时,∠ACB 为直角.

② 方才陈述的定理,前提有三款,既是穷举的,又是彼此不相容的;结论也分三款,也满足既穷举又互斥的条件. 易用反证法证明逆定理成立:

设 CM 为△ABC 的中线,则

当∠ACB 为锐角时,$CM>\dfrac{1}{2}AB$;

当∠ACB 为钝角时,$CM<\dfrac{1}{2}AB$;

当∠ACB 为直角时,$CM = \dfrac{1}{2}AB$.

一般地,在一个命题中,如果前提和结论有相同的款数,并且双方都把事物的可能一一道尽,双方各自彼此互斥,那么这样的命题叫做分断式命题.

反证法虽然是几何证明的常用方法,但什么时候使用反证法、哪些命题适宜用反证法,却无定规可循,只有通过大量的实践,才能有所领悟.实践告诉我们,适宜用反证法证明的命题大致有六种:

① 结论为否定形式的命题,常用"不……""没有……""不是……""不可能……""不存在……"等形式表示;

② 结论以"至少""至多""任一""唯一""无一""全部"等形式出现的命题;

③ 结论以"无限"的形式出现或涉及"无限"性质的命题;

④ 关于存在性的命题;

⑤ 已成立命题的逆命题;

⑥ 已知条件少或从已知出发所能推出的结论甚少的命题.

例 3 已知四边形 $ABCD$ 中,E,F 分别是 AD,BC 的中点,且 $EF = \dfrac{1}{2}(AB+CD)$.求证:$AB /\!/ CD$.

证明 假设 AB 与 CD 不平行(图 2.13),取 AC 的中点 M,连接 ME,MF.在 △ACD 与 △ACB 中,根据中位线定理得

$$ME /\!/ CD , \quad MF /\!/ AB , \quad 且 \quad ME = \frac{1}{2}CD , \quad MF = \frac{1}{2}AB.$$

由于 AB 与 CD 不平行,故 ME,MF 不共线,构成△MEF,且有 $ME+MF>EF$,即

$$\frac{1}{2}CD + \frac{1}{2}AB > EF.$$

这与已知条件 $EF = \dfrac{1}{2}(AB+CD)$ 矛盾.

从而证明 $AB /\!/ CD$.

例 4 设直线 l 与平面 α 交于点 A,直线 l' 在 α 内,但不经过点 A(图 2.14).求证:不存在任何同时经过 l 与 l' 的平面.

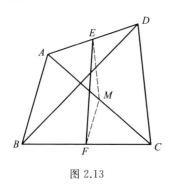

图 2.13 　　　　　　　　　图 2.14

分析 这个定理被称为异面直线存在定理.在很多立体几何书(包括中学课本)中,它被安排在论述"空间二直线的位置关系"这部分内容的最前面,因而缺乏其他定理作为直接证明它的根据,只好采用反证法来证明.

证明 假设存在平面 β,同时经过 l 与 l'.由于 β 经过 l,而点 A 在 l 上,因而 β 经过点 A,这样 β 就是同时经过 l' 与 l' 外一点 A 的平面.又 α 也是同时经过 l' 与 l' 外一点 A 的平面,可见 α 与 β 重合.又 α 与 l 相交,因而 β 与 l 相交.

上述结论与假设 β 经过 l 冲突,可知原结论正确.

2. 同一法

在一般情况下,一个原命题与它的逆命题是不等价的.但是,在特定的条件下,原命题可以与逆命题等价.如果原命题的某一条件和某一结论所指的概念具有同一关系,则交换那个条件和结论所得的逆命题与原命题是等价的.我们说这样的命题符合同一原理.当一个命题符合同一原理,而直接证明该命题有困难时,就可以转而证明它的逆命题为真,这种证明方法叫做同一法.

例 1 以正方形 $ABCD$ 的一边 CD 为底在正方形内作等腰 $\triangle ECD$,使其两底角为 $15°$(图 2.15),求证:$\triangle ABE$ 是等边三角形.

证明 以 AB 为边向正方形内作等边 $\triangle ABE'$,下面证明点 E' 与 E 为同一点.显然 $\triangle BCE'$ 是等腰三角形,它的顶角 $\angle CBE'=90°-\angle ABE'=30°$,所以它的底角

$$\angle BCE'=\frac{1}{2}(180°-30°)=75°.$$

从而 $\angle DCE'=15°$,同理 $\angle CDE'=15°$.

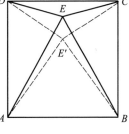

图 2.15

故点 E' 与 E 重合,$\triangle ABE$ 是等边三角形.

通过例 1,我们可以归纳出同一法的一般过程是:

第一步:不从已知条件入手,而另作图形使它具有求证的结论中所提的特性;

第二步:证明所作的图形的特性,与已知条件符合;

第三步:因为已知条件和求证的结论所指的事物都是唯一的,从而推出所作的图形与已知条件要求的是同一个对象,由此断定原命题成立.

下面我们再看两个例子,以帮助读者进一步熟悉同一法的运用.

例 2 如果两个平面互相垂直,那么经过第一个平面内的一点而垂直于第二个平面的直线在第一个平面内.

已知 如图 2.16 所示,$\alpha\perp\beta$,$\alpha\bigcap\beta=CD$,$A\in\alpha$,$AB\perp\beta$.

求证 $AB\subset\alpha$.

证明 在平面 α 内作 $AE\perp CD$,则 $AE\perp\beta$.而 $AB\perp\beta$,所以 AB 与 AE 重合.因 $AE\subset\alpha$,故 $AB\subset\alpha$.

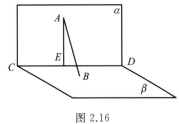

图 2.16

例 2 中证法的主要依据是这样一个命题:过平面外一点有且只有一条直线垂直于已知平面.同一法的运用几乎都会依据类似的唯一性命题.比如,下面例 3 的证明依据了命题:过直线外一点有且只有一条直线平行于已知直线.唯一性命题还有

(1) 过已知两点有且只有一条直线;

(2) 两直线相交有且只有一个交点;

(3) 一条已知线段有且只有一个中点;

(4) 一个已知角有且只有一条角平分线;

(5) 按定比内(外)分已知线段的分点唯一确定;

(6) 过圆周上一点有且只有一条切线,等等.

例 3 两直线被一直线所截,若同位角相等,则此两直线平行.

已知 如图 2.17 所示,直线 AB 和 CD 与 EF 分别交于点 E,F,$\angle XEB=\angle XFD$.

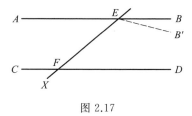

图 2.17

求证 $AB\,/\!/\,CD$.

证明 过点 E 引直线 $EB'\,/\!/\,CD$,则由平行线的性质,得

$$\angle XEB'=\angle XFD.$$

又 $\angle XEB=\angle XFD$,可见直线 EB' 重合于直线 AB,则由 $EB'\,/\!/\,CD$ 知 $AB\,/\!/\,CD$.

§2.3 证题中的两大问题

§2.3.1 证题有误

正确证题是学生运用所学的数学知识进行分析问题和解决问题的具体表现.所谓证题有误,这里是指:循环论证;论据不足;虚假根据;逻辑混乱,偷换概念;论证欠严密;混淆问题的"特殊性"和"一般性";混淆条件的"充分性"与"必要性"等.

1. 张冠李戴

例 1 已知:如图 2.18 所示,AD 边最大,BC 边最小.求证:$\angle B>\angle D$.

错证 因为 $AD>BC$,所以 $\angle B>\angle D$(大边对大角).

分析 在一个三角形中,如果两个内角不等,那么它们所对的边也不等,大角所对的边较大(简写成"大角对大边")."大角对大边"只适用于同一个三角形中的边角关

系,而此题题设中是一个四边形.“错证”是张冠李戴而招致的证题失误.

正证 连接 BD,如图 2.19 所示.因为在四边形 $ABCD$ 中,AD 边最大,BC 边最小,所以由“大边对大角”,在 $\triangle ABD$ 中,$\angle 2 > \angle 1$;在 $\triangle BCD$ 中,$\angle 4 > \angle 3$.两式相加有

$$\angle 2 + \angle 4 > \angle 1 + \angle 3,$$

也就是$\angle B > \angle D$.

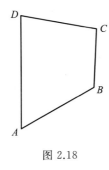

图 2.18

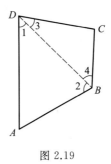

图 2.19

例 2 如图 2.20 所示,在 $\triangle ABC$ 中,BE 和 CF 为角平分线,$FE \parallel BC$,求证:$\triangle ABC$ 是等腰三角形.

错证 因为 $FE \parallel BC$,所示$\dfrac{AB}{AC} = \dfrac{AF}{AE}$,又在 $\triangle ABE$ 和 $\triangle ACF$ 中,$\angle A$ 是公共角,则 $\triangle ABE \backsim \triangle ACF$,于是 $\angle ABE = \angle ACF$.又因为

$$\angle ABE = \frac{1}{2}\angle ABC, \quad \angle ACF = \frac{1}{2}\angle ACB,$$

所以$\angle ABC = \angle ACB$,故$\triangle ABC$ 是等腰三角形.

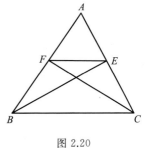

图 2.20

分析 证明$\triangle ABE \backsim \triangle ACF$ 的根据是三角形相似的判定定理:如果一个三角形的两条边和另一个三角形的两条边对应成比例,并且夹角相等,那么这两个三角形相似.AB,AC,AF,AE 显然成比例,但它们不是$\triangle ABE$ 与$\triangle ACF$ 的对应边比例线段,因此上述证法是错误的.

正证 由 BE,CF 分别是$\angle ABC$ 和$\angle ACB$ 的角平分线,有

$$\frac{AE}{EC} = \frac{AB}{BC}, \quad \frac{AF}{FB} = \frac{AC}{BC}.$$

又由 $FE \parallel BC$,有$\dfrac{AE}{EC} = \dfrac{AF}{FB}$,再由等量代换,

$$\frac{AB}{BC} = \frac{AC}{BC}, \quad 即 \quad AB = AC,$$

故$\triangle ABC$ 是等腰三角形.

注　在证明(或利用)两个三角形"全等"或"相似"时,要特别注意"对应",否则会出错.

2.虚词诡说(逻辑上也谓虚假论据)

例1　已知:M 是△ABC 内任一点.求证:

$$AB+BC+CA>MA+MB+MC.$$

错证　如图 2.21 所示,在△BCM 中,∠BMC>∠MCB,所以 BC>MB.同理 AB>MA,CA>MC.以上同向不等式相加,故得

$$AB+BC+CA>MA+MB+MC.$$

分析　上面的证明是根据观察图形而判定∠BMC>∠MCB,这是没有道理的.现举一反例驳之:如图 2.22 所示,在△ABC 中,∠ACB 是钝角,过点 C 作 BC 的垂线,并在其上取一点 M,连接 BM,则显然有∠BMC<∠MCB.

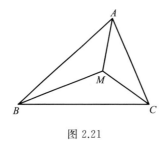

图 2.21

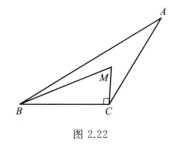

图 2.22

正证　因为点 M 在△ABC 内,所以

$$AB+AC>MB+MC,$$
$$AB+BC>MA+MC,$$
$$BC+CA>MA+MB.$$

以上三个不等式两边相加后除以 2,可得

$$AB+BC+CA>MA+MB+MC.$$

例2　如图 2.23 所示,△ABC 中,E 为中线 CM 上的一点,∠CBA>∠CAB,求证:∠2>∠1.

错证　在△ABC 中,由∠CBA>∠CAB,有 AC>BC.又因 E 为中线 CM 上的一点,所以 AE>EB.

在△ABE 中,由于 AE>EB,则有∠2>∠1.

分析　从 AC>BC 且 E 为中线 CM 上的一点,就推出 AE>EB,这是虚假论据.

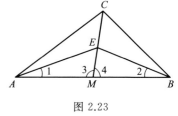

图 2.23

正证　在△AMC 与△BMC 中,

$$AM=BM,\quad MC=MC,\quad 且 AC>BC(因∠CBA>∠CAB),$$

则∠3>∠4.又在△AME 与△BME 中,

$$AM = BM, \quad ME = ME, \quad \angle 3 > \angle 4,$$

则 $AE > EB$. 在 $\triangle AEB$ 中,由于 $AE > EB$,故 $\angle 2 > \angle 1$.

例3 已知 $\triangle ABC$ 中,$AB = 2AC$,求证:$C > 2B$.

错证 因 $AB = 2AC$,则 $\dfrac{\sin C}{\sin B} = \dfrac{AB}{AC} = 2$,

$$\sin C = 2\sin B > 2\sin B \cos B = \sin 2B,$$

故 $C > 2B$.

分析 由 $\sin C > \sin 2B$ 推得 $C > 2B$ 是没有理论根据的. 现举出反例如下:

$$\sin 80° > \sin 120°, \quad \text{但} \quad 80° < 120°.$$

正证1 因 $AB = 2AC$,则 $\dfrac{\sin C}{\sin B} = \dfrac{AB}{AC} = 2, B < C$,

$$\sin C = 2\sin B, \quad 2\sin \frac{C}{2}\cos \frac{C}{2} = 2\sin B,$$

从而,$\sin^2 \dfrac{C}{2} \cos^2 \dfrac{C}{2} = \sin^2 B$,

$$\frac{1 - \cos C}{2} \cos^2 \frac{C}{2} = \frac{1 - \cos 2B}{2}, \quad \cos C < \cos 2B.$$

因为 $0 < C < \pi$,由 $B < C$ 知 $B < \dfrac{\pi}{2}$,即 $0 < 2B < \pi$,又 $y = \cos x$ 在 $[0, \pi]$ 内是减函数,所以 $C > 2B$.

正证2 如图 2.24 所示,设 $AC = 2x$,则 $AB = 4x$. 取 AB 的四等分点 D,使 $AD = x$,则 $BD = 3x$. 由

$$\frac{AC}{AD} = \frac{AB}{AC} = 2, \quad \angle CAD = \angle BAC$$

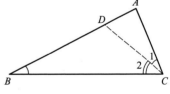

得 $\triangle ACD \backsim \triangle ABC$,所以 $\angle 1 = \angle B$. 因为

$$BD = 3x = AC + AD > CD,$$

所以 $\angle 2 > \angle B$,则

图 2.24

$$\angle ACB = \angle 1 + \angle 2 > 2\angle B.$$

3. 循环往复(逻辑上也谓循环论证)

例1 已知:在 $\triangle ABC$ 中,AD 为 $\angle BAC$ 的角平分线,$BD > CD$. 求证:$AB > AC$.

错证 如图 2.25 所示,在 AB 上取点 M,使 $AM = AC$. 因为 $\angle 1 = \angle 2, AD = AD$,所以

$$\triangle AMD \cong \triangle ACD \Rightarrow \angle AMD = \angle C.$$

由 $\angle AMD > \angle B$ 知 $\angle C > \angle B$,故 $AB > AC$.

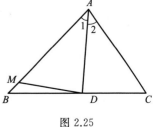

分析 在上面证明的开始,"错证"在 AB 上截取 $AM = AC$,这实际上已经肯定了 $AB > AC$ 这一要证明的结论. 把结论当成条件来证明结论,等于没有进行有效的

图 2.25

证明.

正证 在△ABC中,AD为∠BAC的平分线,由三角形内角平分线性质定理及已知,

$$\frac{AB}{AC}=\frac{BD}{CD}>1,$$

故 $AB>AC$.

例2 证明梯形中位线定理.

已知 梯形 $ABCD$ 中,$AB\parallel DC$,E,F 分别为 AD,BC 的中点.

求证 $EF\parallel AB$ 且 $EF=\dfrac{1}{2}(AB+DC)$.

错证 如图 2.26 所示,连接 BD,交 EF 于点 G. 在△ABD中,根据三角形中位线定理有

$$EG\parallel AB,\quad EG=\frac{1}{2}AB.$$

同理,在△BCD中,

$$FG\parallel CD,\quad FG=\frac{1}{2}CD.$$

上述两个等式相加,即得 $EF=\dfrac{1}{2}(AB+CD)$.

分析 在上述错证中,将 G 作为 BD 的中点没有根据,这正是必须先证明的.

正证 如图 2.27 所示,取 BD 中点 G',连接 $G'E$,$G'F$. 在△ABD中,$G'E\parallel AB$;在△BDC中,$G'F\parallel CD$. 因为 $CD\parallel AB$,所以 $G'F\parallel AB$.

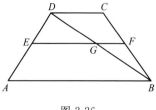

图 2.26

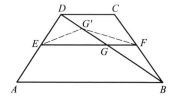

图 2.27

既然 $G'F$ 和 $G'E$ 同时平行于 AB,因此点 E,G',F 必共线,即点 G' 在 EF 上. 点 G' 既在 EF 上,又在 BD 上,所以 G' 是 EF 和 BD 的交点,点 G' 与 G 重合,即 G 是 BD 的中点. 后续证明请读者补上.

注 上述证明点 G' 和 G 重合的方法是同一法,它是几何证明中的常用方法.

例3 求证:圆外切平行四边形必是菱形.

已知 如图 2.28 所示,四边形 $ABCD$ 是⊙O的外切平行四边形.

求证 四边形 $ABCD$ 是菱形.

错证1 如图 2.29 所示,连接 BD. 因为 AB,BC 是⊙O的切线,所以 $\angle 1=\angle 2$.

因为 $ABCD$ 是平行四边形,所以 $AD\,/\!/\,BC$,则

$$\angle 2=\angle 3,\quad \angle 1=\angle 3.$$

因此 $AB=AD$,四边形 $ABCD$ 是菱形.

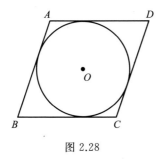

图 2.28

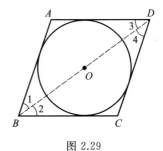

图 2.29

错证 2　如图 2.29 所示,连接 BD. 因为 AB,BC 是 $\odot O$ 的切线,所以

$$\angle 1=\angle 2,\quad \angle ABC=2\angle 1.$$

同理,$\angle ADC=2\angle 3$. 因为 $ABCD$ 是平行四边形,所以

$$\angle ABC=\angle ADC,\quad \angle 1=\angle 3.$$

因此 $AB=AD$,四边形 $ABCD$ 是菱形.

分析　两则错证,默认点 O 在 BD 上. 不加证明而确认,犯了"直观代替推理""预期理由""循环论证"的错误.

正证　如图 2.30 所示,连接 OA,OB,OD. 因为 AB,BC 是 $\odot O$ 的切线,所以

$$\angle 1=\angle 2,\quad \angle ABC=2\angle 1.$$

同理,$\angle 5=\angle 6$,$\angle ADC=2\angle 3$. 因为四边形 $ABCD$ 是平行四边形,所以

$$\angle ABC=\angle ADC,\quad \angle 1=\angle 3.$$

因为 $OA=OA$,所以 $\triangle AOB\cong\triangle AOD$,$AB=AD$. 因此四边形 $ABCD$ 是菱形.

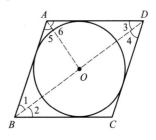

图 2.30

4. 似是而非

例 1　如图 2.31 所示,四边形 $ABCD$ 中,$AB=AD$,$\angle B=\angle D$. 求证:$BC=DC$.

错证　如图 2.32 所示,连接 AC. 在 $\triangle ABC$ 和 $\triangle ADC$ 中,

$$AB=AD,\angle B=\angle D,AC=AC,$$

所以 $\triangle ABC\cong\triangle ADC$,$BC=DC$.

分析　$AB=AD$,$\angle B=\angle D$,$AC=AC$,不构成全等判定结构.

正证　如图 2.33 所示,连接 BD. 因为 $AB=AD$,所以 $\angle 1=\angle 2$. 因为 $\angle ABC=\angle ADC$,所以 $\angle 3=\angle 4$,$BC=DC$.

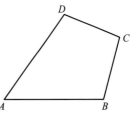

图 2.31

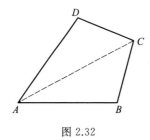

图 2.32

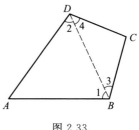

图 2.33

例 2　如图 2.34 所示,在 △ABC 中,OA 平分 ∠BAC,∠1＝∠2. 求证:△ABC 是等腰三角形.

错证 1　如图 2.35 所示,因为 ∠1＝∠2,所以 OB＝OC. 因为 OA 平分 ∠BAC,即 ∠3＝∠4,且 OA＝OA,所以 △AOB≌△AOC,AB＝AC,即 △ABC 是等腰三角形.

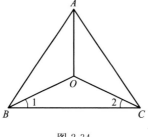

图 2.34

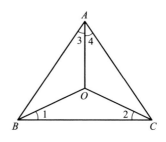

图 2.35

错证 2　如图 2.36 所示,延长 AO 交 BC 于 H. 因为 ∠1＝∠2,所以 OB＝OC. 因为 OA 平分 ∠BAC,即 ∠3＝∠4,所以 AH 是 △ABC 的高(三线合一),∠5＝∠6＝90°. 因为 AH＝AH,所以 △ABH≌△ACH,AB＝AC,即 △ABC 是等腰三角形.

分析　错解 1,OB＝OC,∠3＝∠4,OA＝OA,不构成全等判定结构.

错解 2,并非三线合一.

正证　如图 2.37 所示,作 OE⊥AB 于点 E,OF⊥AC 于点 F. 因为 OA 平分 ∠BAC,所以 OE＝OF. 因为 ∠1＝∠2,所以 OB＝OC,Rt△OBE≌Rt△OCF. 因此

$$\angle 7＝\angle 8,\quad \angle ABC＝\angle ACB,\quad AB＝AC,$$

即 △ABC 是等腰三角形.

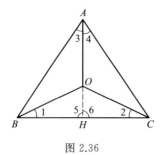

图 2.36

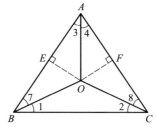

图 2.37

例3 两圆内切于点 P，大圆 O 的弦 AB 切小圆于点 C. 求证：CP 平分 $\angle APB$.

错证 如图 2.38 所示，因为 $AB \perp PC$（圆的切线垂直于过切点的直径），所以 $\angle ACO = \angle BCO = 90°$. 连接 AO,BO，则 $AO = BO$，又 OC 为公共边，因此 $\triangle AOC \cong \triangle BOC$，$AC = BC$. 在 $Rt\triangle APC$ 与 $Rt\triangle BPC$ 中，$AC = BC$，PC 为公共边，则有

$$\triangle APC \cong \triangle BPC, \quad \angle APC = \angle BPC,$$

即 CP 平分 $\angle APB$.

分析 以上把弦 AB 画在特殊的位置，默认 PC 通过大圆圆心，犯了特殊代替一般的错误.

正证 如图 2.39 所示. 连接 CD 并过点 P 作两圆的公切线 MN. 由 AB 是小圆的切线知 $\angle 1 = \angle 2$. 又由 MN 是两圆的公切线知

$$\angle 5 = \angle 3, \quad \angle 5 = \angle 4,$$

从而，$\angle 3 = \angle 4$. 因此在 $\triangle PCD$ 与 $\triangle PBC$ 中，$\angle APC = \angle BPC$. 故 CP 平分 $\angle APB$.

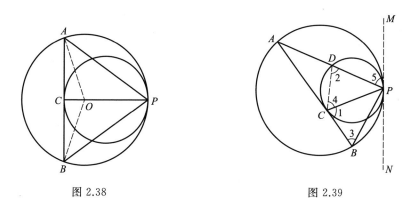

图 2.38　　　　　　　　　　　图 2.39

5. 误用反证法

例1 求证：圆的两条相交弦（直径除外）不能相互平分.

错证 如图 2.40 所示，假设 AB,CD 是 $\odot O$ 的直径，那么它们相交于圆心 O，AB,CD 必然相互平分. 如图 2.41 所示，但是 AB,CD 不是直径，它们不经过圆心 O，那么它们不能相互平分.

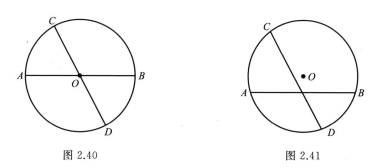

图 2.40　　　　　　　　　　　图 2.41

分析 错证中首先提出的不是要证明结论的反面正确，而是从否定原命题的已知

开始,这是不符合反证法的方法和思想的.

例 2 用反证法证明:在同圆内,如果两条弦不等,那么它们的弦心距也不等.

已知 如图 2.42 所示,已知在 ⊙O 中,AB,CD 是两条弦,$OE\perp AB$,$OF\perp CD$,点 E,F 为垂足且 $AB\neq CD$.

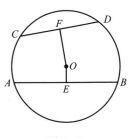

图 2.42

求证 $OE\neq OF$.

错证 假设 $OE=OF$,则 $AB=CD$,这与已知条件 $AB\neq CD$ 矛盾,故 $OE\neq OF$.

分析 错证运用了命题"在同圆或等圆中,如果弦心距相等,那么它们所对的弦也相等",而这个命题正是所要证明的命题的逆否命题.这两个命题具有等价关系.众所周知,反证法实质就是以原命题的逆否命题的证明代替原命题的证明.显然例 2 犯了"循环论证"的错误.

正证 请读者补出.

这里就反证法说明两点:

(1) 为什么在产生矛盾以后,就能得出原结论的反面不正确呢? 这里的逻辑根据是矛盾律.所谓矛盾律,就是在同一论证过程中,不能具有两种互相矛盾的证明.例如我们不能断言,两个整数 a 与 b 是互素的,又不是互素的;一个图形既是三角形又是四边形.以一个判断为推理的前提,经过正确的推导,而导致逻辑矛盾,我们就认为这个判断是错误的.

(2) 为什么原结论的反面不正确,就能肯定原结论是正确的呢? 这里的逻辑根据是排中律.所谓排中律,就是在同一论证过程中,如果出现两种矛盾的论断,如"A 成立"与"A 不成立",那么,它们不可能同时是正确的,其中必有一个是错误的.既然原结论的反面是错误的,那么只有原结论是正确的了.

§2.3.2 命题不成立

众所周知,定理一定是真命题,假命题不成为定理.上节中的几例,论述的是命题真而证法有误.朱德祥、朱维宗先生在他们所著的《初等几何研究》(第三版,高等教育出版社 2020 年出版)中提到:我们往往碰到不成立的命题要我们去证明,教师们都有这方面的经验,甚至在教科书上,也会发现一些并不成立的"定理".这里,我们抄录朱德祥、朱维宗先生所举的三个例子,请读者仔细观察命题有无漏洞、是否成立.

例 1 一个三角形的两边和其中一边上的高,与另一三角形的两边和其中一边上的高对应相等,则这两个三角形全等.

例 2 有一组对边相等和一组对角相等的四边形是平行四边形.

例 3 设两个三角形有两边及外接圆半径成比例,则必相似.

在平时的练习或考试的题目中,我们也会发现一些并不成立的命题,下面举例说明三种情况.

1. 几何图形的长度与角度问题

几何图形受长度、角度制约,要避免不相容数据,也不宜有过剩数据.

例 1 如图 2.43 所示,若 $\triangle DEF$ 是 $\triangle ABC$ 向左平移了 3 cm 后得到的,其中 $BF = 2$ cm,$AC = 4$ cm,$DE = 4.5$ cm,$\angle C = 70°$,$\angle E = 45°$. 求 $\angle D$ 的大小.

分析 $BC = BF + CF = 2 + 3 = 5$(cm),$AB = DE = 4.5$ cm,$AC = 4$ cm,则 $\triangle ABC$ 三边长度就确定了. 从而三内角就被制约了,不应同时随意给出. 本题长度和角度是矛盾的.

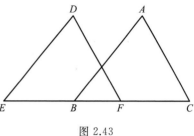

图 2.43

例 2 如图 2.44 所示,AD 为 $\triangle ABC$ 的角平分线,$DE \perp AB$ 于点 E,$DF \perp AC$ 于点 F. 若 $AB = AC = 3$,$\triangle ABC$ 的面积为 16,求 DE 的长.

分析 由 $AB = AC = 3$,知

$$S_{\triangle ABC} = \frac{1}{2} AB \cdot AC \cdot \sin \angle BAC \leqslant \frac{1}{2} \times 3 \times 3 = \frac{9}{2},$$

与面积为 16 相去甚远.

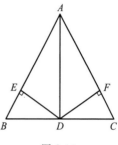

图 2.44

例 3 等腰三角形底边上的高是 8 cm,周长是 32 cm,且腰长与底边长的比为 5:6,求这个三角形的面积.

分析 本题条件过剩. 3 个数据可以去掉任意一个.

修改 1 等腰三角形的周长是 32 cm,腰长与底边长的比为 5:6,求这个三角形的面积.

解 如图 2.45 所示,设腰 $AB = 5a$ cm,则底边 $BC = 6a$ cm. 列方程,得

$$5a + 5a + 6a = 32, \quad 解得 \quad a = 2.$$

则 $AB = AC = 10$ cm,$BC = 12$ cm. 作 $AH \perp BC$ 于点 H,则 $BH = CH = 6$ cm. 由勾股定理,得 $AH = 8$ cm. 所以

$$S_{\triangle ABC} = \frac{1}{2} BC \cdot AH = \frac{1}{2} \times 12 \times 8 = 48 (\text{cm}^2).$$

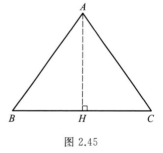

图 2.45

修改 2 等腰三角形底边上的高是 8 cm,腰长与底边长的比为 5:6,求这个三角形的面积.

解 作 $AH \perp BC$ 于点 H,则

$$BH = CH, \quad AB : BH = 5 : 3.$$

设 $AB = 5k$ cm,则底边 $BH = 3k$ cm. 由勾股定理,得 $AH = 4k$ cm. 所以 $4k = 8$,即 $k = 2$,则 $BH = CH = 6$ cm,

$$S_{\triangle ABC} = \frac{1}{2}BC \cdot AH = \frac{1}{2} \times 12 \times 8 = 48(\mathrm{cm}^2).$$

修改 3　等腰三角形底边上的高是 8 cm，周长是 32 cm，求这个三角形的面积.

解　作 $AH \perp BC$ 于点 H，则 $BH = CH$. 设 $BH = x$ cm，则腰 $AB = \sqrt{x^2 + 8^2}$ cm. 列方程，得

$$2x + 2\sqrt{x^2 + 64} = 32,$$

解得 $x = 6$，所以 $BC = 12$ cm，

$$S_{\triangle ABC} = \frac{1}{2}BC \cdot AH = \frac{1}{2} \times 12 \times 8 = 48(\mathrm{cm}^2).$$

2. 数据的科学性问题

例 1(长沙)　我国南宋著名数学家秦九韶的著作《数书九章》里记载有这样一道题目："问有沙田一块，有三斜，其中小斜五里，中斜十二里，大斜十三里，欲知为田几何？"这道题讲的是：有一块三角形沙田，三条边长分别为 5 里、12 里、13 里，问这块沙田面积有多大？题中的"里"是我国市制长度单位，1 里为 500 m，则该沙田的面积为（　　）.

A. 7.5 km^2　　　　　　　　　　B. 15 km^2

C. 75 km^2　　　　　　　　　　D. 750 km^2

分析　通常没有这样大的沙田. 单看 13 里这个距离，就得跨好几个村. 或许这里的"里"是其他长度单位，1 里并非等于 500 m.

例 2　如图 2.46 所示，某开发区有一块四边形的空地 $ABCD$，现计划在空地上种植草皮. 经测量，$\angle A = 90°$，$AB = 3$ m，$BC = 12$ m，$CD = 13$ m，$DA = 4$ m. 若每平方米草皮需要 200 元，则要投入＿＿＿元.

分析　草皮单价与实际不符.

例 3　如图 2.47 所示，一只蚂蚁从长为 2 cm、宽为 2 cm、高为 3 cm 的长方体纸箱的点 A 沿纸箱爬到点 B，那么它爬行的最短路线是（　　）.

A. 3 cm　　　　B. 2 cm　　　　C. 5 cm　　　　D. 7 cm

分析　题中的纸箱太小，通常没有这么小的纸箱.

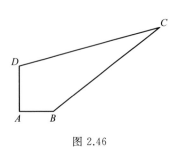

图 2.46

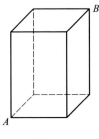

图 2.47

3. 命题表述的关联度与必要性问题

数学命题的语言表述应讲究关联度与必要性. 解题时用不到的、并非增强命题严密性的语句, 不宜写入命题.

例1(山西) 如图 2.48 所示, 四边形 $OABC$ 是平行四边形, 以点 O 为圆心、OC 为半径的 $\odot O$ 恰与 AB 相切于点 B, 与 AO 相交于点 D, AO 的延长线交 $\odot O$ 于点 E, 连接 EB 交 OC 于点 F. 求 $\angle C$ 和 $\angle E$ 的度数.

解 连接 OB, 则 $AB \perp OB$. 由已知有 $OC \parallel AB$, 所以 $OC \perp OB$. 而 $OC = OB$, 则 $\angle C = 45°$. 从而 $\angle E = 22.5°$.

分析 题中交代点 D 及点 F 是多此一举的. 建议将题目和图形修改如下:

修改1 如图 2.49 所示, 四边形 $OABC$ 是平行四边形, 以点 O 为圆心、OC 为半径的圆恰与 AB 相切于点 B, 延长 AO 交 $\odot O$ 于点 D, 连接 BD. 求 $\angle C$ 和 $\angle D$ 的度数.

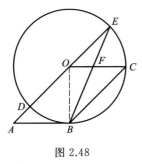

图 2.48

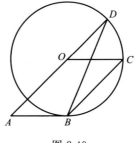

图 2.49

如果已知 AB 的长或 $\odot O$ 的半径, 求 AD 的长, 或求 OF 的长, 点 D 及点 F 的交代倒是需要的. 变成稍难的题.

修改2 如图 2.50 所示, 平行四边形 $OABC$ 中, $OC = 2$, 以点 O 为圆心、OC 为半径的圆恰与 AB 相切于点 B, AO 的延长线交 $\odot O$ 于点 D, 连接 BD 交 OC 于点 E. 求 $\angle C$ 的度数和 OE 的长.

解 如图 2.51 所示, 设 OA 与 $\odot O$ 交于点 F, $AF = x$. 由 $AF \cdot AD = AB^2$, 得

$$x(x+4) = 4,$$

取正根 $x = 2\sqrt{2} - 2$. 再由 $\dfrac{OE}{AB} = \dfrac{OD}{AD}$, 可得 $OE = 2\sqrt{2} - 2$.

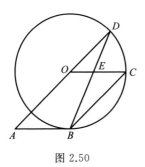

图 2.50

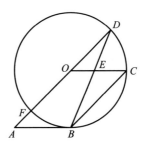

图 2.51

例2(潍坊) 如图 2.52 所示,在 Rt△AOB 中,∠AOB＝90°,OA＝3,OB＝4,以点 O 为圆心、2 为半径的圆与 OB 交于点 C,过点 C 作 CD⊥OB 交 AB 于点 D,点 P 是边 OA 上的动点.当 PC＋PD 最小时,OP 的长为(   ).

(A) $\dfrac{1}{2}$　　　　(B) $\dfrac{3}{4}$　　　　(C) 1　　　　(D) $\dfrac{3}{2}$

答 B.

解 如图 2.53 所示,CD⊥OB,OC＝BC＝2,则 $DC＝\dfrac{1}{2}OA＝\dfrac{3}{2}$. 延长 BO 交 ⊙O 于点 E,则

$$PC＋PD＝PE＋PD \geqslant DE.$$

所以 PC＋PD 的最小值等于 DE,此时,$OP＝\dfrac{1}{2}DC＝\dfrac{3}{4}$.

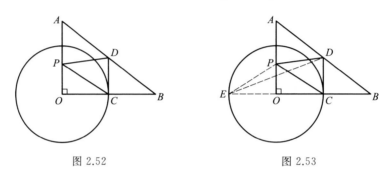

图 2.52　　　　　　　　　　　　图 2.53

分析 这是山东潍坊中考题,是作为较难题呈现的. 题中交代的圆与其他条件的关联度微乎其微. 要增加圆的关联度,宜将"过点 C 作 CD⊥OB 交 AB 于点 D"改为"过点 C 作⊙O 的切线交 AB 于点 D".

修改 1 如图 2.54 所示,在 Rt△AOB 中,∠AOB＝90°,OA＝3,OB＝4,以点 O 为圆心、2 为半径的圆与 OB 交于点 C,过点 C 作⊙O 的切线交 AB 于点 D,点 P 是边 OA 上的动点. 当 PC＋PD 最小时,OP 的长为(   ).

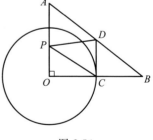

(A) $\dfrac{1}{2}$　　　　(B) $\dfrac{3}{4}$

(C) 1　　　　(D) $\dfrac{3}{2}$

图 2.54

答案和解法不变.

本题是普通的"将军饮马"模型,题目和图形可以简化如下:

修改 2 如图 2.55 所示,在△AOB 中,∠AOB＝90°,OA＝3,OB＝4,CD⊥OB 于点 C 交 AB 于点 D,OC＝2,点 P 是边 OA 上的动点,当 PC＋PD 最小时,OP 的长为(   ).

(A) $\dfrac{1}{2}$ (B) $\dfrac{3}{4}$ (C) 1   (D) $\dfrac{3}{2}$

分析 如图 2.56 所示,取点 C 关于 OA 的对称点 E,连接 PE,DE.后续解法不变.

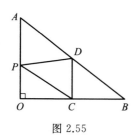 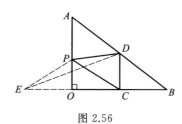

图 2.55   图 2.56

例 3(永州) 如图 2.57 所示,正比例函数 $y=-x$ 与反比例函数 $y=-\dfrac{6}{x}$ 的图形交于 A,C 两点,过点 A 作 $AB\perp x$ 轴于点 B,过点 C 作 $CD\perp x$ 轴于点 D,求 $S_{\triangle ABD}$.

解 通过解方程得两个函数的交点坐标 $A(-\sqrt{6},\sqrt{6})$,$C(\sqrt{6},-\sqrt{6})$,再用面积公式 $S_{\triangle ABD}=\dfrac{1}{2}BD\cdot AB=6$,得到答案.

分析 这是湖南永州中考题,是作为难题呈现的.事实上,本题没必要求出点 A,C 的坐标.一般地,

$$S_{\triangle ABD}=2S_{\triangle ABO}=|x_A y_A|=6,$$

只与反比例函数的系数相关.题中正比例函数 $y=-x$,也可一般化为 $y=kx$.

修改 1 如图 2.57 所示,正比例函数 $y=kx$ 与反比例函数 $y=-\dfrac{6}{x}$ 的图形交于 A,C 两点,过点 A 作 $AB\perp x$ 轴于点 B,过点 C 作 $CD\perp x$ 轴于点 D,求 $S_{\triangle ABD}$.

答 6.

修改 2 如图 2.58 所示,A,C 是双曲线 $y=-\dfrac{6}{x}$ 上关于原点对称的点,点 B,D 分别是点 A,C 在 x 轴上的正射影,求 $S_{\triangle ABD}$.

解 点 A,O,C 共线,$S_{\triangle ABD}=2S_{\triangle ABO}=|x_A y_A|=6$.

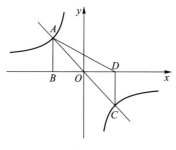 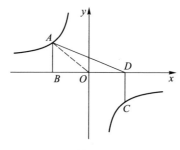

图 2.57   图 2.58

§2.4 机器证明简介

§2.4.1 机器证明的产生及发展

数学中"机械"一词,出自美籍华人科学家王浩 1960 年发表的题为《向机械化数学前进》一文,后被吴文俊院士肯定而沿用. 机械化方法(又称机器证明)就是寻找一个依据一定法则可以按部就班机械地进行的方法,在现代通常称为算法,而算法可以编成程序在计算机上实施,数学机械化就是使数学命题能够在计算机上实现证明.

机械化思想在我国古代数学里早已有之,在近代应该从笛卡儿创立解析几何开始. 解析几何方法使几何问题的证明走上机械化道路,第一次将无章可循的几何定理的证明,按一定步骤把几何问题转化为代数形式来解决,为几何定理机械化证明提供了简明的方法.

莱布尼茨曾有过"推理机器"的设想,他为此研究过逻辑,设计出能做乘法的计算机,这样就促进了布尔(Boole)代数、数理逻辑以及计算机的研究.

希尔伯特在《几何基础》一书中,提出了几何定理的机械化思路,但是这一机械化思想多年来一直没引起人们的注意,就是希尔伯特本人对自己的机械化思想也从未作过任何说明. 直到 1984 年,吴文俊院士注意到该机械化思想,并在计算机上实现了用希尔伯特机械化思想来证明一小类平面几何定理.

电子计算机的问世,使数学定理机器证明的研究活跃起来,波兰数学家塔斯基(Tarski)在 1950 年证明了一个引人注目的定理:初等几何(以及初等代数)的定理证明是可以用机械化方法判定的. 可惜,他的判定方法太复杂,即使用高速计算机也证明不了稍难的几何定理. 塔斯基等人还提出过制造所谓判定机器(证明机)的设想,然而他的设想和方法都不切实可行,直到目前为止也没有取得令人信服的结果.

1958 年王浩设计了计算机程序,使用 IBM704 机,在 3 min 内证明了罗素(Russell)、怀特黑德(Whitehead)的巨著《数学原理》一书中的 220 条命题,稍后又扩大到了 400 条. 王浩因此获得 1983 年人工智能国际联合会与美国数学会颁发的"里程碑奖".

1976 年,美国数学家阿佩尔(Appel)和黑肯(Haken)在高速计算机上用了近 1 200 h,证明了"四色问题"(1852 年英国人古德里(Guthrie)提出了著名的四色问题:"如果只用四种颜色,我们能否对球面上或平面上的任何地图着色"),使一百多年来未解决的难题得到肯定回答. 但是在数学界还有不少人对计算机解题持怀疑态度,因为不能核对其计算的正确性. 也有人认为"即使是真的,总觉得没有什么数学味道". 所以"四色问题"虽然在计算机中得到解决,但是没有给出这一解的现代数学理论依据.

1976 年吴文俊院士开始数学机械化领域的研究,他在中国古代数学机械化与代数化的优秀思想启发下,提出了自己独特的机械化方法. 1977 年发表在《中国科学》

(1977年第六期)上的《初等几何判定问题与机械化证明》的科学论文,掀开了数学机械化这一领域新的一页,开创了从公理化到机械化的新路,第一次在计算机上证明了一大类初等几何问题,还发现了不少新的不平凡的几何定理,在国际上被称为吴方法.吴方法像吸铁石一样,吸引了从事这一领域研究的许多专家学者.1989年周咸青在美国出版了专著,利用吴方法在计算机上证明了512条定理,这些定理大多是较重要的.用吴方法证明一个定理一般仅几秒钟,今后人们在初等几何范围内提出的新命题是真是假,只要在计算机上一试,便知分晓.吴文俊院士作为数学机械化领域的首席科学家,带领我国数学家在数学机械化领域取得了一个又一个重大成果,从而确定了以吴文俊院士为首的中国数学机械化学派在国际上的领先地位.吴文俊院士因此荣获首届"国家最高科学技术奖".

1992年张景中院士应周咸青的邀请赴美访问.他与周咸青、高小山利用面积方法创立了消点算法.在 Windows 系统下,他们研制出由几何定理自动生成可读证明的软件,使人们期待近三十年的可读证明第一次在计算机上实现了.所谓可读证明就是在计算机上所显示的证明,与人用笔在纸上写的证明完全一致,而不再是那种计算机能懂而人看不明白的证明.这一成果被著名计算机专家博耶(Boyer)誉为"使计算机能像处理算术一样处理几何的必由之路上的一个里程碑".2000年张景中院士研制出能生成与传统几何证明方法完全一致方法的第三代智能数学平台软件,它的推广有利于推动中学数学教学现代化的进程.另外,张景中、杨路提出了数值并行算法,这是第一个具有实践意义的用举例来证明几何定理的方法.在计算机上实现用举例子来证明几何定理,不仅在数学上是漂亮的,对其哲学基础也引起很大的震动.

吴文俊、张景中两位院士的研究成果,基本上解决了初等几何等式型定理的机械化证明的重大问题,但是几何(代数)不等式证明的机械化方法的研究却进展不大,举步维艰.1985年,吴文俊院士在上海的一次学术会上就指出:不等式的机械化证明是"一大难题".

不等式机械化证明的困难在于它依赖实代数的自动推理算法的研究.经过多年的努力,杨路终于在1998年创立了降维算法,并研制出实现这一算法的 BOTTEMA 软件,利用这一软件在计算机上验证了近两千个不等式,这个速度已经赶上当时计算机证明等式型平面定理的速度.因此,杨路在不等式机械化证明所取得的成果,完全可与吴方法、张景中的方法相媲美,这是中国数学家在几何定理机械化证明这一领域取得的又一重大成果.正如王梓坤院士所言:"我们可以自豪地说:几何定理机器证明研究的重大成果大都是由我国数学家所取得的."

为什么中国数学家会在几何定理机械化证明这一领域取得如此辉煌的成就?除了吴文俊院士有着"非凡的洞察力和智慧"等天才因素外,还有以下几点重要原因.

第一,继承中国古代数学机械化优良传统.

1976年吴文俊院士进入数学机械化领域研究之前,花了几年时间致力于中国古代数学的研究,发现中国古代数学走的是与西方数学完全不同的道路. 西方古代数学侧重于逻辑推理,着重对数学问题的求证,也就是公理化方法. 我国古代数学用的是机械化方法,对数学问题着重于计算求解. 早在《九章算术》中,就记载着位值制(十进位值),有了位值才有开方、立方的计算法则(算法),并载有分数的各种运算以及解线性方程组的方法.《九章算术》把问题分为九大类,每一类给出一种固定的解题程序(算法),学会了一种解题方法,就能解决一大类问题. 用一个固定的程序解决一类问题,正是数学机械化的基本思想. 追求机械化方法,是我国古代数学的优良传统.

到了宋代从引进"天元"(未知数)概念发展到天元术,元代朱世杰的《四元玉鉴》中就详细记载了四元术,即解至多四个未知数的多项式方程组的解法(算法). 只有在方程建立后,才能用这种机械化算法来解答. 天元概念与天元术的出现,伴随着又产生了几何代数化方法,以及相当于多项式的表达方式与运算方法及消元法. 这使方程的建立和求解成为机械化过程,变得更容易.

在中国古代数学的机械化方法和代数化的优秀思想启发下,吴文俊院士进入数学机械化领域研究的第二年就取得重大突破,创立了具有中国特色的一个主要方法——特征列法. 吴文俊院士写道:"我们所用的特征列方法,只是在《四元玉鉴》所指出的途径上给以现代化的处理,使之臻于严密,合于现代数学的要求而已."吴文俊机械化原理的创立,从思维到方法都受益于中国古代数学机械化方法的思想.

第二,为机械化方法建立了严密的现代数学理论依据.

吴文俊、张景中、杨路等都是我国著名数学家,吴文俊院士在拓扑学、数学史、代数几何等方向都取得了世界一流的成果,他们在创立数学机械化方法的同时,还致力于建立它们的现代数学的理论基础. 吴方法有吴消元和特征法等现代数学理论所支撑,张(景中)方法有用面积法所创立的欧几里得几何新公理体系为基础,杨(路)方法有多项式完全判别系统理论为依据,所以他们所取得的成果令人信服,不仅得到计算机科学家们的高度赞誉,而且为数学家们所接受.

第三,国家大力支持.

吴文俊院士先后主持了国家攀登计划"机器证明及其应用"和"数学机械化研究及其应用"两项重大项目. 国家科学技术部首批启动的 15 项国家重大项目之一的"数学机械化研究及软件平台"也是他主持的.

面对中国数学家在数学机械化领域所取得的举世瞩目的成就,著名计算机科学家、美籍华人王浩教授曾经讲过:"要使每个中国数学教师都懂吴方法". 确实,关于数学定理机器证明方面的书"是中国数学教师应当读的".

§2.4.2 吴文俊几何定理证明的机械化方法简介

1977 年我国著名数学家吴文俊院士发表了《初等几何判定问题与机械化证明》的科学论文,文中提出了几何定理机械化证明的新方法,首次在计算机上证明了一大类初等几何定理,从而开创了从公理化到机械化的新思路,在国际上被誉为"吴方法".

下面我们简单介绍"吴方法"是怎样在计算机上证明几何定理的,吴方法主要有下面三个步骤.

第一步,几何问题代数化.

用解析几何方法(当然也可用其他方法)把几何问题转化为代数形式. 例如要描述两线段 AB, CD 相等,即证明 $AB=CD$,先选定一个直角坐标系,设

$$A(x_1,x_2), \quad B(x_3,x_4), \quad C(x_5,x_6), \quad D(x_7,x_8),$$

则利用两点距离公式,$AB=CD$ 可表示为

$$(x_1-x_3)^2+(x_2-x_4)^2=(x_5-x_7)^2+(x_6-x_8)^2,$$

即可表示为

$$(x_1-x_3)^2+(x_2-x_4)^2-(x_5-x_7)^2-(x_6-x_8)^2=0.$$

又例如要描述两线段 AB, CD 垂直,可利用垂直公式表成

$$-\frac{x_3-x_1}{x_4-x_2}=\frac{x_8-x_6}{x_7-x_5}.$$

上式如果分母为 0,计算机就不会识别,为了避免这种情形,可将上式写成

$$(x_3-x_1)(x_7-x_5)+(x_4-x_2)(x_8-x_6)=0$$

还有两直线平行、三点共线、两角相等、一点是两点连线的中点、点在角的平分线上、一点分两点成定比、一点在圆上、四点共圆等,都可以用解析几何方法将它们化为代数形式. 这样就能将一些基本的几何问题化为代数形式.

选好坐标系后,还要选取自由变元和约束变元,一般自由变元是与几何问题假设条件无关的自由点的坐标,而约束变元是受几何问题假设条件所限制的点的坐标. 所谓几何问题代数化,其实质就是将几何问题的假设条件部分用上述解析几何方法化为含自由变元和约束变元的多项式组

$$\begin{cases} f_1(u_1,u_2,\cdots,u_n,x_1,x_2,\cdots,x_m)=0, \\ f_2(u_1,u_2,\cdots,u_n,x_1,x_2,\cdots,x_m)=0, \\ \qquad\cdots\cdots\cdots\cdots \\ f_m(u_1,u_2,\cdots,u_n,x_1,x_2,\cdots,x_m)=0, \end{cases} \qquad ①$$

其中 $u_1,u_2,\cdots,u_n$ 为自由变元,$x_1,x_2,\cdots,x_m$ 为约束变元,几何问题的结论部分则表示为多项式

$$g(u_1,u_2,\cdots,u_n,x_1,x_2,\cdots,x_m)=0. \qquad ②$$

第一步的关键是选好坐标系,哪些是自由点(相应的自由变元),哪些是约束点(相应的约束变元),往往不是固定的,但在同一问题中,自由变元和约束变元是固定的.

第二步,三角化(也称吴升列).

将①式中按约束变元重新排序为三角形,就是通过代数方法(类似于线性方程组的高斯消元法)将约束变元重新排成如图 2.59 所示的三角形,将①式化为

$$\begin{cases} f_1^*(u_1,u_2,\cdots,u_n,x_1^*)=0, \\ f_2^*(u_1,u_2,\cdots,u_n,x_1^*,x_2^*)=0, \\ f_3^*(u_1,u_2,\cdots,u_n,x_1^*,x_2^*,x_3^*)=0, \\ \qquad\cdots\cdots\cdots\cdots \\ f_m^*(u_1,u_2,\cdots,u_n,x_1^*,x_2^*,\cdots,x_m^*)=0. \end{cases} \qquad ③$$

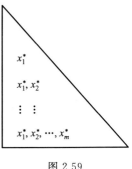

图 2.59

这样一来，在③式中第一个多项式只含第一个约束变元，而第二个多项式只含第一个约束变元和第二个约束变元……第 m 个多项式含有所有 m 个约束变元.

由于多项式方程组①一般是非线性方程组，因此完成第二步有一定的复杂性，这也是"吴方法"的精髓.

第三步，作除法求余（亦称逐步除法）.

把③式中多项式简记为 $f_1^*,f_2^*,\cdots,f_m^*$，而将结论写成 g.

将 g 除以 f_m^*（把它们都看成最后一个约束变元 x_m^* 的多项式，并作多项式除法），为了避免商式出现分式（因为分式可能有使分母为 0 的情况，这样计算机就不容易识别），要在 g 上乘某个因式 c_1，得

$$c_1g=a_1' f_m^*+R_m. \qquad ④$$

再将余式 R_m 除以 f_{m-1}^*（把它们都看成约束变元 x_{m-1}^* 的多项式），为了避免商式中出现分式，要在 R_m 上乘某个因式 c_2，得

$$c_2R_m=a_2' f_{m-1}^*+R_{m-1}. \qquad ⑤$$

用同样方法可得

$$c_3R_{m-1}=a_3' f_{m-2}^*+R_{m-2}, \qquad ⑥$$

一直继续下去，最后得

$$c_{m-1}R_3=a_{m-1}' f_2^*+R_2, \qquad ⑦$$

$$c_mR_2=a_m' f_1^*+R_1(\equiv R). \qquad ⑧$$

把④式乘 c_2 然后将⑤式代入得

$$c_1c_2g=a_1'c_2 f_m^*+a_2' f_{m-1}^*+R_{m-1},$$

再把上式乘 c_3，然后将⑥式代入得

$$c_1c_2c_3g=a_1'c_2c_3 f_m^*+a_2'c_3 f_{m-1}^*+a_3' f_{m-2}^*+R_{m-2},$$

依次进行，并将上式中 $f_m^*,f_{m-1}^*,\cdots,f_1^*$ 的系数用 $a_1,a_2,\cdots,a_m$ 代替，最后得

$$c_1c_2c_3\cdots c_mg=a_1 f_m^*+a_2 f_{m-1}^*+\cdots+a_m+R_1(\equiv R). \qquad ⑨$$

上面的第二步三角化和第三步逐步除法都可以在计算机上计算. 从输出的结果⑨式判断得到，如果最后所得的余式 R 恒为 0，那么在题设 $f_1=0,f_2=0,\cdots,f_m=0$ 以及非退化条件 $c_1\neq0,c_2\neq0,\cdots,c_m\neq0$ 下，结论 $g=0$ 一定成立，命题得证；反之，如果得出的余式 $R\neq0$，那么命题不成立.

上述 $c_i\neq0,i=0,1,2,\cdots,m$ 称为非退化条件. 非退化条件的提出是吴文俊院士

对几何定理证明的又一贡献. 他指出初等几何定理的综合证法,不但不严密,而且也不可能严密,问题主要就是出现退化情形没有讨论.

在欧几里得几何定理的论证过程中,通常排除退化情形. 例如,对三角形就要求三个顶点不在同一直线上,三顶点共线就是退化情形. 有些几何定理在退化情形也成立,但有些几何定理在退化情形就不成立. 例如"在$\triangle ABC$中,若$\angle B=\angle C$,则$AB=AC$",这条定理当$\angle B=\angle C=0°$时就不成立. 如图 2.60(a)所示,当$\angle B=\angle C=0°$时,$AB\neq AC$. 但在另一种退化情形,如图 2.60(b)所示,又成立. 可见对退化情形有必要单独进行讨论.

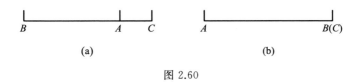

图 2.60

那么,在几何定理的假设中,排除了退化情形是不是就万事大吉,证明就完全严密了呢? 问题没有那么简单,因为用综合证法证明几何定理时,往往要作辅助线,对辅助图形运用一些已知的定理,在辅助图形中就可能遇到退化情形. 怎样作辅助线事先不知道,因而无法预先说明会出现哪些退化情形,而使证明失效. 证明中推理环节越多,出现退化情形而破坏证明的严密性的可能性越大.

这个问题在吴方法中得到了圆满的解决. 在吴方法的证明过程中能够自动一一列出非退化情形的代数表示,指出保证几何命题成立的非退化条件,至于退化情形是否成立则要单独讨论. 这种讨论通常比较容易进行,特别对于计算机而言更是这样. 这就是说,吴方法不但实现几何定理在计算机上的证明,而且使推理具有真正的严密性.

下面我们用吴方法来证明两个例子.

例 1　求证:三角形的三条高线共点.

证明　如图 2.61 所示,以$\triangle ABC$的AB边所在直线为x轴,过点C的高线为y轴,过点A的高线与过点C的高线交于点H,且设各点坐标为$A(u_1,0)$,$B(u_2,0)$,$C(0,u_3)$,$H(0,x_1)$,其中A,B,C三点可以任意选取为自由点,所以u_1,u_2,u_3为自由变元,而点H是受假设条件限制的约束点,故x_1是约束变元. 只要能证明$BH\perp AC$,命题即可得证.

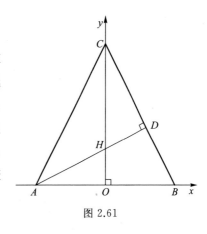

图 2.61

由假设$AH\perp BC$,根据垂直公式得

$$f_1=(x_1-0)(u_3-0)+(0-u_1)(0-u_2)=0,$$

而结论$BH\perp AC$,即

$$g = (x_1 - 0)(u_3 - 0) + (0 - u_2)(0 - u_1) = 0.$$

可见 f_1 和 g 完全相同,因此,g 除以 f_1 所得余式 R 当然为 0,命题得证.

例 2 求证:直角三角形斜边上的中线等于斜边的一半.

证明 如图 2.62 所示,首先选择坐标系,以直角三角形的两直角边 AO 和 BO 分别为 x 轴与 y 轴,直角顶点为原点 O,取 D 为斜边 AB 的中点,并设它们坐标为 $O(0,0)$,$A(2u_1, 0)$,$B(0, 2u_2)$(这里设 $2u_1, 2u_2$ 是由中点条件所定,便于计算)以及 $D(x_1, x_2)$,其中 O, A, B 三点是任意取的自由点,故它们的坐标 u_1, u_2 是自由变元,而中点 D 受假设条件所限,故其坐标 x_1, x_2 为约束变元.下面用吴方法来解此题.

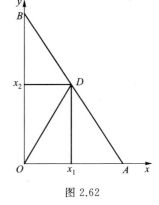

图 2.62

第一步,将几何问题代数化.

假设部分,由于 D 是 AB 的中点,故由中点公式得

$$f_1 = x_1 - u_1 = 0,$$
$$f_2 = x_2 - u_2 = 0.$$

结论部分,要证明 $OD = BD$,由距离公式有

$$g = (x_1^2 + x_2^2) - (u_1^2 + u_2^2) = x_1^2 + x_2^2 - u_1^2 - u_2^2$$
$$= (x_1 - u_1)(x_1 + u_1) + (x_2 - u_2)(x_2 + u_2) = 0.$$

第二步,三角化.

由于 f_1 只含约束变元 x_1,而 f_2 只含约束变元 x_2,所以 f_1, f_2 本身就三角化了,因此可记为

$$f_1^* = f_1 = x_1 - u_1 = 0,$$
$$f_2^* = f_2 = x_2 - u_2 = 0.$$

第三步,作逐步除法.

用 g 除以 f_2^*,得

$$\frac{g}{f_2^*} = (x_2 + u_2) + \frac{(x_1 - u_1)(x_1 + u_1)}{x_2 - u_2},$$

即

$$g = (x_2 + u_2)f_2^* + R_2, \qquad ①$$

其中 $R_2 = (x_1 - u_1)(x_1 + u_1)$.用 R_2 除以 f_1^*,类似得

$$R_2 = (x_1 + u_1)f_1^* + R, \qquad ②$$

其中 $R = 0$.若将②式代入①式,得

$$g = (x_1 + u_1)f_1^* + (x_2 + u_2)f_2^* + R,$$

其中 $R = 0$,命题得证.

习　　题

A 必做题

1. 用"若……则……"写出下列命题的四种变化,并分别指出其真假:

(1) 凡直角皆相等;

(2) 三角形的内角和是 $180°$;

(3) 两个邻补角的平分线互相垂直;

(4) 垂直于同一直线的两直线平行;

(5) 三角形两边中点的连线平行于第三边;

(6) 等角的余角相等.

2. 用归纳法证明以下各题:

(1) 设 $A_1, A_2, A_3, \cdots, A_n$ 为同一直线上的 n 个点,则就有向线段而言,恒有
$$A_1 A_2 + A_2 A_3 + \cdots + A_{n-1} A_n = A_1 A_n;$$

(2) 平面内有 n 个圆,其中每两个圆都相交于两点,且每三个圆都不相交于同一点,那么,这 n 个圆把平面分成 $n^2 - n + 2$ 个部分.

3. 用反证法证明以下各题:

(1) 直角三角形斜边上的中点到三顶点的距离相等;

(2) 已知 $\triangle ABC$ 与 $\triangle A'BC$ 有公共边 BC,且 $A'B + A'C > AB + AC$,那么,点 A' 在 $\triangle ABC$ 的外部;

(3) 如图 2.63,设 SA, SB 是圆锥 SO 的两条母线,点 O 是底面圆心,C 是 SB 上一点,求证:AC 与平面 SOB 不垂直.

4. 用同一法证明以下各题:

(1) 设梯形两底之和等于一腰,则此腰两邻角的平分线必通过另一腰的中点;

(2) 如果两条直线同垂直于一个平面,那么这两条直线平行;

(3) 如果 b, c 是异面直线,那么过直线 c 有且只有一个平面平行于直线 b.

5. 两块等腰直角三角板 $\triangle ABC$ 和 $\triangle DEC$ 按如下位置摆放:$\angle ACB = \angle DCE = 90°$,$F$ 是 DE 的中点,H 是 AE 的中点,G 是 BD 的中点.

(1) 如图 2.64 所示,若点 D, E 分别在 AC, BC 的延长线上,通过观察和测量,猜想 FH 和 FG 的数量关系为_____,位置关系为_____;

(2) 如图 2.65 所示,若将三角板 $\triangle DEC$ 绕着点 C 顺时针旋转至 A, C, E 在一条直线上,其余条件均不变,则(1)中的猜想是否还成立,若成立,请证明;若不成立,请说明理由;

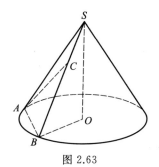

图 2.63

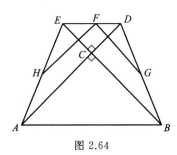

图 2.64

(3) 如图 2.66 所示,将图 2.64 中的 △DEC 绕点 C 顺时针旋转一个锐角,(1)中的猜想还成立吗?

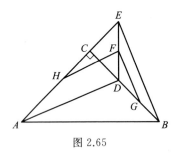
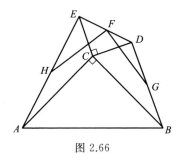

图 2.65   图 2.66

6. 如图 2.67 所示,在四边形 ABCD 中,对角线 AC 平分∠DAB.

(1) 如图 2.67(a)所示,当∠DAB=120°,∠B=∠D=90°时,求证:AB+AD=AC.

(2) 如图 2.67(b)所示,当∠DAB=120°,∠B 与∠D 互补时,线段 AB,AD,AC 有怎样的数量关系? 写出你的猜想,并给予证明.

(3) 如图 2.67(c)所示,当∠DAB=90°,∠B 与∠D 互补时,线段 AB,AD,AC 有怎样的数量关系? 写出你的猜想,并给予证明.

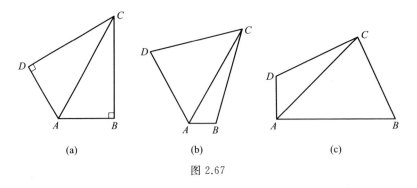

(a)   (b)   (c)

图 2.67

7. 证明:等边三角形内任一点到三边距离之和为常量. 若此点取在三角形之外,命题如何变化?

8. 举例说明中国学者在几何定理机器证明的发展中的突出贡献.

B 选做题

9. 如图 2.68 所示,D 为 △ABC 的边 AB 上的一点,使得 $AB=3AD$,P 是 △ABC 外接圆上一点,使得 ∠ADP=∠ACB,求 $\dfrac{PB}{PD}$ 的值.

10. 如图 2.69 所示,D 为等边 △ABC 的 BC 边上一点,已知 $BD=1,CD=2,CH⊥AD$ 于点 H,连接 BH. 试证:∠BHD=60°.

11. 如图 2.70 所示,梯形 ABCD 中,$AB∥CD,AB=125,CD=DA=80$.问对角线 BD 能否把梯形分成两个相似的三角形? 若不能,给出证明;若能,求出 BC,BD 的长.

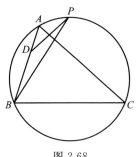

图 2.68

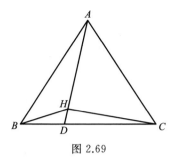

图 2.69

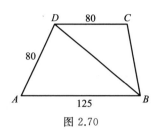

图 2.70

C 思考题

12. 反证法与同一法有何异同?

13. 以下两个命题在本章中已用"同一法"进行了证明,试在此基础上用"反证法"给予证明:

(1) 以正方形 $ABCD$ 的一边 CD 为底在正方形内作等腰 $\triangle ECD$,使其两底角为 $15°$,则 $\triangle ABE$ 是等边三角形;

(2) 两直线被一直线所截,若同位角相等,则此两直线平行.

第二章部分习题

参考答案

第三章　快捷准确的几何计算

几何计算,是几何学中的重要内容;几何计算题,是几何问题的重要组成部分.在工农业生产和科学技术中有大量的几何计算问题需要研究解决.在每年全国各省市的中考试题和部分省市的高考试题中,也有相当数量的几何计算题.因此熟悉几何计算的理论依据、掌握几何计算的思想方法极为重要,它们是快捷准确进行几何计算的基础.

本章内容将在初中平面几何的基础上,进一步阐述有关度量理论,以及各种几何量的计算方法.

§3.1　几何计算中常用的定理与公式

为简便起见,我们先约定三角形中一些常用符号:

在 $\triangle ABC$ 中,内角 A,B,C 对应的边分别记为 a,b,c,半周长记为 p,$2p=a+b+c$,三条中线记为 m_a,m_b,m_c,三条高线记为 h_a,h_b,h_c,三条内角平分线记为 t_a,t_b,t_c,$\triangle ABC$ 的外接圆半径记为 R,内切圆半径记为 r,面积记为 S.

§3.1.1　几何计算中的常用定理

定理 1(托勒密定理)　圆内接四边形对角线之积等于两组对边乘积之和.

分析　如图 3.1 所示,即证

$$AC \cdot BD = AB \cdot CD + AD \cdot BC.$$

对此,可设法把 $AC \cdot BD$ 拆成两部分,如把 AC 写成 $AE+EC$,那么,$AC \cdot BD$ 就拆成了 $AE \cdot BD$ 及 $EC \cdot BD$,于是只需分别证明

$$AE \cdot BD = AD \cdot BC, \quad EC \cdot BD = AB \cdot CD.$$

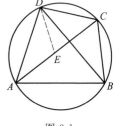

图 3.1

证明　在 AC 上取点 E,使 $\angle ADE = \angle BDC$,由 $\angle DAE = \angle DBC$,得 $\triangle AED \backsim \triangle BCD$. 所以

$$AE : BC = AD : BD, \quad 即 \quad AE \cdot BD = AD \cdot BC. \qquad ①$$

又 $\angle ADB = \angle EDC$,$\angle ABD = \angle ECD$,得 $\triangle ABD \backsim \triangle ECD$. 所以

$$AB : EC = BD : CD, \quad 即 \quad EC \cdot BD = AB \cdot CD. \qquad ②$$

① + ② 得

$$AC \cdot BD = AB \cdot CD + AD \cdot BC.$$

注 本定理的证明过程给解决形如 $ab = cd + ef$ 的问题提供了一个范例. 用类似的证法,可得到

广义托勒密定理 对于一般的四边形 $ABCD$,有

$$AB \cdot CD + AD \cdot BC \geqslant AC \cdot BD,$$

当且仅当 $ABCD$ 是圆内接四边形时等号成立.

定理 2(梅涅劳斯(Menelaus)定理) 设 $\triangle ABC$ 的三边 BC,CA,AB(或所在直线)被一直线分别截于点 X,Y,Z,则

$$\frac{XB}{XC} \cdot \frac{YC}{YA} \cdot \frac{ZA}{ZB} = 1 \quad 或 \quad \frac{BX}{XC} \cdot \frac{CY}{YA} \cdot \frac{AZ}{ZB} = -1$$

(此处的线段指有向线段).

证明 如图 3.2 所示,过点 C 作直线 $CD \parallel XYZ$ 交直线 AB 于点 D,则

$$\frac{BX}{XC} \cdot \frac{CY}{YA} \cdot \frac{AZ}{ZB} = \frac{BZ}{ZD} \cdot \frac{DZ}{ZA} \cdot \frac{AZ}{ZB} = -1.$$

注 (1) 定理 2 的逆命题为真,是梅涅劳斯定理的逆定理;

(2) 本定理可以推广到平面凸四边形、四面体乃至 n 维欧几里得空间中;

(3) 恰当选取或作出三角形的截线,是应用梅涅劳斯定理的关键,其逆定理常用于证明三点共线问题.

定理 3(切瓦(Ceva)定理) $\triangle ABC$ 的顶点与一点 O 所连的直线依次交对边 BC, CA,AB(或所在直线)于点 X,Y,Z(图 3.3),则

$$\frac{XB}{XC} \cdot \frac{YC}{YA} \cdot \frac{ZA}{ZB} = -1 \quad 或 \quad \frac{BX}{XC} \cdot \frac{CY}{YA} \cdot \frac{AZ}{ZB} = 1$$

(此处的线段指有向线段).

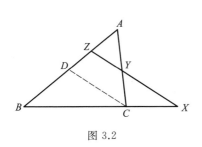

图 3.2

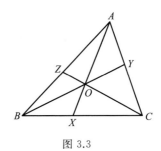

图 3.3

证明 应用梅涅劳斯定理于 $\triangle AXC$ 和截线 BOY,得

$$\frac{XB}{BC} \cdot \frac{CY}{YA} \cdot \frac{AO}{OX} = -1,$$

同理,$\triangle AXB$ 被直线 COZ 所截,有

$$\frac{XC}{CB} \cdot \frac{BZ}{ZA} \cdot \frac{AO}{OX} = -1,$$

两式相除并注意 $BC=-CB$，得

$$\frac{BX}{XC} \cdot \frac{CY}{YA} \cdot \frac{AZ}{ZB}=1.$$

注 （1）定理 3 的逆命题为真，是切瓦定理的逆定理；

（2）切瓦定理可以推广到四面体中；

（3）同时应用梅涅劳斯定理和切瓦定理，是解决比较复杂的相关问题的有效途径.

定理 4（斯图尔特（Stewart）定理） 已知△ABC 及 BC 边上一点 P，则

$$AB^2 \cdot PC+AC^2 \cdot BP-AP^2 \cdot BC=BP \cdot PC \cdot BC.$$

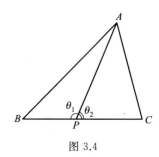

图 3.4

证明 如图 3.4 所示，设∠$APB=\theta_1$，∠$APC=\theta_2$. 对于△ABP 和△APC 分别应用余弦定理有

$$AB^2=AP^2+BP^2-2AP \cdot BP \cdot \cos\theta_1,$$
$$AC^2=AP^2+CP^2-2AP \cdot CP \cdot \cos\theta_2.$$

将上述两式分别乘 PC,PB 后相加，得

$$AB^2 \cdot CP+AC^2 \cdot BP$$
$$=AP^2 \cdot (BP+CP)+BP \cdot CP(BP+CP)-$$
$$2AP \cdot BP \cdot CP(\cos\theta_1+\cos\theta_2)$$
$$=AP^2 \cdot BC+BP \cdot CP \cdot BC,$$

故

$$AB^2 \cdot PC+AC^2 \cdot BP-AP^2 \cdot BC=BP \cdot PC \cdot BC.$$

注 （1）定理 4 的逆命题为真，是斯图尔特定理的逆定理；

（2）若将 BC 边上的三线段看成有向线段，则不论点 P 在直线 BC 上何处，此定理仍然成立；

（3）由本定理易得如下推论：

（a）若 $AB=AC$，则 $AP^2=AB^2-BP \cdot PC$；

（b）若 P 为 BC 中点，则 $AP^2=\frac{1}{2}AB^2+\frac{1}{2}AC^2-\frac{1}{4}BC^2$；

（c）若 AP 平分∠BAC，则 $AP^2=AB \cdot AC-BP \cdot PC$；

（d）若 AP 平分∠BAC 的外角，则 $AP^2=BP \cdot PC-AB \cdot AC$；

（4）斯图尔特定理可以推广到四面体中.

定理 5（切割线定理） 从圆外一点 P 引圆的切线与割线，切线长 PA 是这点到割线与圆交点 C,D 的两条线段长的比例中项. 即 $PA^2=PC \cdot PD$（图 3.5）.

推论 从圆外一点引圆的两条割线，这一点到每条割线与圆的交点的两条线段的积相等.

在图 3.6 中有 $PA \cdot PB = PC \cdot PD$.

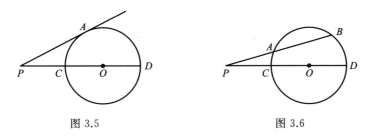

图 3.5　　　　　　　　　　　　　　图 3.6

定理 6(直角三角形中的射影定理,又称欧几里得定理)　直角三角形中,斜边上的高是两直角边在斜边上射影的比例中项,每一条直角边是这条直角边在斜边上的射影和斜边的比例中项.

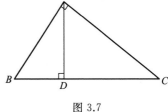

如图 3.7 所示,在 $\mathrm{Rt}\triangle ABC$,$\angle BAC = 90°$,AD 是斜边 BC 上的高,则

(1) $AD^2 = BD \cdot DC$;

(2) $AB^2 = BD \cdot BC$;

(3) $AC^2 = CD \cdot BC$.

图 3.7

这个定理的证明,要借助相似三角形的性质. 例如,要证 $AD^2 = BD \cdot DC$,由图 3.7 易知 $\triangle BAD \backsim \triangle ACD$,

$$AD : BD = CD : AD,$$

所以 $AD^2 = BD \cdot DC$.

注　由上述射影定理易证勾股定理. 事实上,由公式(2)+(3)便得勾股定理的结论:$AB^2 + AC^2 = BC^2$.

定理 7(任意三角形中的射影定理,又称第一余弦定理)　设 $\triangle ABC$ 的三边是 a,b,c,它们所对的角分别是 A,B,C,则

(1) $a = b \cos C + c \cos B$;

(2) $b = c \cos A + a \cos C$;

(3) $c = b \cos A + a \cos B$.

证明　(2)在 $\triangle ABC$ 中,作 $BD \perp AC$,则

$$b = AD + DC = AB \cos A + BC \cos C$$
$$= c \cos A + a \cos C.$$

同理可证(1)和(3)两个结论.

定理 8(张角定理)　如图 3.8 所示,设 P 为 $\triangle ABC$ 的 BC 边上的点,AB,AC,AP 的长分别为 a,b,t,则

$$\frac{\sin(\alpha + \beta)}{t} = \frac{\sin \alpha}{b} + \frac{\sin \beta}{a}.$$

证明　由 $S_{\triangle ABP} + S_{\triangle ACP} = S_{\triangle ABC}$,有

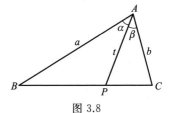

图 3.8

$$\frac{1}{2}at\sin\alpha+\frac{1}{2}bt\sin\beta=\frac{1}{2}ab\sin(\alpha+\beta).$$

两边同时除以 $\frac{1}{2}abt$，有

$$\frac{\sin(\alpha+\beta)}{t}=\frac{\sin\alpha}{b}+\frac{\sin\beta}{a}.$$

定理 9（欧拉线）　三角形的外心、重心、垂心三点共线（该线被称为欧拉线），且外心与重心的距离等于重心与垂心距离的一半.

证明　如图 3.9 所示，O 与 H 分别是 $\triangle ABC$ 的外心与垂心. 在圆 O 中作直径 BK，取 BC 中点 M，连接 OM，CK，AK，则 $\angle KCB=\angle KAB=90°$，从而 $KC\parallel AH$，$KA\parallel CH$，四边形 $CKAH$ 为平行四边形，故 $AH=CK=2MO$.

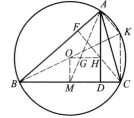

图 3.9

由 $OM\parallel AH$，且 $AH=2OM$，设中线 AM 与 OH 交于点 G，则 $\triangle GOM\backsim\triangle GHA$，故得

$$MG:GA=OG:GH=MO:HA=1:2,$$

从而 G 为 $\triangle ABC$ 的重心，且 $GH=2GO$.

注　若延长 AD 交外接圆于 N，则有 $DH=DN$. 这一结论也常用.

定理 10（三角形内心性质定理）　如图 3.10 所示，设 I 为 $\triangle ABC$ 的内心，$\angle BAC$ 的角平分线与 $\triangle ABC$ 的外接圆交于点 P，则 $PB=PC=PI$.

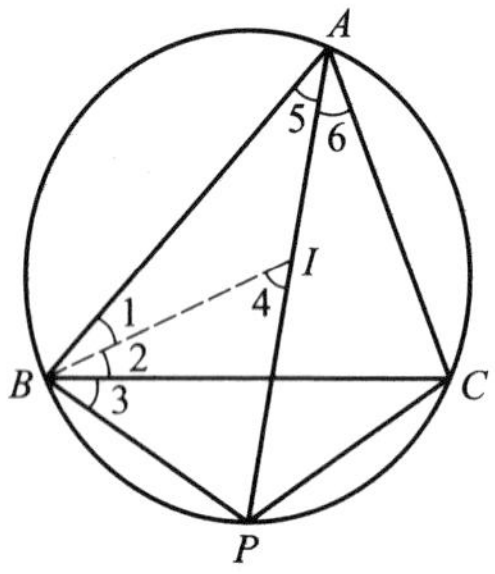

证明　连接 BI. 由 I 为 $\triangle ABC$ 的内心，有 $\angle 1=\angle 2$，$\angle 5=\angle 6$，则 $PB=PC$ 且

$$\angle 4=\angle 1+\angle 5=\angle 2+\angle 6.$$

又 $\angle PBI=\angle 2+\angle 3$，而 $\angle 3=\angle 6$，故

$$\angle PBI=\angle 2+\angle 6=\angle 4,$$

图 3.10

所以 $PB=PI$，从而 $PB=PC=PI$.

§3.1.2　几何计算中的常用公式

1. 已知三边求中线

如图 3.11 所示，设 AD 为 $\triangle ABC$ 的 BC 边上的中线，点 H 为点 A 在 BC 上的射影，又设 $\angle ADC$ 为锐角，$\angle ADB$ 为钝角. 勾股定理可推广为下述定理：

定理　三角形中锐（钝）角对边的平方，等于其他两边的平方和减去（加上）这两边中一边与另一边在它上面的射影之积的两倍（这两个定理合起来相当于余弦定理）.

根据前述定理，有

$$AB^2=AD^2+BD^2+2BD\cdot DH,$$
$$AC^2=AD^2+DC^2-2DC\cdot DH,$$

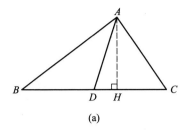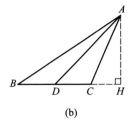

图 3.11

相加得

$$AB^2 + AC^2 = 2(AD^2 + BD^2).$$

由此,我们可以得到三角形中线的常用公式:以 $AB=c$, $AC=b$, $BD=\dfrac{a}{2}$, $AD=m_a$ 代入,得

$$m_a = \frac{1}{2}\sqrt{2(b^2+c^2)-a^2}.$$

2. 已知三边求高和面积

由图 3.11 所示,运用前述定理及勾股定理,得

$$b^2 = c^2 + a^2 - 2a \cdot BH,$$
$$c^2 = h_a^2 + BH^2,$$

消去 BH,得

$$h_a^2 = c^2 - \left[\frac{1}{2a}(c^2+a^2-b^2)\right]^2$$
$$= \frac{1}{4a^2}\left[(2ac)^2 - (c^2+a^2-b^2)^2\right]$$
$$= \frac{1}{4a^2}(a+b+c)(a+c-b)(a+b-c)(b+c-a),$$

故

$$h_a = \frac{2}{a}\sqrt{p(p-a)(p-b)(p-c)},$$

其中 $p = \dfrac{a+b+c}{2}$. 因此

$$S = \frac{1}{2}ah_a = \sqrt{p(p-a)(p-b)(p-c)}.$$

实际上,这个计算三角形面积的公式是我国南宋数学家秦九韶的三斜求积公式(已知三边求三角形的面积)的变形.

3. 已知三边求外接圆半径

如图 3.12 所示,设 AH 是 $\triangle ABC$ 的高,AM 是外接圆的直径,则 $\triangle AHC \backsim \triangle ABM$,

从而

$$\frac{AH}{AB}=\frac{AC}{AM},$$

所以

$$2R=AM=\frac{AB\cdot AC}{AH}=\frac{cb}{h_a}=\frac{abc}{2S}.$$

因此

$$R=\frac{abc}{4S}=\frac{abc}{4\sqrt{p(p-a)(p-b)(p-c)}}.$$

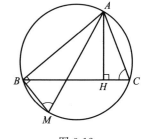

图 3.12

4. 已知三边求内切圆半径

如图 3.13 所示,以 I 表示 $\triangle ABC$ 的内心,则

$$S=\frac{ar}{2}+\frac{br}{2}+\frac{cr}{2}=pr,$$

所以

$$r=\frac{S}{p}=\sqrt{\frac{(p-a)(p-b)(p-c)}{p}}.$$

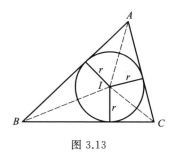

图 3.13

5. 已知三边求角平分线

如图 3.14 所示,设 AV 是 $\triangle ABC$ 的角平分线,交外接圆于点 P,则

$$\frac{BV}{AB}=\frac{VC}{AC}=\frac{BC}{AB+AC},$$

从而

$$BV=\frac{c}{b+c}a,\quad CV=\frac{b}{b+c}a.$$

又 $\triangle ABP \backsim \triangle AVC$,有 $\dfrac{AB}{AV}=\dfrac{AP}{AC}$,即

$$AB\cdot AC=AV\cdot AP=AV\cdot(AV+VP)$$
$$=AV^2+AV\cdot VP=AV^2+BV\cdot VC.$$

以 BV 和 VC 的表达式代入,并化简得

$$t_a=AV=\frac{2}{b+c}\sqrt{bcp(p-a)}.$$

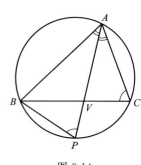

图 3.14

6. 异面直线所成的角

设 AB,CD 为异面直线,则它们所成的角 θ 满足

$$\cos\theta=\frac{|(AC^2+BD^2)-(AD^2+BC^2)|}{2AB\cdot CD}.$$

7. 二面角的计算

(1) 一般二面角的计算公式

已知二面角 M-AB-N,在面 MAB 内有两条线段 PA,PB,它们与面 NAB 所成的角分别为 α,β,且 $\angle APB = \theta$,则二面角 M-AB-N 的大小 γ 满足

$$\sin^2\gamma = \frac{\sin^2\alpha + \sin^2\beta - 2\sin\alpha\sin\beta\cos\theta}{\sin^2\theta}.$$

特别地,当 $\theta = 90°$ 时,$\sin^2\gamma = \sin^2\alpha + \sin^2\beta$.

(2) 三面角中的二面角的计算公式

如图 3.15 所示,已知三面角 S-ABC,三个面角分别为 $\angle BSC = \alpha$,$\angle CSA = \beta$,$\angle ASB = \gamma$. 设二面角 B-SA-C,C-SB-A,A-SC-B 的大小分别为 α',β',γ',则有

$$\cos\alpha' = \frac{\cos\alpha - \cos\beta\cos\gamma}{\sin\beta\sin\gamma},$$

$$\cos\beta' = \frac{\cos\beta - \cos\gamma\cos\alpha}{\sin\gamma\sin\alpha},$$

$$\cos\gamma' = \frac{\cos\gamma - \cos\alpha\cos\beta}{\sin\alpha\sin\beta}.$$

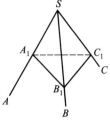

图 3.15

8. 四面体的体积公式

公式 1 若四面体的一个面的三条棱长为 a,b,c,它们相对棱的长分别为 x,y,z,记

$$P_1 = (ax)^2(b^2 + c^2 + y^2 + z^2 - a^2 - x^2),$$

$$P_2 = (by)^2(c^2 + a^2 + z^2 + x^2 - b^2 - y^2),$$

$$P_3 = (cz)^2(a^2 + b^2 + x^2 + y^2 - c^2 - z^2),$$

$$Q = (abc)^2 + (ayz)^2 + (bzx)^2 + (cxy)^2,$$

则这个四面体的体积为

$$V = \frac{1}{12}\sqrt{P_1 + P_2 + P_3 - Q}.$$

公式 2 若四面体共顶点的三条棱长分别为 a,b,c,它们两两组成的面角分别为 α,β,γ,则这个四面体的体积为

$$V = \frac{1}{3}abc\sqrt{\sin\omega\sin(\omega - \alpha)\sin(\omega - \beta)\sin(\omega - \gamma)},$$

其中 $\omega = \frac{1}{2}(\alpha + \beta + \gamma)$.

公式 3 在四面体中,一条棱长为 a,以此棱为边的三角形的面积为 S_1,S_2,这两个面所成的二面角为 θ,则此四面体的体积为

$$V = \frac{2}{3a}S_1 S_2 \sin\theta.$$

证明　如图 3.16 所示,作 $BO \perp$ 面 ADC,垂足为点 O;在面 ADC 内,作 $OE \perp AD$,垂足为点 E,连接 BE,则 $\angle OEB = \theta$. 故

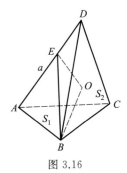

图 3.16

$$V = \frac{1}{3}S_2 \cdot OB = \frac{1}{3}S_2 \cdot BE\sin\theta$$

$$= \frac{1}{3}S_2 \cdot \frac{2S_1}{a} \cdot \sin\theta$$

$$= \frac{2}{3a}S_1S_2\sin\theta.$$

以上证明是对于锐角 θ 作出的. 不难证明,当 θ 为直角或钝角时,结论也成立.

公式 4　若四面体共顶点的三条棱长分别为 a,b,c,以 a 为棱的两个面角和二面角分别为 α,β,θ,则这个四面体的体积为

$$V = \frac{1}{6}abc\sin\alpha\sin\beta\sin\theta.$$

证明　如图 3.17 所示,

$$S_1 = S_{\triangle ABD} = \frac{1}{2}ab\sin\alpha,$$

$$S_2 = S_{\triangle ACD} = \frac{1}{2}ac\sin\beta,$$

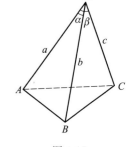

图 3.17

代入公式 3,得

$$V = \frac{2}{3a}\left(\frac{1}{2}ab\sin\alpha\right) \cdot \left(\frac{1}{2}ac\sin\beta\right)\sin\theta$$

$$= \frac{1}{6}abc\sin\alpha\sin\beta\sin\theta.$$

公式 5　如图 3.18 所示,若四面体相对的两条棱长分别为 a,b,它们所成的角为 α,它们的距离为 d,则这个四面体的体积为

$$V = \frac{1}{6}abd\sin\alpha.$$

证明　在 $\triangle ABD$ 所在平面内,作 $BE /\!/ AD$,$DE /\!/ AB$,相交于点 E,连接 CE,则 $\angle CBE = \alpha$ 或 $\pi - \alpha$,d 为 AD 到面 BCE 的距离,从而为点 D 到面 BCE 的距离. 因

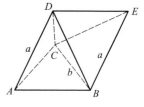

图 3.18

$$V_{D\text{-}ABC} = V_{C\text{-}ABD} = V_{C\text{-}BDE} = V_{D\text{-}BCE}$$

$$= \frac{1}{3}S_{\triangle BCE} \cdot d = \frac{1}{3}\left(\frac{1}{2}ab\sin\alpha\right) \cdot d,$$

故 $V = \frac{1}{6}abd\sin\alpha$.

9. 拟柱体的体积公式

所有的顶点都在两个称为底的平行平面上的多面体,叫做拟柱体. 两底间的距离叫做高,与两底平行且等距的截面称为中截面. 设拟柱体两底面积为 S 和 S_1,中截面

面积为 M,高为 h,则拟柱体的体积为

$$V = \frac{h}{6}(S + 4M + S_1).$$

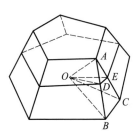

图 3.19

证明　在中截面上任取一点 O(图 3.19),到各顶点连线,将拟柱体分解为以 O 为公共顶点的三种类型的棱锥之和,一种以上底为底面,一种以下底为底面,一种以各侧面为底面,这三种棱锥的体积之和就是拟柱体的体积.

前两种棱锥的体积分别为

$$V_1 = \frac{1}{3}S \cdot \frac{h}{2}, \quad V_2 = \frac{1}{3}S_1 \cdot \frac{h}{2}.$$

现计算以一个侧面为底的棱锥的体积. 若该侧面是四边形,则可以连接对角线分解成两个三角形. 因此取图中的 $V_{O\text{-}ABC}$ 来求解. 以 DE 表示 $\triangle ABC$ 的中位线,则 $S_{\triangle ABC} = 4S_{\triangle ADE}$,所以

$$V_{O\text{-}ABC} = 4V_{O\text{-}ADE} = 4V_{A\text{-}ODE}$$

$$= 4 \cdot \frac{1}{3}S_{\triangle ODE} \cdot \frac{h}{2}$$

$$= \frac{4h}{6} \cdot S_{\triangle ODE}.$$

从而拟柱体体积

$$V = V_1 + V_2 + \frac{4}{6}h\sum S_{\triangle ODE}$$

$$= \frac{1}{6}hS + \frac{1}{6}hS_1 + \frac{4}{6}hM.$$

$$= \frac{h}{6}(S + 4M + S_1).$$

注　按照定义,棱柱、棱锥、棱台等都是拟柱体,在涉及其体积计算时都可以用拟柱体的体积公式.

10. **球缺与球的体积公式**

如图 3.20 所示,球半径为 R,截面圆半径为 r,球冠高度为 x,根据圆内相交弦定理有

$$r^2 = x(2R - x),$$

从而截面圆面积 $S(x) = \pi r^2 = \pi x(2R - x)$ 为 x 的二次函数.

如果几何体是球缺,则

$$S = S(h) = \pi h(2R - h), \quad S_1 = 0,$$

$$M = S\left(\frac{h}{2}\right) = \frac{\pi h}{2}\left(2R - \frac{h}{2}\right).$$

故球缺体积为

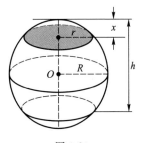

图 3.20

$$V = \frac{h}{6}(S + 4M + S_1)$$

$$= \frac{h}{6}\big[\pi h(2R - h) + \pi h(4R - h)\big]$$

$$= \frac{\pi h^2}{3}(3R - h).$$

如果几何体是球,则

$$S = S_1 = 0, \quad M = \pi R^2, \quad h = 2R,$$

故球的体积为

$$V = \frac{2R}{6}(0 + 4\pi R^2 + 0) = \frac{4\pi R^3}{3}.$$

例 1　在四边形 $ABCD$ 中,$AC = a$,$BD = b$,E,F 分别为 BD,AC 的中点,且 $EF = m$,求 $AB^2 + BC^2 + CD^2 + DA^2$.

解　如图 3.21 所示,连 AE,EC,利用三角形中线公式,在 $\triangle ABD$ 中,

$$AE^2 = \frac{1}{2}(AB^2 + DA^2) - \frac{1}{4}BD^2, \qquad ①$$

在 $\triangle BCD$ 中,

$$CE^2 = \frac{1}{2}(BC^2 + CD^2) - \frac{1}{4}BD^2, \qquad ②$$

在 $\triangle AEC$ 中,

$$EF^2 = \frac{1}{2}(AE^2 + CE^2) - \frac{1}{4}AC^2,$$

即

$$2AE^2 + 2CE^2 - AC^2 = 4EF^2. \qquad ③$$

把①式和②式代入③式整理得

$$AB^2 + BC^2 + CD^2 + DA^2 = AC^2 + BD^2 + 4EF^2$$

$$= a^2 + b^2 + 4m^2.$$

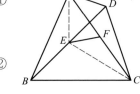

图 3.21

例 2　设圆内接四边形 $ABCD$ 的四边是 $AB = a$,$BC = b$,$CD = c$,$DA = d$,如图 3.22 所示. 求它的面积 S.

解　以 $p = \frac{1}{2}(a + b + c + d)$ 表示半周长,以 E 表示一组对边 AD 和 BC 的交点. 设 $x = DE$,$y = CE$.

由于 $\triangle BAE \backsim \triangle DCE$,有 $\dfrac{S_{\triangle ABE}}{S_{\triangle CDE}} = \dfrac{a^2}{c^2}$,且

$$\frac{x}{c} = \frac{DE}{CD} = \frac{BE}{AB} = \frac{y - b}{a},$$

$$\frac{y}{c} = \frac{CE}{CD} = \frac{AE}{AB} = \frac{x - d}{a}.$$

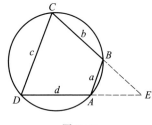

图 3.22

将这两式首尾两端相加减,并利用比例性质,得

$$\frac{x+y}{c}=\frac{x+y-b-d}{a}=\frac{b+d}{c-a},$$

$$\frac{x-y}{c}=\frac{y-x-b+d}{a}=\frac{d-b}{c+a},$$

从而,有

$$x+y+c=\frac{c}{c-a}(b+c+d-a)=\frac{2c(p-a)}{c-a},$$

$$x+y-c=\frac{c}{c-a}(b+d+a-c)=\frac{2c(p-c)}{c-a}.$$

同理可得

$$x-y+c=\frac{2c(p-b)}{c+a},\quad y+c-x=\frac{2c(p-d)}{c+a}.$$

由三角形面积公式有

$$S_{\triangle DCE}=\frac{1}{4}\sqrt{(x+y+c)(x+y-c)(x-y+c)(-x+y+c)}$$

$$=\frac{c^2}{c^2-a^2}\sqrt{(p-a)(p-b)(p-c)(p-d)},$$

从而

$$S_{\triangle BAE}=\frac{a^2}{c^2}S_{\triangle DCE}=\frac{a^2}{c^2-a^2}\sqrt{(p-a)(p-b)(p-c)(p-d)}.$$

故

$$S=S_{\triangle DCE}-S_{\triangle BAE}=\sqrt{(p-a)(p-b)(p-c)(p-d)}.$$

例 3　如图 3.23 所示,已知长方体 $ABCD\text{-}A_1B_1C_1D_1$ 中,$AB=a$,$AD=b$,$AA_1=c$,求异面直线 BD_1 与 A_1D 所成的角 θ.

解　连接 A_1B,DB,则

$$A_1D_1=b,\quad A_1B=\sqrt{c^2+a^2},$$

$$BD=\sqrt{a^2+b^2},\quad DD_1=c,$$

$$A_1D=\sqrt{b^2+c^2},\quad BD_1=\sqrt{a^2+b^2+c^2},$$

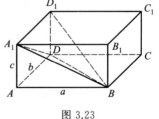

图 3.23

代入公式,得

$$\cos\theta=\frac{\left|\left[b^2+(a^2+b^2)\right]-\left[(c^2+a^2)+c^2\right]\right|}{2\sqrt{b^2+c^2}\sqrt{a^2+b^2+c^2}}$$

$$=\frac{|b^2-c^2|}{\sqrt{(a^2+b^2+c^2)(b^2+c^2)}},$$

从而

$$\theta=\arccos\frac{|b^2-c^2|}{\sqrt{(a^2+b^2+c^2)(b^2+c^2)}}.$$

例 4　正方体 $A_1B_1C_1D_1\text{-}ABCD$ 中,求面 AB_1C 与面 ABC 所成的二面角的大小.

解　显然 $\angle B_1AB=\alpha=45°$,又 $AC=B_1C=AB_1$,故 $\angle AB_1C=\theta=60°$,

$$\sin^2\gamma=\frac{2\sin^2 45°-2\sin 45°\sin 45°\cos 60°}{\sin^2 60°}=\frac{1-\dfrac{1}{2}}{\dfrac{3}{4}}=\frac{2}{3}.$$

从而,$\sin\gamma=\dfrac{\sqrt{6}}{3}$(负值舍去),故 $\gamma=\arcsin\dfrac{\sqrt{6}}{3}$.

§3.2　面积方法与面积计算

§3.2.1　面积概念

两个平面多边形公有一边或若干边(或这些边的一部分),但没有任何公共内点,就称为相邻的.设在相邻的两个多边形 P,P' 中,取消它们的公共边(或边的公共部分),于是形成多边形 P'',称为多边形 P,P' 的和.多边形 P'' 的内部含有一切属于多边形 P,P' 内部的点以及公共边上的公共点,也只含这些点.

所谓平面多边形的**面积**,是指使与每一个多边形相对应且满足下列条件的量:

(1) 两个全等的多边形有相同的面积,不论它们在空间所占的位置如何(**不变性**);

(2) 两个多边形 P,P' 之和 P'' 的面积,等于 P 与 P' 面积的和(**可加性**).

如果对每个多边形能以一个满足这两个条件的量与之对应,那么与它成比例的量也满足这两个条件,即这两个条件还没有唯一地确定面积.因此我们约定:取边长等于 1 个单位长度的正方形作为面积的单位,度量其他任何面积的数就是这面积与面积单位的比值.

封闭的平面或曲面图形的面积也具有不变性和可加性两个基本性质,即:两个全等且封闭的平面或曲面图形,其面积相等;一个封闭的平面或曲面图形的面积等于它的各部分面积之和.

立体几何里所研究的面积,有一些是多面体或旋转体的表面积或侧面积,可以转化为平面图形的面积.但也有许多曲面,如球面、环面等,就不是可展曲面,故不能转化为平面图形的面积.

§3.2.2　面积计算

1. 几个重要的结论

(1) 如图 3.24 所示,在 $\triangle ABC$ 中,$S_1=S_{\triangle ADB}$,$S_2=S_{\triangle ADC}$,则 $\dfrac{S_1}{S_2}=\dfrac{BE}{CE}$.

证明　因为 $\dfrac{S_{\triangle ABE}}{S_{\triangle ACE}}=\dfrac{BE}{CE}$,$\dfrac{S_{\triangle DBE}}{S_{\triangle DCE}}=\dfrac{BE}{CE}$,所以

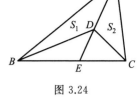

$$\frac{S_1}{S_2}=\frac{S_{\triangle ABE}-S_{\triangle DBE}}{S_{\triangle ACE}-S_{\triangle DCE}}=\frac{BE}{CE}.$$

（2）如图 3.25 所示，在梯形 $ABCD$ 中，$AD /\!/ BC$，$\triangle AOB,\triangle COD,\triangle AOD,\triangle BOC$ 的面积分别为 S_1,S_2,S_3，S_4，则 $S_1=S_2,S_1S_2=S_3S_4$.

图 3.24

证明　因为梯形 $ABCD$ 中，$AD /\!/ BC$，所以 $S_{\triangle ABC}=S_{\triangle DBC}$，有

$$S_{\triangle ABC}-S_{\triangle OBC}=S_{\triangle DBC}-S_{\triangle OBC},$$

即 $S_1=S_2$. 因为

$$\frac{S_1}{S_3}=\frac{BO}{DO}=\frac{S_4}{S_2},$$

所以 $S_1S_2=S_3S_4$.

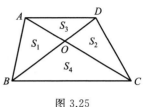

图 3.25

（3）如图 3.26 所示，四边形 $DEFB$ 是平行四边形，$\triangle BED,\triangle BEF,\triangle DEA,\triangle FEC$ 的面积分别为 S_1,S_2，S_3,S_4，则 $S_1=S_2,S_1S_2=S_3S_4$.

证明　结论 $S_1=S_2$ 显然成立. 下面证后一结论. 因为

$$\frac{S_1}{S_3}=\frac{BD}{DA}=\frac{CE}{EA}=\frac{CF}{FB}=\frac{S_4}{S_2},$$

所以 $S_1S_2=S_3S_4$.

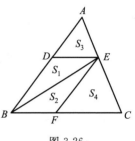

图 3.26

2. 常用方法

计算平面图形的面积必须遵循面积的"不变性"和"可加性"原则，其常用的计算方法有：

（1）直接计算法

根据几何图形的特点，选用有关面积公式直接进行计算，是最基本的方法，又称为公式法. 运用这种方法，一般要用几何知识进行一些推理和论证，有时还涉及代数和三角运算.

例 1　一个凸五边形，以每相邻三个顶点为顶点的三角形的面积都等于 1，求这个五边形的面积.

解　如图 3.27 所示，设凸五边形为五边形 $ABCDE$. 因为 $S_{\triangle ABC}=S_{\triangle ABE}=1$，所以
$$EC /\!/ AB（同底等积必等高）.$$
同理，$AD /\!/ BC,AC /\!/ ED$，则四边形 $ABCF$ 为平行四边形，从而

$$\triangle ACF \cong \triangle ABC.$$

于是有 $S_{\triangle ACF}=S_{\triangle ABC}=1$.

设 $S_{\triangle AEF}=x$，则

$$S_{\triangle EFD}=1-x,\quad S_{\triangle FCD}=S_{\triangle AEF}=x,$$

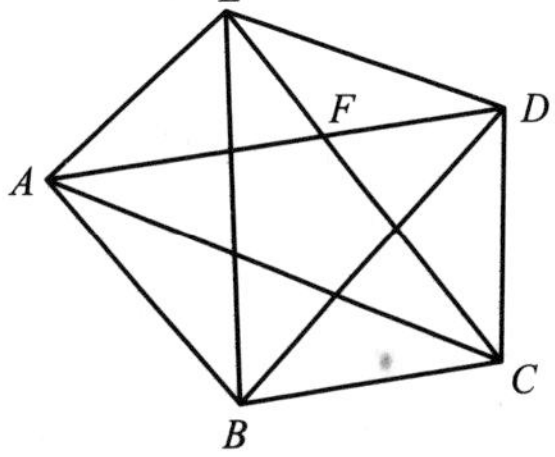

图 3.27

故

$$\frac{x}{1-x}=\frac{S_{\triangle AEF}}{S_{\triangle EFD}}=\frac{AF}{FD}, \qquad ①$$

$$\frac{1}{x}=\frac{S_{\triangle ACF}}{S_{\triangle FCD}}=\frac{AF}{FD}. \qquad ②$$

由①式和②式得 $\frac{x}{1-x}=\frac{1}{x}$,即 $x^2+x-1=0$,解得

$$x_1=\frac{-1+\sqrt{5}}{2}, \quad x_2=\frac{-1-\sqrt{5}}{2}(舍).$$

所以凸五边形 $ABCDE$ 的面积

$$S=3+\frac{-1+\sqrt{5}}{2}=\frac{5+\sqrt{5}}{2}.$$

（2）相对计算法

不直接计算所求几何图形的面积,而是通过计算其他一些几何图形的面积,得到要求的面积,这种方法叫做相对计算法.

例 2(阿基米德问题——鞋匠的刀) 如图 3.28 所示,过半圆 ABC 的直径 AC 上一点 D 引 AC 的垂线交半圆于点 B,再分别以 AD 和 DC 为直径作半圆 AFD 和 DHC. 求证:阴影部分 $AFDHCB$ 的面积 S_{AFDHCB} 等于以 BD 为直径的圆的面积.

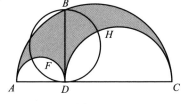

图 3.28

分析 不去直接计算阴影部分面积,而计算半圆 ABC 的面积与下方空白部分面积之差.

证明 易知阴影 $AFDHCB$ 的面积为

$$S_{AFDHCB}=\frac{1}{2}\pi\left(\frac{AC}{2}\right)^2-\frac{1}{2}\pi\left(\frac{AD}{2}\right)^2-\frac{1}{2}\pi\left(\frac{DC}{2}\right)^2$$

$$=\frac{\pi}{8}(AC^2-AD^2-DC^2)$$

$$=\frac{\pi}{8}\left[(AD+DC)^2-AD^2-DC^2)\right]$$

$$=\frac{\pi}{8}\cdot 2AD\cdot DC=\pi\left(\frac{BD}{2}\right)^2.$$

所以 S_{AFDHCB} 等于以 BD 为直径的圆的面积.

注 这个问题是由古希腊数学家阿基米德提出和证明的.

（3）等积变换法

将欲计算面积的图形,变换为另外与之等积的图形,再计算面积,叫做等积变换法. 从现行初中教材看,等积变换法主要根据定理"同底等高的两个三角形等积".

例 3 已知 E,F 分别是平行四边形 $ABCD$ 的边 BC,CD 上的点,$EF /\!/ BD$,$S_{\triangle ADF}=5$,求 $S_{\triangle ABE}$.

分析 要求 $S_{\triangle ABE}$,需要和 $S_{\triangle ADF}$ 联系起来,由题中的平行线,可考虑等积变换.由题设可知 $\triangle ABE$ 与 $\triangle DBE$ 同底等高,因而是面积相等的两个三角形.同理,$\triangle ADF$ 与 $\triangle BDF$ 等积,于是问题转化为寻求 $\triangle DBE$ 与 $\triangle BDF$ 的面积关系.

解 如图 3.29 所示,连接 BF,DE.由于 $AB /\!/$ DF,则 $S_{\triangle ADF}=S_{\triangle BDF}$.又 $AD /\!/ BE$,则 $S_{\triangle ABE}=$ $S_{\triangle DBE}$.再由 $EF /\!/ BD$,则 $S_{\triangle BDF}=S_{\triangle DBE}$.故 $S_{\triangle ABE}=$ $S_{\triangle ADF}=5$.

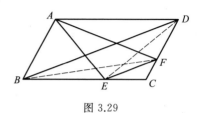

图 3.29

（4）分割补充法

它包括分割法、割补法和补充法三种基本方法.

分割法是将任意一个平面图形划分为若干简单规则图形来计算.但分割后,图形总面积不能改变.如图 3.30 所示,在多边形 $ABCDE$ 中,连接 AC,AD,则将它分割为 $\triangle ABC$,$\triangle ACD$,$\triangle ADE$.

分割已知多边形,必须按其形状,以能够较简便计算其面积为原则.

割补法是将一个平面图形的某一部分割下来,移放到另一适当位置上,再计算其面积.显然,割补法可视为"等积变换"的特例.应用面积割补法可简化计算步骤.

例如,等腰梯形 $ABCD$ 的对角线 $BD=5$,高 $DE=3$,如图 3.31 所示,将原图形割补成矩形 $BEDF$.易求得 $BE=4$,矩形 $BEDF$ 的面积为 12,则 $S_{梯形ABCD}=S_{矩形BEDF}=$ 12.假若本例不用割补法,不进行等积变换,先求出 AD 与 BC 的长后再计算梯形面积,那就比较繁复了.

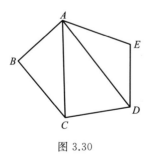

图 3.30

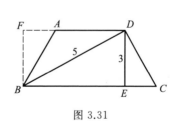

图 3.31

补充法是将图形的某一部分加以补充使它变形为另一个特殊图形后再进行计算.

例如,如图 3.32 所示,在梯形 $ABCD$ 中,$AB /\!/$ CD,以 BC 为公共的一腰,补充一个与它全等的梯形 $CBEF$,于是得到平行四边形 $AEFD$.因为 $S_{AEFD}=$ $DH \cdot AE$,所以

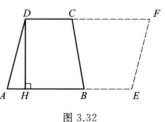

图 3.32

$$S_{梯形ABCD}=\frac{1}{2}DH \cdot AE=\frac{1}{2}DH \cdot (AB+CD).$$

（5）定积分法

当平面图形边界曲线较复杂时,我们可以建立直角坐标系,求出边界曲线的方程,利用定积分来计算面积.

例 4 求曲线 $y=x^2$ 与 $y=2-x^2$ 所围图形的面积.

解 如图 3.33 所示,由 $y=x^2$ 与 $y=2-x^2$,求得两曲线交点坐标为$(-1,1)$和$(1,1)$. 因此

$$S = \int_{-1}^{1} \left[(2-x^2) - x^2 \right] \mathrm{d}x$$

$$= 2 \int_{0}^{1} (2-2x^2) \mathrm{d}x$$

$$= 4 \left(x - \frac{1}{3} x^3 \right) \Big|_{0}^{1} = \frac{8}{3}.$$

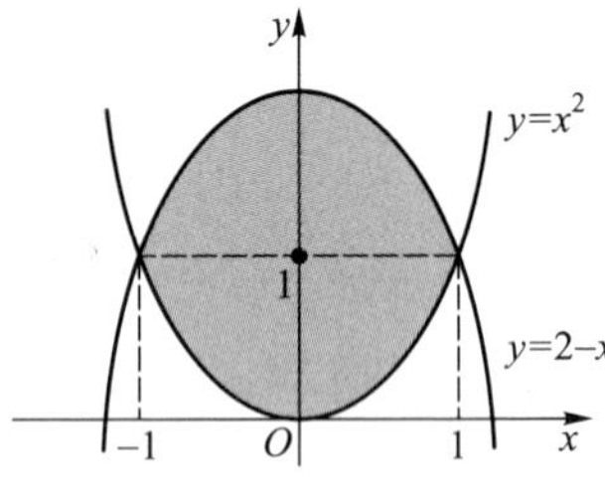

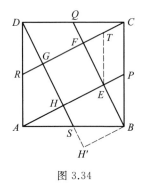

图 3.33

一般地,计算平面图形的面积常把几种方法结合起来使用. 举例如下:

例 5 如图 3.34 所示,设 P,Q,R,S 分别是正方形 $ABCD$ 各边 BC,CD,DA,AB 中点,AP,BQ,CR,DS 围成一个四边形 $EFGH$,试求四边形 $EFGH$ 与正方形 $ABCD$ 的面积之比.

解法 1 易证四边形 $EFGH$ 是正方形,并设其边长为 x,又设正方形 $ABCD$ 的边长为 $2a$. 在 $\mathrm{Rt}\triangle BCQ$ 中,$BC=2a$,$CQ=a$ 则 $BQ=\sqrt{5}\,a$,$CF=FG=x$. 由

$$\frac{1}{2}BC \cdot CQ = \frac{1}{2}CF \cdot BQ,$$

得

$$\frac{1}{2} \cdot 2a \cdot a = \frac{1}{2} \cdot x \cdot \sqrt{5}\,a,$$

即 $x=\dfrac{2}{\sqrt{5}}a$,所以

$$\frac{S_{EFGH}}{S_{ABCD}} = \frac{\left(\dfrac{2}{\sqrt{5}}a \right)^2}{(2a)^2} = \frac{1}{5}.$$

图 3.34

解法 2 如图 3.34 所示,过点 E 作 $ET \parallel BC$ 交 RC 于点 T. 由 $\triangle TEF \backsim \triangle RCD$,得 $\dfrac{EF}{ET} = \dfrac{CD}{CR}$,

$$\left(\frac{EF}{CD} \right)^2 = \left(\frac{ET}{CR} \right)^2 = \left(\frac{\dfrac{1}{2}}{\sqrt{1 + \left(\dfrac{1}{2} \right)^2}} \right)^2 = \frac{1}{5},$$

即 $\dfrac{S_{EFGH}}{S_{ABCD}} = \dfrac{1}{5}.$

解法 3 如图 3.34 所示,将 $\triangle AHS$ 按逆时针方向绕点 S 旋转 $180°$,则 SA 与 SB 重合,点 H 落在 HS 的延长线上的 H'. 易证四边形 $EHH'B$ 为正方形,且与四边形 $EFGH$ 等积,于是 $\triangle ABE$ 与四边形 $EFGH$ 等积. 由对称性可知,$\triangle BFC$,$\triangle CGD$,$\triangle DHA$ 都与四边形 $EFGH$ 等积,故 $\dfrac{S_{EFGH}}{S_{ABCD}} = \dfrac{1}{5}$.

解法 4 如图 3.35 所示,连接 AG,AC,GE,GP,则

$$\frac{S_{EFGH}}{S_{ABCD}} = \frac{2S_{\triangle GHE}}{2S_{\triangle ABC}} = \frac{S_{\triangle GHE}}{S_{\triangle GAP}} \cdot \frac{S_{\triangle GAP}}{S_{\triangle CAP}} \cdot \frac{S_{\triangle CAP}}{S_{\triangle ABC}}$$

$$= \frac{HE}{AP} \cdot 1 \cdot \frac{1}{2} = \frac{1}{2} \cdot \frac{HE}{AP}.$$

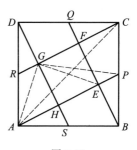

图 3.35

由于 $EP = \dfrac{1}{2}CF = \dfrac{1}{2}HE$,$AH = HE$,有 $\dfrac{HE}{AP} = \dfrac{2}{5}$,则

$$\frac{S_{EFGH}}{S_{ABCD}} = \frac{1}{2} \cdot \frac{2}{5} = \frac{1}{5}.$$

注 本例解法 1 使用了代数计算,几何变换少一些;后面几种解法在构思上体现了欧几里得几何演绎体系的特点,不作或少作代数运算,这对几何变换能力的要求较高一些.

例 6 如图 3.36 所示,锐角 $\triangle ABC$ 面积为 1,在 BC 边上有两点 E,F,满足 $\angle BAE = \angle CAF$,作 $FM \perp AB$,$FN \perp AC$(M,N 是垂足),延长 AE 交 $\triangle ABC$ 的外接圆于点 D. 求四边形 $AMDN$ 的面积.

解 连接 MN,BD. 因为 $FM \perp AB$,$FN \perp AC$,所以 A,M,F,N 四点共圆,$\angle AMN = \angle AFN$,则

$$\angle AMN + \angle BAE = \angle AFN + \angle CAF = 90°,$$

因此 $MN \perp AD$,$S_{\text{四边形}AMDN} = \dfrac{1}{2}AD \cdot MN$.

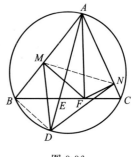

图 3.36

由 $\angle CAF = \angle DAB$,$\angle ACF = \angle ADB$ 知

$$\triangle AFC \backsim \triangle ABD, \quad \frac{AF}{AB} = \frac{AC}{AD},$$

即 $AB \cdot AC = AD \cdot AF$.

又因 AF 是过 A,M,F,N 四点的圆的直径,故

$$\frac{MN}{\sin\angle BAC} = AF \Rightarrow MN = AF \cdot \sin\angle BAC.$$

于是有

$$S_{\text{四边形}AMDN} = \frac{1}{2}AD \cdot MN = \frac{1}{2}AD \cdot AF \cdot \sin\angle BAC$$

$$= \frac{1}{2}AB \cdot AC \cdot \sin\angle BAC = S_{\triangle ABC} = 1.$$

注 （1）解答本例的关键是寻求 $MN \perp AD$ 这一隐含条件.

（2）由本例可得：

变题1 如图 3.37 所示，锐角 $\triangle ABC$ 的过顶点 A 的外接圆直径 AN 交 BC 于 L，过点 L 分别作 AB 和 AC 的垂线 LK 和 LM，垂足为 K 和 M，且 $S_{四边形AKNM} = 1$. 求 $\triangle ABC$ 的面积.

变题2 如图 3.38 所示，点 L 为锐角 $\triangle ABC$ 的边 BC 上任一点，$LK \perp AB$ 于点 K，$LM \perp AC$ 于点 M，$AN \perp KM$ 且与 $\triangle ABC$ 的外接圆交于点 N，且 $S_{四边形AKNM} = 1$. 求 $\triangle ABC$ 的面积.

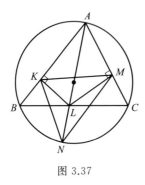

图 3.37

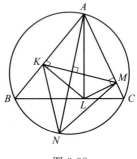

图 3.38

§3.2.3 面积方法

所谓面积方法，就是在处理一些数学问题时，以面积的有关知识为论证或计算的依据，通过适当的变换，从而导出所求的量与其他相关的量之间的关系，使问题得以解决. 这里值得一提的是，有的平面几何问题，虽然没有直接涉及面积，但若灵活地运用面积知识去解答，往往会出奇制胜，事半功倍.

例1 G 是边长为 4 的正方形 $ABCD$ 的 BC 边上一点，矩形 $DEFG$ 的边 EF 经过点 A，已知 $GD = 5$，求 FG.

解 如图 3.39 所示，连接 AG，则

$$S_{ABCD} = 2S_{\triangle ADG}, \quad S_{DEFG} = 2S_{\triangle ADG},$$

所以 $S_{ABCD} = S_{DEFG}$，即 $4^2 = 5 \cdot FG$，解得 $FG = \dfrac{16}{5}$.

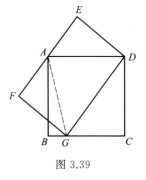

图 3.39

例2 $\triangle ABC$ 面积为 1，在其内部或边界上任取一点 P，记 P 到三边 a, b, c 的距离依次为 x, y, z. 求 $ax + by + cz$ 的值.

解 如图 3.40 所示，连接 PA, PB, PC，把 $\triangle ABC$ 分成三个小三角形，则

$$S_{\triangle ABC} = S_{\triangle PAB} + S_{\triangle PCB} + S_{\triangle PCA}$$

$$= \frac{1}{2}c \cdot z + \frac{1}{2}a \cdot x + \frac{1}{2}b \cdot y,$$

所以

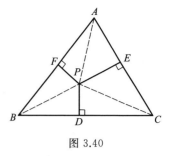

图 3.40

$$ax + by + cz = 2S_{\triangle ABC} = 2.$$

注 （1）$ax + by + cz$ 的值只与 $\triangle ABC$ 的大小有关,而与点 P 在 $\triangle ABC$ 中的位置无关;

（2）若 $\triangle ABC$ 为等边三角形,则

$$x + y + z = \frac{2S_{\triangle ABC}}{a} = h.$$

此即正三角形内一点到三边的距离之和为常数,该常数是正三角形的高.

例3 如图 3.41 所示,设 P 是 $\triangle ABC$ 内任一点,AD,BE,CF 过点 P 且分别交边 BC,CA,AB 于点 D,E,F. 求 $\dfrac{PD}{AD} + \dfrac{PE}{BE} + \dfrac{PF}{CF}$.

解 由图 3.41 易知

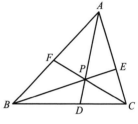

图 3.41

$$\frac{S_{\triangle PBC}}{S_{\triangle ABC}} = \frac{PD}{AD}, \quad \frac{S_{\triangle PCA}}{S_{\triangle ABC}} = \frac{PE}{BE}, \quad \frac{S_{\triangle PAB}}{S_{\triangle ABC}} = \frac{PF}{CF}.$$

所以

$$\frac{PD}{AD} + \frac{PE}{BE} + \frac{PF}{CF} = \frac{S_{\triangle PBC} + S_{\triangle PCA} + S_{\triangle PAB}}{S_{\triangle ABC}} = 1.$$

注 本例的结论很重要,在处理三角形内三条线交于一点的问题时,常常可以用这一结论去解决相关问题.

例4 如图 3.42 所示,已知 D,E,F 分别是锐角 $\triangle ABC$ 的三边 BC,CA,AB 上的点,且 AD,BE,CF 相交于点 P,$AP = BP = CP = 6$,设 $PD = x$,$PE = y$,$PF = z$,若 $xy + yz + zx = 28$,求 xyz 的值.

解 由上例知

$$\frac{PD}{AD} + \frac{PE}{BE} + \frac{PF}{CF} = 1, \quad 即 \quad \frac{x}{x+6} + \frac{y}{y+6} + \frac{z}{z+6} = 1.$$

所以

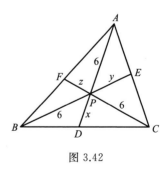

图 3.42

$$1 - \frac{6}{x+6} + 1 - \frac{6}{y+6} + 1 - \frac{6}{z+6} = 1,$$

$$\frac{3}{x+6} + \frac{3}{y+6} + \frac{3}{z+6} = 1.$$

去分母整理得

$$3(xy + yz + zx) + 36(x + y + z) + 324$$

$$= xyz + 6(xy + yz + zx) + 36(x + y + z) + 216,$$

所以

$$xyz = 108 - 3(xy + yz + zx) = 24.$$

§3.3　几何中的向量计算

向量是一种重要的数学概念,向量的有关知识在数学、物理学中有着广泛的应用. 高中数学教材立体几何部分引入了空间向量,利用空间向量的基本定理可以解决有关平行问题的证明,利用向量的数量积可以解决有关垂直的证明和有关距离、角度的计算,向量法在处理这些问题时有着明显的优势. 向量法构思新颖、思路简捷、形象直观,可降低某些问题的难度,是解决平面几何、立体几何与解析几何问题的有力工具.

§3.3.1　平面几何中的向量计算

由于向量的线性运算和数量积运算具有鲜明的几何背景,平面几何图形的许多性质,如平行、垂直、夹角、距离、平移、全等、相似等,都可以由向量的线性运算及数量积表示出来. 因此,平面几何中的某些问题可以用向量方法来解决.

例 1　如图 3.43 所示,$\triangle ABC$ 的三条高为 AD,BE,CF,求证:这三条高交于一点.

图 3.43

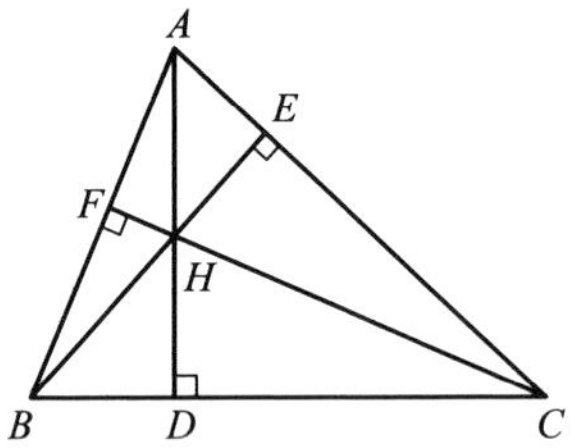

证明　设两条高 BE 和 CF 交于点 H,$\overrightarrow{BA}=\boldsymbol{a}$,$\overrightarrow{BC}=\boldsymbol{c}$,$\overrightarrow{BH}=\boldsymbol{h}$. 因为 $\overrightarrow{BH}\perp\overrightarrow{AC}$,$\overrightarrow{CH}\perp\overrightarrow{BA}$,所以

$$\overrightarrow{BH}\cdot\overrightarrow{AC}=0,\quad \overrightarrow{CH}\cdot\overrightarrow{BA}=0,$$

即

$$\boldsymbol{h}\cdot(\boldsymbol{c}-\boldsymbol{a})=0,\quad (\boldsymbol{h}-\boldsymbol{c})\cdot\boldsymbol{a}=0.$$

两式相加并整理得

$$\boldsymbol{c}\cdot(\boldsymbol{h}-\boldsymbol{a})=0,\quad 即\quad \overrightarrow{BC}\cdot\overrightarrow{AH}=0,$$

所以 $\overrightarrow{BC}\perp\overrightarrow{AH}$,即 AD,BE,CF 交于一点.

例 2　如图 3.44 所示,平行四边形 $ABCD$ 中,$AB=4,AD=2,BD=3$,请用向量法求出 AC 的长.

图 3.44

解　设 $\overrightarrow{AB}=\boldsymbol{a}$,$\overrightarrow{AD}=\boldsymbol{b}$,则

$$\overrightarrow{AC}=\boldsymbol{a}+\boldsymbol{b},\quad \overrightarrow{DB}=\boldsymbol{a}-\boldsymbol{b},$$

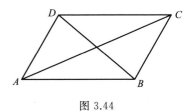

所以

$$|\overrightarrow{AC}|^2=(\boldsymbol{a}+\boldsymbol{b})^2=|\boldsymbol{a}|^2+2\boldsymbol{a}\cdot\boldsymbol{b}+|\boldsymbol{b}|^2,$$
$$|\overrightarrow{DB}|^2=(\boldsymbol{a}-\boldsymbol{b})^2=|\boldsymbol{a}|^2-2\boldsymbol{a}\cdot\boldsymbol{b}+|\boldsymbol{b}|^2,$$

相加得

$$\begin{aligned}|\overrightarrow{AC}|^2+|\overrightarrow{DB}|^2&=2(|\boldsymbol{a}|^2+|\boldsymbol{b}|^2)\\&=2(|\overrightarrow{AB}|^2+|\overrightarrow{AD}|^2).\end{aligned}$$

故
$$AC^2 = 2(AB^2 + AD^2) - DB^2 = 31, \quad AC = \sqrt{31}.$$

注 （1）此题包含结论:平行四边形的两条对角线的平方和等于两条邻边平方和的 2 倍.

（2）在解决有关长度的问题时,我们常常要考虑向量的数量积.

例3 在 $\triangle ABC$ 中, $\overrightarrow{AB} \cdot \overrightarrow{AC} = |\overrightarrow{AB} - \overrightarrow{AC}| = 2$,求 $\triangle ABC$ 的面积最大值.

解 因为 $|\overrightarrow{AB} - \overrightarrow{AC}| = 2$,所以
$$|\overrightarrow{AB}|^2 - 2\overrightarrow{AB} \cdot \overrightarrow{AC} + |\overrightarrow{AC}|^2 = 4.$$

又因为 $\overrightarrow{AB} \cdot \overrightarrow{AC} = 2$,所以 $|\overrightarrow{AB}|^2 + |\overrightarrow{AC}|^2 = 8$. 而
$$\overrightarrow{AB} \cdot \overrightarrow{AC} = |\overrightarrow{AB}| \cdot |\overrightarrow{AC}| \cdot \cos A = 2,$$

故 $\triangle ABC$ 的面积
$$S = \frac{1}{2}|\overrightarrow{AB}| \cdot |\overrightarrow{AC}| \sin A = \frac{1}{2}|\overrightarrow{AB}| \cdot |\overrightarrow{AC}|\sqrt{1 - \cos^2 A}$$

$$= \frac{1}{2}\sqrt{|\overrightarrow{AB}|^2 \cdot |\overrightarrow{AC}|^2 - |\overrightarrow{AB}|^2 \cdot |\overrightarrow{AC}|^2 \cos^2 A}$$

$$= \frac{1}{2}\sqrt{|\overrightarrow{AB}|^2 \cdot |\overrightarrow{AC}|^2 - 4}$$

$$\leqslant \frac{1}{2}\sqrt{\frac{(|\overrightarrow{AB}|^2 + |\overrightarrow{AC}|^2)^2}{4} - 4} = \sqrt{3},$$

当且仅当 $|\overrightarrow{AB}| = |\overrightarrow{AC}| = 2$ 时取等号. 所以 $\triangle ABC$ 的面积的最大值是 $\sqrt{3}$.

例4 如图 3.45 所示,在 $\triangle ABC$ 中,点 D, E 分别在 AB, AC 上, CD, BE 相交于点 P. 设 $\overrightarrow{AB} = \boldsymbol{a}$, $\overrightarrow{AC} = \boldsymbol{b}$, $\overrightarrow{AP} = \boldsymbol{c}$, $\overrightarrow{AD} = \lambda \boldsymbol{a}(0 < \lambda < 1)$, $\overrightarrow{AE} = \mu \boldsymbol{b}(0 < \mu < 1)$,试用向量 $\boldsymbol{a}, \boldsymbol{b}$ 表示 $\boldsymbol{c}$.

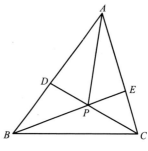

图 3.45

解 因为 $\overrightarrow{BP}$ 与 $\overrightarrow{BE}$ 共线,所以
$$\overrightarrow{BP} = m\overrightarrow{BE} = m(\overrightarrow{AE} - \overrightarrow{AB}) = m(\mu\boldsymbol{b} - \boldsymbol{a}),$$
则
$$\overrightarrow{AP} = \overrightarrow{AB} + \overrightarrow{BP} = \boldsymbol{a} + m(\mu\boldsymbol{b} - \boldsymbol{a}) = (1 - m)\boldsymbol{a} + m\mu\boldsymbol{b}. \qquad ①$$

又 $\overrightarrow{CP}$ 与 $\overrightarrow{CD}$ 共线,所以
$$\overrightarrow{CP} = n\overrightarrow{CD} = n(\overrightarrow{AD} - \overrightarrow{AC}) = n(\lambda\boldsymbol{a} - \boldsymbol{b}),$$
则
$$\overrightarrow{AP} = \overrightarrow{AC} + \overrightarrow{CP} = \boldsymbol{b} + n(\lambda\boldsymbol{a} - \boldsymbol{b}) = n\lambda\boldsymbol{a} + (1 - n)\boldsymbol{b}. \qquad ②$$

由①式和②式得
$$(1 - m)\boldsymbol{a} + \mu m\boldsymbol{b} = \lambda n\boldsymbol{a} + (1 - n)\boldsymbol{b}.$$

因为 $\boldsymbol{a}$ 与 $\boldsymbol{b}$ 不共线，所以

$$\begin{cases}1-m=\lambda n,\\ \mu m=1-n,\end{cases}\quad 即\quad \begin{cases}\lambda n+m-1=0,\\ n+\mu m-1=0.\end{cases} \qquad ③$$

解方程组③得

$$m=\frac{1-\lambda}{1-\lambda\mu},\quad n=\frac{1-\mu}{1-\lambda\mu},$$

代入①式得

$$\boldsymbol{c}=(1-m)\boldsymbol{a}+m\mu\boldsymbol{b}=\frac{1}{1-\lambda\mu}[\lambda(1-\mu)\boldsymbol{a}+\mu(1-\lambda)\boldsymbol{b}].$$

§3.3.2　立体几何中的向量计算

应用向量法解决立体几何中的问题，其独到之处在于用向量代数来处理几何问题，淡化了由"形"到"形"的推理过程，使解题变得程序化并降低思考难度. 该方法容易掌握，体现了向量的工具作用.

例 1　如图 3.46 所示，已知平行六面体 $ABCD$-$A_1B_1C_1D_1$ 的底面 $ABCD$ 是菱形，且 $\angle C_1CB=\angle C_1CD=\angle BCD=\theta$. 当 $\dfrac{CD}{CC_1}$ 的值为多少时，$A_1C\perp$ 平面 C_1BD？

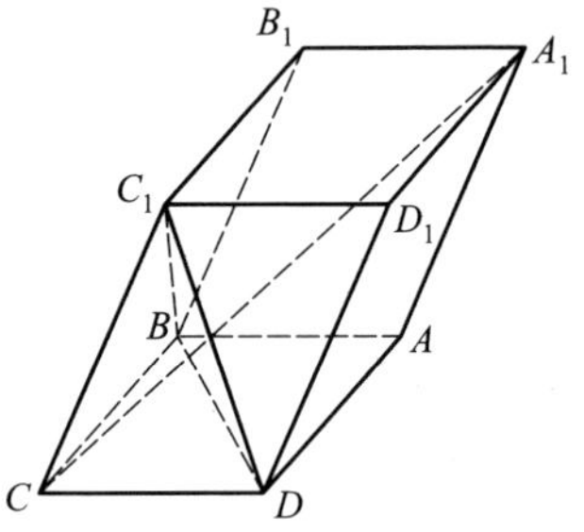

图 3.46

解　设 $\overrightarrow{CD}=\boldsymbol{a}$，$\overrightarrow{CB}=\boldsymbol{b}$，$\overrightarrow{CC_1}=\boldsymbol{c}$. $A_1C\perp$ 平面 C_1BD 等价于 $A_1C\perp BD$ 且 $A_1C\perp DC_1$.

由 $A_1C\perp DC_1$，有

$$\begin{aligned}0&=(\boldsymbol{a}+\boldsymbol{b}+\boldsymbol{c})\cdot(\boldsymbol{a}-\boldsymbol{c})\\&=|\boldsymbol{a}|^2+\boldsymbol{a}\cdot\boldsymbol{b}-\boldsymbol{b}\cdot\boldsymbol{c}-|\boldsymbol{c}|^2\\&=|\boldsymbol{a}|^2-|\boldsymbol{c}|^2+|\boldsymbol{b}|\cdot|\boldsymbol{a}|\cos\theta-|\boldsymbol{b}|\cdot|\boldsymbol{c}|\cos\theta,\end{aligned}$$

将 $|\boldsymbol{a}|=|\boldsymbol{b}|$ 代入整理可得 $|\boldsymbol{a}|=|\boldsymbol{c}|$，即 $CD=CC_1$.

所以当 $\dfrac{CD}{CC_1}=1$ 时，$A_1C\perp$ 平面 C_1BD.

例 2　如图 3.47 所示，$\triangle BCD$ 与 $\triangle MCD$ 都是边长为 2 的正三角形，平面 $MCD\perp$ 平面 BCD，$AB\perp$ 平面 BCD，$AB=2\sqrt{3}$.

(1) 求点 A 到平面 MBC 的距离；

(2) 求平面 ACM 与平面 BCD 所成二面角的正弦.

解　取 CD 中点 O，连接 OB，OM，则 $OB\perp CD$，$OM\perp CD$，又平面 $MCD\perp$ 平面 BCD，则 $MO\perp$ 平面 BCD. 以 O 为原点，直线 OC，BO，OM 为 x 轴，y 轴，z 轴，建立如图 3.47 所示的空间直角坐标系. 易得 $OB=OM=\sqrt{3}$，则各点坐标分别为

$$O(0,0,0),\quad C(1,0,0),\quad M(0,0,\sqrt{3}),$$
$$B(0,-\sqrt{3},0),\quad A(0,-\sqrt{3},2\sqrt{3}).$$

(1) 设 $\boldsymbol{n}=(x,y,z)$ 是平面 MBC 的法向量，因为

$$\overrightarrow{BC}=(1,\sqrt{3},0),\quad \overrightarrow{BM}=(0,\sqrt{3},\sqrt{3}),$$

由 $\boldsymbol{n}\perp\overrightarrow{BC}$ 得

$$x+\sqrt{3}y=0,$$

由 $\boldsymbol{n}\perp\overrightarrow{BM}$ 得

$$\sqrt{3}y+\sqrt{3}z=0,$$

取 $\boldsymbol{n}=(\sqrt{3},-1,1)$. 因为 $\overrightarrow{BA}=(0,0,2\sqrt{3})$,所以所求距离

$$d=\frac{|\overrightarrow{BA}\cdot\boldsymbol{n}|}{|\boldsymbol{n}|}=\frac{2\sqrt{15}}{5}.$$

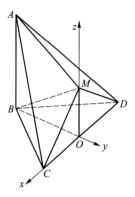

图 3.47

(2) $\overrightarrow{CM}=(-1,0,\sqrt{3})$,$\overrightarrow{CA}=(-1,-\sqrt{3},2\sqrt{3})$. 设平面 ACM 的法向量为 $\boldsymbol{n}_1=(x,y,z)$,由 $\boldsymbol{n}_1\perp\overrightarrow{CM}$,$\boldsymbol{n}_1\perp\overrightarrow{CA}$ 得

$$\begin{cases}-x+\sqrt{3}z=0,\\ -x-\sqrt{3}y+2\sqrt{3}z=0,\end{cases}$$

解得 $x=\sqrt{3}z$,$y=z$,取 $\boldsymbol{n}_1=(\sqrt{3},1,1)$.

又平面 BCD 的法向量可取为 $\boldsymbol{n}=(0,0,1)$,则

$$\cos\langle\boldsymbol{n}_1,\boldsymbol{n}\rangle=\frac{\boldsymbol{n}_1\cdot\boldsymbol{n}}{|\boldsymbol{n}_1|\cdot|\boldsymbol{n}|}=\frac{1}{\sqrt{5}}.$$

设所求二面角为 θ,则

$$\sin\theta=\sqrt{1-\left(\frac{1}{\sqrt{5}}\right)^2}=\frac{2\sqrt{5}}{5}.$$

例 3 如图 3.48 所示,直三棱柱 $ABC-A_1B_1C_1$ 的底面 $\triangle ABC$ 中,$CA=CB=1$,$\angle BCA=90°$,$AA_1=2$,M,N 分别是 A_1B_1,A_1A 的中点.

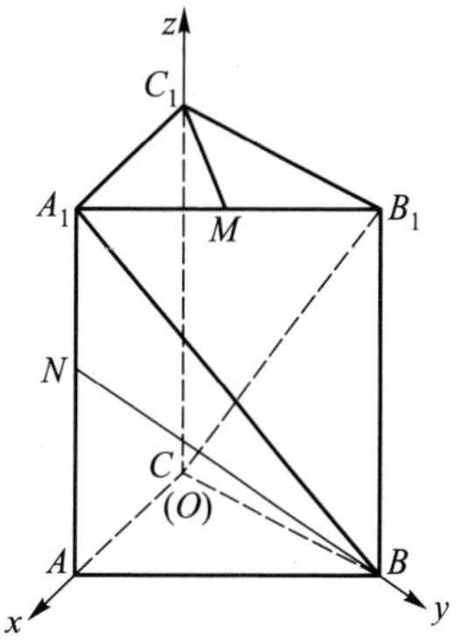

(1) 求 $\overrightarrow{BN}$ 的长;

(2) 求 $\cos\langle\overrightarrow{BA_1},\overrightarrow{CB_1}\rangle$.

解 (1) 如图 3.48 所示,以 C 为原点建立空间直角坐标系 $Oxyz$. 依题意得,$B(0,1,0)$,$N(1,0,1)$,所以

$$|\overrightarrow{BN}|=\sqrt{(1-0)^2+(0-1)^2+(1-0)^2}=\sqrt{3}.$$

图 3.48

(2) 依题意得,$A_1(1,0,2)$,$C(0,0,0)$,$B_1(0,1,2)$,则

$$\overrightarrow{BA_1}=(1,-1,2),\quad \overrightarrow{CB_1}=(0,1,2),$$

$$\overrightarrow{BA_1}\cdot\overrightarrow{CB_1}=1\times0+(-1)\times1+2\times2=3,$$

$$|\overrightarrow{BA_1}|=\sqrt{(1-0)^2+(0-1)^2+(2-0)^2}=\sqrt{6},$$

$$|\overrightarrow{CB_1}|=\sqrt{(0-0)^2+(1-0)^2+(2-0)^2}=\sqrt{5}.$$

所以

$$\cos\langle\overrightarrow{BA_1},\overrightarrow{CB_1}\rangle=\frac{\overrightarrow{BA_1}\cdot\overrightarrow{CB_1}}{|\overrightarrow{BA_1}|\cdot|\overrightarrow{CB_1}|}=\frac{3}{\sqrt{6}\times\sqrt{5}}=\frac{\sqrt{30}}{10}.$$

例 4 如图 3.49 所示,正四棱锥 $V-ABCD$ 的底面边长为 $2a$,高为 h,E 为 VC 中点.

(1) 求 $\cos\langle\overrightarrow{BE},\overrightarrow{DE}\rangle$;

(2) 记面 BCV 为 α,面 DCV 为 β,若 $\angle BED$ 是二面角 $\alpha-VC-\beta$ 的平面角,求 $\cos\angle BED$.

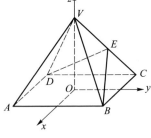

图 3.49

解 (1) 如图 3.49 所示,建立空间直角坐标系,点 O 为点 V 在平面 $ABCD$ 上的射影,x 轴与 y 轴分别过 AB,BC 的中点,则 $B(a,a,0)$,$C(-a,a,0)$,$D(-a,-a,0)$,$V(0,0,h)$.那么

$$E\left(-\frac{a}{2},\frac{a}{2},\frac{h}{2}\right),\quad \overrightarrow{BE}=\left(-\frac{3a}{2},-\frac{a}{2},\frac{h}{2}\right),\quad \overrightarrow{DE}=\left(\frac{a}{2},\frac{3a}{2},\frac{h}{2}\right),$$

有

$$\cos\langle\overrightarrow{BE},\overrightarrow{DE}\rangle=\frac{-\dfrac{3a^2}{4}-\dfrac{3a^2}{4}+\dfrac{h^2}{4}}{\sqrt{\dfrac{10a^2}{4}+\dfrac{h^2}{4}}\sqrt{\dfrac{10a^2}{4}+\dfrac{h^2}{4}}}=\frac{h^2-6a^2}{h^2+10a^2}.$$

(2) 因为 $\angle BED$ 是二面角 $\alpha-VC-\beta$ 的平面角,所以

$$BE\perp VC\Rightarrow\overrightarrow{BE}\cdot\overrightarrow{VC}=0.$$

而 $\overrightarrow{VC}=(-a,a,-h)$,上式化为

$$\frac{3}{2}a^2-\frac{a^2}{2}-\frac{h^2}{2}=0\Rightarrow h=\sqrt{2}\,a,$$

因此

$$\cos\angle BED=\frac{h^2-6a^2}{h^2+10a^2}=-\frac{1}{3}.$$

§3.3.3 平面解析几何中的向量计算

解析几何具有数形结合与转换的特征,它利用坐标法去研究曲线的性质,这与向量的坐标形式有很大的相似性.向量既能体现"形"的直观位置特征,又具有"数"的良好运算性质,是数形结合与转换的桥梁和纽带.对于解析几何中图形的重要位置关系(如平行、垂直、相交、三点共线等)和数量关系(如距离、角等),向量都能通过其坐标运算进行刻画,把几何中错综复杂的位置关系的演化,转变为纯粹的向量的代数运算.

例 1 如图 3.50 所示,若点 P 在以 AB 为直径的圆上,求证:$PA\perp PB$.

分析　相较于建立平面直角坐标系进行代数运算,采用向量法来证明这道几何问题,能有效减少运算量,提升解题的效率. 而且,证明时用到的恒等式

$$\left(\frac{\overrightarrow{PA}+\overrightarrow{PB}}{2}\right)^2 - \left(\frac{\overrightarrow{PA}-\overrightarrow{PB}}{2}\right)^2 = \overrightarrow{PA} \cdot \overrightarrow{PB}$$

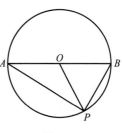

图 3.50

要比等价的解析几何表示简洁、容易验证,且无须考虑点 P 是否与点 A 或 B 重合的情况.

证明　点 P 在以 AB 为直径的圆上,等价于

$$PO = \frac{1}{2}AB, \quad 即 \quad \left(\frac{\overrightarrow{PA}+\overrightarrow{PB}}{2}\right)^2 - \left(\frac{\overrightarrow{PA}-\overrightarrow{PB}}{2}\right)^2 = 0;$$

$PA \perp PB$,等价于 $\overrightarrow{PA} \cdot \overrightarrow{PB} = 0$. 由恒等式

$$\left(\frac{\overrightarrow{PA}+\overrightarrow{PB}}{2}\right)^2 - \left(\frac{\overrightarrow{PA}-\overrightarrow{PB}}{2}\right)^2 = \overrightarrow{PA} \cdot \overrightarrow{PB}$$

知结论成立.

注　如果此时设点 P 为原点,并将 $\overrightarrow{PX}$ 简写为 $\boldsymbol{X}$,则上式可简写为

$$\left(\frac{\boldsymbol{A}+\boldsymbol{B}}{2}\right)^2 - \left(\frac{\boldsymbol{A}-\boldsymbol{B}}{2}\right)^2 = \boldsymbol{A} \cdot \boldsymbol{B}.$$

此式与对应的代数恒等式结构相同. 对相当多的代数恒等式,我们可以结合几何意义,生成等价的几何命题;反之,已有的几何命题也能够转化成代数恒等式. 通过运用向量法,我们在代数恒等式和几何恒等式之间构建了一座桥梁.

例 2　$\triangle ABC$ 的边 AB 为定长 c,若边 BC 的中线为定长 r,试求顶点 C 的轨迹.

分析　设点 D 是线段 AB 的中点,利用上述简写,由 $\overrightarrow{AD} = \overrightarrow{DB}$ 可以得到 $\boldsymbol{D} = \frac{\boldsymbol{A}+\boldsymbol{B}}{2}$,这其实就是 $\overrightarrow{OD} = \frac{\overrightarrow{OA}+\overrightarrow{OB}}{2}$ 或 $x_D = \frac{x_A+x_B}{2}, y_D = \frac{y_A+y_B}{2}$ 的简化表述.

解　利用恒等式

$$[\boldsymbol{C}-(2\boldsymbol{A}-\boldsymbol{B})]^2 = 4\left(\boldsymbol{A}-\frac{\boldsymbol{B}+\boldsymbol{C}}{2}\right)^2$$

可以看出,若点 $\boldsymbol{A}, \boldsymbol{B}$ 固定,中线长 $\left|\boldsymbol{A}-\dfrac{\boldsymbol{B}+\boldsymbol{C}}{2}\right|$ 固定,则点 C 的轨迹是以 $2\boldsymbol{A}-\boldsymbol{B}$(的末端)为圆心、$2\left|\boldsymbol{A}-\dfrac{\boldsymbol{B}+\boldsymbol{C}}{2}\right| = 2r$ 为半径的圆.

例 3　已知抛物线为 $y^2 = 2px(p \neq 0)$,直线 AB 过抛物线的焦点 F,且与该抛物线交于 A, B 两点,过 A, B 向该抛物线的准线作垂线,点 C, D 为垂足,求证:$CF \perp FD$.

分析　解答解析几何中的垂直问题,一般需要分别求得两条直线的斜率,然后根据两条直线斜率之积为 -1 来建立关系式,或根据三角形、正方形等图形的几何性质来解题. 而运用向量法,只需运用向量 $\boldsymbol{a} = (x_1, y_1), \boldsymbol{b} = (x_2, y_2)$ 垂直的充要条件

$$a \perp b(a \neq 0) \Leftrightarrow x_1 x_2 + y_1 y_2 = 0$$

便可快速求得问题的答案.

证明　由 $y^2 = 2px$ 可得抛物线的焦点 $F\left(\dfrac{p}{2}, 0\right)$,设 $A(x_1, y_1)$,$B(x_2, y_2)$,则

$C\left(-\dfrac{p}{2}, y_1\right)$,$D\left(-\dfrac{p}{2}, y_2\right)$,因此

$$\overrightarrow{FC} = (-p, y_1), \quad \overrightarrow{FD} = (-p, y_2),$$

所以

$$\overrightarrow{FC} \cdot \overrightarrow{FD} = p^2 + y_1 y_2.$$

设直线 $AB: y = k\left(x - \dfrac{p}{2}\right)$,将其与抛物线的方程联立,可得

$$ky^2 - 2py - kp^2 = 0, \quad \text{则} \quad y_1 y_2 = -p^2,$$

所以 $\overrightarrow{FC} \cdot \overrightarrow{FD} = 0$,即 $CF \perp FD$.

例 4　已知抛物线的方程为 $x^2 = 2py(p \neq 0)$,在该抛物线上有两点 A,B(不在原点上). 若 $AO \perp OB$,点 C 的坐标是 $(0, 2p)$,求证:A,B,C 三点共线.

分析　运用常规方法解答共线问题,需分别证明每两点所在的直线的斜率相等,或证明其中的一点在另外两点所在的直线上. 若用向量法解答共线问题,只需从中任选出两点,求出两点所在直线的方向向量,并验证两个向量共线即可. 在解题的过程中,需灵活运用平面向量的共线定理:向量 b 与 $a(a \neq 0)$ 共线的充要条件是有且只有一个实数 λ,使 $b = \lambda a$.

证明　设 $A\left(x_1, \dfrac{x_1^2}{2p}\right)$,$B\left(x_2, \dfrac{x_2^2}{2p}\right)$,由 $AO \perp OB$ 可得

$$\overrightarrow{OA} \cdot \overrightarrow{OB} = 0, \quad \text{即} \quad x_1 x_2 + \dfrac{x_1^2}{2p} \cdot \dfrac{x_2^2}{2p} = 0,$$

因此 $x_1 x_2 = -4p^2$. 而

$$\overrightarrow{AC} = \left(-x_1, 2p - \dfrac{x_1^2}{2p}\right), \quad \overrightarrow{AB} = \left(x_2 - x_1, \dfrac{x_2^2 - x_1^2}{2p}\right),$$

因此

$$-x_1 \cdot \dfrac{x_2^2 - x_1^2}{2p} - \left(2p - \dfrac{x_1^2}{2p}\right) \cdot (x_2 - x_1) = 0,$$

那么 $\overrightarrow{AC} \parallel \overrightarrow{AB}$,即 A,B,C 三点共线.

§3.4　几何计算中的常见错误

一些学生由于几何基础知识、基本技能、基本思想等掌握得不熟练,导致审题错误、概念理解错误、运用错误、结论错误,因此,总结和探讨学生在几何计算中常见错误

的特点和规律、分析各种错解的原因是全面提高几何教学质量的一个十分重要的课题.

§3.4.1 审题错误

正确审题是正确解题的先导,审题错误必然出现错解.所谓审题错误,这里是指题意理解不清、忽视隐含条件、随意添加条件、遗漏题设条件、数形不一致等.

例 1 设钝角 $\triangle ABC$ 的三边分别为 a,b,c,已知 $a=x,b=x+1,c=x+2$,试确定 x 的取值范围.

错解 在 $\triangle ABC$ 内,应有 $x>0$,且 $C>90°$,由余弦定理可得

$$\cos C=\frac{x^2+(x+1)^2-(x+2)^2}{2x(x+1)}=\frac{x-3}{2x}<0,$$

解得 x 的取值范围应为 $0<x<3$.

分析 错解中的不等式仅仅是"$x,x+1,x+2$ 为钝角三角形的三边"的必要条件,并非充分条件.在错解中,三角形的边长为正值、在同一三角形内大边对大角以及钝角三角形的定义都注意到了,但是没有考虑三角形中任意两边之和大于第三边.

正解 依题意,

$$\begin{cases} x>0, \\ x+(x+1)>x+2, \\ \cos C=\dfrac{x^2+(x+1)^2-(x+2)^2}{2x(x+1)}<0, \end{cases}$$

解上述不等式组,得 $1<x<3$.

例 2 以半径为 10 cm 的木球的直径 AB 为轴,挖出一个高为 16 cm 的圆柱形的洞孔,求木球剩余部分的体积.

错解 图 3.51 为木球过 AB 的轴截面的一半,点 O 为球心,DC 为洞孔的边缘,K 为 CD 的中点,易知

$$OK=\sqrt{10^2-8^2}=6(\text{cm}).$$

设木球剩余部分的体积为 V,则

$$V=V_{球}-V_{圆柱}=\frac{4}{3}\pi\cdot 10^3-\pi\cdot 6^2\cdot 16$$

$$=\frac{4\,000-1\,728}{3}\pi=\frac{2\,272}{3}\pi(\text{cm}^3).$$

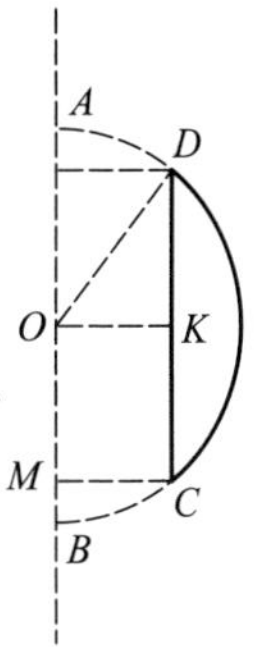

图 3.51

分析 以上错解是由题意没有理解而造成的.题中所述挖去"圆柱形的洞孔",其实不止挖去一个圆柱,而且同时挖去两个全等的球缺.当然,本题的错解也反映出学生的空间想象能力薄弱.

正解 球缺 BMC 中,$BM=10-8=2(\text{cm})$,则

$$V_{球缺BMC} = \pi \cdot 2^2 \cdot \left(10 - \frac{2}{3}\right) = \frac{112}{3}\pi(\text{cm}^3).$$

于是,所求木球剩余部分的体积 V 为

$$V = V_球 - V_{圆柱} - 2V_{球缺}$$

$$= \frac{4}{3}\pi \cdot 10^3 - \pi \cdot 6^2 \cdot 16 - 2 \cdot \pi \cdot 2^2 \cdot \left(10 - \frac{2}{3}\right)$$

$$= \frac{2\,272}{3}\pi - \frac{224}{3}\pi = \frac{2\,048}{3}\pi(\text{cm}^3).$$

例 3　直角三角形 ABC 中,$\angle C$ 是直角,a,b,c 是三角形的边,设 $x = \frac{a+b}{c}$,求 x 的取值范围.

错解　由题意,

$$x = \frac{a+b}{c} = \frac{c\sin A + c\cos A}{c} = \sin A + \cos A$$

$$= \sqrt{2}\sin(A + 45°) \leqslant \sqrt{2}.$$

显然 $x > 0$,所以 x 的取值范围是 $0 < x \leqslant \sqrt{2}$.

分析　以上解法忽略了三角形成立的条件.

正解　同前步骤可得 $x \leqslant \sqrt{2}$.又因为 $a+b > c$,有 $x > 1$,所以 x 的取值范围是 $1 < x \leqslant \sqrt{2}$.

例 4　当 a 为何值时,直线 $l_1: ax + (1-a)y = 3$ 与 $l_2: (a-1)x + (2a+3)y = 2$ 互相垂直?

错解　设直线 l_1, l_2 的斜率分别为 k_1 和 k_2,则

$$k_1 = \frac{-a}{1-a}, \quad k_2 = -\frac{a-1}{2a+3}.$$

由 $k_1 \cdot k_2 = -1$,得 $a = -3$.

分析　当且仅当 l_1 与 l_2 的斜率存在时,l_1 与 l_2 垂直的充要条件是 $k_1 \cdot k_2 = -1$.错解默认 k_1, k_2 存在,而没有考虑斜率不存在的情况,因而漏掉一个解.

正解　由两直线互相垂直的充要条件,

$$a(a-1) + (1-a)(2a+3) = 0,$$

解得,$a = 1$ 或 -3.

例 5　在 $\triangle ABC$ 中,已知 $BC = 13, AC = 5, AB = 12$,$\angle ABC$ 的外角平分线交 AC 的延长线于点 D,求 AD.

错解　如图 3.52 所示,设 $CD = x$,由外角平分线定理有

$$\frac{x}{13} = \frac{x+5}{12},$$

解得 $x = -65$(负值无意义应舍去),则 $AD = x+5$ 也无意义.故此题无解.

分析 $AB=12<13=BC$，$\angle ABC$ 的外角平分线 BD 不是交于 AC 的延长线. 而是交于 CA 的延长线，因而错解的根源在于"数"与"形"不一致. 在图 3.52 中，$BC=13$ 反而比 $AB=12$ 画得短了！

正解 如图 3.53 所示，设 $CD=x$，由外角平分线定理有

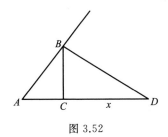

图 3.52

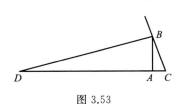

图 3.53

$$\frac{x-5}{12}=\frac{x}{13},$$

解得 $x=55$，则 $AD=x-5=50$.

例 6 在 $120°$ 的二面角 $\alpha-AB-\beta$ 内有一点 P 到平面 α 的距离为 1，到棱 AB 的距离为 $\sqrt{6}$. 求点 P 到另一平面 β 的距离.

错解 如图 3.54 所示，过点 P 作 PC，PO 分别垂直于平面 α 与 β，垂足分别为 C 与 O. D 为过 PC，PO 的平面与棱 AB 的交点，那么 $\angle CDO=120°$，$PC=1$，$PD=\sqrt{6}$，

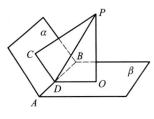

图 3.54

$$\sin\angle PDC=\frac{1}{\sqrt{6}},\quad \cos\angle PDC=\frac{\sqrt{5}}{\sqrt{6}}.$$

因为 $\angle PDO=\dfrac{2\pi}{3}-\angle PDC$，所以

$$PO=PD\cdot\sin\angle PDO=\sqrt{6}\sin\left(\frac{2\pi}{3}-\angle PDC\right)$$

$$=\sqrt{6}\left(\sin\frac{2\pi}{3}\cdot\cos\angle PDC-\cos\frac{2\pi}{3}\cdot\sin\angle PDC\right)$$

$$=\sqrt{6}\left(\frac{\sqrt{3}}{2}\cdot\frac{\sqrt{5}}{\sqrt{6}}+\frac{1}{2}\cdot\frac{\sqrt{6}}{6}\right)=\frac{1+\sqrt{15}}{2}.$$

分析 此为作图失误，以为点 P 在半平面 β 的投影 O 在半平面 β 内，这是不对的. 因为由图 3.54 和 $\sin\angle PDC=\dfrac{1}{\sqrt{6}}$ 可知，$\angle PDC<\dfrac{\pi}{6}$，则

$$\angle PDO=\frac{2\pi}{3}-\angle PDC<\frac{2\pi}{3}-\frac{\pi}{6}=\frac{\pi}{2}.$$

因而点 P 在半平面 β 的投影 O 应落在半平面 β 的反向延展面上，即为图 3.55 所示.

正解　留意距离 1 和 $\sqrt{6}$ 的差异,画出满足已知的图形,即图 3.55,于是

$$\angle PDO=\angle CDO+\angle PDC=\frac{\pi}{3}+\angle PDC.$$

在 Rt$\triangle POD$ 中,

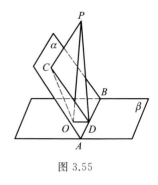

图 3.55

$$
\begin{aligned}
PO &=PD\ \sin\angle PDO=\sqrt{6}\sin\left(\frac{\pi}{3}+\angle PDC\right)\\
&=\sqrt{6}\left(\sin\frac{\pi}{3}\cos\angle PDC+\cos\frac{\pi}{3}\sin\angle PDC\right)\\
&=\sqrt{6}\left[\frac{\sqrt{3}}{2}\cdot\frac{\sqrt{5}}{\sqrt{6}}+\frac{1}{2}\cdot\frac{\sqrt{6}}{6}\right]\\
&=\frac{1+\sqrt{15}}{2}.
\end{aligned}
$$

因此,点 P 到平面 β 的距离为 $\dfrac{1+\sqrt{15}}{2}$.

例 7　求和两个已知同心圆都相切的圆的圆心轨迹(不要求证明).

错解　设两个同心圆的半径分别为 $R,r(R>r)$,圆心为 O,又设 $\odot O_1$ 符合条件,即和两个同心圆相切,则

$$OO_1=r+\frac{R-r}{2}=\frac{R+r}{2},$$

故所求的圆心的轨迹为以 O 为圆心、以 $\dfrac{R+r}{2}$ 为半径的圆.

分析　显然,上述答案不完整. 事实上,所求轨迹应有两个解,在上述解答中只注意到 $\odot O_1$ 与大圆内切同时又与小圆外切的情形,而没有考虑到 $\odot O_1$ 和两个圆都是内切的情形.

正解　设 $\odot O_1$ 是和两个同心圆都相切的圆.

如图 3.56 所示,当 $\odot O_1$ 和 $\odot O(R)$ 内切、和 $\odot O(r)$ 外切时,所求的圆心轨迹是以点 O 为圆心、以

$$OO_1=r+\frac{R-r}{2}=\frac{R+r}{2}$$

为半径的圆.

如图 3.57 所示,当 $\odot O_1$ 和两个同心圆都内切时,所求的圆心轨迹是以点 O 为圆心、以

$$OO_1=\frac{R+r}{2}-r=\frac{R-r}{2}$$

为半径的圆.

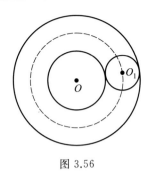

图 3.56

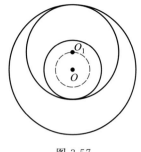

图 3.57

§ 3.4.2　概念理解错误

正确理解概念是正确解答问题的基础. 概念有误, 实为错解之源. 所谓概念有误, 这里是指概念内涵不清, 概念前提不清, 相近概念不清楚.

例 1　已知锐角 $\triangle ABC$ 中, $a=3, b=4$, 求第三边 c 的取值范围.

错解　在 $\triangle ABC$ 中, 由余弦定理得 $\cos C = \dfrac{a^2+b^2-c^2}{2ab}$. 因为 C 为锐角, 所以 $0 < \cos C < 1$, 即

$$0 < \frac{a^2+b^2-c^2}{2ab} < 1.$$

将 $a=3, b=4$ 代入上式化简, 可得 $0 < c^2 < 25$, 则 c 的取值范围是 $0 < c < 5$.

分析　所谓锐角三角形, 是指三个角都是锐角的三角形. 显然, 只有一个角是锐角的三角形, 不一定是锐角三角形.

正解 1　因为 $\triangle ABC$ 为锐角三角形, 且 $a=3, b=4$, 所以 A, B, C 均为锐角, 且 $A < B$. 由余弦定理, 得

$$b^2 = a^2 + c^2 - 2ac \cos B, \quad c^2 = a^2 + b^2 - 2ab \cos C.$$

由 $\cos B > 0, \cos C > 0, 2ac \cos B > 0, 2ab \cos C > 0$, 有

$$b^2 < a^2 + c^2, \quad c^2 < a^2 + b^2,$$

即

$$16 < 9 + c^2, \quad c^2 < 9 + 16.$$

则 $\sqrt{7} < c < 5$. 因此, 第三边 c 的取值范围是 $\sqrt{7} < c < 5$.

正解 2　借助圆的几何直观. 如图 3.58 所示, 固定 b, 将 a 绕顶点 C 旋转, 则满足条件的点 B 在 $\overset{\frown}{B_1 B_2}$ 上 (不包括端点), 其中 $AC \perp CB_1, AB_2 \perp B_2 C$. 显然, $\sqrt{7} < c < 5$.

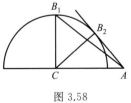

图 3.58

例 2　过圆柱 (或圆锥) 两条母线的截面, 以圆柱 (或圆锥) 的轴截面面积为最大, 这个结论对吗?

错答　都对.

如图 3.59 所示,设 $ABCD$,$ABEF$ 都是过圆柱两条母线的截面,其中 $ABCD$ 为轴截面.显然,它们都是矩形.因为直径 $AD >$ 弦 AF,所以

$$AB \cdot AD > AB \cdot AF, \quad 即 \quad S_{ABCD} > S_{ABEF},$$

则圆柱的轴截面面积最大.

如图 3.60 所示,设 $\triangle ABC$,$\triangle ABD$ 都是过圆锥两条母线的截面,其中 $\triangle ABC$ 为

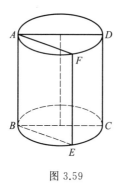　　　　　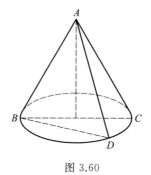

图 3.59　　　　　　　　　　　图 3.60

轴截面,它们都是等腰三角形,按"两个三角形中有两组边对应相等,得第三边大的对角边也大"知,由 $AB = AC = AD$,直径 $BC \geqslant$ 弦 BD,有

$$\angle BAC \geqslant \angle BAD, \tag{①}$$

于是

$$\frac{1}{2} AB \cdot AC \sin \angle BAC \geqslant \frac{1}{2} AB \cdot AD \sin \angle BAD, \tag{②}$$

即 $S_{\triangle ABC} > S_{\triangle ABD}$,圆锥的轴截面面积最大.

分析　问题出在圆锥中.由①式不能推出②式,原因是由 $\alpha \geqslant \beta$ 不能推出 $\sin \alpha \geqslant \sin \beta$.(正弦函数在 $[0°,180°]$ 内不是单调函数,如 $120° > 90°$,但 $\sin 120° < \sin 90°$.)

正答　结论对圆柱的情形正确.当圆锥轴截面的顶角 $\angle BAC$ 是钝角时,其轴截面的面积并非最大.

例 3　(1)侧棱与底面所成的角相等的三棱锥的顶点在底面上的投影是底面三角形的什么心?

(2)顶点与底面各边的距离相等的三棱锥的顶点在底面的投影是底面三角形的什么心?

(3)三条侧棱两两互相垂直的三棱锥的顶点在底面上的投影是底面三角形的什么心?

错答　(1)内心;(2)垂心;(3)外心.

分析　三角形的内心是三角形内切圆的圆心,即三角形三个内角平分线的交点;三角形的外心是三角形外接圆的圆心,即三条边的垂直平分线的交点;三角形的垂心是三条边上的高的交点.以上错答的原因在于分不清内心、外心、垂心的定义.

正答　(1)外心;(2)内心;(3)垂心.

例 4 如图 3.61 所示，$CO \perp AE$，$BO \perp DO$，图中是否有与 $\angle BOC$ 互补的角？

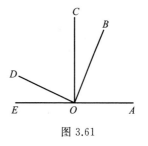

图 3.61

错答 没有.

分析 对互为补角概念理解不清产生错误，以为互补的角一定是邻角，将"互补角"与"邻补角"混淆.

正答 图中有与 $\angle BOC$ 互补的角，即 $\angle AOD$.

§3.4.3 运用错误

所谓运用错误，这里是指：(1) 忽视公式的约束条件；(2) 乱套公式、定理，误用法则性质；(3) 不注意允许值的范围；(4) 变换不等价；(5) 考虑不周，主观臆断；(6) 析取不全（或未加讨论）；(7) 混淆"集交"与"集并"等.

例 1 经过平面 α 外两点 A，B 和平面 α 垂直的平面有几个？

错答 只有一个.

分析 因忽略了特殊情况，而产生了错答. 事实上，当直线 AB 垂直于平面 α 时，就有无数多个平面与平面 α 垂直.

正答 当 AB 不垂直于平面 α 时，只有一个符合要求的平面；当 AB 垂直于平面 α 时，就有无数多个平面符合要求.

例 2 m 是什么实数时，关于 x，y 的方程

$$(2m^2+m-1)x^2+(m^2-m+2)y^2+m+2=0$$

为圆的方程？

错解 欲使方程 $Ax^2+Cy^2+F=0$ 表示一个圆，只要 $A=C\neq0$，即

$$2m^2+m-1=m^2-m+2,$$

解得 $m=1$ 或 -3. 此时，x^2 与 y^2 的系数相等，方程为圆的方程.

分析 $A=C$ 是 $Ax^2+Cy^2+F=0$ 为圆的方程的必要条件，而非充要条件. 其充要条件是

$$A=C\neq0 \quad 且 \quad \frac{F}{A}<0.$$

正解 如上可得 $m=1$ 或 -3.

(1) 当 $m=1$ 时，方程为 $2x^2+2y^2=-3$，不合题意，舍去.

(2) 当 $m=-3$ 时，方程为 $14x^2+14y^2=1$，即 $x^2+y^2=\dfrac{1}{14}$，它表示以原点为圆心、$\sqrt{\dfrac{1}{14}}$ 为半径的圆.

例 3 两个三角形的对应边分别为 a_1，b_1，c_1 和 a_2，b_2，c_2，它们的周长分别等于 p_1，p_2. 已知 $\dfrac{a_1}{a_2}=\dfrac{p_1}{p_2}$，问这两个三角形相似吗？

103

错解 如果两个三角形相似,则有 $\dfrac{a_1}{a_2}=\dfrac{b_1}{b_2}=\dfrac{c_1}{c_2}$,由比例的性质有

$$\frac{a_1}{a_2}=\frac{b_1}{b_2}=\frac{c_1}{c_2}=\frac{a_1+b_1+c_1}{a_2+b_2+c_2}=\frac{p_1}{p_2}.$$

因为两个三角形的对应边成比例,所以这两个三角形相似.

分析 两个三角形相似是两个三角形的周长比等于某一对应边的比的充分条件,但不是必要条件.

正解 这两个三角形不一定相似,下面举一反例加以说明:

设 $\triangle A_1B_1C_1$ 中,$a_1=2,b_1=2,c_1=2$;$\triangle A_2B_2C_2$ 中,$a_2=2,b_2=1.9,c_2=2.1$,则

$$\frac{a_1}{a_2}=1=\frac{6}{2+1.9+2.1}=\frac{p_1}{p_2}.$$

然而,$\triangle A_1B_1C_1$ 与 $\triangle A_2B_2C_2$ 显然不相似.

例4 已知 OR 是圆 $\rho=a\cos\theta$ 的弦(图3.62),延长 OR 到点 P,使 $RP=a$. 当点 R 在圆上移动时,求点 P 的轨迹方程.

错解 设 $P(\rho,\theta)$,则 $R(\rho-a,\theta)$. 因为点 R 在已知圆上,所以

$$\rho-a=a\cos\theta,\quad \text{即}\quad \rho=a(1+\cos\theta).$$

故所求轨迹方程为 $\rho=a(1+\cos\theta)$.

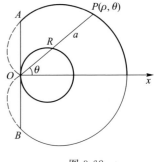

图 3.62

分析 上述解法得到的轨迹方程表示的图形是整个心脏线,但实际上点 P 的轨迹仅是心脏线的一部分(图中曲线 APB). 造成错误的原因在于:解题中没有注意 θ 的取值范围,实际上 $\theta\in\left(-\dfrac{\pi}{2},\dfrac{\pi}{2}\right)$.

正解 由上可知 $\rho=a(1+\cos\theta)$. 又由题意知点 R 与点 P 是一一对应的,故所求的轨迹方程是

$$\rho=a(1+\cos\theta)\quad \left(-\frac{\pi}{2}<\theta<\frac{\pi}{2}\right),$$

这里把极限点 A,B 不包括在内.

例5 面积为12的矩形 $ABCD$ 与平面 α 成30°的二面角,已知 AB 在平面 α 内且矩形的两边长度为连续整数,求 CD 与平面 α 的距离.

错解 如图3.63所示,过点 D 作 $DE\perp$ 平面 α,E 为垂足,连接 EA. 因为 $AB\perp DA$,由三垂线定理的逆定理及 $AB\perp AE$,则 $\angle DAE$ 为矩形 $ABCD$ 与 α 所成二面角的平面角,即 $\angle DAE=30°$. 设 $AB=n$,则 $AD=n+1$,于是

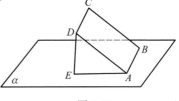

图 3.63

$$n(n+1)=12,\quad 解得\quad n_1=3,n_2=-4(舍去),$$

所以 $AD=4$. 在 $\mathrm{Rt}\triangle DEA$ 中,

$$DE=AD\sin\angle DAE=2,$$

故 CD 与平面 α 的距离为 2.

分析　为什么 DE 是所求的距离? 这里不作交代,是不妥当的. 应该注意到立体几何计算题的解题过程中常常包含证明与说理部分. 另一方面,对"AB,AD 的长为连续整数"概念不清,产生了析取不全的错误.

正解　因为 $CD\parallel$ 平面 α,过点 D 作 $DE\perp\alpha$ 于点 E,则 DE 为 CD 与 α 的距离,连接 EB. 因 $AB\perp DA$,由三垂线定理的逆定理知 $AB\perp AE$,从而 $\angle DAE$ 为矩形 $ABCD$ 与 α 所成二面角的平面角,即 $\angle DAE=30°$. 设 $AB=n$,则 $AD=n\pm1$,且

$$n(n\pm1)=12,$$

解得

$$n_1=3,n_2=-4(舍去);\quad 或\quad n_3=4,n_4=-3(舍去),$$

于是 $AD=4$ 或 3. 从而

$$DE=AD\sin 30°=2\ 或\ 1.5.$$

故 CD 与平面 α 的距离为 2 或 1.5.

§3.4.4　结论错误

结论正确是正确解题的必然结果,结论错误则其求解过程必然有错. 所谓结论错误,一指忽视检验,取舍不当;二指结论表述不清楚(或不完整);三指结论与实际不符合.

例 1　在球内有距离 9 cm 的两个平行截面,面积分别是 $49\,\pi\ \mathrm{cm}^2$,$400\,\pi\ \mathrm{cm}^2$,求球的表面积.

错解　从球心 O 作这两个平面的垂线 CC_1,过 OC_1 作如图 3.64 所示的截面,图中 A_1B_1 和 AB 是两个已知截面的直径. 设 CC_1 是经过球心 O 且与这两个平行截面垂直的直线,垂足分别为 C_1 和 C,则点 C_1 和 C 分别为两个已知截面的圆心,A_1C_1 和 AC 分别为两个截面的半径.

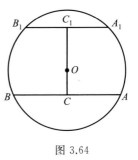

图 3.64

依条件有 $\pi(A_1C_1)^2=49\pi$,$\pi(AC)^2=400\pi$,则 $A_1C_1=7\ \mathrm{cm}$,$AC=20\ \mathrm{cm}$. 由 OA 与 OA_1 都是球的半径 R 有

$$OC_1=\sqrt{R^2-49},\quad OC=\sqrt{R^2-400}.$$

又由 $CC_1=9\ \mathrm{cm}$ 知

$$\sqrt{R^2-400}+\sqrt{R^2-49}=9,\tag{①}$$

解得 $R=25\ \mathrm{cm}$,则

$$S=4\pi R^2=4\pi\times625=2\ 500\pi\,(\mathrm{cm}^2),$$

即球的表面积为 $2\ 500\pi\ \mathrm{cm}^2$.

分析　以上结论显然是正确的,但解题过程却有两个错误:一是解无理方程①没有验证根,实际上 $R=25$ 不是该无理方程的根,依图 3.64 所列的方程①无解;二是遗漏另一种情况,如图 3.65 所示.

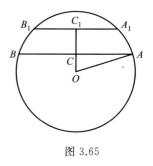

图 3.65

正解　如图 3.64 所示,当球心在两个已知截面之间时,如上可得 $R=25$ cm. 把 $R=25$ cm 代入①式,知方程①无解,即球心不可能在两截面之间.

如图 3.65 所示,当球心在两个已知截面同侧时,

$$\sqrt{R^2-49}-\sqrt{R^2-400}=9, \tag{②}$$

解得 $R=25$ cm. 经检验,$R=25$ cm 是方程②的根,则

$$S=4\pi R^2=4\pi\times625=2\,500\pi(\text{cm}^2),$$

即球的表面积为 $2\,500\pi$ cm^2.

例 2　已知双曲线的两条渐近线方程为 $x\pm2y=0$,两个顶点的距离为 4,求双曲线的方程.

错解　设所求双曲线方程为 $\dfrac{x^2}{a^2}-\dfrac{y^2}{b^2}=1$,由两条渐近线方程为 $x\pm2y=0$ 知 $\dfrac{b}{a}=\dfrac{1}{2}$,又由 $2a=4$ 得 $a=2,b=1$. 因此所求双曲线方程为 $\dfrac{x^2}{4}-y^2=1$.

分析　由题意不能确定双曲线的焦点是在 x 轴上还是在 y 轴上,因而上述解法不完整.

正解　(1) 设所求双曲线方程为 $\dfrac{x^2}{a^2}-\dfrac{y^2}{b^2}=1$,由错解可得 $a=2,b=1$,因此有 $\dfrac{x^2}{4}-y^2=1$.

(2) 又设所求双曲线方程为 $\dfrac{y^2}{a^2}-\dfrac{x^2}{b^2}=1$,则渐近线方程为 $y=\pm\dfrac{a}{b}x$. 已知两条渐近线方程为 $x\pm2y=0$,则 $\dfrac{a}{b}=\dfrac{1}{2}$. 再由 $2a=4$ 知 $a=2,b=4$,故所求双曲线方程为 $\dfrac{y^2}{4}-\dfrac{x^2}{16}=1$.

例 3　如图 3.66 所示,在 Rt$\triangle ABC$ 中,$\angle C=90°$,$BC=a$,$AC=b$. 在此三角形内作正方形,使它的一个顶点与点 C 重合,一个顶点在斜边 AB 上,另外两个顶点分别在两条直角边上,求此正方形的边长.

错解　作 $\angle C$ 的平分线交 AB 于点 E,作 $ED\perp AC$ 于点 D,$EF\perp BC$ 于点 F,则四边形 $CDEF$ 为矩形. 又 $\angle DCE=45°$,所以 $\triangle CDE$ 为等腰直角三角形,$CD=DE$,矩形 $CDEF$ 为正方形. 设此正方形 $CDEF$

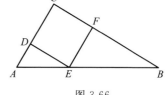

图 3.66

的边长为 x，$AE=m$，$BE=n$，因 CE 平分 $\angle C$，所以由三角形的内角平分线性质定理和比例的性质，

$$\frac{b}{m}=\frac{a}{n}=\frac{b+a}{m+n},$$

而 $m+n=AB=\sqrt{a^2+b^2}$，所以 $m=\dfrac{b\sqrt{a^2+b^2}}{a+b}$. 在 $\mathrm{Rt}\triangle ADE$ 中，

$$x^2+(b-x)^2=m^2=\frac{b^2(a^2+b^2)}{(a+b)^2},$$

整理上式，得 $x^2-bx+\dfrac{ab^2}{(a+b)^2}=0$，所以

$$x=\frac{ab}{a+b}\quad \text{或}\quad \frac{b^2}{a+b}.$$

因此，所求正方形的边长为 $\dfrac{ab}{a+b}$ 或 $\dfrac{b^2}{a+b}$.

　　分析　由已知条件，本题只有一个解. 本题的解题思路可以简化，用三角形相似或面积法更简单.

　　正解　设正方形 $CDEF$ 的边长为 x，连接 CE. 因为 $S_{\triangle ACE}+S_{\triangle BCE}=S_{\triangle ABC}$，所以

$$\frac{1}{2}AC\cdot DE+\frac{1}{2}BC\cdot EF=\frac{1}{2}AC\cdot BC,$$

即 $bx+ax=ab$. 所以 $x=\dfrac{ab}{a+b}$，即所求正方形的边长为 $\dfrac{ab}{a+b}$.

习　　题

A 必做题

1. 过不在 $\odot O$ 上的点 P 作直线交 $\odot O$ 于 A,B 两点，如果 $PA\cdot PB=9$，$\odot O$ 的半径为 4，求 OP 的长.

2. 在 $\triangle ABC$ 中，设 $c=2$，$b=7$，BC 边上的中线 AD 的长为 $\dfrac{7}{2}$，求边长 a.

3. $\triangle ABC$ 中，点 D 在 AB 上，点 E 在 AC 的延长线上，DE 交 BC 于点 F，且 $\dfrac{AD}{DB}=\dfrac{5}{2}$，$\dfrac{AC}{CE}=\dfrac{4}{3}$，求 $\dfrac{BF}{FC}$ 的值.

4. 已知三角形的三边长分别为 $2,3,4$，求它的外接圆的半径.

5. 长方体 $ABCD-A_1B_1C_1D_1$ 中，若 $AB=BC=3$，$AA_1=4$，求异面直线 B_1D 与 BC_1 所成角的大小.

6. 四棱锥的四个侧面都是腰长为 $\sqrt{7}$、底边长为 2 的等腰三角形，问符合题意的四棱锥体积是否唯一?

7. 设向量 $\boldsymbol{a},\boldsymbol{b}$ 满足：$|\boldsymbol{a}|=3$，$|\boldsymbol{b}|=4$，$\boldsymbol{a}\cdot\boldsymbol{b}=0$. 以 $\boldsymbol{a},\boldsymbol{b},\boldsymbol{a}-\boldsymbol{b}$ 的模为边长构成三角形，则它的边与半径为 1 的圆的公共点个数最多为多少个?

8. 在 $\triangle ABC$ 中,角 A,B,C 的对边分别是 a,b,c. 若 $(\sqrt{3}b-c)\cos A = a\cos C$,求 $\cos A$.

9. 正方形 $ABCD$ 内接于圆 O,点 P 在 $\overparen{AD}$ 上,$AP=1$,$CP=3$,求 BP 的长.

10. 过正三棱柱 $ABC-A_1B_1C_1$ 一边 AB 作截面,截面与底面成 $30°$,试导出截面形状与三棱柱底面边长 a 及高 h 之间的制约关系,并求其截面面积.

11. 已知椭圆 $C:\dfrac{x^2}{a^2}+\dfrac{y^2}{b^2}=1(a>b>0)$ 的离心率为 $\dfrac{\sqrt{3}}{2}$,过右焦点 F 且斜率为 $k(k>0)$ 的直线与 C 相交于 A,B 两点. 若 $\overrightarrow{AF}=3\overrightarrow{FB}$,求 k 的值.

12. 如图 3.67 所示,在 $\triangle ABC$ 中,$\angle C=90°$,$BC=8$,$AC=6$,直角梯形 $DEFH$($HF /\!/ DE$,$\angle HDE=90°$)的底边 DE 落在 CB 上,腰 DH 落在 CA 上,且 $DE=4$,$\angle DEF=\angle CBA$,$AH:AC=2:3$.

(1) 延长 HF 交 AB 于点 G,求 $\triangle AHG$ 的面积.

(2) 操作:固定 $\triangle ABC$,将直角梯形 $DEFH$ 以每秒 1 个单位长度沿 CB 方向向右移动,直到点 D 与点 B 重合时停止,设运动的时间为 t s,运动后的直角梯形为 $DEFH'$(图 3.68).

探究 1:在运动中,四边形 $CDH'H$ 能否为正方形? 若能,请求出此时 t 的值;若不能,请说明理由.

探究 2:在运动过程中,$\triangle ABC$ 与直角梯形 $DEFH'$ 重叠部分的面积为 y,请用时间 t 表示面积 y.

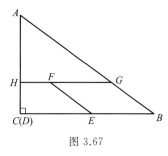

图 3.67

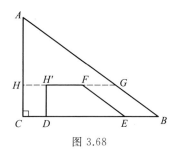

图 3.68

B 选做题

13. 如图 3.69 所示,在四面体 $ABOC$ 中,$OC\perp OA$,$OC\perp OB$,$\angle AOB=120°$,且 $OA=OB=OC=1$.

(1) 设 P 为 AC 的中点,证明:在 AB 上存在一点 Q,使 $PQ\perp OA$,并计算 $\dfrac{AB}{AQ}$ 的值;

(2) 求二面角 $O-AC-B$ 的平面角的余弦.

14. 锐角 $\triangle ABC$ 中,$\angle A$ 的角平分线与三角形的外接圆交于一点 A_1,点 B_1,C_1 与此类似,直线 AA_1 与 $\angle ABC$ 的外角平分线交于一点 A_0,点 B_0,C_0 与此类似. 若三角形 $A_0B_0C_0$ 的面积为 1,求六边形 $AC_1BA_1CB_1$ 的面积.

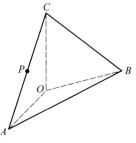

图 3.69

15. 在周长为定值的 $\triangle ABC$ 中,已知 $|AB|=6$,且 $\cos C$ 有最小值 $\dfrac{7}{25}$.

(1) 建立适当的坐标系,求顶点 C 的轨迹方程;

(2) 过点 A 作直线与(1)中的曲线交于 M,N 两点,求 $|BM|\cdot|BN|$ 的最小值.

C 思考题

16. 综述面积方法在几何计算中的妙用.

17. 向量在几何计算中有何作用?

18.(1) 锐角 $\triangle ABC$ 的外接圆半径为 R,内切圆半径为 r. 求 $\triangle ABC$ 的外心 O 到三边距离之和.

(2) 若 $\triangle ABC$ 为直角三角形或钝角三角形,上面的结论成立吗?

19. 在棱长为 1 的正四面体表面选取一个由若干条线段组成的有限集,使四面体的任二顶点都可以由此集合中的某些线段组成的折线来连接. 能否选取满足上述要求的线段集,使其中所有线段的总长度之和小于 $1+\sqrt{3}$?

第三章部分习题

参考答案

第四章　妙趣横生的几何变换

随着克莱因教授的《埃尔兰根纲领》的发表,几何已经被视为在某种变换群下,研究图形的不变性与不变量的学科.正是因为图形的不变性,图形变换在绘图、力学、机械结构的设计、航空摄影测量、电路网络以及日常生活中得到广泛应用.时至今日,几何变换的思想已经渗透到中学的几何课程之中.应用几何变换的观点、思想与方法有效处理中学几何中的问题已成为当今数学课程改革的一个新思路.

§4.1　图形的相等或合同

在研究图形的变换时,我们把任何几何图形都看成点的集合.

如果两个图形 F 和 F' 的点之间具有一一对应关系,并且 F 上任意两点所确定的线段与 F' 上与之对应的两点所确定的线段总相等,那么称图形 F 和图形 F' 是相等的或合同的.

显然,图形的相等具有自反性、对称性和传递性.

定理 1　在相等的图形中,与共线点对应的仍是共线点.

证明　设 F 与 F' 是两相等图形,若 F 的共线点 A,B,C 对应于 F' 的点 A',B',C',且 B 介于 A,C 之间,由于 F 与 F' 是相等的图形,故有

$$AB=A'B',\quad BC=B'C',\quad AC=A'C',$$

所以

$$A'C'=AC=AB+BC=A'B'+B'C'.$$

这说明 A',B',C' 是共线的三点,并且 B' 介于 A',C' 之间.

推论　直线的相等图形是直线.

定理 2　相等图形的对应角相等.

证明　设 F 与 F' 是两相等图形,且 $\angle BAC$ 是图形 F 内的任意角,A',B',C' 是图形 F' 内与 F 内 A,B,C 三点对应的点,则

$$AB=A'B',\quad BC=B'C',\quad AC=A'C',$$

所以 $\triangle ABC \cong \triangle A'B'C'$,因而 $\angle BAC = \angle B'A'C'$.

图形的相等有两种情况.

在平面几何中,两个相等的图形 F 和 F',对于 F 上不共线的任意三点 A,B,C 和 F' 上三个对应点 A',B',C',如果我们让两对对应点重合,例如,点 A 和 A' 重合,点 B 和 B' 重合,则第三对对应点 C 和 C' 或者重合,或者对称于重合直线 AB.如果点 C 和 C'

重合,两图形 F 和 F' 称为全(相)等的,这时两图形的转向相同(图 4.1(a)). 如果 C 和 C' 对称于重合直线 AB,则称 F 和 F' 镜照相等,这时两图形的转向相反(图 4.1(b)).

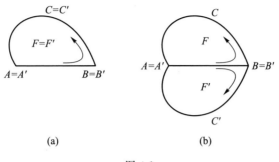

(a)　　　　　　　(b)

图 4.1

两个全(相)等的平面图形,只要有两对对应点叠合,便完全叠合了. 两个镜照相等的平面图形,如果不将其中一个离开平面,就无法叠合.

§4.2　平移和旋转变换

§4.2.1　运动

所谓运动就是一个变换,把图形 F 的点变换为图形 F' 的点,使任意两点间的距离(从而使角度)总保持不变,转向也保持不变. 设有两个相等且转向相同的图形,即两个全等图形,可以利用运动从其中一个得出另一个. 即是说,两个全等图形可通过运动而叠合.

将一个图形变换为其自身,使其每一点都不动的运动,称为幺变换或恒等变换,记作 I. 设图形 F 经运动 f 变换为图形 F',则写作 $f(F)=F'$. 因为两个图形的运动是可逆的,所以称 F' 到 F 的变换为 f 的逆(变换),记作

$$F=f^{-1}(F').$$

如果一个平面图形经过 f_1 与 f_2 两次变换,所得到的像与经过变换 f_3 所得到的像完全相同,我们就说 f_3 是 f_1 与 f_2 的乘积,记作

$$f_3=f_2 \cdot f_1.$$

这里,值得注意的是运动的先后顺序跟书写的先后顺序相反.

经过一个变换,没有变动位置的点和直线,称为这个变换的二重点(或不变点)和二重线(或不变直线).

§4.2.2　平移变换

设 a 是已知向量,T 是平面上的变换. 如果对于任一对对应点 P,P',通过变换 T

111

总有 $\overrightarrow{PP'}=\boldsymbol{a}$，那么 T 叫做平移变换，记为 $T(\boldsymbol{a})$，其中 $\boldsymbol{a}$ 的方向叫做平移方向，$|\boldsymbol{a}|$ 叫做平移距离.

由定义可知，平移变换由一个向量或一对对应点唯一确定. 恒等变换可以看成平移变换，其平移向量是零向量，即 $I=T(\boldsymbol{0})$.

在 $T(\boldsymbol{a})$ 变换下，点 A 变为 A'，图形 F 变为 F'，可表示为

$$A \xrightarrow{T(\boldsymbol{a})} A', \quad F \xrightarrow{T(\boldsymbol{a})} F'.$$

平移变换具有下列性质：

性质 1　平移变换是运动.

性质 2　平移变换的逆变换是平移变换.

事实上，以 $\boldsymbol{a}$ 为平移向量的平移变换 T，其逆变换 T^{-1} 是以 $-\boldsymbol{a}$ 为平移向量的平移变换，即 $T^{-1}(\boldsymbol{a})=T(-\boldsymbol{a})$.

性质 3　两个平移变换的乘积仍是一个平移变换.

证明　设 T_1,T_2 是两个平移变换，其平移向量分别为 $\boldsymbol{a}_1,\boldsymbol{a}_2$. 对已知图形 F 上的任意点 A，设 $T_1(A)=A_1$，$T_2(A_1)=A_2$，则 $\overrightarrow{AA_1}=\boldsymbol{a}_1$，$\overrightarrow{A_1A_2}=\boldsymbol{a}_2$（图 4.2）. 由向量的运算法则，$\overrightarrow{AA_2}=\boldsymbol{a}_1+\boldsymbol{a}_2$ 为固定向量. 由点 A 的任意性，即有

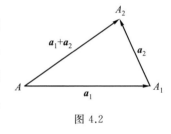

图 4.2

$$T_2(\boldsymbol{a}_2) \cdot T_1(\boldsymbol{a}_1)=T(\boldsymbol{a}_1+\boldsymbol{a}_2).$$

性质 4　在平移变换下，直线 l 变为直线 l'，并且 $l \parallel l'$ 或者 l 与 l' 重合. 线段 AB 变为线段 $A'B'$，且 $\overrightarrow{AB}=\overrightarrow{A'B'}$.

性质 5　非恒等变换的平移没有不变点，但有无数条不变直线，它们都平行于平移方向.

§4.2.3　旋转变换

设 O 为平面上一定点，φ 为一个有向角，R 是平面上的变换. 如果对于任一对对应点 P,P'，通过变换 R 总有 $OP=OP'$，$\angle POP'=\varphi$，那么变换 R 叫做以点 O 为旋转中心、φ 为旋转角的旋转变换，记为 $R(O,\varphi)$.

显然，旋转变换由旋转中心与旋转角唯一确定.

旋转中心相同、旋转角相差 2π 的整数倍的旋转变换被认为是相同的，即

$$R(O,\varphi)=R(O,\varphi+2n\pi), \quad n \in \mathbf{Z}.$$

旋转角为零的旋转变换是恒等变换.

在旋转变换 $R(O,\varphi)$ 下，点 A 变为点 A'，图形 F 变为图形 F'，可表示为

$$A \xrightarrow{R(O,\varphi)} A', \quad F \xrightarrow{R(O,\varphi)} F'.$$

旋转变换具有下列性质：

性质 1 当旋转角 $\varphi\neq180°$时,直线与其对应直线的夹角等于 φ.

性质 2 关于同一旋转中心的两个旋转变换的乘积仍是一个旋转变换.

事实上,若 $R(O,\varphi_1),R(O,\varphi_2)$是具有同一旋转中心 O 的两个旋转变换,则

$$R(O,\varphi_1)\cdot R(O,\varphi_2)$$

是一个以 O 为旋转中心、$\varphi_1+\varphi_2$ 为旋转角的旋转变换 $R(O,\varphi_1+\varphi_2)$,即

$$R(O,\varphi_1)\cdot R(O,\varphi_2)=R(O,\varphi_1+\varphi_2).$$

性质 3 旋转变换的逆变换仍是一个旋转变换.

事实上,若 $R(O,\varphi)$是旋转变换,则 $R(O,-\varphi)$ 是 $R(O,\varphi)$的逆变换,即

$$R^{-1}(O,\varphi)=R(O,-\varphi).$$

性质 4 非恒等的旋转变换只有一个不变点——旋转中心,当旋转角 $\varphi\neq180°$时,旋转变换没有不变直线.

特别地,旋转角为 $180°$的旋转变换称为中心对称变换或点反射,其旋转中心叫做对称中心.

综上可知,平面上的运动有平移、旋转以及它们的乘积.

§4.2.4 平移和旋转变换的应用

根据已知图形的特点,对图形中部分元素施行某种变换,构成新图形,使得在新图形中容易发现已知元素与未知元素的关系. 这里运用变换思想,实际上就是启发我们如何添置辅助线,以达到快捷解题的目的.

例 1 P 为平行四边形 $ABCD$ 内一点,试证:以 PA,PB,PC,PD 为边,可以构成一个凸四边形,其面积恰为平行四边形 $ABCD$ 面积的二分之一(图 4.3).

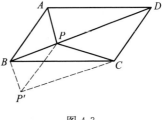

图 4.3

分析 PA,PB,PC,PD 是从一点出发的一束线段,要构成首尾相连的凸四边形,必须将部分线段移动位置,而不改变它们的长度. 由于已知条件中有较多的平行线,故考虑运用平移变换,将 PA,PD 平移到 $P'B$,$P'C$ 处.

证明 令 $P\xrightarrow{T(\overrightarrow{AB})}P'$,则 $\overrightarrow{AB}=\overrightarrow{PP'}=\overrightarrow{DC}$,于是四边形 $ABP'P,PP'CD$ 是平行四边形,$BP'=AP,P'C=PD$,四边形 $BP'CP$ 是一个以 PA,PB,PC,PD 为边的凸四边形. 因

$$S_{\triangle BP'P}=S_{\triangle ABP},\quad S_{\triangle PP'C}=S_{\triangle PCD},$$

又 $S_{\triangle ABP}+S_{\triangle PCD}=\frac{1}{2}S_{ABCD}$,故 $S_{BP'CP}=\frac{1}{2}S_{ABCD}$.

注 例 1 说明,在有较多的平行线和相等线段的条件下,常常运用平移变换使有关元素相对集中,从而易于发现新的关系.

例2 已知四边形 $ABCD$ 的边 AD，BC 上分别有点 P，Q，并且 $AP:PD=BQ:QC=AB:CD$. 求证：PQ 和 AB，CD 成等角（图4.4）.

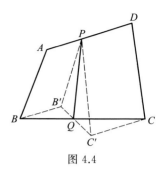

图4.4

分析 要证 PQ 和 AB，CD 成等角，当然可以把 BA，QP，CD 延长，看看它们是否相交，证其夹角相等. 但已知条件不好利用.

因此，我们不妨从运动的观点考虑添加辅助线，使其平行于 AB，CD. 也就是利用平移使 AB，CD，PQ 相对集中，再利用条件证明本题结论.

证明 平移 AB 到 PB'，使 $AB=PB'$；平移 DC 到 PC'，使 $PC'=DC$. 连接 BB'，CC'，则 $ABB'P$，$CDPC'$ 均为平行四边形，所以 $BB'=AP$，$CC'=DP$. 因为 $AP:PD=BQ:QC$，所以

$$BB':CC'=BQ:QC. \qquad ①$$

又因为 $BB'/\!/AP$，$CC'/\!/PD$，所以 $BB'/\!/CC'$，从而

$$\angle B'BQ=\angle QCC'. \qquad ②$$

由①式和②式有

$$\triangle QBB'\backsim\triangle QCC'.$$

所以 $\angle BQB'=\angle CQC'$，即点 B'，Q，C' 在一条直线上.

由假定，$BQ:QC=AB:CD$，又因为 $AB=PB'$，$CD=PC'$，所以

$$BQ:QC=PB':PC', \quad B'Q:QC'=PB':PC'.$$

因此 PQ 是 $\angle B'PC'$ 的角平分线，即 PQ 和 AB，CD 成等角.

注 平移 AB 和 CD，如果有一条线段和 PQ 重合，由已知条件可知另一条也必与 PQ 重合，本题结论仍然成立.

例3 已知 $\triangle ABC$ 中，$AB=AC$，P 为三角形内一点，$\angle APB<\angle APC$，求证：$PB>PC$（图4.5）.

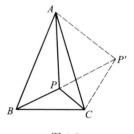

图4.5

证明 将 $\triangle ABP$ 绕点 A 按逆时针方向旋转 $\angle BAC$ 的度数，则 $\triangle ABP \xrightarrow{R(A,\angle BAC)} \triangle ACP'$.

连接 PP'，因为 $AP=AP'$，所以 $\angle APP'=\angle AP'P$. 由已知条件易知，$\angle APC>\angle AP'C$，故 $\angle CPP'>\angle PP'C$，从而 $PC<P'C$，即 $PB>PC$.

注 一般来说，在题设中如果有正多边形或定角等边的条件，那么可以用旋转变换的方法移动部分元素，使问题易于解答，有时会收到事半功倍之效.

例4 在 $\triangle ABC$ 内有一点 P，满足条件 $\angle APB=\angle BPC=\angle CPA=120°$. 求证：$P$ 是到三顶点距离之和最小的点.

证明 因 $\angle CPA=\angle BPC=120°$，故对 $\triangle APC$ 施行变换 $R(C,-60°)$，则

$$\triangle APC \xrightarrow{R(C,-60°)} \triangle EP'C(图4.6).$$

因为 $\angle P'PC = \angle PP'C = 60°$，所以 B,P,P',E 四点共线，且

$$BE = BP + PP' + P'E = BP + CP + AP.$$

对于平面上任一点 Q，令 $\triangle AQC \xrightarrow{R(C,-60°)}$

$\triangle EQ'C$，则 $QQ' = QC, Q'E = QA$. 于是

$$QA + QB + QC = Q'E + QB + QQ' \geqslant BE = BP + CP + AP.$$

故 P 是到三顶点距离之和最小的点.

注 本例称为三角形的费马问题. 此题有多种证法，比较简洁的方法是运用旋转变换，将从一点出发的三线段适当变位，使它们首尾相连，处于同一条直线（或折线）上，再进行比较.

§4.3 轴反射变换

§4.3.1 轴反射变换的性质

l 是平面上的定直线，S 是平面上的变换，P,P' 是一对对应点. 如果线段 PP' 被直线 l 垂直平分，那么 S 叫做平面上的轴反射变换或轴对称变换，记为 $S(l)$，l 叫做反射轴. 轴反射变换由反射轴和一对对应点唯一确定.

在轴反射变换 $S(l)$ 作用下，点 A 变为点 A'，图形 F 变为图形 F'，可表示为

$$A \xrightarrow{S(l)} A', \quad F \xrightarrow{S(l)} F'.$$

轴反射变换具有下列性质：

性质 1 具有同一条反射轴的两个轴反射变换的乘积是恒等变换.

注 具有不同反射轴的两个轴反射变换的乘积不一定是轴反射变换.

性质 2 在轴反射变换 $S(l)$ 下，反射轴 l 是不动点的集合，垂直于反射轴的直线是不变直线.

性质 3 设 P 为反射轴 l 上一点，A,A' 是一对对应点，则 $\angle APA'$ 被 l 平分.

§4.3.2 轴反射变换的应用

运用轴反射变换引出辅助线在证题或解题中是常用的方法，有时找出图形的反射轴，有时试添一些对称的线段使图形的结构完整，有时利用图形的对称变换将分散条件聚拢或将折线化为直线，由此探寻解题途径.

例 1（蝴蝶定理） 如图 4.7 所示，AB 是 ⊙O 的弦，M 是其中点，弦 CD,EF 经过点 M；CF,DE 分别交 AB 于点 P,Q. 求证：$MP = MQ$.

分析　圆是关于直径对称的,当作出点 F 关于 OM 的对称点 F' 后,只要设法证明 $\triangle FMP \cong \triangle F'MQ$ 即可.

证明　作点 F 关于 OM 的对称点 F',连接 FF', $F'M,F'Q,F'D$,则 $MF=MF'$,$\angle 4=\angle FMP=\angle 6$.

圆内接四边形 $F'FED$ 中,$\angle 5+\angle 6=180°$,从而 $\angle 4+$ $\angle 5=180°$,于是 M,F',D,Q 四点共圆,所以 $\angle 2=\angle 3$. 但 $\angle 3=\angle 1$,从而 $\angle 1=\angle 2$,于是 $\triangle FMP \cong \triangle F'MQ$,所 以 $MP=MQ$.

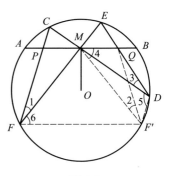

图 4.7

注　本定理有很多种证明方法,而且有多种推广.

例 2　如图 4.8 所示,凸六边形 $ABCDEF$,$AB=BC=CD$, $DE=EF=FA$,$\angle BCD=\angle EFA=60°$,点 G,H 在六边形内,且 $\angle AGB=\angle DHE=120°$. 求证:

$$AG+GB+GH+DH+HE \geqslant CF.$$

证明　连接 BD,AE,BE,作点 G,H 关于 BE 的对称点 G', H',连接 $BG',DG',G'H',AH',EH'$. 因为

$$BC=CD,\angle BCD=60°;\quad EF=FA,\angle EFA=60°,$$

所以 $\triangle BCD,\triangle EFA$ 都是正三角形,则

$$AB=BD,\quad AE=ED,$$

BE 平分 $\angle ABD$ 和 $\angle AED$,因此

$$\triangle ABG \cong \triangle DBG',\quad \triangle DEH \cong \triangle AEH'.$$

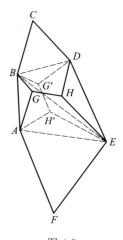

图 4.8

因此可知 $\angle BG'D=120°$,而 $\angle BCD=60°$,所以 B,C,D,G' 四点共圆. 由托勒密定理 知 $CG'=G'B+G'D$,同理 $H'F=H'A+H'E$. 于是

$$\begin{aligned} &AG+GB+GH+DH+HE\\ =&G'B+G'D+G'H'+H'A+H'E\\ =&CG'+G'H'+H'F \geqslant CF. \end{aligned}$$

例 3　$CDEF$ 是一个矩形球台,A,B 为球台上两个球,试求出把球 A 击出后,依次碰击球台四边 CD,DE,EF,FC 后,击中球 B 的路线(球碰到障碍物后,遵从光的反射定律弹出).

解　如图 4.9 所示,问题归结为在 CD,DE,EF, FC 上找四个点 O_1,O_2,O_3,O_4,使 $\angle 1=\angle 2$,$\angle 3=$ $\angle 4$,$\angle 5=\angle 6$,$\angle 7=\angle 8$.

若要满足条件,CD,DE,EF,FC 必须分别为 $\angle AO_1O_2$,$\angle O_1O_2O_3$,$\angle O_4O_3O_2$,$\angle BO_4O_3$ 的外角平分线.

进行轴反射变换 $S(CD),S(DE),S(EF)$,

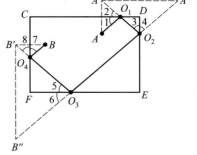

图 4.9

$S(FC)$,使得

$$A \xrightarrow{S(CD)} A' \xrightarrow{S(DE)} A'', \quad B \xrightarrow{S(FC)} B' \xrightarrow{S(EF)} B''.$$

然后连接 $A''B''$,分别交 DE,EF 于点 O_2,O_3,连接 $A'O_2$,$B'O_3$,分别交 CD,FC 于点 O_1,O_4,则折线 $AO_1O_2O_3O_4B$ 为所求路线.

注 此例说明,涉及折线最短长度的有关问题时,可以运用轴反射变换的方法来解决.

§4.4 平移、旋转、轴反射之间的关系

在前两节中,已经获得了两个重要结论——"两个同旋转中心的旋转变换的乘积是旋转变换"以及"具有同一反射轴的两个轴反射变换的乘积是恒等变换". 需要进一步思考的是"两个不同旋转中心的旋转变换的乘积是什么变换"以及"具有不同反射轴的两个轴反射变换的乘积是什么变换".

定理 1 设 $S(l_1)$,$S(l_2)$ 是两个轴反射变换.

(1) 如果 $l_1 \parallel l_2$,那么 $S(l_2) \cdot S(l_1)$ 是一个平移变换;

(2) 如果 l_1 与 l_2 相交,那么 $S(l_2) \cdot S(l_1)$ 是一个旋转变换.

证明 (1) 设 A_1A_2 是平行线 l_1,l_2 之间的公垂线,点 A_1,A_2 分别在 l_1,l_2 上,则 $\overrightarrow{A_1A_2}$ 是个定向量. 对于平面上任一点 P,令 $P \xrightarrow{S(l_1)} P' \xrightarrow{S(l_2)} P''$,且 PP',$P'P''$ 分别与 l_1,l_2 交于点 P_1,P_2,如图 4.10 所示.

因为 $PP' \perp l_1$,$P'P'' \perp l_2$,又 $l_1 \parallel l_2$,所以点 P,P',P'' 共线,并且

$$\overrightarrow{PP''} = \overrightarrow{PP'} + \overrightarrow{P'P''} = 2\overrightarrow{P_1P'} + 2\overrightarrow{P'P_2}$$
$$= 2\overrightarrow{P_1P_2} = 2\overrightarrow{A_1A_2},$$

故 $S(l_2) \cdot S(l_1) = T(2\overrightarrow{A_1A_2})$. 这表明,当 $l_1 \parallel l_2$ 时,$S(l_2) \cdot S(l_1)$ 是一个平移变换.

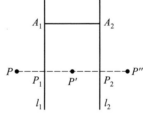

图 4.10

(2) 设 l_1 与 l_2 交于点 O,有向角 $\varphi = 2\angle(l_1, l_2)$. 对于平面上任一点 P,令 $P \xrightarrow{S(l_1)} P' \xrightarrow{S(l_2)} P''$(图 4.11),则 $OP = OP' = OP''$,并且

$$\angle POP' = 2\angle(l_1, OP'),$$
$$\angle P'OP'' = 2\angle(OP', l_2),$$
$$\angle POP'' = \angle POP' + \angle P'OP''$$
$$= 2\angle(l_1, OP') + 2\angle(OP', l_2)$$
$$= 2\angle(l_1, l_2) = \varphi.$$

所以 $S(l_2) \cdot S(l_1) = R(O, \varphi)$. 这表明,当 l_1 与 l_2 相交

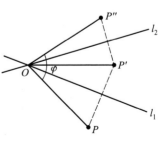

图 4.11

时,$S(l_2) \cdot S(l_1)$ 是一个旋转变换.

特别地,如果 $l_1 \perp l_2$,则 $S(l_2) \cdot S(l_1)$ 就是中心对称变换 $R(O, 180°)$.

定理 1 的逆命题也成立,即

定理 2　任何一个平移变换可以表示为两个反射轴平行的轴反射变换的乘积,任何一个旋转变换可以表示为两个反射轴相交的轴反射变换的乘积.

证明　设 $T(\boldsymbol{a})$ 是平移变换,对于平面上任一点 P,令 $P \xrightarrow{T(\boldsymbol{a})} P''$,则 $\overrightarrow{PP''} = \boldsymbol{a}$. 任作一直线 l_1 垂直于 PP'',垂足为 P_1,再作直线 l_2 垂直于 PP'',垂足为 P_2,使得 $\overrightarrow{P_1P_2} = \frac{1}{2}\boldsymbol{a}$(图 4.12). 另外,令 $P \xrightarrow{S(l_1)} P'$,则 P' 在直线 PP'' 上. 因为

$$\overrightarrow{P'P_2} = \overrightarrow{P_1P_2} - \overrightarrow{P_1P'} = \frac{1}{2}\boldsymbol{a} - \overrightarrow{PP_1}$$
$$= \overrightarrow{PP''} - \overrightarrow{P_1P_2} - \overrightarrow{PP_1} = \overrightarrow{P_2P''},$$

所以 $P' \xrightarrow{S(l_2)} P''$. 于是 $T(\boldsymbol{a}) = S(l_2) \cdot S(l_1)$.

也就是说,任一个平移变换可以分解为两个轴反射变换的乘积,它们的反射轴垂直于平移方向,反射轴之间的距离等于平移距离的一半,第一条反射轴到第二条反射轴的方向与平移方向相同.

类似地,如果 $R(O, \varphi)$ 是一个旋转变换,对于平面上任一点 P,令 $P \xrightarrow{R(O,\varphi)} P''$,则 $OP = OP''$,$\angle POP'' = \varphi$. 过点 O 任作一直线 l_1,再过点 O 作直线 l_2,使 $\angle(l_1, l_2) = \frac{1}{2}\varphi = \frac{1}{2}\angle POP''$(图 4.13). 容易证明 $R(O, \varphi) = S(l_2) \cdot S(l_1)$,详细过程从略.

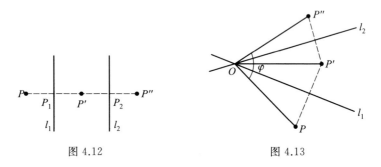

图 4.12　　　　　　　　　　　　　　图 4.13

可见,任一旋转变换可以分解为两个轴反射变换的乘积,它们的反射轴通过旋转中心,两条反射轴的夹角等于旋转角的一半,第一条反射轴到第二条反射轴的方向与旋转角方向相同.

值得注意的是,因为第一条反射轴可以任意取,所以上述分解方法并不唯一.

定理 3　对于两个不同旋转中心的旋转变换 $R(O_1, \varphi_1)$,$R(O_2, \varphi_2)$,如果 $\varphi_1 + \varphi_2 \neq 2k\pi(k \in \mathbf{Z})$,则 $R(O_2, \varphi_2) \cdot R(O_1, \varphi_1)$ 是个旋转变换;如果 $\varphi_1 + \varphi_2 = 2k\pi(k \in \mathbf{Z})$,则 $R(O_2, \varphi_2) \cdot R(O_1, \varphi_1)$ 是个平移变换.

分析 由定理 2 知,过点 O_1 作两条直线 l_1,l_2,使 $\angle(l_1,l_2)=\dfrac{1}{2}\varphi_1$,过点 O_2 作两条直线 l_3,l_4,使 $\angle(l_3,l_4)=\dfrac{1}{2}\varphi_2$,则

$$R(O_1,\varphi_1)=S(l_2)\cdot S(l_1),\quad R(O_2,\varphi_2)=S(l_4)\cdot S(l_3),$$
$$R(O_2,\varphi_2)\cdot R(O_1,\varphi_1)=S(l_4)\cdot S(l_3)\cdot S(l_2)\cdot S(l_1).$$

由于第一条反射轴可以任意取,为了研究问题方便,不妨令 l_2 与 l_3 重合,即直线 O_1O_2 成为一条公共反射轴.

证明 取 O_1O_2 为公共反射轴,记为 l,再作直线 l_1,l_4,使 l_1 过点 O_1,l_4 过点 O_2,且 $\angle(l_1,l)=\dfrac{1}{2}\varphi_1$,$\angle(l,l_4)=\dfrac{1}{2}\varphi_2$(图 4.14),于是

$$R(O_1,\varphi_1)=S(l)\cdot S(l_1),\quad R(O_2,\varphi_2)=S(l_4)\cdot S(l),$$
$$R(O_2,\varphi_2)\cdot R(O_1,\varphi_1)=S(l_4)\cdot S(l)\cdot S(l)\cdot S(l_1)$$
$$=S(l_4)\cdot S(l_1).$$

如果 $\varphi_1+\varphi_2\neq 2k\pi$,则 $\dfrac{1}{2}(\varphi_1+\varphi_2)\neq k\pi$,于是直线 l_1,l_4 必相交,设交点为 O. 又因为 $\angle(l_1,l_4)=\dfrac{1}{2}(\varphi_1+\varphi_2)$,所以根据定理 1,

$$R(O_2,\varphi_2)\cdot R(O_1,\varphi_1)=R(O,\varphi_1+\varphi_2),$$

且新旋转中心 O 与 O_1,O_2 构成一个三角形,其中

$$\angle OO_1O_2=\dfrac{1}{2}\varphi_1,\quad \angle O_1O_2O=\dfrac{1}{2}\varphi_2.$$

如果 $\varphi_1+\varphi_2=2k\pi$,则 $\dfrac{1}{2}(\varphi_1+\varphi_2)=k\pi$,此时,直线 l_1 与 l_4 平行. 根据定理 1,$S(l_4)\cdot S(l_1)$ 是个平移变换,也就是说,$R(O_2,\varphi_2)\cdot R(O_1,\varphi_1)$ 是个平移变换.

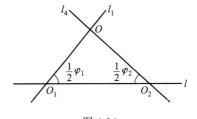

图 4.14

推论 O_1,O_2,O_3 是不共线的三点,如果 $\varphi_1+\varphi_2+\varphi_3=2\pi$,且

$$R(O_3,\varphi_3)\cdot R(O_2,\varphi_2)\cdot R(O_1,\varphi_1)=I(恒等变换),$$

则 $\angle O_3O_1O_2=\dfrac{1}{2}\varphi_1$,$\angle O_1O_2O_3=\dfrac{1}{2}\varphi_2$,$\angle O_2O_3O_1=\dfrac{1}{2}\varphi_3$.

证明 因为 $\varphi_1+\varphi_2\neq 2k\pi$,所以

$$R(O_2,\varphi_2)\cdot R(O_1,\varphi_1)=R(O,\varphi_1+\varphi_2),$$

这里,$\angle OO_1O_2=\dfrac{1}{2}\varphi_1$,$\angle O_1O_2O=\dfrac{1}{2}\varphi_2$,$\angle O_2OO_1=\pi-\dfrac{1}{2}(\varphi_1+\varphi_2)$.

倘若 O 与 O_3 不重合,那么 $R(O_3,\varphi_3)\cdot R(O,\varphi_1+\varphi_2)$ 是个平移变换,但根据条件,$R(O_3,\varphi_3)\cdot R(O,\varphi_1+\varphi_2)$ 是恒等变换,所以平移向量为 $\mathbf{0}$,O 与 O_3 重合. 故

$$\angle O_3O_1O_2=\dfrac{1}{2}\varphi_1,\quad \angle O_1O_2O_3=\dfrac{1}{2}\varphi_2,$$

$$\angle O_2 O_3 O_1 = \pi - \frac{1}{2}(\varphi_1 + \varphi_2) = \frac{1}{2}\varphi_3.$$

例 以△ABC 两边 AB,AC 为边向三角形外作正方形 ABEF,ACGH,M 为 EG 中点(图 4.15),求证: MB = MC,MB⊥MC.

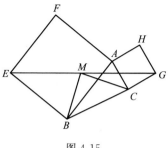

证明 因为 EB = AB,∠EBA = 90°,所以

$$E \xrightarrow{R(B,-90°)} A,$$

同理 $A \xrightarrow{R(C,-90°)} G$. 于是

$$E \xrightarrow{R(C,-90°)\cdot R(B,-90°)} G.$$

图 4.15

因为 $R(C,-90°) \cdot R(B,-90°)$ 是中心对称变换 $R(O,180°)$,并且 $E \xrightarrow{R(O,180°)} G$,所以对称中心 O 为 EG 的中点,O 与 M 重合. 因此三个旋转变换的旋转中心形成 △MBC,且∠MBC = 45°,∠BCM = 45°,故 MB = MC,MB⊥MC.

注 上述解法充分运用了正方形的性质,通过旋转变换寻找出 B,C,M 三点之间的位置关系,解法比较简捷.

§4.5 相 似 变 换

§4.5.1 相似变换的性质

对一个平面图形的变换 H,如果对于任意两点 A,B,以及对应点 A′,B′,总有 A′B′ = k·AB(k 为正实数),那么,这个变换叫做相似变换,实数 k 叫做相似比. 相似比为 k 的相似变换常记为 H(k).

显然,当 k = 1 时,H(1) 就是合同变换.

在相似变换下,点 A 变为点 A′,图形 F 变为图形 F′,可表示为

$$A \xrightarrow{H(k)} A', \quad F \xrightarrow{H(k)} F'.$$

此时,称 F,F′ 是相似图形,记为 F∽F′.

与合同图形类似,如果在两个相似图形上,每两个对应三角形沿周界环绕方向相同,则称这两个图形真正相似;如果对应三角形沿周界环绕方向相反,那么称这两个图形镜像相似.

相似变换具有下列性质:

性质 1 相似变换的乘积仍然是相似变换.

性质 2 相似变换的逆变换仍然是相似变换.

如果 H(k) 是相似变换,那么 $H\left(\dfrac{1}{k}\right)$ 是 H(k) 的逆变换,满足

$$H(k) \cdot H\left(\frac{1}{k}\right) = H\left(\frac{1}{k}\right) \cdot H(k) = I.$$

性质 3 相似变换保持点与直线的结合关系,以及点在直线上的顺序关系不变.

事实上,如果 A,B,C 是平面上共线的三点,且点 B 在 A,C 之间,A',B',C' 是它们在相似变换 $H(k)$ 下的对应点,那么,因为

$$A'C' = k \cdot AC = k(AB + BC),$$
$$A'B' + B'C' = k \cdot AB + k \cdot BC = k(AB + BC),$$

所以,$A'C' = A'B' + B'C'$,点 A',B',C' 共线,且点 B' 在 A',C' 之间.

由性质 3 可推知,相似变换把直线变为直线,线段变为线段,射线变为射线. 换句话说,相似变换具有同素性.

性质 4 在相似变换下,三点 A,B,C 所确定的线段之比保持不变.

共线三点 A,B,C 确定的线段之比为 $AC:BC$,在相似变换下,虽然两点间的距离可能发生变化,但对应线段之比 $A'C':B'C'$ 却保持不变,即 $A'C':B'C' = AC:BC$. 它是相似变换的基本不变量.

相似变换的其他不变量还有两条直线间夹角的大小,两个平面图形的面积之比,等等.

§4.5.2 位似变换的性质

位似变换是最简单、最基本的相似变换.

O 是平面 π 上一定点,H 是平面上的变换. 若对于任一对对应点 P,P',都有 $\overrightarrow{OP'} = k\overrightarrow{OP}$($k$ 为非零实数),则称 H 为位似变换,记为 $H(O,k)$,O 叫做位似中心,k 叫做位似比.

定义中的条件 $\overrightarrow{OP'} = k\overrightarrow{OP}$ 等价于如下三个条件:

(1) O,P,P' 共线;

(2) $OP' = |k| \cdot OP$;

(3) 当 $k > 0$ 时,P,P' 在点 O 同侧(此时 O 叫做外位似中心);当 $k < 0$ 时,P,P' 在点 O 异侧(此时 O 叫做内位似中心).

显然,位似变换 $H(O,1)$ 就是恒等变换,而位似变换 $H(O,-1)$ 是以点 O 为对称中心的中心对称变换.

位似变换由位似中心与位似比所确定,也可以由一对对应点和位似中心(或位似比)确定. 关于位似变换,我们有下述判定定理:

定理 f 是平面上的一个变换,那么 f 是位似变换的充要条件是,对于 f 的任两对对应点 P 与 P',Q 与 Q',总有 $\overrightarrow{P'Q'} = k \cdot \overrightarrow{PQ}$($k \neq 0$).

证明 必要性. 若 f 是平移变换,则 $\overrightarrow{P'Q'} = \overrightarrow{PQ}$;若 f 是位似变换,设 O 为位似中心,则

$$\overrightarrow{OP'}=k\overrightarrow{OP}, \quad \overrightarrow{OQ'}=k\overrightarrow{OQ},$$

$$\overrightarrow{P'Q'}=\overrightarrow{P'O}+\overrightarrow{OQ'}=k(\overrightarrow{PO}+\overrightarrow{OQ})=k\overrightarrow{PQ}.$$

充分性. 设 A 为平面上一固定点, P 为平面上任一点, 且

$$A \xrightarrow{\ f\ } A', P \xrightarrow{\ f\ } P',$$

则 $\overrightarrow{A'P'}=k\overrightarrow{AP}$.

(1) 如果 $k=1$, 那么 $\overrightarrow{PP'}=\overrightarrow{PA}+\overrightarrow{AA'}+\overrightarrow{A'P'}=\overrightarrow{AA'}$, 所以 $f=T(\overrightarrow{AA'})$.

(2) 如果 $k\ne1$, 在直线 AA' 上取点 O, 使 $\overrightarrow{OA}=\dfrac{1}{k-1}\cdot\overrightarrow{AA'}$, 则 $\overrightarrow{OA'}=k\overrightarrow{OA}$.

设 $O \xrightarrow{\ f\ } O'$, 由 $\overrightarrow{O'A'}=k\overrightarrow{OA}$ 知, O 与 O' 重合, 点 O 是 f 的不变点.

对于平面上任一点 P 以及对应点 P',

$$\overrightarrow{OP'}=\overrightarrow{OA'}+\overrightarrow{A'P'}=k\overrightarrow{OA}+k\overrightarrow{AP}=k\overrightarrow{OP},$$

所以 $f=H(O,k)$.

此定理给出了判别位似变换的又一标准. 从证明过程可以看出, 平移是位似变换的一种极端情况, 它的位似中心是无穷远点, 位似比等于 1.

因为位似变换是相似变换, 所以位似变换具有相似变换的所有性质. 除此以外, 位似变换还具有下列性质:

性质 1　具有相同位似中心的两个位似变换的乘积, 仍为位似变换.

性质 2　位似变换的逆变换仍为位似变换.

性质 3　在位似变换下, 位似中心是不变点, 过位似中心的直线是不变直线.

性质 4　在位似变换下, 对应线段之比相等, 对应角相等且转向相同, 不过位似中心的对应直线平行(当 $k>0$ 时, 同向平行; 当 $k<0$ 时, 反向平行).

性质 5　两个不同位似中心的位似变换的乘积或者是位似变换(此时三个位似中心共线), 或者是平移变换(平移方向平行于两位似中心所在直线).

证明　如图 4.16 所示, 设 $H(O_1,k_1)$, $H(O_2,k_2)$ 是两个位似变换, 对于平面上任意两点 P,Q, 令

$$P \xrightarrow{H(O_1,k_1)} P' \xrightarrow{H(O_2,k_2)} P'',$$

$$Q \xrightarrow{H(O_1,k_1)} Q' \xrightarrow{H(O_2,k_2)} Q'',$$

则 $\overrightarrow{P'Q'}=k_1\overrightarrow{PQ}$, $\overrightarrow{P''Q''}=k_2\overrightarrow{P'Q'}$, 于是 $\overrightarrow{P''Q''}=k_1k_2\overrightarrow{PQ}$.

如果 $k_1k_2\ne1$, 那么乘积 $H(O_2,k_2)\cdot H(O_1,k_1)$ 是一个位似变换 $H(O_3,k_1k_2)$. 因为直线 O_1O_2 过位似中心 O_1,O_2, 所以 O_1O_2 是

$$H(O_3,k_1k_2)=H(O_2,k_2)\cdot H(O_1,k_1)$$

的不变直线, 位似中心 O_3 必在直线 O_1O_2 上, 三位似中心共线.

如果 $k_1k_2=1$, 如图 4.17 所示, 则乘积 $H(O_2,k_2)\cdot H(O_1,k_1)$ 是个平移变换. 对于平面上任一对对应点 P,P'', 有

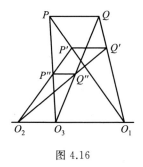

图 4.16

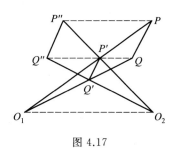

图 4.17

$$\overrightarrow{PP''} = \overrightarrow{PO_1} + \overrightarrow{O_1O_2} + \overrightarrow{O_2P''}$$

$$= \frac{1}{k_1}\overrightarrow{P'O_1} + \overrightarrow{O_1O_2} + k_2\overrightarrow{O_2P'}$$

$$= k_2(\overrightarrow{P'O_1} + \overrightarrow{O_2P'}) + \overrightarrow{O_1O_2}$$

$$= (1 - k_2)\overrightarrow{O_1O_2}.$$

§ 4.5.3 相似变换和位似变换的应用

相似图形具有对应线段平行、对应线段之比等于相似比等性质. 这些性质的灵活运用往往使得一些繁难的几何问题变得较为简易.

例 1 以 $\triangle ABC$ 的三条边为底作三个方向相同的相似等腰三角形: $\triangle C'BA$, $\triangle A'BC$, $\triangle B'AC$. 求证: 四边形 $A'B'AC$ 是平行四边形(图 4.18).

分析 由给定的三个相应的相似等腰三角形, 可证四边形 $A'B'AC'$ 的两组对边分别相等, 从而证明它是平行四边形.

证明 因为

$$\triangle A'BC \backsim \triangle B'AC, \qquad ①$$

所以 $\angle BCA' = \angle ACB'$, 因此

$$\angle BCA' + \angle A'CA = \angle A'CA + \angle ACB',$$

即

$$\angle BCA = \angle A'CB'. \qquad ②$$

由①式还有

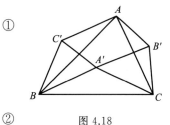

图 4.18

$$\frac{BC}{AC} = \frac{A'C}{B'C}, \qquad ③$$

所以由②式及③式得到 $\triangle ABC \backsim \triangle B'A'C$.

同理有 $\triangle ABC \backsim \triangle C'BA'$, 则 $\triangle B'A'C \backsim \triangle C'BA'$. 因为 $A'B = A'C$, 所以

$$\triangle B'A'C \cong \triangle C'BA',$$

则 $A'B' = BC' = C'A$, $A'C' = B'C = B'A$, 即四边形 $A'B'AC'$ 是平行四边形.

例 2 等边 $\triangle ABC$ 的边长为 a, $BD : DC = 2 : 3$, 折叠 $\triangle ABC$ 使点 A, D 重合. 设

折痕为 MN,求 $\dfrac{AM}{AN}$.

解 如图 4.19 所示,连接 DM,DN,则由题意有 $AM=MD,AN=ND$. 又因为

$$\angle 1+\angle 3=120°, \quad \angle 2+\angle 3=120°,$$

所以 $\angle 1=\angle 2$. 又 $\angle B=\angle C=60°$,故 $\triangle BMD \backsim \triangle CDN$. 所以

$$\frac{MD}{DN}=\frac{BM}{CD}=\frac{BD}{CN}.$$

设 $AM=MD=x,AN=ND=y$,则 $BM=a-x$,
$CN=a-y$,所以

$$\frac{x}{y}=\frac{a-x}{\dfrac{3}{5}a}=\frac{\dfrac{2}{5}a}{a-y}.$$

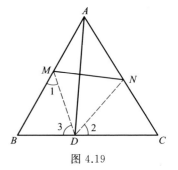

图 4.19

由等比性质知 $\dfrac{x}{y}=\dfrac{7}{8}$,即 $\dfrac{AM}{AN}=\dfrac{7}{8}$.

例 3 PT,PB 是 $\odot O$ 的切线,AB 是直径,点 H 是 T 在 AB 上的射影. 求证:PA 平分 TH.

证明 设 AP 交 TH 于点 M,因为 $TH \perp AB$,所以 $M \xrightarrow{H\left(A,\frac{AB}{AH}\right)} P$. 连接 AT 交 BP 的延长线于 S,则 $T \xrightarrow{H\left(A,\frac{AB}{AH}\right)} S$. 欲证 $TM=MH$,只须证明 $SP=PB$. 由于 $PB=PT$,故只须证明 $SP=PT$(图 4.20).

连接 BT,因为 $\angle TBA=\angle S$,而 $\angle TBA=\angle STP$,所以 $\angle S=\angle STP$,$SP=PT$,命题得证.

例 4 在 $\triangle ABC$ 中,$AB=AC$,$\odot O_1$ 与 $\triangle ABC$ 的外接圆 $\odot O$ 内切于点 D,与 AB,AC 相切于点 P,Q(图 4.21),求证:PQ 的中点 M 是 $\triangle ABC$ 的内心.

证明 由 $\triangle ABC$ 及 $\odot O,\odot O_1$ 的对称性,知点 M,O,O_1 在 AD 上,且 AD 为 $\odot O$ 的直径.

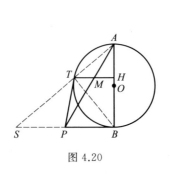

图 4.20

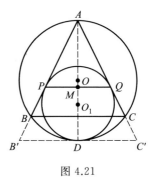

图 4.21

过点 D 作 $\odot O$ 的切线,与 AB,AC 的延长线分别交于点 B',C',则点 O_1 是 $\triangle AB'C'$ 的内心,且

$$\triangle ABC \xrightarrow{H\left(A,\frac{AB'}{AB}\right)} \triangle AB'C'.$$

欲证 M 是 $\triangle ABC$ 的内心,只须证明 M,O_1 是位似变换 $H\left(A,\dfrac{AB'}{AB}\right)$ 下的一对对应点,即证 $\dfrac{AO_1}{AM}=\dfrac{AB'}{AB}$.事实上,

$$\frac{AO_1}{AM}=\frac{AO_1}{AP}\cdot\frac{AP}{AM}=\frac{AD}{AB}\cdot\frac{AB'}{AD}=\frac{AB'}{AB},$$

所以原命题得证.

注 此题是奥林匹克竞赛题,运用位似法证明思路清晰,方法简便.

例5 如图 4.22 所示,$\triangle ABC$ 中,$AE:EB=1:2$,$AD:DC=2:1$,BD 与 CE 交于点 F,求 $S_{\triangle BEF}:S_{\triangle CFD}$.

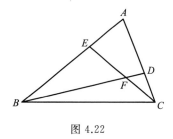

图 4.22

分析 欲求 $S_{\triangle BEF}:S_{\triangle CFD}$,只须求 $\dfrac{FB\cdot FE}{FD\cdot FC}$,亦即只要求出 $FB:FD$ 和 $FE:FC$.

解 因为 $B \xrightarrow{H\left(E,-\frac{1}{2}\right)} A \xrightarrow{H\left(C,\frac{1}{3}\right)} D$,所以

$$B \xrightarrow{H\left(C,\frac{1}{3}\right)\cdot H\left(E,-\frac{1}{2}\right)} D.$$

由于 $\dfrac{1}{3}\times\left(-\dfrac{1}{2}\right)\neq 1$,故乘积 $H\left(C,\dfrac{1}{3}\right)\cdot H\left(E,-\dfrac{1}{2}\right)$ 仍然是位似变换,位似比为 $-\dfrac{1}{6}$,位似中心既在 BD 上,又在 CE 上,即为点 F. 故 $FD:FB=1:6$.同理可证,$FE:FC=4:3$,于是

$$\frac{S_{\triangle BEF}}{S_{\triangle CFD}}=\frac{FB\cdot FE}{FD\cdot FC}=6\times\frac{4}{3}=8.$$

习 题

A 必做题

1. 图 4.23 是一个等边三角形木框,甲虫 P 在边框 AC 上爬行(端点 A,C 除外),设甲虫 P 到另外两边的距离之和为 d,等边 $\triangle ABC$ 的高为 h,试判断 d 与 h 的大小关系.

2. 如图 4.24 所示,已知 $\odot O$ 的直径 AB 垂直弦 CD 于点 E,连接 AD,BD,OC,OD,且 $OD=5$.

(1) 若 $\sin\angle BAD=\dfrac{3}{5}$,求 CD 的长;

(2) 若 $\angle ADO:\angle EDO=4:1$,求扇形 OAC(阴影部分)的面积(结果保留 π).

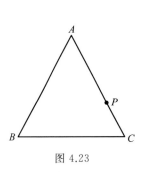

图 4.23

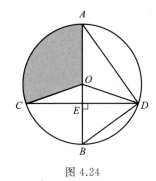

图 4.24

3. 已知四边形 $ABCD$ 中，$AB \perp AD$，$BC \perp CD$，$AB = BC$，$\angle ABC = 120°$，$\angle MBN = 60°$，$\angle MBN$ 绕点 B 旋转，它的两边分别交 AD，CD（或它们的延长线）于点 E，F.

（1）当 $\angle MBN$ 绕点 B 旋转到 $AE = CF$ 时，如图 4.25 所示，求证：$AE + CF = EF$.

（2）当 $\angle MBN$ 绕点 B 旋转到 $AE \neq CF$ 时，在图 4.26 和图 4.27 这两种情况下，上述结论是否成立？若成立，请给予证明；若不成立，线段 AE，CF，EF 又有怎样的数量关系？

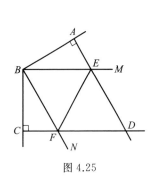

图 4.25

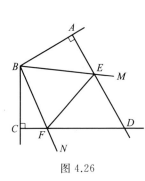

图 4.26

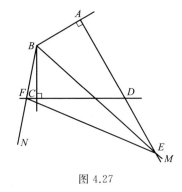

图 4.27

4. 如图 4.28 所示，已知 D 为等边 $\triangle ABC$ 内一点，且 $DB = DA$，P 为三角形外一点，且 $BP = AB$，$\angle DBP = \angle DBC$. 求 $\angle BPD$.

5. 求证：直角或钝角三角形中，其内接三角形的周长大于最长边上的高的两倍.

6. 平面上给定相等但不平行的两条线段 AB，$A'B'$. 求一个旋转中心 O，使绕它旋转，AB 和 $A'B'$ 能重合.

7. 在六边形 $ABCDEF$ 中，$AB /\!/ DE$，$BC /\!/ EF$，$CD /\!/ AF$，且其各对边之差相等，即 $BC - EF = DE - AB = AF - CD > 0$. 求证：六边形的各内角均相等.

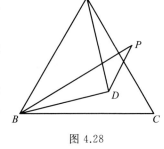

图 4.28

8. 在 $\triangle ABC$ 中，已知 $AB : AC = 7 : 5$，$BC = 18$，在边 AB，AC 上分别各取一点 D，E，使 $AD = CE$ 且 $DE /\!/ BC$. 求 DE 的长.

9. P 是等边 $\triangle ABC$ 内的一点，$\angle APB = 150°$，$PA = 3$，$PB = 4$，求 PC 的长.

10. $\triangle ABC$ 为等边三角形，P 为平面上一点，求证：$PB + PC \geqslant PA$.

B 选做题

11. 如图 4.29 所示,以 △ABC 的边 AB,AC 为斜边分别向外作等腰直角三角形 APB 和 AQC,M 是 BC 的中点.求证:MP = MQ,MP ⊥ MQ.

12. 如图 4.30 所示,AD 是 △ABC 的外接圆 ⊙O 的直径,过点 D 作 ⊙O 的切线交 CB 的延长线于点 P,连接并延长 PO 分别交 AB,AC 于点 M,N.求证:OM = ON.

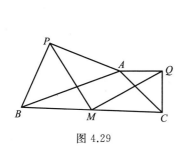

图 4.29

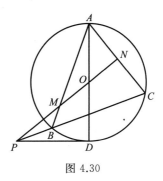

图 4.30

C 思考题

13. 已知位似旋转变换的定义:$R(O, \varphi) \cdot H(O, k) = H(O, k) \cdot R(O, \varphi) = S(O, \varphi, k)$,其中点 O 为位似中心,$\varphi$ 为旋转角,k 为位似比.位似旋转变换具有一些独特的性质,试探究此变换的性质.

14. 弹子碰着台边反射时按光线反射定律.在长方形台上打弹子,能不能让弹子顺次撞击四边弹回原地?如果可能,弹子的初始点受什么限制?它的轨道有什么特点?

15. 锐角 △ABC 的所有内接三角形中,具有什么特点的内接三角形的周长最小?为什么?

第四章部分习题

参考答案

第五章　现代技术的几何作图

　　几何作图在学习几何中的重要价值是大家公认的.我们认为,几何作图的第一个价值在于,它是建立学生的具体几何观念的重要手段,是克服学生单纯死记硬背定理条文的好办法;第二个价值在于,它为初等几何课程的几乎每个章节提供了练习的材料;第三个价值在于,它给制图学提供了理论基础;第四个价值在于,在解作图题的过程中,要运用一系列相当复杂的思维活动,解作图题的各个步骤的术语——"分析""讨论",就是这一价值的具体体现.因此几何作图历来是几何教学的重要内容.随着信息技术的发展,几何作图教学的内容也应与时俱进.

§5.1　计算机辅助几何教学

　　教育部印发的《基础教育课程改革纲要(试行)》中明确指出,大力推进信息技术在教学过程中的普遍应用,促进信息技术与学科课程的整合,逐步实现教学内容的呈现方式、学生的学习方式、教师的教学方式和师生互动方式的变革,充分发挥信息技术的优势,为学生的学习和发展提供丰富多彩的教育环境和有力的学习工具.《普通高中数学课程标准(2017年版2020年修订)》也指出,"注重信息技术与数学课程的深度融合,提高教学的实效性""应充分发挥信息技术的作用,通过计算机软件向学生演示方程中参数的变化对方程所表示的曲线的影响,使学生进一步理解曲线与方程的关系""在数学教学中,信息技术是学生学习和教师教学的重要辅助手段,为师生交流、生生交流、人机交流搭建了平台,为学习和教学提供了丰富的资源".

　　学生在教师的指导下,辅以计算机的帮助,自主参与学习和思考的整个过程.学生变被动领会为主动探索,教师利用计算机,引导学生将注意力集中到动态的思考过程中,通过思维抽象来理解和掌握原理及要领.近年来,关于现代教育技术与中学数学教学整合的研究备受人们关注.广大中学数学教师、数学教研人员和高等师范院校的一些教师,深入探讨现代教育技术对中学数学教育的影响和意义,努力探索利用现代教育技术推进数学素质教育与创新教育,积极探寻计算机辅助几何教学的有效途径等,并取得了显著成效.研究实践表明:计算机技术对几何作图具有重要作用.

　　1. 计算机技术具有几何信息加工功能

　　计算机能够呈现出几何教学需要的所有模型,如正方形、圆、椭圆、抛物线、双曲线、圆柱、圆锥、圆台、球等,并能对文字、图像、动画和声音等信息进行处理,形成声、图、文并茂的多媒体教学系统,使学生将眼、耳、口、脑、手充分调动起来,运用视、听、触等多种方式去学习和吸收几何知识,对培养学生的空间想象能力以及帮助学生理解和牢固掌握几何知识有着重要作用.

例如,在"锥体的体积"一节中,推导三棱锥的体积公式是重点,也是难点,学生不易理解,而运用几何作图软件,可将三棱柱分割成三个三棱锥的分割过程从头至尾展现给学生.在推导公式时,还能将所要比较的三棱锥分开—复原—再分开.这种教学方式能把所学知识化抽象为具体,降低了理解难度,难点得以有效突破,便于学生掌握新知识.

2.计算机技术能够激发学生学习几何的兴趣

教师借助计算机技术特有的优势,快速、准确地进行几何作图,运用直观的图形、动态的画面,使枯燥而又抽象的作图知识变得生动而又具体,可以将抽象的空间几何图形形象化、直观化,激发学生学习几何的兴趣.

3.计算机技术有助于提高学生的观察、归纳、探索能力

例如,在理解祖暅原理的含义时,可借助多媒体设计一组三维动画,让不规则的柱体、锥体等夹在两个平行平面之间,用平行于这两个平面的平面去截取,且割出的部分可以抽出,也可复位,自上而下一片一片地、一段一段地多次重复.在这一过程中,学生从观察、分析到归纳、验证一直是学习的主角,从而使原本抽象难懂的概念变得形象、具体、直观,加深了学生对祖暅原理的理解,提高了学生的观察、归纳、探索能力.

4.计算机技术有利于个性化的几何教学,有利于学生作为主体参与

利用计算机技术进行几何作图,为学生提供了大量的观察材料,给学生的自主学习提供了足够的物质基础,为学习基础不同的学生,提供了选择学习不同几何知识的空间,体现了"个性化"和"因材施教"的原则.

例如,在学习"圆柱、圆锥、圆台的概念"时,让学生自己动手,利用几何作图软件虚拟实验情境:画出矩形绕着矩形的一边、直角三角形绕着一条直角边、直角梯形绕着垂直于底边的腰分别旋转形成的轨迹.实践表明,通过这些操作,不同学习水平的学生都能自己寻找答案,呈现出思维活跃、兴趣浓厚、轻松愉快的态势,从而调动了学生的学习积极性,培养学生的参与意识和实践能力.

5.计算机技术可以呈现网状结构的教学内容

因特网带给我们的不仅仅是计算机的联网,而且是人类知识的联网,是古今中外以及全人类智慧的联网.人们可以通过网络得到大量经过信息化加工的教育软件和课程资源,几何教学内容的选取范围也可以扩大到整个互联网.教师能够在对学生的教学中随时选取、补充新的教学内容,并能够针对学生、教学内容的不同,建立教学内容的结构化、动态化、形象化表示.

例如,在作正五边形、正六边形时,还可以联系到传统的足球,通过互联网搜索足球的图片可以发现,传统的足球恰好可以看成由正五边形和正六边形构成.这种教学方式也可以让学生充分利用互联网汲取知识.

§5.2 Word 几何作图

§5.2.1 Word 作图简介

Word 是十分普及的文字处理软件,它同时也提供了一套绘制图形的工具,可以借助它创建各类几何图形或曲线,功能十分强大. Word 工具栏【插入】→【形状】中有"线条""矩形""基本形状"等按钮,可以直接绘制简单的图形;或者点击【形状】底部的"新建画布"后在画布上进行操作.选中所绘图形后,会在上方工具栏出现"绘图工具"的【形状格式】,提供了多种变换——垂直翻转、水平翻转、旋转等,即画出的图形可以变换,而且效果好、尺寸小. Word 的主要优点在于:它作出的图形规范且精美,能很好地融入 Word 文档.

以下以 Word 2016 为例,对 Word 的作图功能作一简介.

(1) 打开工具栏【插入】,选取【形状】(图 5.1),此后,便可用图标中所示的各种图形进行作图.这一方法能完成大部分的基本几何作图.在给图形配上文字时可以插入一个文本框,对文本框进行格式设置,然后移动到图形所在位置,通过叠放次序及组合使文字与图形形成一个整体,再在右键菜单"其他布局选项"中选择适当的"文字环绕"方式,并将图形移动到需要的位置.

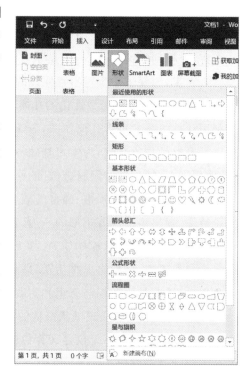

图 5.1

在工具栏中单击一种绘图工具,鼠标指针变成"十"字形状,按住左键并拖动鼠标至另一点,释放左键后,在两点之间就会留下该按钮所指示的几何图形.

(2)【形状】中提供的形状如下:

线条,同时按住【Shift】键,可以画出水平、垂直、与水平方向成 45° 等直线;

矩形,同时按住【Shift】键可以画出正方形;

基本形状,同时按住【Shift】键可以画出正三角形、圆、正多边形等;

除此之外还有"箭头总汇""公式形状""流程图""星与旗帜""标注"选项,每一个选项下又有许多常用的绘图按钮.

(3) 选择"新建画布"后显示"形状格式",可以进一步编辑图形(图 5.2):

"插入形状"与上面相同；

"形状样式"为选定的直线或其他几何图形的边框线设置颜色、添加一定的特效；

"艺术字样式"为选定的文本框中的文字和边框背景等添加样式，使得文字看起来更加美观；

"文本"可以改变文本的方向和对齐方式；

"排列"用来调整图形的位置，可以改变文字环绕方式，组合图形与取消组合，对图形进行垂直翻转、水平翻转、旋转等；

"大小"改变图形的长、宽；也可以首先选中图形，然后把鼠标指针指向控制点，当鼠标指针变成双向箭头时拖动鼠标可以改变图形的尺寸.

要了解绘图工具栏其他按钮的功能可将鼠标指针放置于该按钮上，稍停片刻即可获得功能说明.

图 5.2

§5.2.2 Word 几何作图的应用

Word 作图工具在平面几何、立体几何以及解析几何作图中都有广泛的应用. 下面给出几个 Word 几何作图的实际例子.

例 1 在正方形 $ABCD$ 中，$AB=l$，$\overset{\frown}{AC}$ 是以点 B 为圆心、AB 长为半径的圆的一段弧，点 E 是边 AD 上任意一点（点 E 与点 A，D 不重合），过 E 作 AC 所在圆的切线，交边 DC 于点 F，且 G 为切点. 请根据题意画出图形.

作法 （1）调出【矩形】画正方形. 在 Word 窗口下，点击【插入】→【形状】→【矩形】，然后在文档中按住鼠标左键往右下拖动画图（图 5.3）. 要让画的矩形成为长宽相等的正方形，画图时需按住键盘上的【Shift】键. 画出正方形后，还可继续调整正方形的大小. 点击图形会出现【形状格式】，通过调整"大小"中的数值使得长和宽适当变化（如都为 5 cm）. 在正方形上右键单击，选择【填充】→【无填充】.

图 5.3

（2）调出【弧形】画 90° 圆弧. 画圆弧难度要大于画直线，所以应注意掌握画图要领. 点击【插入】→【形状】→【圆弧】（在"基本形状"中），仍按住鼠标左键往右下拖动画图. 画图时按住【Shift】键，可以画出正圆弧. 在【形状格式】的"形状样式"中可以调整圆弧的颜色、粗细. 画完了圆弧，点击该圆弧，圆弧处于待编辑状态，即圆弧周围出现八个编辑顶点. 可以通过拉动编辑顶点来改变圆弧的大小，还可以通过拉动圆弧的两个端点来改变圆弧的弧度(图 5.4).这里直接调整【形状格式】的"大小"中的数值(如长、宽都为 10 cm).

（3）调出【直线】画斜线.点击【插入】→【形状】→【直线】(在"线条"中),然后按住鼠标左键往右下拖动鼠标画线,如图 5.5 所示.如果需画成水平、竖直或者与水平方向成 45°角的直线,在画线时需要同时按住【Shift】键.

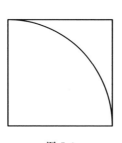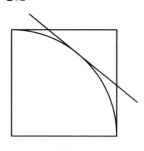

图 5.4　　　　　　　　　　　图 5.5

画出直线可能与圆弧相交,而不是相切,此时需要调整直线的位置.调整的方法是先点击直线,使直线两端点出现小圆圈,即直线处于待编辑状态,然后用【Ctrl】＋"方向键"来精确地移动.

直线移动到需要的位置,这时我们可以将图形合并.合并图形是按住【Shift】键利用鼠标选择所有对象,然后点击鼠标右键选择【组合】选项.

（4）调出【文本框】给图形标注字母.点击【插入】→【形状】→【文本框】(在"基本形状"中),然后设置文本框.在【形状格式】的"形状样式"中,点击【形状填充】→【无填充】,【形状轮廓】→【无轮廓】.

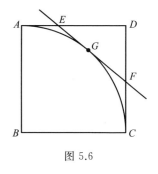

在文本框内输入所需字母,移动到对应位置,然后选中所有对象组合即可(图 5.6).此图在字母 G 所在位置特意标了一个点,方法和标字母方法一样,只需将字母改为点,输入点用软键盘中的特殊符号即可.

图 5.6

例 2　在立体几何教学中,有关两个平面相对位置的绘图是比较多的.下面介绍如何在 Word 中快速绘制相交平面图.

作法　（1）点击【插入】→【形状】→【平行四边形】(在"基本形状"中),用它画两个平面,且相交(图 5.7).调整两个平面的位置,并用直线工具画一条平面相交线.

（2）将被遮挡的部分画成虚线.利用直线工具画两条线段,长度与被遮挡线段等长,并将其完全覆盖.在【形状格式】的"形状样式"中,点击【形状轮廓】→【虚线】,将所画线段设置为虚线.此时因为虚线下面是实线,所以看上去还是实线.再点击【形状轮廓】,将"主题颜色"设置为"白色",遮挡部分变成了虚线(图 5.8).

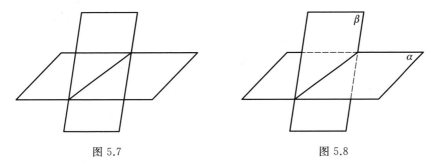

图 5.7　　　　　　　　　　　图 5.8

此时虚线看上去有点模糊,为获得最佳效果,可将虚线设置得比实线宽一点. 如实线是 0.75 磅,虚线可设置为 1.5 磅,这样效果就非常好了.

(3) 最后给平面加上标注(如 α,β),并把全部对象选中,组合在一起. 在开始绘图时把图形画在画布内,完成后则不需手动组合.

例3 正方体 $ABCD-A_1B_1C_1D_1$ 中,点 E,F 分别在棱 DD_1,BB_1 上,$ED=2BF$,画出截面 AEF 与底面 $ABCD$ 的交线.

作法 (1) 点击【插入】→【形状】→【立方体】(在"基本形状"中),按住【Shift】键,拖动鼠标画一个适当大小的正方体(带阴影,如图 5.9 所示). 在【形状格式】的"形状样式"中,点击【形状填充】→【无填充】,点击【形状轮廓】并将"主题颜色"改为黑色,此时正方体少三条棱(图 5.10).

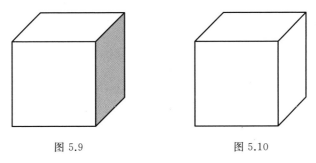

图 5.9　　　　　　　　　　图 5.10

(2) 画正方体的三条棱. 先画 DD_1,选中【直线】,按住【Shift】键,从点 D_1 开始拖动鼠标向下画直线比其他棱稍长,同样画 CD. 分别选中 CD 和 DD_1,拖动较长的顶点往回缩,使 CD 与 DD_1 交于点 D,再画 AD. 然后全部选中进行组合(图 5.11),再标上其他顶点字母,正方体就画成了(图 5.12).

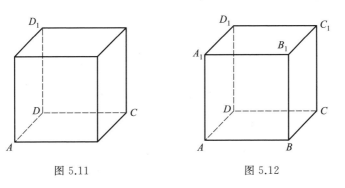

图 5.11　　　　　　　　　　图 5.12

（3）画截面 AEF．画 DE，BF 使 $DE=2BF$（在【形状格式】的"大小"中调整），再画虚线 EF，并画 AE，AF 且使 AE 为虚线（图 5.13）．

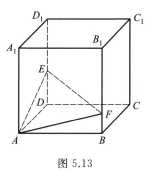

图 5.13

（4）复制 EF，点击【形状格式】的"大小"右下角箭头，打开"布局"中"大小"选项卡，选中最下方"缩放"里的【锁定纵横比】并调整高度（如改为 200%）．用同样的方法延长 DB，得到与 EF 的交点 G，然后画出 FG，BG 并删除复制的线段（图 5.14）．画 AG，再将 AB 用粗一点的虚线（颜色设为白色）覆盖，则 AG 为截面 AEF 与底面 $ABCD$ 的交线（图 5.15）．

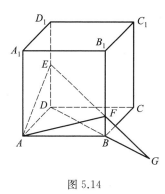

图 5.14

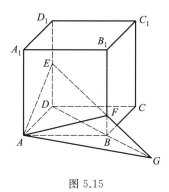

图 5.15

例 4 已知椭圆 $\dfrac{x^2}{2}+y^2=1$ 的右准线 l 与 x 轴相交于点 E，过椭圆右焦点 F 的直线与椭圆相交于 A，B 两点，点 C 在右准线 l 上，且 $BC\perp l$，则线段 AC 经过 EF 的中点．请画出图形．

作法 （1）选中"基本形状"中的椭圆模板在 Word 中画出适当大小的椭圆（图 5.16）．

（2）选中箭头模板，按住【Shift】键的同时，移动鼠标由左向右画 x 轴，由下向上画 y 轴，适当调整 x 轴、y 轴的长度．也可选中直线模板画直线，再修改箭头样式画上箭头（图 5.17）．

（3）图形的微移．按住【Ctrl】键的同时，用方向键将椭圆进行微移，使 x 轴、y 轴成为过椭圆中心的坐标轴．

（4）图形的组合．按住【Shift】键的同时，选中 x 轴、y 轴及椭圆，并把它们组合成一个完整的图形（图 5.18）．

（5）画直线 AFB，l，BC，ANC，把它们与前面的图形组合起来（图 5.19）．

（6）标出顶点字母，再将字母与图形组合成为一个整体（图 5.20）．

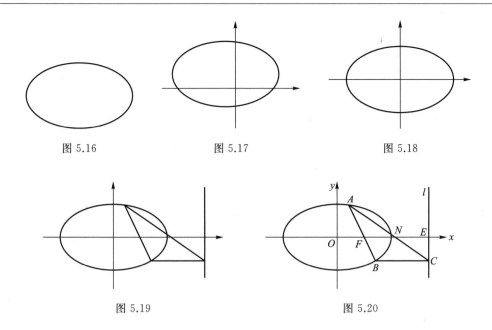

图 5.16   图 5.17   图 5.18

图 5.19   图 5.20

§5.2.3 Word 几何作图的技巧

在 Word 几何作图中,有一些常用的技巧,可以帮助我们快速、准确地作出所需要的图形. 常见的技巧有:

(1) 一般情况下,单击某一个绘图工具后只能使用一次. 如果需要连续多次使用同一绘图工具,可以右击该绘图工具,选择"锁定绘图模式",此时该绘图工具会一直处于选中状态. 当不再需要该绘图工具时,可以单击该绘图工具或者按【Esc】键. 如果接着换用其他绘图工具,则可以直接单击要使用的绘图工具,即可同时取消原先的绘图工具.

(2) 当同时按下【Ctrl】键和"方向键"时,可使被选中的对象(图形、文本框)进行微量的精细移动. 此外,运用"编辑顶点"功能,也能很好地调节图形.

(3) 用【矩形】【椭圆】画图时,按住【Shift】键可以画出正方形和圆. 拖动对象时按住【Shift】键,对象只能沿水平和竖直方向移动. 选择图形对象时,按住【Shift】键可同时选中多个图形对象.

(4) 用鼠标选中图形对象,拖动对象的同时按住【Alt】键,即可将对象自由地拖放到所需的位置,方便将各对象定位. 在画图时按住【Alt】键,可自由地控制图形的大小与形状.

(5) 若在 Word 中画出的图形是由许多图形对象构成的,可按住【Ctrl】键选择对象工具把所有的图形对象选定后,再把它们组合成一个完整的图形,以避免在输入文字或画新图形时将原来的图形弄散,也便于移动图形的位置.

(6) 如果需要选择部分图形,则可在按住【Shift】键的同时依次进行选择.

§5.3　GeoGebra 几何作图

§5.3.1　GeoGebra 软件简介

GeoGebra 这款软件的名称拆开来就是"Geo"＋"Gebra"，意思是结合了几何(geometry)与代数(algebra)的功能. 这个词是新生词汇，且此软件一问世，就走国际化的开源发展之路，许多人简称之为"GGB". GeoGebra 可运行于多个操作系统(Windows、Mac、Linux 等)及硬件(电脑、手机等)，也可以直接在网页浏览器中运行，目前提供多种语言支持，已在世界上荣获多个教育类软件奖项. GeoGebra 是一套结合几何、代数、分析、统计和概率的动态数学软件. 一方面，GeoGebra 是一个动态几何软件，可以利用它画点、线、向量、多边形、圆锥曲线，甚至是函数图形，并且可以改变它们的属性. 另一方面，GeoGebra 也有处理变量的能力(这些变量可以是一个数字、角度、向量或点坐标)，可以对函数作微分与积分，找出方程式的根或计算函数的极大、极小值等. 这些特性，解决了传统教学的难点，可以充分辅助教师教学. GeoGebra 几乎可以辅助从启蒙教育到大学本科教育中的所有的数学教学. 目前在人教社版高中数学教材中也出现了利用 GeoGebra 绘制的图形.

具体地说，GeoGebra 具有以下作用：

1. 有利于数学公式的推导

在数学公式的学习中，可以利用 GeoGebra 制作或者让学生一起来制作一些几何图形，通过实时的拖拉演示培养学生数形结合的思想以及合情推理的能力. 如在说明公式

$$(a+b)(a-b)=a^2-b^2, \quad (a\pm b)^2 = a^2\pm 2ab+b^2$$

的正确性时，我们可以作出图 5.21 进行拖拉以形象地说明.

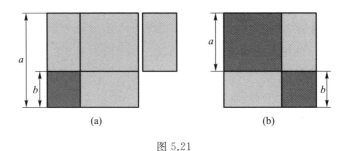

$$(a) \qquad\qquad (b)$$

图 5.21

2. 有利于解析几何知识的理解

在进行解析几何教学的时候，如讲解例题"已知直线 $y=-\dfrac{1}{2}x+3$ 分别与 x 轴和

y 轴交于 A，B 两点，点 C 在线段 AB 上，点 $P(m,0)$ 在线段 OA 上，且 $\angle OCP = 90°$，试探索 m 的取值范围（图 5.22）"时，我们可以利用 GeoGebra 制作符合题意的图形，通过实时的拖拉演示，使题意形象化、具体化，从而培养学生的想象能力.

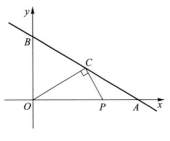

图 5.22

3. 有利于数学规律的探究

在函数的规律探究中，如讲解例题"二次函数 $y = ax^2 + bx + c$ $(a \neq 0)$ 中系数 a，b，c 变化时，函数的图形会发生怎样的变化？"时，可以利用 GeoGebra 制作图形（图 5.23），通过实时的拖拉操作，使学生真正地明白系数的变化与图形的变化之间的联系，通过形象生动的图形变化提高理解能力及探究规律的能力.

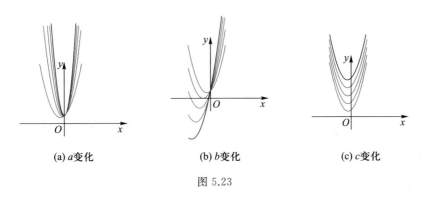

(a) a变化   (b) b变化   (c) c变化

图 5.23

4. 有利于观察空间图形或平面图形的几何变换

几何图形的平移、对称、旋转等变换与空间图形的观察与抽象都是传统教学比较薄弱的地方，很多学生在实际生活中对图形的动手操作机会较少. GeoGebra 能作出由操作者控制视角的各种立体几何图形，使学生能从任何方向观察几何体上的线段与截面. 这些可动态变化的几何体，弥补了实物观察时的不足，又能在实物与图形之间建立一个中间环节，有利于逐步提高学生的空间想象能力. 利用几何画板可以大量地展示几何图形的运动和变换、空间图形的观察与抽象的例子，不断地提升学生几何想象能力，从而真正地实现"能运用图形形象地描述问题，利用几何直观来进行思考". 如"已知 $\triangle ABC$ 为等边三角形，点 D，E，F 分别在边 BC，CA，AB 上，且 $\triangle DEF$ 也是等边三角形，试说出 $\triangle AFE$，$\triangle BDF$，$\triangle CED$ 是通过怎样的变化相互转化的？"（图 5.24）. 我们可以制作和演示大量的此类图例，使学生能在较短的时间内提升思维能力和空间想象能力.

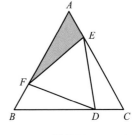

图 5.24

5. 有利于教学方式和学习方式的改善

由于 GeoGebra 作图思路与我们所教所学的几何知识完全相符，所以可以在平时的教学实践中边教边学,还可以和学生一起学习,这样可以实现师生互动、教学相长,从而更加深入地理解几何知识的意义和内涵,实现教学效果的最优化.另外,通过利用 GeoGebra 进行"教"与"学",能够拓宽学生的思维,激发他们的学习兴趣,真正实现主动学习.

§5.3.2　GeoGebra 功能简介

如图 5.25 所示,这里以 GeoGebra Classic 5 为例,介绍软件界面各部分内容.

"标题栏":保存文件后,显示当前编辑的文件名称.

"菜单栏":显示基本的功能选项,每一个菜单项目打开后,都有下一级子菜单选项.

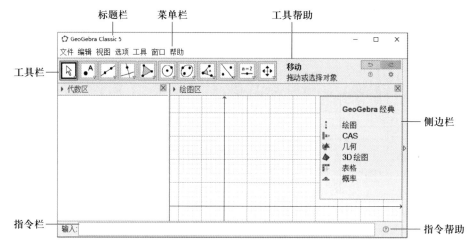

图 5.25

"工具栏":激活某个工作区(如代数区、绘图区等),本区可用工具图标显示于此.有的工具图标右下角显示下拉三角,被称为"工具箱",可以下拉列出更多同类工具.GeoGebra 的工具繁多,有的工具适用于多个工作区.

"工具帮助":当在【视图】→【布局】的"工具栏"中勾选了"工具帮助"功能时,工具栏右侧的空白处,会显示被选定的工具的使用帮助.

在工具栏最右侧的几个按钮分别是"撤销""恢复""帮助"和"设置"."撤销"和"恢复"对应着构图编辑动作,"帮助"可以进入网上帮助链接,"设置"是对工作区和对象的许多默认数据进行设置.

"代数区":显示各种对象的代数意义,包括对象类别、标签和一些基本属性.如果对象太多,区域右边会出现纵向滚动条.

"绘图区":构造几何图形的区域.如果对象太大,区域会出现滚动条.使用鼠标中键可以调整图形显示的比例.

代数区和绘图区的大小可以通过鼠标拖拽其分界线来改变,其排列位置和方式可以拖动其名称标题栏改变.

"侧边栏":点击含小三角的侧边栏,会切换显示调整"格局"的菜单.这里的"格局"只是指"工具栏"下方和"指令栏"上方的区域内的显示内容,含"代数区""表格区""绘图区""作图过程"等.点击【视图】,也可以从下拉菜单中选择是否显示某一工作区.

"指令栏":用指令构造各种对象,如点、线、面、数、式等,也可用于计算、画统计图等.指令栏最右侧是"指令帮助"按钮,点击可以切换显示"指令帮助",方便点击选择合适的指令.在"指令帮助"列表中,双击需要的指令,其名称会自动进入"指令栏"的编辑区域.当鼠标处于指令栏中时,最右边还会出现辅助输入按钮(用 α 表示),可以点击协助指令输入.指令输入构图是 GeoGebra 一个显著特征,其指令涉及数学的多个方面,而且随着 GeoGebra 的发展,指令还在逐步增加.将 GeoGebra 的显示语言改成中文后,指令也显示为中文,可以更直观地看到指令的意义,其提示式键入方式,也使得指令输入和规范有了保证.

§5.3.3 GeoGebra 在平面几何作图中的应用

心理学认为变动的事物容易引起人们的注意,从而在人脑中形成较深刻的印象.使用常规工具(如纸、笔、圆规和直尺等)画图,具有一定的局限性.在一些国家,现代化教育技术的应用已相当普遍,电脑已经非常自然地融合于课堂教学.学生不仅仅单纯地从课本上获取知识,还通过各种现代化的技术去获得信息、处理信息.探索研究解决问题已成为学生获取知识的一个有效途径,学生的主动性、积极性、创造性得到了极大的发展.对于几何作图而言,GeoGebra 将传统的教学方法与现代教学手段有机结合起来,充分发挥计算机信息量大、化远为近、化静为动等优势.它能准确地展现几何图形,揭示几何规律,动态地再现几何结论的形成,最大限度地调动学生思维的积极性和创造性.在平面几何中使用 GeoGebra 作图,能潜移默化地使学生掌握观察问题、解决问题的科学方法.

例 1 用 GeoGebra 构造等边三角形 ABC.

作法 如图 5.26 所示,首先点击【正多边形】,然后选定 A 和 B 两个点后,会出现输入框,输入 3 即可作出等边三角形 ABC.鼠标右键点击作出的点、线等,可以修改标题为斜体字母(使用 LaTeX 命令).后续作图过程不再重复说明.

例 2 作出已知三角形的位似三角形,位似中心是点 A,位似比为 2.

作法 (1)首先利用工具栏中的【多边形】和【描点】,作出已知三角形以及点 A,右击三角形的三个顶点并隐藏标签.

(2)随后选择绘图区工具栏中的【位似】,然后按住【Ctrl】键依次选中三角形的三条边,点击点 A,将会出现设置位似比窗口,将位似比设置为 2,如图 5.27(a)所示,点击【确定】可得到图 5.27(b).这样就按题意作出已知三角形的位似三角形.

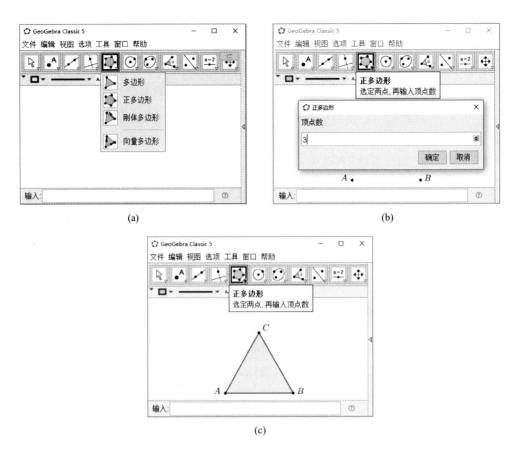

图 5.26

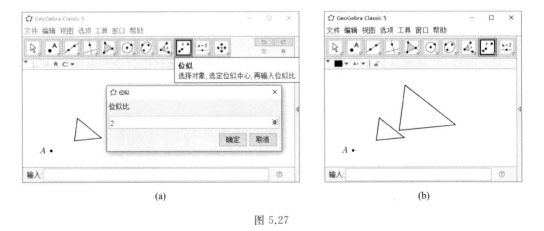

图 5.27

例 3 利用 GeoGebra 验证托勒密定理:圆的内接凸四边形两组对边乘积之和等于两条对角线的乘积.

作法 (1) 利用工具栏的【圆(圆心与一点)】作出圆,隐藏标签和圆心;

(2) 在圆上依次取 4 个不重合的点,命名为点 A,B,C,D;

(3) 用【线段】工具依次连接 $AB(\mathrm{f}),BC(\mathrm{g}),CD(\mathrm{h}),DA(\mathrm{i}),AC(\mathrm{j})$ 和 $BD(\mathrm{k})$;

(4) 在指令栏输入【a＝f＊h】(括号内为指令内容),得到线段 AB 和 CD 的乘积 a,同理可得到 BC 和 DA 的乘积 b,AC 和 BD 的乘积 d;

(5) 在指令栏输入【e＝(a＋b)/d】,在代数区得到 e 等于 1,调整点 D 的位置,e 的值不会改变,即可验证托勒密定理,如图 5.28 所示.

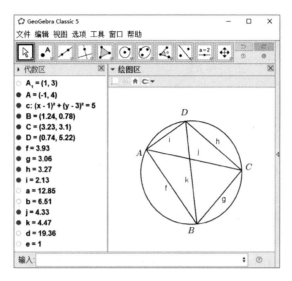

图 5.28

例 4 取圆 O 上一条弦 CD,连接 CO 和 DO,过点 C 和点 D 作切线并交于点 P,在劣弧 CD 上任取一点 A,设 CD 中点为 E,连接 PA,AE 并延长 AE 交圆 O 于点 B,连接 PB,验证:$\angle APO＝\angle BPO$.

作法 (1) 选择工具【圆(圆心与半径)】,标记圆心为点 O;

(2) 在圆上取 C,D 两点,连接 CD,CO 和 DO;

(3) 选择工具【切线】,依次点击圆和点 C,即可得到圆 O 在点 C 处的切线,用同样的方法作出圆 O 在点 D 处的切线,两切线交于点 P,依次连接 PC,PD 和 PO,随后隐藏上述切线;

(4) 选择工具【中点】作 CD 的中点 E,在 CD 弧上取一点 A,用【线段】工具连接 PA,用【射线】工具连接 AE,交圆于点 B,用【线段】工具连接 AB,PB,隐藏射线 AE,即可得到图 5.29(a);

(5) 选择工具【角度】,依次点击线段 PB 和 PO,可得到 $\angle BPO$ 的度数,同理可得到 $\angle APO$ 的度数,随后移动点 A 的位置可以发现,不管点 A 在什么位置,$\angle APO$ 和 $\angle BPO$ 是始终相等的,如图 5.29(b)和图 5.29(c)所示.

§5.3.4 GeoGebra 在立体几何作图中的应用

立体几何是在已有的平面图形知识的基础上讨论空间图形的性质,所用的研究方法是以公理为基础,直接依据图形的点、线、面的关系来研究图形的性质. 从平面图形

141

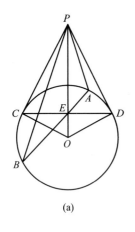 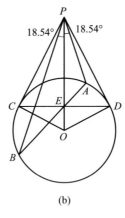 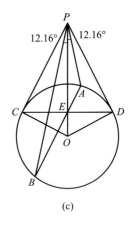

(a)　　　　　　　　　　(b)　　　　　　　　　　(c)

图 5.29

到空间图形,从平面观念过渡到立体观念,无疑是认识上的一次飞跃.平面上作出的立体图形受其视角的影响,难以纵观全局,其空间形式具有很大的抽象性,如两条互相垂直的直线不一定画成夹角为直角的两条直线;正方体的各面不能都画成正方形等,这对立体几何图形的认识增加了困难.而应用 GeoGebra 作立体几何图形,可以使图形动起来,从各个不同的角度去观察图形,使图形中各元素之间的位置关系和度量关系更容易辨认.这样,不仅可以进一步理解和接受立体几何知识,还可以使想象力和创造力得到充分发挥.

例如,在学习二面角的定义时绘制一个平行四边形,然后制作一个角度滑动条,通过向量平移作出另一个共边的平行四边形(图 5.30),拖动角度滑动条,二面角的大小随之改变,图形的直观变动有利于建立空间观念和空间想象力;在学习棱台的概念时,可以利用 3D 绘图区绘制出棱锥,再画出一个与底面平行的截面,并将截得的棱锥平移,通过滑动条调整两部分的距离,即可演示由棱锥分割成棱台的过程(图 5.31),更可以让棱锥和棱台都转动起来,在直观掌握棱台定义的同时,欣赏数学美,激发学生学习数学的兴趣;在学习锥体的体积时,可以先在 3D 绘图区中画出一个三棱柱,再将其分割成三个三棱锥,利用滑动条即可演示将三棱柱分割成三个体积相等的三棱锥的过程(图 5.32),这样做既避免了空洞的想象而难以理解,又锻炼了用分割几何体的方法解决问题的能力;在用祖暅原理推导球的体积时,利用指令栏和滑动条制作截面,运用动画和轨迹功能作图 5.33,改变滑动条时平行于底面的平面截球和柱锥所得截面也相应地变动,在学得知识的同时,直观美丽的画面给人以美的感受.

例 1　利用 GeoGebra 绘制一条侧棱垂直于底面的三棱锥.

作法　(1) 在【视图】中选择【3D 绘图区】,右击菜单可选择隐藏网格;

(2) 选择工具【棱锥】,在坐标系中画出以原点为一个顶点、另外两个点分别在 x 轴和 y 轴上的三角形,并在 z 轴上确定三棱锥的顶点;

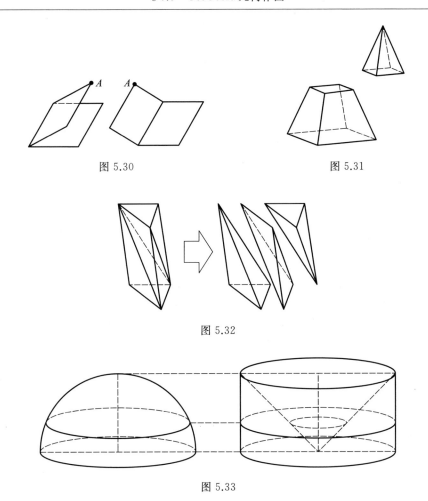

图 5.30

图 5.31

图 5.32

图 5.33

（3）最后可隐藏坐标轴，并自行调整边与点的大小和颜色，如图 5.34 所示.

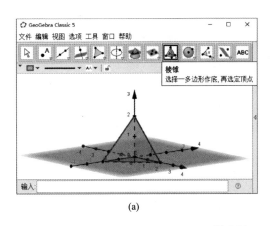

(a)

(b)

图 5.34

例 2　利用 GeoGebra 构造圆锥的截面.

作法　（1）在【视图】中选择【3D 绘图区】；

143

（2）选择工具【圆锥】，在 3D 绘图区中选定底面圆心和顶点，并且输入底面半径绘制圆锥，选择工具【中心对称】，随后用鼠标点击圆锥和顶点，即可画出如图 5.35（a）所示的两个圆锥；

（3）在绘图区制作两个数值滑动条 e，f，以及一个角度滑动条 α，具体操作可参考图 5.35（b）；

（4）利用指令栏建立一条直线【g＝直线（（e，0，0），（0，f，0））】，并且旋转平面 z＝0【旋转（z＝0，α，g）】，隐藏直线 g；

（5）在 3D 绘图区工具栏中选择【相交曲线】，点击圆锥和截面得到两者的交线；

（6）隐藏坐标轴和标签，改变相交面的颜色使其容易辨识，得到图 5.35（c）；

（7）在绘图区调整滑动条即可改变截面．

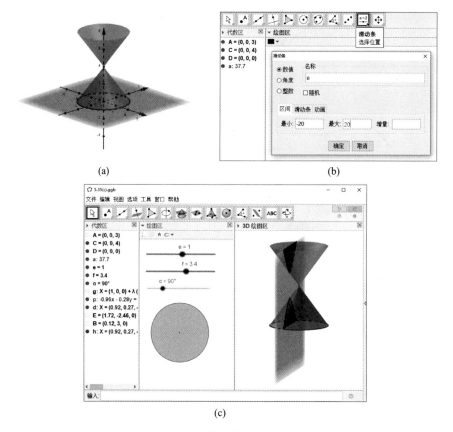

图 5.35

例 3 绘制正方体的展开图．

作法 （1）选择【3D 绘图区】，隐藏坐标轴和网格，点击工具栏中的【正六面体】，在 3D 绘图区中选择两点即可得到图 5.36（a）；

（2）选择 3D 绘图区工具栏中的【展开图】，随后点击正方体，即可得到展开图5.36（b）；

（3）在绘图区中会出现滑动条,便可看到正方体展开的过程,如图 5.36(c)所示.

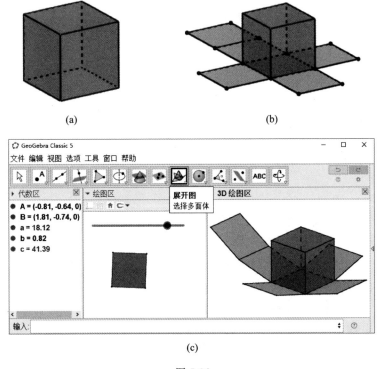

图 5.36

§5.3.5 GeoGebra 在平面解析几何作图中的应用

平面解析几何是用代数方法来研究几何问题的一个数学分支,它的基本思想和基本方法是:根据已知条件,选择适当的坐标系,借助形和数的对应关系,求出表示平面曲线的方程,把形的问题转化为数的问题来研究;再通过方程研究平面曲线的性质,把数转化为形来讨论.而曲线中各几何量受各种因素的影响而变化,使得点、线按不同的方式运动,曲线和方程的对应关系比较抽象,学生不易理解.显而易见,展示几何图形变形与运动的整体过程在解析几何教学中是非常重要的. GeoGebra 以极强的运算功能和图形功能在解析几何的教与学中大显身手.如它能作出各种形式的方程(普通方程、参数方程、极坐标方程)的曲线;能对动态的对象进行追踪,并显示该对象的轨迹;能通过拖动某一对象(如点、线)观察整个图形的变化来研究两个或两个以上曲线的位置关系.

如在讲椭圆的定义时,可以由"到两定点 F_1,F_2 的距离之和为定值的点的轨迹"入手,令线段 AB 的长为定值,在线段 AB 上取一点 E,分别以点 F_1,F_2 为圆心,AE 和 BE 的长为半径作圆,则两圆的交点轨迹即满足要求.先让学生猜测这样的点的轨迹是什么图形,学生各抒己见之后,老师演示图 5.37(a),学生豁然开朗:"原来是椭圆".这时老师用鼠标拖动点 B(即改变线段 AB 的长),使得 $|AB|=|F_1F_2|$,如图

5.37(b)所示，满足条件的点的轨迹变成了一条线段 F_1F_2，学生开始谨慎起来并认真思索，不难得出图 5.37(c)（$|AB| < |F_1F_2|$）的情形. 经过这个过程，学生不仅能很深刻地掌握椭圆的概念，也锻炼了其思维的严密性.

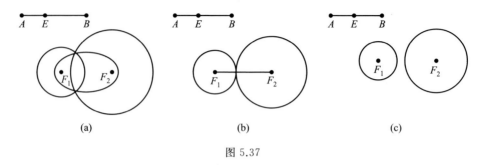

图 5.37

下面举例说明 GeoGebra 在平面解析几何作图中的应用.

例 1 利用 GeoGebra 作出椭圆.

作法 1 在绘图工具区选择【椭圆】，用鼠标依次在绘图区选择两个焦点和椭圆上另外一个点即可得到椭圆，如图 5.38(a)所示；

作法 2 在指令栏输入【椭圆（（−3,0），（3,0），4）】，前两个参数为焦点坐标，第三个参数为长半轴长（GeoGebra 中称为主半轴长），如图 5.38(b)所示.

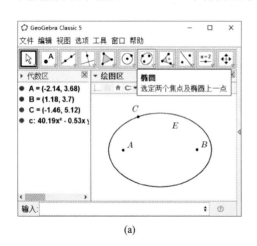 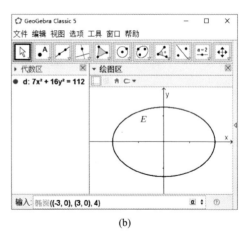

图 5.38

例 2 构造函数 $g(x) = A\sin(\omega x + \varphi)$ 的图形，观察三个参数 A, ω, φ 变化时，函数图形的变化.

作法 （1）在指令栏输入【f(x)＝sin x】可得到图 5.39(a)；

（2）选择工具【滑动条】制作两个数值滑动条，对应 A 和 ω，一个角度滑动条，对应 φ；

（3）在指令栏输入【g(x)＝A sin(ω x＋φ)】（注意指令中的空格），改变滑动条即可得到图形的变化情况，如图 5.39(b)所示.

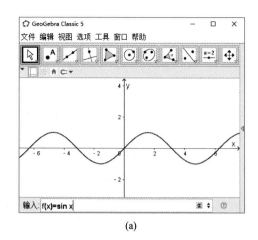 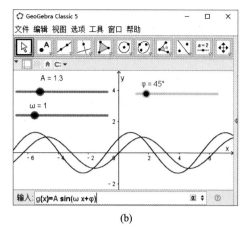

(a)　　　　　　　　　　(b)

图 5.39

例 3　圆柱螺旋线的参数方程为

$$\begin{cases} x = 4\sin t, \\ y = 4\cos t, \quad (-100 < t < 100), \\ z = 3t \end{cases}$$

在空间坐标系中画出这条曲线.

　　作法　首先选择 3D 绘图区,随后在指令栏输入【曲线(4sin(t),4cos(t),3t,t,
−100,100)】,即可得到圆柱螺旋线如图 5.40 所示.

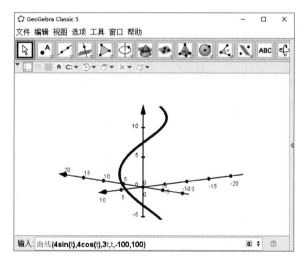

图 5.40

例 4　用 GeoGebra 演示直线与圆的位置关系.

　　作法　(1) 作滑动条 r,对应半径 r;

(2) 输入【O=(0,0)】作出点 O;

（3）在工具栏选择【圆（圆心与半径）】，作出以点 O 为圆心、r 为半径的圆；

（4）利用工具【直线】，作一条直线 l；

（5）利用工具【垂线】作出点 O 与直线 l 的垂线，画出交点 D，利用工具【线段】作出线段 OD 和沿 OD 方向的半径 OC，其中 OD 的长度就是圆心 O 到直线 l 的距离，OC 的长度就是 r，适当隐藏一些不需要的标签和直线；

（6）调整 r 的大小，就可以得到直线与圆的某些位置关系，如图 5.41 所示.

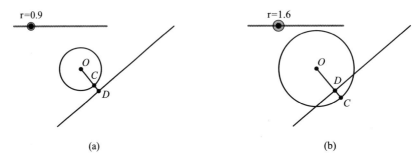

图 5.41

例 5　利用椭圆的第二定义作图：动点 $M(x, y)$ 到点 $F(4, 0)$ 的距离与点 M 到定直线 $l: x = \dfrac{25}{4}$ 的距离比为常数 $\dfrac{4}{5}$，求动点 M 的轨迹.

作法　（1）利用指令栏绘制点 $F(4, 0)$ 和直线 $l: x = \dfrac{25}{4}$；

（2）任取一点 A，利用工具【垂线】作出过点 A 的直线 l 的垂线 f，再利用工具【交点】作出 f 与 l 的交点 B；

（3）连接线段 AB，AF；

（4）在指令栏输入【轨迹方程（AF＝＝4/5 AB，A）】，如图 5.42 所示，即可得到所求轨迹（图中的椭圆 eq1）.

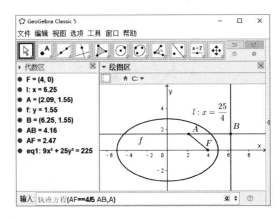

图 5.42

图形、计算是圆锥曲线研究中的重要元素.圆锥曲线从产生、发展到完善都离不开精确的作图和计算.在探索圆锥曲线的性质方面,GeoGebra 发挥着重要作用,利用 GeoGebra 可以验证猜想,随后可以借助计算、逻辑推理来验证或否定猜想.GeoGebra 为学生独立自主探索创造了一个自由、广阔的天空,由原来的"学习数学"转变成"研究数学",提高了自主学习能力,并帮助学生建构一种有利于终身发展的学习模式.

综上所述,使用 GeoGebra 进行几何作图教学,通过具体的、感性的信息呈现,能给学生留下更为深刻的印象.

§ 5.3.6　GeoGebra 的使用技巧

(1) 命名一个新对象的方式是在新对象的代数表达式前面键入"名称＝",例如,【P＝(3,2)】构造点 P.

(2) 表示"乘"运算时需要在两个因式间输入星号"＊"或者空格.例如,【a＊x】或【a x】.

(3) GeoGebra 对字母的大小写形式非常敏感,使用时注意不要混淆."点"通常使用大写字母来命名,例如,【A＝(1,2)】;线段、直线、圆和函数可以用小写字母来命名,例如,【circle c:(x−2)^2＋(y−1)^2＝16】.

(4) 函数中的变量 x 和二次曲线中的变量 x,y 都需要使用小写,例如,一次函数【f(x)＝3＊x＋2】.

(5) 在对象的代数表达式和命令中只能使用前面已经定义过的对象,例如,用【y＝m x＋b】构造一条直线时,里面的参数 m 和 b 必须已经存在(如为数值或者滑动条变量),用【Line[A,B]】可以构造一条经过已经存在的点 A 和 B 的直线.

(6) 输入一个表达式,结束时需要按【Enter】键,表达式中的符号均用英文输入法输入.

(7) 在指令栏输入时,可以直接输入函数名称,利用已经存在的指令,可大大提升作图效率.

(8) 通过点击界面右边的小三角形可以快速切换工作区.

§ 5.4　AutoCAD，Excel，MATLAB 等作图软件简介

1. AutoCAD 几何作图简介

AutoCAD 是美国 Autodesk 公司开发的从事计算机辅助设计的绘图软件,最初是为了解决机械绘图的麻烦,在设计上是以机械制图为基础,然后渐渐扩展到其他各个绘图领域.CAD 表示计算机辅助设计(Computer Aided Design),AutoCAD 的突出特点是:使用方便、精确和智能,它是一种清楚、舒适的作图软件.

AutoCAD 在几何作图方面主要具有如下功能：

（1）建立各种图形及标注尺寸（DRAW 类及 DIM 类命令）；

（2）编辑图形，可对图形进行缩放（Zoom）、移动（Move）、镜像（Mirror）、拷贝（Copy）、阵列（Array）、旋转（Rotate）、修剪（Trim）及删除（Erase）；

（3）在屏幕上缩、放、移动图形，显示透视图、轴测图等，而不改变图形实际尺寸；

（4）提供辅助绘图工具，如显示栅格以便于图形定位、保证正交、显示带有刻度的坐标轴、目标捕捉等；

（5）执行一组预定的命令序列以提高效率（命令文件）；将当前显示的图形制作成"幻灯片"以提高显示速度（幻灯片显示）；与各种定标设备配合，可徒手绘制草图；

（6）一旦生成三维图形后，只要改变视点的位置，就能相应的得到观察方向的三维图形，并能用有关的命令消除隐藏线.

2．Excel 几何作图简介

Excel 内置多个函数，功能十分强大，它被广泛地用于财政、金融、统计等领域，但在数学教学中的应用却鲜为人知. 将 Excel 引入数学教学，苏州大学的徐稼红老师作出了重要贡献，其著作《Excel、Word 与数学教学》独树一帜，堪称经典. 目前，"苏教版"高中教材中涉及的图形都采用 Excel 作图，这对 Excel 的推广起着不可替代的作用.

Excel 作图的基本思想就是"描点"，即"列表、描点、连线". 它能使作图的数据与图表并存. 通过 Excel 可以方便地作出各种函数图形，也可以分析、处理数据：通过 Excel 图表可以方便地查看数据的差异、预测趋势等. Excel 提供了计算机与数学课程整合的新途径，是开展数学建模、数学探究活动的理想计算工具.

Excel 作图最大的优点是：通过 Excel 作图能使学生在正确、迅速、形象地获得图形的过程中，加深对图形及其性质的理解. Excel 作图的独特之处在于，它能使学生清晰地看到图形的来源（一个个点是如何绘制而成的，每个点的坐标都出现在 Excel 工作表中），清楚地再现图形的产生过程，这样可以使学生更加相信图形的真实性与科学性.

3．MATLAB 几何作图简介

MATLAB 具有出色的图形处理功能和方便的数据可视化功能，可以将向量和矩阵用图形表现出来，并且可以对图形进行标注和打印. 高层次的作图包括二维和三维的可视化、图像处理、动画和表达式作图. 新版本的 MATLAB 对整个图形处理功能作了很大的改进和完善，使它不仅在一般数据可视化软件都具有的功能（例如二维曲线和三维曲面的绘制和处理等）方面更加完善，而且对于一些其他软件所没有的功能（例如图形的光照处理、色度处理等），MATLAB 同样表现了出色的处理能力. 同时对一些特殊的可视化要求，MATLAB 也有相应的功能函数，保证了用户不同层次的要求.

在解析几何教学中，应用 MATLAB 的图形可视化功能对图形进行静态与动态的可视化设计，可以把曲线、曲面的形成过程和变化过程准确地模拟出来. 利用

MATLAB 制作和演示课件，能直观地观察各种常见的三维曲面的形状和特点，通过切换按钮可以看到该图形的等高线图、窗帘图和网格图，对提高教学效率和培养学生的空间想象能力起到事半功倍的效果.

在解析几何教学中，动点轨迹问题的教学演示由传统教学手段是无法实现的，空间想象能力不强的学生掌握这方面的知识较为困难. 而借助 MATLAB 编程制作动画，能够改变教学过程中实验模拟困难的问题，可以使学生对动点轨迹形成过程一目了然.

4. Mathematica 几何作图简介

Mathematica 是由美国 Wolfram 公司研究开发的数学软件，它提供了与 Mathcad 和 MATLAB 这两个著名数学软件同样强大的功能，能够完成符号运算、数学图形绘制甚至动画制作等多种操作. 它的功能比较强大，不仅可以运用于数学领域，还可以运用于物理学、工程学、生物学、社会学和其他研究领域. 它的主要功能包括三个方面：符号演算、数值计算和图形绘制. 在作图方面，使用 Mathematica 可以方便地作出以各种方式表示的一元和二元函数的图形，可以根据需要自由地选择画图的范围和精确度. 通过对这些图形的观察，可以迅速形象地把握对应函数的某些特征，这些特征仅仅从函数的符号表达式一般是很难认识的.

Mathematica 图形功能的最重要特点之一是支持作各种函数图形，包括一般显函数的二维、三维函数图形（平面曲线和空间曲面），参数形式表示的二维和三维图形（平面曲线、空间曲线和曲面），以及函数的等值线图和密度图等. 它主要通过输入命令的形式来进行几何作图，可以对比较复杂的图形进行直接的几何研究和探讨. 图形可以着色、加光照、任意旋转等.

Mathematica 在立体几何作图方面比 GeoGebra 更为出色，不仅可以作出所有常见的立体几何图形，而且可以作出很多特殊的立体几何图形，并且可以控制其大小和范围等各项精确参数，对那些比较抽象的立体几何图形可以很直观地进行研究和学习. 但是缺点在于要输入大量的命令，灵活性不够，操作过于复杂，作一个几何图形花的时间比较多.

5. Maple 几何作图简介

Maple 是由滑铁卢（Waterloo）大学开发的数学系统软件，它本身是用 C 语言开发的并可在多种平台上运行. Maple 不但具有精确的数值处理功能，而且具有无与伦比的符号计算功能. Maple 提供了多种数学函数，内置丰富的数学求解库，覆盖几乎所有的数学分支. 它还提供了一套内置的编程语言，用户可以开发自己的应用程序，而且 Maple 自身的函数基本上是用此语言开发的.

Maple 具有强大的二维和三维绘图功能，它有专门处理空间几何命令的软件包. 首先，用 Maple 能建立空间几何对象，并识别诸如空间点、空间线段、空间有向线段、空间直线、平面、球和多面体等空间几何图形；可以判断空间简单的几何对象的位置关系，并用代数的方法解决几何问题，譬如求距离和夹角，这正好能充分体现解析几何中的数形结合思想. 其次,Maple 的图形显示非常灵活,因此适合应用在空间解析几何的课堂演示教学中. 作为空间解析几何的重要内容,二次曲面是空间结构中常见的函数曲面形式. 利用 Maple 作出的曲面,可以方便地从不同视角进行观察,使学生深刻认识这些曲面的图形和性质.

Maple 的命令格式简单易学. 例如,求在直线 $\dfrac{x-1}{2}=\dfrac{y-8}{1}=\dfrac{z-8}{3}$ 上与原点相距 25 的点. 该题目主要考查了两个知识点:直线方程,两点间的距离公式. 思路简单明确,以方程组

$$\begin{cases} \dfrac{x-1}{2}=\dfrac{y-8}{1}=\dfrac{z-8}{3}, \\ \sqrt{x^2+y^2+z^2}=25 \end{cases}$$

的解为坐标的点就是要求的点. 求解该方程组的计算量较大,运用数学软件的计算功能,可以化繁为简. 具体的操作过程可以在 Maple 中输入如下命令:

```
solve({(x-1)/2 = y-8,(x-1)/2 = (z-8)/3,sqrt(x^2 + y^2 + z^2) = 25});
```

软件会自动算出如下结果:

$$\left\{y=12,z=20,x=9\right\}, \qquad \left\{y=\dfrac{-6}{7},z=\dfrac{-130}{7},x=\dfrac{-117}{7}\right\}.$$

除了上述几何作图工具,还有 ScienceWord、3DMax、Authorware、Photoshop、网络画板等软件均可在几何作图中应用,在此不再一一介绍.

习　题

A 必做题

1. 几何作图在学习与研究初等几何中有哪些重要价值?

2. Word 中若将图形组合成一个可随意拖动的整体,如何环绕于文字的四周? 如何提高绘图的精度?

3. GeoGebra 在初等几何学习中有哪些重要作用?

4. 简述 Word,GeoGebra 各自的优缺点.

5. 用 Word 作圆柱、圆锥、圆台、球的直观图.

6. 请用 GeoGebra 作出图 5.43 中的两个图形.

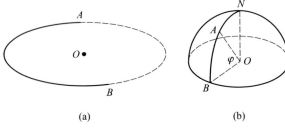

(a)　　　　　　　　　　　(b)

图 5.43

7. 请用 GeoGebra 动态展示两圆的位置关系.

8. 请用 GeoGebra 作出与两定圆都相切的圆的圆心的轨迹.

9. 利用 GeoGebra 构造与两外离定圆外切的动圆圆心的轨迹.

B 选做题

10. 请用 Word 作出图 5.44 中的两个图形.

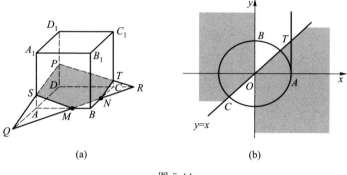

(a)　　　　　　　　(b)

图 5.44

11. 已知矩形 $ABCD$ 中,$AB = 4$ cm,$BC = 3$ cm,点 P 为折线 BCD 上任意一点,设 AP 与矩形 $ABCD$ 所围成的三角形面积是 S cm²,从点 A 沿矩形周界且经过点 B(或再经过点 C)到 P 的距离是 x cm,试用 GeoGebra 显示出 S 关于 x 的函数图形.

12. 利用 GeoGebra 探究抛物线焦点弦的性质.

C 思考题

13. 现代信息技术对初等几何研究有何重大影响?试举例说明.

14. 探究计算机辅助初中平面几何教学的作用.

15. 探究 GeoGebra 辅助高中立体几何与解析几何教学的作用.

16. 你认为 GeoGebra 在几何作图中有哪些不足之处?

第五章部分习题

参考答案

第六章 各类考试中的几何问题

考试就是通过书面、口头提问或实际操作等方式,考查学生所掌握的知识和技能的活动.要求学生在规定的时间内按指定的方式解答精心选定的题目或按主测单位的要求完成一定的实际操作任务,并由主考者评定其结果,从而为主测单位提供考试者某方面的知识或技能状况的信息.考试是学习环节的最后一个阶段,也是为了掌握学生学习状况.考试是一种手段,通过它选拔各类专门人才.古今中外的学者都对考试中的诸多问题作了很多深入的研究.这里,我们只就各类考试中的几何问题作一些探讨.

§6.1 中考几何问题

"提供新材料、创设新情景、提出新问题"已成为几何试题设计的新趋势.这一新趋势的主要表现是:在问题的背景上下功夫,力求情景新颖,让学生在变化的试题情景中解题,在对学生已有几何语言的读、写、译能力的基础上,力求考查学生的阅读理解能力;在问题的呈现方式上下功夫,改变问题的呈现方式,多角度、多层次、多途径灵活地呈现问题,考查学生运用知识的灵活性;在问题的类型上下功夫,通过诸如归纳型试题、方案型试题、探索型试题、开放型试题等,让学生在几何问题的探索中,数学思维得到锤炼,创新思维得到发展.

§6.1.1 中考几何问题的基本特点

随着中学素质教育的开展和数学课程改革的推进,中考试题呈现出"选拔性"与"能力性"兼顾、由"知识型"立意向"素质型""能力型"立意转变的特点,试题改革与时俱进.中考几何问题呈现出如下重要特点:

1. 注重基础知识,强调联系实际

近年来,中考几何试题占整个中考数学试题的比例基本稳定,各省(市)试卷大多采用选择题、填空题、解答题等形式进行几何基础知识的考查.各地试题均能注意几何知识的覆盖面,注意考查学生的几何基础知识、基本技能、基本思想方法的"三基"要求,突出重点知识重点考查的传统,较好地联系教学实际,试题的要求与平时的教学要求基本保持一致.

中考几何试题非常关注几何知识与实际生活的联系,强调人与自然、社会协调发展的现代意识,引导学生关注社会生活和经济发展的基本走向,密切联系最新的科技成果和社会热点. 试题注重促进学生几何学习方式的改善,几何学习效率的提高,激发并保持学生的学习兴趣,使学生体会到几何就在我们身边.

2. 突出学科特点,加大探究力度

中考几何试题突出了平面几何的两大特点:一是以图形为主,直观性强,所考查的图形生动形象;二是以推理为主,逻辑性强,通过概念、判断、推理、论证,考查学生的逻辑思维能力.

中考几何试题十分关注学生的阅读理解能力、动手实践能力、探索发现能力、抽象归纳能力的考查. 在试题中,或设计了阅读材料,让考生通过阅读试题提供的材料获取相关信息,进而加工、整合,形成问题的解决方案;或设计了问题的情景,让考生分析、说理,从而考查学生的交流和表达能力;或设计了一些新颖的动态场景,让考生通过观察、分析、归纳来发现规律和解题途径;等等,从而达到考查学生探究问题和解决问题能力的目的.

3. 关注知识整合,考查思想方法

关注几何知识之间的内在联系,体现几何知识的整体性,以具体的试题为载体考查数学思想和数学方法,是中考几何试题的一大亮点.

初中阶段的几何学习要掌握的数学思想主要有数形结合、分类讨论、化归与转化等,要掌握的数学方法主要有构造法、面积法、换元法、代数法等. 近年来的中考试题对这些数学思想和数学方法进行了多方位、多层次的考查.

4. 拓展思维空间,着眼学生发展

各地中考的几何试题已不再拘泥于知识点的考查,而是注重拓展思维空间,精心设计情景,多角度、多层次地考查学生的各种能力:通过变化问题的情景让学生去分析、转化、联系,寻找解题途径;适度拓展、发散探究问题,让学生去联想、发现解题思路,考查学生的创造能力.

几何学的基础知识、基本技能和基本思想方法是发展能力、提高数学素养的基础和依托. 全国各地的中考试题总体上着眼于学生的发展来考查"三基",考查学生在新情景中活用"三基"的能力. 这些试题创设的新情景富有思考性和探索性,必须分析情景、活用知识,而不能靠单纯的知识和方法的重现或固有模式来解题.

针对近年来中考几何问题的基本特点,我们认为:在今后一段时间里,中考几何试题的题量不会有大的变化,考查学生学习几何学的基础知识、基本技能和基本思想方法,突出重点几何知识重点考查的命题原则将继续保持,以几何问题为载体考查学生基本的几何素养和一般能力的命题基本方针不会改变. 在应用性问题的考查上,会更加注重问题的背景设置,题型会更加丰富多彩,涉及知识面也会大为拓宽,体现几何学的人文教育价值,体现时代的生活气息等特质将更为明显. 在试题的取材上,将更注意联系现实生活,将有更多亲切而又真实的背景材料,涉及面将更宽广,信息量将更大,寓情感、态度和价值观于几何试题中.

§6.1.2　中考几何问题的基本内容

随着素质教育的深入与课程改革的实施,初中几何课程发生了很大的变化.从其内容呈现形式上看,新课程将初中几何内容分为图形的认识、图形与变换、图形与坐标、图形与证明四大模块;从其研究方法上看,新课程将初中几何分为实验几何与论证几何.虽然新课程中对论证几何的内容进行了调整,难度要求降低,证明技巧淡化,但对几何教学的基本要求并没有降低.在本学段中,学生将探索基本图形(直线形、圆)的基本性质及其相互关系,进一步丰富对空间图形的认识和感受;学习平移、旋转、对称的基本性质,欣赏并体验变换在现实生活中的广泛应用;学习运用坐标系确定物体位置的方法,发展空间观念;在探索图形性质、与他人合作交流等活动过程中,发展合情推理,进一步学习有条理地思考与表达;在积累了一定的活动经验与掌握了一定的图形性质的基础上,从几个基本的事实出发,证明一些有关三角形、四边形的基本性质,从而体会证明的必要性,理解证明的基本过程,掌握用综合法证明的格式,初步感受公理化思想.根据几何教学的内容与要求,近年来中考几何试题的基本内容也主要包括四大模块:图形的认识、图形与变换、图形与坐标、图形与证明.重点内容重点考查的问题主要是:与圆相关的问题、解三角形、图形的变换、图形的计算与证明,与几何有关的实际应用问题.其中实际应用问题将是构成中等难度解答题的主要内容,三角形、四边形等内容的综合题目仍将是构成高难度题的主要内容.

§6.1.3　中考几何问题的基本解法

中考几何问题"按课标要求,不出偏题、怪题和死记硬背的题目",突出对基础知识、基本技能及基本数学思想方法的考查,着眼于考查学生的基本数学能力,强化应用,着重创新,强调几何与学生现实生活的紧密联系,减少繁难的几何证明题,淡化几何证明的技巧,降低论证过程形式化的要求.中考几何问题的基本解法有数形结合法、分类讨论法、化归法、反证法和构造法等.

例1(天津)　如图 6.1 所示,有一个边长为 5 的正方形纸片 $ABCD$,要将其剪拼成边长分别为 a,b 的两个小正方形,使得 $a^2+b^2=5^2$.

(1) a,b 的值可以是_____(写出一组即可);

(2) 请设计一种具有一般性的裁剪方法,在图中画出裁剪线,并拼接成两个小正方形,同时说明该裁剪方法具有一般性.

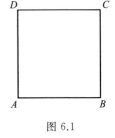

图 6.1

分析　由题意,联想勾股定理和勾股数.

解　(1) 3,4(不唯一).

(2) 裁剪线及拼接方法如图 6.2 所示,图中的点 E 可以是以 BC 为直径的半圆上的任意一点(点 B,C 除外). BE,CE 的长分别为两个小正方形的边长.

注 （1）本题重在考查学生的联想思维和基本活动经验，由 $a^2+b^2=5^2$，很容易想到 a,b 的值可以是 $3,4$. 或者任意 $a>0$，代入 $a^2+b^2=5^2$，求出 b 的值即可.

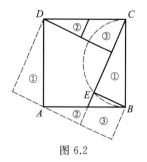

（2）任意一个正方形可以剪拼成两个小的正方形，反过来，任意两个正方形也可以剪拼成一个正方形. 剪拼时，抓住 $a^2+b^2=5^2$，利用直角三角形就能得出上面的方法.

图 6.2

例 2（北京） 如图 6.3 所示，在 $\triangle ABC$ 中，$AB=AC$，$\angle BAC=\alpha$，M 为 BC 的中点，点 D 在 MC 上，以点 A 为中心，将线段 AD 顺时针旋转 α 得到线段 AE，连接 BE,DE.

（1）比较 $\angle BAE$ 与 $\angle CAD$ 的大小；用等式表示线段 BE,BM,MD 之间的数量关系，并证明.

（2）过点 M 作 AB 的垂线，交 DE 于点 N，用等式表示线段 NE 与 ND 的数量关系，并证明.

分析 仔细观察所给图形，充分联想基本图形，添加恰当的不同辅助线，便可得到不同的解法.

解 （1）$\angle BAE=\angle CAD$，$BE+MD=BM$，证 $\triangle AEB\cong\triangle ADC$ 即可.

（2）如图 6.4 所示，$NE=ND$.

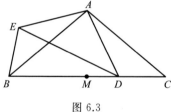

图 6.3

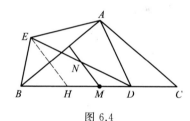

图 6.4

方法 1：过点 E 作 $EH\perp AB$ 交 BC 于点 H. 易证 $BH=BE=CD$，则 $DM=HM$. 由 $MN\parallel EH$，得 $\triangle DMN\backsim\triangle DHE$. 从而 N 是 DE 中点.

方法 1 的模型是"角平分线对称＋A 形相似（中位线）".

方法 2：模型"相似"，如图 6.5 所示，$\triangle DMF\backsim\triangle ANF$.

方法 3：模型"角平分线对称＋8 字形相似"，如图 6.6 所示，$\triangle DMN\backsim\triangle EYN$.

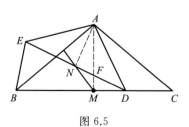

图 6.5

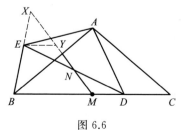

图 6.6

方法 4:模型"角平分线对称+8 字形相似",如图 6.7 所示,$\triangle DYN \backsim \triangle EXN$.

方法 5:模型"角平分线对称+8 字形相似",如图 6.8 所示,$\triangle DPN \backsim \triangle EQN$.

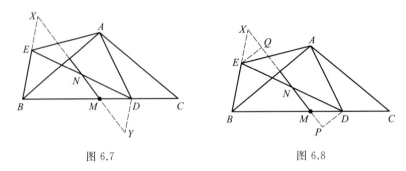

图 6.7　　　　　　　　　　图 6.8

注　构造模型并借助模型,是解答几何问题巧妙而新颖的有效方法.

例 3(阜阳)　某课题组在探究"将军饮马问题"时抽象出数学模型:直线 l 同旁有两个定点 A,B,在直线 l 上存在点 P,使得 $PA+PB$ 的值最小. 解法:作点 A 关于直线 l 的对称点 A',连接 $A'B$,则 $A'B$ 与直线 l 的交点即为 P,且 $PA+PB$ 的最小值为 $A'B$. 请利用上述模型解决下列问题:

(1) 几何应用:如图 6.9 所示,等腰直角三角形 ABC 的直角边长为 2,E 是斜边 AB 的中点,P 是 AC 边上的一动点,则 $PB+PE$ 的最小值为 _____;

(2) 几何拓展:如图 6.10 所示,$\triangle ABC$ 中,$AB=2$,$\angle BAC=30°$,若在 AC,AB 上各取一点 M,N,使 $BM+MN$ 的值最小,求这个最小值;

(3) 代数应用:求代数式 $\sqrt{x^2+1}+\sqrt{(4-x)^2+4}$($0 \leqslant x \leqslant 4$)的最小值.

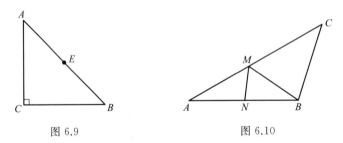

图 6.9　　　　　　　　　　图 6.10

分析　紧扣对称构图,利用轴对称找最短距离.

解　(1) 如图 6.11 所示,作点 B 关于 AC 的对称点 D,连接 DE 交 AC 于点 P,此时 $PB+PE$ 的值最小. 连接 AD,则 $AD=AB=2\sqrt{2}$. 因为

$$AE=\frac{1}{2}AB=\sqrt{2}, \quad \angle DAB=2\angle BAC=90°,$$

所以 $DE=\sqrt{10}$,即 $PB+PE$ 的最小值为 $\sqrt{10}$.

(2) 如图 6.12 所示,作点 B 关于 AC 的对称点 F,过 F 作 $FN \perp AB$ 于点 N,交 AC 于点 M. 此时 $BM+MN$ 的值最小,且 $BM+MN=FN$. 由作图,

$$AF=AB, \quad \angle FAB=2\angle BAC=60°,$$

所以△ABF 是等边三角形，$FN=\sqrt{3}AN=\sqrt{3}$，即 $BM+MN$ 的最小值为 $\sqrt{3}$.

（3）借助勾股定理构图. 如图 6.13 所示，$CA\perp AB$ 于点 A，$DB\perp AB$ 于点 B，$AB=4$，$AC=1$，$BD=2$. 设 $PA=x$，则

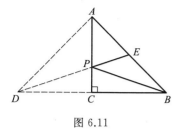

图 6.11

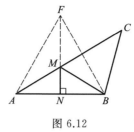

图 6.12

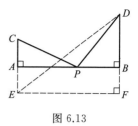

图 6.13

$$PC+PD=\sqrt{x^2+1}+\sqrt{(4-x)^2+4}.$$

利用轴对称求 $PC+PD$ 的最小值.

作点 C 关于 AB 的对称点 E，作 $EF\perp DB$ 于点 F，连接 DE. 由勾股数，$DE=5$. 而

$$PC+PD\geqslant DE,$$

所以 $\sqrt{x^2+1}+\sqrt{(4-x)^2+4}\,(0\leqslant x\leqslant 4)$ 的最小值是 5. 此时，$x=\dfrac{4}{3}$.

注 把表面有差别的问题转化为已有的模型，是顺利求解的前提. 求

$$\sqrt{x^2+1}+\sqrt{(4-x)^2+4}\quad(0\leqslant x\leqslant 4)$$

的最小值，还可以构造点 $C(0,1)$，$D(4,2)$，$P(x,0)$，借助距离公式而求得.

例 4（成都） 已知 A,D 是一段圆弧上的两点，且在直线 l 的同侧，分别过这两点作 l 的垂线，垂足为 B,C，E 是 BC 上一动点，连接 AD,AE,DE，且 $\angle AED=90°$.

（1）如图 6.14 所示，如果 $AB=6$，$BC=16$，且 $BE:EC=1:3$，求 AD 的长；

（2）如图 6.15 所示，若点 E 恰为这段圆弧的圆心，则线段 AB,BC,CD 之间有怎样的等量关系？请写出你的结论，并予以证明. 再探究：当点 A,D 分别在直线 l 两侧，且 $AB\neq CD$，而其余条件不变时，线段 AB,BC,CD 之间又有怎样的等量关系？请直接写出结论，不必证明.

解 （1）如图 6.16 所示，因为 $AB\perp l$ 于点 B，$DC\perp l$ 于点 C，所以

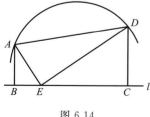

图 6.14

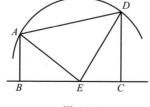

图 6.15

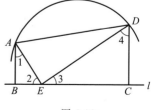

图 6.16

$$\angle 1+\angle 2=\angle 3+\angle 4=90°.$$

因为 $\angle AED=90°$，所以 $\angle 2+\angle 3=90°$，则 $\angle 1=\angle 3$，$\angle 2=\angle 4$. 因此

$$\triangle ABE \backsim \triangle ECD, \quad \frac{AB}{EC}=\frac{BE}{CD}.$$

因为 $BE:EC=1:3, BC=16$，所以 $BE=4, EC=12$，结合 $AB=6$ 知 $CD=8$. 由勾股定理，

$$AD^2 = AE^2 + DE^2 = (AB^2 + BE^2) + (EC^2 + CD^2)$$
$$= 36 + 16 + 144 + 64 = 260,$$

所以 $AD=2\sqrt{65}$.

（2）当点 A, D 在直线 l 同侧时，猜想 $AB+CD=BC$.

证明　同（1），$\angle 1 = \angle 3, \angle 2 = \angle 4$（图 6.17）. 由已知，有 $AE=ED$，所以

$$\triangle ABE \cong \triangle ECD(\text{ASA}).$$

因此 $AB=EC, BE=CD$，且 $AB+CD=BC$.

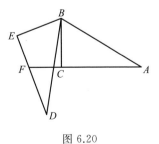

图 6.17

当点 A, D 分别在直线 l 两侧时，线段 AB, BC, CD 有如下等量关系：

$$AB-CD=BC(AB>CD), \quad \text{或} \quad CD-AB=BC(AB<CD).$$

注　本题综合性较强，也是一个探究性问题，有一定难度，它考查了学生综合运用所学知识的能力.

例 5（沈阳）　将两个全等的直角三角形 ABC 和 DBE 按图 6.18 所示的方式摆放，其中 $\angle ACB = \angle DEB = 90°, \angle A = \angle D = 30°$，点 E 落在 AB 上，DE 所在直线交 AC 所在直线于点 F.

（1）求证：$AF+EF=DE$；

（2）若将图 6.18 中的 $\triangle DBE$ 绕点 B 按顺时针方向旋转角 α，且 $0°<\alpha<60°$，其他条件不变，请在图 6.19 中画出变换后的图形，并直接写出（1）中的结论是否仍然成立；

（3）若将图 6.18 中的 $\triangle DBE$ 绕点 B 按顺时针方向旋转角 β，且 $60°<\beta<180°$，其他条件不变，如图 6.20 所示，你认为（1）中的结论还成立吗？若成立，写出证明过程；若不成立，请写出此时 AF, EF 与 DE 之间的关系，并说明理由.

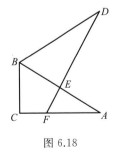

图 6.18

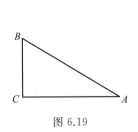

图 6.19

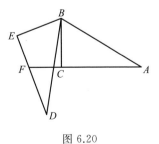

图 6.20

分析　（1）要证线段相等，需要构造两个全等三角形.（2）仔细观察图形特点，不难作出满足要求的图形.（3）按照要求画出图形，猜想（1）中的结论不成立.

证明 (1) 如图 6.21 所示,连接 BF. 因为 $\triangle ABC \cong \triangle DBE$,所以

$$BC = BE, \quad AC = DE.$$

因为 $\angle ACB = \angle DEB = 90°$,所以 $\angle BCF = \angle BEF = 90°$,而 $BF = BF$,所以

$$\text{Rt}\triangle BFC \cong \text{Rt}\triangle BFE, \quad CF = EF.$$

由 $AF + CF = AC$ 知,$AF + EF = DE$.

(2) 画出正确的图形,如图 6.22 所示.(1) 中的结论 $AF + EF = DE$ 仍然成立.

(3) 不成立. 理由:如图 6.23 所示,连接 BF,此时 AF,EF 与 DE 之间的关系为 $AF - EF = DE$.

因为 $\triangle ABC \cong \triangle DBE$,所以

$$BC = BE, \quad AC = DE.$$

因为 $\angle ACB = \angle DEB = 90°$,所以 $\angle BCF = \angle BEF = 90°$. 又 $BF = BF$,所以

$$\text{Rt}\triangle BFC \cong \text{Rt}\triangle BFE, \quad CF = EF.$$

由 $AF - CF = AC$ 知,$AF - EF = DE$. 因此(1) 中的结论不成立,正确的结论是 $AF - EF = DE$.

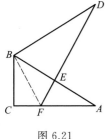

图 6.21

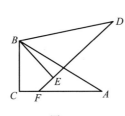

图 6.22

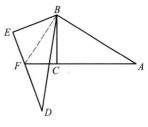

图 6.23

注 本题是一道操作探究类题目,考查全等三角形的性质及判定,试题由浅入深逐层设置问题,让学生经历测量—感悟—猜想的过程.

例 6(绍兴) 问题:如图 6.24 所示,在 $\square ABCD$ 中,$AB = 8$,$AD = 5$,$\angle DAB$,$\angle ABC$ 的角平分线 AE,BF 分别与直线 CD 交于点 E,F,求 EF 的长.

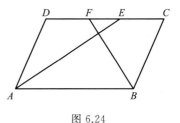

图 6.24

探究:(1) 把问题中的条件"$AB = 8$"去掉,其余条件不变.

① 当点 E 与点 F 重合时,求 AB 的长;

② 当点 E 与点 C 重合时,求 EF 的长.

(2) 把问题中的条件"$AB = 8$,$AD = 5$"去掉,其余条件不变,当点 C,D,E,F 相邻两点间的距离相等时,求 $\dfrac{AD}{AB}$ 的值.

分析 由题设易知 $EF = 5 + 5 - 8 = 2$. 对于探究(1),按照①,②要求作出图形,再由题设易得 $AB = 10$,$EF = 5$. 对于探究(2),题设条件"$AB = 8$,$AD = 5$"去掉后,要仔细思考

其余条件不变且当点 C,D,E,F 相邻两点间的距离相等时,可能出现的几种图形,然后分别对各种图形作答.

解　由题设易知 $EF=5+5-8=2$.

(1) ① 如图 6.25 所示,在 $\square ABCD$ 中,$AB \parallel CD$,所以 $\angle DEA = \angle EAB$. 因为 AE 平分 $\angle DAB$,所以

$$\angle DAE = \angle EAB = \angle DEA,$$

则 $DE=AD=5$.

同理,可得 $BC=CF=5$. 因为点 E 与点 F 重合,所以 $AB=CD=10$.

② 如图 6.26 所示,点 E 与点 C 重合,所以 $DE=DC=5$. 因为 $CF=BC=5$,所以点 F 与点 D 重合,$EF=DC=5$.

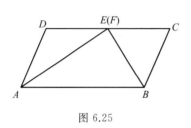

图 6.25

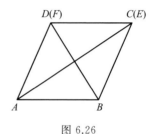

图 6.26

(2) **情况 1**　如图 6.27 所示,$AD=DE=EF=CF$,所以 $\dfrac{AD}{AB}=\dfrac{1}{3}$.

情况 2　如图 6.28 所示,$AD=DE=CF$. 又因为 $DF=FE=CE$,所以 $\dfrac{AD}{AB}=\dfrac{2}{3}$.

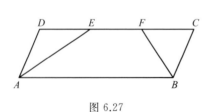

图 6.27

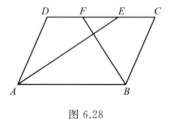

图 6.28

情况 3　如图 6.29 所示,$AD=DE=CF$. 又因为 $FD=DC=CE$,所以 $\dfrac{AD}{AB}=2$.

综上,$\dfrac{AD}{AB}$ 的值可以是 $\dfrac{1}{3},\dfrac{2}{3},2$.

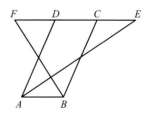

图 6.29

注　本例题型新颖,是一个带开放性、探究性的好题目. 对于原问题求 EF 的长,绝大多数学生都能进行正确解答. 但对探究的两问(1)和(2),不少学生可能会而答不全,没有仔细思考题目要求,遗漏部分情况.

例 7(南昌)　如图 6.30 所示,在等腰梯形 $ABCD$ 中,$AD \parallel BC$,E 是 AB 的中点,过点 E 作 $EF \parallel BC$ 交 CD 于点 F,$AB=4$,$BC=6$,$\angle B=60°$.

(1) 求点 E 到 BC 的距离.

(2) 点 P 为线段 EF 上的一个动点,过 P 作 $PM \perp EF$ 交 BC 于点 M,过 M 作 $MN \parallel AB$ 交折线 ADC 于点 N,连接 PN,设 $EP = x$.

① 当点 N 在线段 AD 上时(图 6.31),$\triangle PMN$ 的形状是否发生改变? 若不变,求出 $\triangle PMN$ 的周长;若改变,请说明理由.

② 当点 N 在线段 DC 上时(图 6.32),是否存在点 P 使 $\triangle PMN$ 为等腰三角形? 若存在,请求出所有满足要求的 x 的值;若不存在,请说明理由.

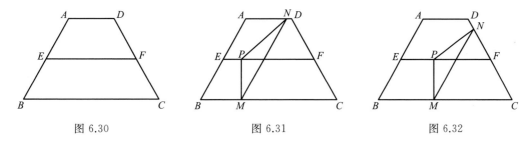

图 6.30   图 6.31   图 6.32

分析 由题设易求点 E 到 BC 的距离;当点 N 在线段 AD 上运动时,$\triangle PMN$ 的形状不发生改变,添加辅助线后易求 $\triangle PMN$ 的周长;当点 N 在线段 DC 上时,$\triangle PMN$ 的形状虽然发生改变,但是存在点 P 使 $\triangle PMN$ 为等腰三角形.

解 (1) 如图 6.33 所示,过点 E 作 $EG \perp BC$ 于点 G. 因为 E 为 AB 的中点,所以 $BE = \dfrac{1}{2} AB = 2$.

在 $\text{Rt} \triangle EBG$ 中,$\angle B = 60°$,所以 $\angle BEG = 30°$,
$$BG = \frac{1}{2} BE = 1, \quad EG = \sqrt{3},$$

即点 E 到 BC 的距离为 $\sqrt{3}$.

(2) ① 当点 N 在线段 AD 上运动时,$\triangle PMN$ 的形状不发生改变.

因为 $PM \perp EF$,$EG \perp EF$,所以 $PM \parallel EG$. 而 $EF \parallel BC$,所以 $PM = EG = \sqrt{3}$. 同理,$MN = AB = 4$.

如图 6.34 所示,过点 P 作 $PH \perp MN$ 于点 H. 因为 $MN \parallel AB$,所以

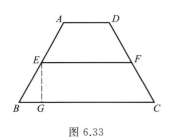

图 6.33

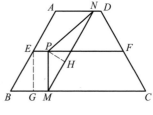

图 6.34

$$\angle NMC = \angle B = 60^\circ, \quad \angle PMN = 30^\circ,$$

$$PH = \frac{1}{2}PM = \frac{\sqrt{3}}{2}, \quad MH = PM\cos 30^\circ = \frac{3}{2},$$

则

$$NH = MN - MH = 4 - \frac{3}{2} = \frac{5}{2}.$$

在 $\mathrm{Rt}\triangle PNH$ 中,

$$PN = \sqrt{NH^2 + PH^2} = \sqrt{\left(\frac{5}{2}\right)^2 + \left(\frac{\sqrt{3}}{2}\right)^2} = \sqrt{7},$$

所以 $\triangle PMN$ 的周长为 $PM + PN + MN = \sqrt{3} + \sqrt{7} + 4$.

② 当点 N 在线段 DC 上运动时,$\triangle PMN$ 的形状发生改变,但 $\triangle MNC$ 恒为等边三角形.

当 $PM = PN$ 时,如图 6.35 所示,作 $PR \perp MN$ 于点 R,则 $MR = NR$. 类似①,$MR = \frac{3}{2}$,所以 $MN = 2MR = 3$. 因为 $\triangle MNC$ 是等边三角形,所以 $MC = MN = 3$. 此时,

$$x = EP = GM = BC - BG - MC = 6 - 1 - 3 = 2.$$

当 $MP = MN$ 时,如图 6.36 所示,这时 $MC = MN = MP = \sqrt{3}$,

$$x = EP = GM = 6 - 1 - \sqrt{3} = 5 - \sqrt{3}.$$

当 $NP = NM$ 时,如图 6.37 所示,$\angle NPM = \angle PMN = 30^\circ$,则 $\angle PNM = 120^\circ$. 又 $\angle MNC = 60^\circ$,所以 $\angle PNM + \angle MNC = 180^\circ$. 因此,点 P 与 F 重合,$\triangle PMC$ 为直角三角形,$MC = PM\tan 30^\circ = 1$. 此时,

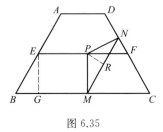 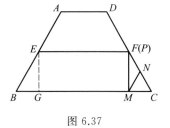

图 6.35　　　　　　　　　　图 6.36　　　　　　　　　图 6.37

$$x = EP = GM = 6 - 1 - 1 = 4.$$

综上,当 $x = 2$ 或 $5 - \sqrt{3}$ 或 4 时,$\triangle PMN$ 为等腰三角形.

注　本题是一道中考常见的动点数形结合题. 用它作为压轴题,综合性较强,显然是为了考查学生灵活运用直角三角形、等边三角形、锐角三角函数、等腰三角形等多方面知识的能力.

例 8(温州)　如图 6.38 所示,在直角坐标系中,⊙M 经过原点 O,分别交 x 轴、y

轴于点 $A(2,0)$，$B(0,8)$，连接 AB．直线 CM 分别交 $\odot M$ 于点 D，E（点 D 在左侧），交 x 轴于点 $C(17,0)$，连接 AE．

（1）求 $\odot M$ 的半径和直线 CM 的函数解析式；

（2）求点 D，E 的坐标；

（3）点 P 在线段 AC 上，连接 PE，当 $\angle AEP$ 与 $\triangle OBD$ 的一个内角相等时，求所有满足条件的 OP 的长．

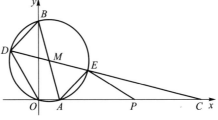

图 6.38

分析 由题设易得（1）和（2）的解答；因为 $\angle AEP$ 与 $\triangle OBD$ 的一个内角相等出现了三种情况，所以要求满足条件的 OP 的长就要分别探求．

解 （1）因为 $\angle AOB=90°$，所以 AB 为 $\odot M$ 的直径．而

$$AB=\sqrt{2^2+8^2}=2\sqrt{17},$$

所以半径 $MA=\sqrt{17}$．

因为 M 是 AB 的中点，所以 $M(1,4)$．设 CM 的解析式为 $y=kx+b$，则

$$\begin{cases}17k+b=0,\\ k+b=4,\end{cases} \quad \text{解得} \quad k=-\frac{1}{4},b=\frac{17}{4}.$$

所以 CM 的解析式为 $y=-\frac{1}{4}x+\frac{17}{4}$．

（2）由（1），设点 D 的坐标为 $\left(x,-\frac{1}{4}x+\frac{17}{4}\right)$，再由 $MD=MA$，得

$$(x-1)^2+\left(-\frac{1}{4}x+\frac{17}{4}-4\right)^2=17,$$

解得 $x=-3$ 或 $x=5$．所以点 D，E 的坐标分别为 $(-3,5)$，$(5,3)$．

（3）如图 6.39 所示，作 $DH\perp OB$ 于点 H，则

$$DH=3,\quad BH=8-5=3=DH,$$

所以 $\angle DBO=45°$，$BD=3\sqrt{2}$．同理，由点 A，E 的坐标，可得 $\angle EAP=45°$，$AE=3\sqrt{2}$．

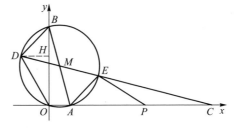

图 6.39

① 当 $\angle AEP=\angle DBO=45°$ 时，$\triangle AEP$ 为等腰直角三角形，$EP\perp AC$．所以点 P 的坐标为 $(5,0)$，$OP=5$．

② 当 $\angle AEP=\angle BDO$ 时，因为 $\angle EAP=\angle DBO$，$AE=BD$，所以

$$\triangle AEP\cong\triangle BDO,\quad AP=BO=8,$$

则 $OP=OA+AP=10$．

③ 当 $\angle AEP=\angle BOD$ 时，因为 $\angle EAP=\angle DBO$，所以

$$\triangle AEP \backsim \triangle BOD, \quad \frac{AE}{OB} = \frac{AP}{BD},$$

即 $\frac{3\sqrt{2}}{8} = \frac{AP}{3\sqrt{2}}$，解得 $AP = \frac{9}{4}$，所以

$$OP = OA + AP = 2 + \frac{9}{4} = \frac{17}{4}.$$

综上，OP 为 5 或 10 或 $\frac{17}{4}$.

注 要正确解答第(3)问，必须仔细审题，从而发现 $\angle AEP$ 有三种情况，进而再用分类讨论法加以探究解答.

例 9(扬州) 在一次数学探究活动中，李老师设计了一份活动单：

> 已知线段 $BC = 2$，使用作图工具作 $\angle BAC = 30°$，尝试操作后思考：
>
> (1) 这样的点 A 唯一吗？
>
> (2) 点 A 的位置有什么特征？你有什么感悟？

"追梦"学习小组通过操作、观察、讨论后汇报：点 A 的位置不唯一，它在以 BC 为弦的圆弧上(点 B，C 除外)……小华同学画出了符合要求的一条圆弧(图 6.40).

(1) 小华同学提出了下列问题，请你帮助解决：

① 该弧所在圆的半径为____；

② $\triangle ABC$ 面积的最大值为____.

(2) 经过比对发现，小明同学所画的角的顶点不在小华所画的圆弧上，而在如图 6.40 所示的弓形内部，我们记为点 A'，请你利用图 6.40 证明 $\angle BA'C > 30°$.

(3) 请你运用所学知识，结合以上活动经验，解决问题：如图 6.41 所示，已知矩形 $ABCD$ 的边长 $AB = 2$，$BC = 3$，点 P 在直线 CD 的左侧，且 $\tan\angle DPC = \frac{4}{3}$.

① 线段 BP 长度的最小值为____；

② 若 $S_{\triangle PCD} = \frac{2}{3}S_{\triangle PAD}$，则线段 PD 长度为____.

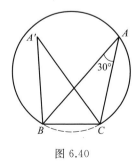

图 6.40

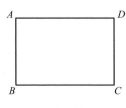

图 6.41

分析 按照李老师的设计和小华画出的一条圆弧,易得(1)的解答;仔细观察图形,连接恰当的线段,第(2)问不难证明;对于第(3)问,必须认真审题,发现点 P 所在位置有两种情况,因而要分别讨论求解.

解 (1) ① 设点 O 为圆心,连接 BO,CO. 因为 $\angle BAC=30°$,所以 $\angle BOC=60°$. 而 $OB=OC$,则 $\triangle OBC$ 是等边三角形,所以 $OB=OC=BC=2$,即所求半径为 2.

② 因为 $\triangle ABC$ 以 BC 为底边,$BC=2$,所以当点 A 到 BC 的距离最大时,$\triangle ABC$ 的面积最大.

如图 6.42 所示,过点 O 作 BC 的垂线,垂足为 E,延长 EO 交圆于点 D,所以
$$BE=CE=1, \quad DO=BO=2,$$
$$OE=\sqrt{3}, \quad DE=2+\sqrt{3},$$
则 $\triangle ABC$ 的最大面积为
$$\frac{1}{2}\times 2\times(2+\sqrt{3})=2+\sqrt{3}.$$

(2) 如图 6.43 所示,延长 BA' 交圆于点 F,连接 CF. 因为点 F 在圆上,所以 $\angle BFC=\angle BAC=30°$. 因为

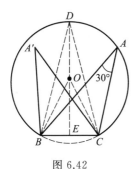

图 6.42

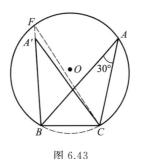

图 6.43

$$\angle BA'C=\angle BFC+\angle A'CF>\angle BFC,$$

所以 $\angle BA'C>30°$.

(3) ① 如图 6.44 所示,当点 P 在 BC 上且 $PC=\dfrac{3}{2}$ 时,因为 $\angle PCD=90°$, $AB=CD=2$,所以
$$\tan\angle DPC=\frac{CD}{PC}=\frac{4}{3}$$
为已知定值.

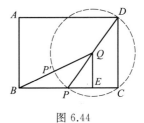

图 6.44

连接 PD,设点 Q 为 PD 中点,以点 Q 为圆心、$\dfrac{1}{2}PD$ 为半径画圆,则当点 P 在优弧 CPD 上时,$\tan\angle DPC=\dfrac{4}{3}$. 连接 BQ,与 $\odot Q$ 交于点 P',此时 BP' 即为 BP 的最小值. 过点 Q 作 $QE\perp BE$,垂足为 E. 因为点 Q 为 PD 中点,所以点 E 为 PC 中点,即

$$QE = \frac{1}{2}CD = 1, \quad PE = CE = \frac{1}{2}PC = \frac{3}{4}.$$

所以

$$BE = BC - CE = 3 - \frac{3}{4} = \frac{9}{4},$$

$$BQ = \sqrt{BE^2 + QE^2} = \frac{\sqrt{97}}{4}.$$

因为 $PD = \sqrt{CD^2 + PC^2} = \frac{5}{2}$，所以 $\odot Q$ 的半径为 $\frac{5}{4}$，

$$BP' = BQ - P'Q = \frac{\sqrt{97} - 5}{4},$$

即 BP 的最小值为 $\frac{\sqrt{97} - 5}{4}$.

② 如图 6.45 所示，因为

$$AD = 3, CD = 2, S_{\triangle PCD} = \frac{2}{3}S_{\triangle PAD},$$

所以 $\triangle PAD$ 中 AD 边上的高等于 $\triangle PCD$ 中 CD 边上的高，即点 P 到 AD 的距离和点 P 到 CD 的距离相等，表明点 P 在 $\angle ADC$ 的角平分线上.

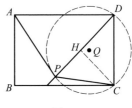

图 6.45

过点 C 作 $CH \perp PD$ 于 H. 因为 PD 平分 $\angle ADC$，所以 $\angle ADP = \angle CDP = 45°$，$\triangle CDH$ 为等腰直角三角形. 因为 $CD = 2$，所以 $CH = DH = \sqrt{2}$. 因为

$$\tan \angle DPC = \frac{CH}{PH} = \frac{4}{3},$$

所以 $PH = \frac{3\sqrt{2}}{4}$，

$$PD = DH + PH = \sqrt{2} + \frac{3\sqrt{2}}{4} = \frac{7\sqrt{2}}{4}.$$

注 李老师的设计好，学生的提问也好，解答本题既要有一定的基础知识和基本的数学思想方法，又要具有基本活动经验.

例 10(上海) 如图 6.46 所示，已知 $\angle MAN = 60°$，点 B 在射线 AM 上，$AB = 4$，P 为直线 AN 上一个动点，以 BP 为边作等边三角形 BPQ（点 B, P, Q 按顺时针排列），点 O 是 $\triangle BPQ$ 的外心.

（1）当点 P 在射线 AN 上运动时，求证：点 O 在 $\angle MAN$ 的角平分线上；

（2）当点 P 在射线 AN 上运动（点 P 与点 A 不重合）时，AO 与 BP 交于点 C，设 $AP = x$，$AC \cdot AO = y$，求 y 关于

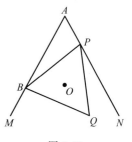

图 6.46

x 的函数解析式,并写出函数的定义域;

(3) 若点 D 在射线 AN 上,$AD=2$,$\odot I$ 为 $\triangle ABD$ 的内切圆,当 $\triangle BPQ$ 的边 BP 或 BQ 与 $\odot I$ 相切时,请直接写出点 A 与点 O 的距离.

分析 要证点 O 在 $\angle MAN$ 的角平分线上,只需过点 O 作 $OH \perp AM$ 于点 H,$OT \perp AN$ 于点 T,再由题设证明 $OH=OT$ 后便可证得(1)的结论;由题设 $AP=x$,$AC \cdot AO=y$,只要证得 $\triangle AOB \backsim \triangle APC$ 后易得(2)的结果;对于(3),因为 P 为直线 AN 上一个动点,所以点 A 与点 O 的距离就应分别对三种情况加以解答.

(1) **证明** 如图 6.47 所示,连接 OB,OP. 因为点 O 是等边 $\triangle BPQ$ 的外心,所以
$$OB=OP, \quad \angle BOP=120°.$$
作 $OH \perp AM$ 于点 H,$OT \perp AN$ 于点 T. 因为 $\angle A=60°$,所以
$$\angle HOT=120°, \quad \angle BOH=\angle POT,$$
则 $\triangle BOH \cong \triangle POT$,$OH=OT$. 所以点 O 在 $\angle MAN$ 的角平分线上.

当 $OB \perp AM$ 时,点 O 也在 $\angle MAN$ 的角平分线上. 所以当点 P 在射线 AN 上运动时,点 O 在 $\angle MAN$ 的角平分线上.

(2) **解** 如图 6.48 所示,由(1),$\angle BAO=\angle OAP=30°$. 因为点 O 是等边 $\triangle BPQ$ 的外心,所以 $\angle OBP=30°=\angle OAP$,则 O,B,A,P 四点共圆,$\angle AOB=\angle APB$. 因此 $\triangle AOB \backsim \triangle APC$,

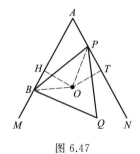

图 6.47   图 6.48

$$\frac{AB}{AC}=\frac{AO}{AP}, \quad AC \cdot AO=AB \cdot AP.$$

所以 $y=4x$,定义域为 $x>0$.

(3) **解** ① 如图 6.49 所示,当 BP 与 $\odot I$ 相切时,$AO=2\sqrt{3}$.

② 如图 6.50 所示,当 BP 与 $\odot I$ 相切时,$AO=\dfrac{4}{3}\sqrt{3}$.

③ 如图 6.51 所示,当 BQ 与 $\odot I$ 相切时,$AO=0$.

注 本题可以构建成适合学生的拓展性学习和研究性学习材料,借此提高学生的综合素质.

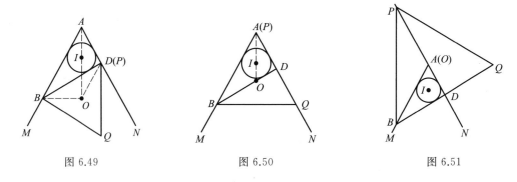

图 6.49　　　　　　　　　图 6.50　　　　　　　　　图 6.51

拓展 1　如图 6.52 所示,把原题中的"$\angle MAN = 60°$"改为"$\angle MAN = 90°$",把"以 BP 为边作等边 $\triangle BPQ$(点 B,P,Q 按顺时针排列),点 O 是 $\triangle BPQ$ 的外心"改为"以 BP 为边作正方形 $BPQK$(点 B,P,Q,K 按顺时针排列),点 O 是正方形 $BPQK$ 的中心",仍然要求解答原题中相应的 3 个小题.

拓展 2　如图 6.53 和图 6.54 所示,在上述的第(3)题中,把 $\triangle ABD$ 的内切圆改成外接圆,即"点 D 在射线 AN 上,$AD = 2$,$\odot E$ 为 $\triangle ABD$ 的外接圆,当 BP 或 BQ 与 $\odot E$ 相切时,直接写出 A 与 O 的距离".

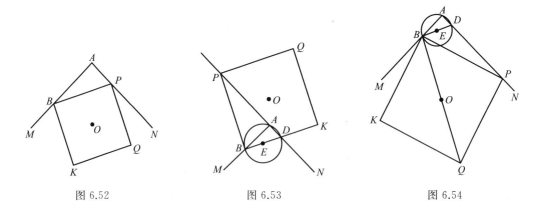

图 6.52　　　　　　　　　图 6.53　　　　　　　　　图 6.54

§6.2　高考几何问题

§6.2.1　高考几何问题的基本特点

高考几何问题主要内容包括必修与选修中的立体几何、解析几何及平面向量中的基础知识与基本技能.几何问题是高考的必考内容之一,近年来已形成"保持稳定,注重基础,突出能力,着力创新"的特点.这些特点,既有试题在几何基础层面上的呈现,又有试题在数学能力上的体现.

1. 试题在基础知识层面的特点

(1) 紧扣教材,注重基础

高考几何试题紧扣教材,重视对基础知识和基本思想方法的考查. 题目中没有偏题、怪题,用到的都是常规思路和基本方法. 基础题主要考查高中几何最基本的概念,中档题一般在知识的交汇处考查主干知识,有一定难度的题目则要求考生具有较强的数学能力. 如立体几何中考查线面位置关系的判断、空间中角度与距离的求解、体积的计算等,其中线面位置关系的判断又常会与充要条件等有关知识融合在一起进行考查.

(2) 全面考查,重点突出

近年来高考几何试题立足于现行高中数学教材,既注重几何知识的全面考查,又注重几何主干知识的集中考查. 各省(市)考题涉及的几何知识覆盖了整个高中的所有几何板块,而且对高中几何的主干知识——解析几何、立体几何——中的重点内容进行了重点考查.

(3) 顾及体系,立意较高

高中数学教材有一个较为完整的知识体系,即各个知识板块以及各板块之间构成一个有机的系统,各部分相互依存,每部分又有独特的功能与价值. 高考试卷中的几何题目正是站在数学学科整体高度命制的. 比如,向量是数与形的完美结合,它既是一种知识,又是一种工具,试题对这两方面都进行了考查. 如 2022 年高考数学全国 I 卷第 16 题,以平面向量为载体与解析几何结合,通过巧妙地挖掘图形的几何性质减少计算量,成功地考查了学生的灵活解题能力.

2. 试题在数学能力层面的特点

(1) 考查思想,突出本质

高考几何试题在考查相关基础知识和基本技能的基础上,注重考查数学思想方法,特别是数形结合、构造、化归等思想方法.

(2) 低入高出,区分明显

对于几何问题中的压轴题,入手容易但要解答完整却并不简单. 考查注重知识的综合性且难度较大,对考生思维的灵活性、深刻性、批判性、创造性提出了较高的要求,只有几何能力较强的考生才能做好这些题目. 这样的设计和安排,有利于稳定考生的情绪,有利于考生的正常发挥,有利于区分考生的思维层次和水平.

(3) 注重思维,减少计算

高考题中的几何问题思维难度较高、思维量大,但借助于直观、估计、构造、反例等方法,其运算就可能简单. 如 2022 年上海高考理科数学第 20 题,可以把椭圆最值问题中的复杂计算转化为三角函数最值计算,从而大大减少计算量. 近年来,高考题中的几何问题思维量有所增大,运算量有所减小,体现了"注重思维,减少计算"的命题理念.

(4) 能力立意,全面考查

几何试题以能力立意为核心,坚持多角度、多层次地考查考生的数学能力,特别是空间想象能力、思维能力、运算能力、阅读理解能力、应用意识和创新意识. 如 2022 年高考数学全国Ⅰ卷第 14 题是一个适度的开放性问题,注意到两圆外切,故求这两个圆的内公切线最为简单:两圆方程相减即可;2021 年高考数学全国Ⅱ卷第 4 题以我国航天事业的重要成果——北斗三号全球卫星导航系统——为试题情境设计立体几何问题,考查学生的空间想象能力和数学建模能力.

(5) 稳中有进,适度创新

试卷在几何试题的题型、题量、难度分布上保持了相对稳定,同时也有适度创新.

§6.2.2　高考几何问题的基本内容

高考立体几何试题,以基本位置关系的判定与柱、锥、球的相关角、距离、体积计算为基础题,以证明空间线面的位置关系和计算有关数量关系等为中档题,如空间线面平行、垂直的判定与证明,线面角和距离的计算等. 高考命题的载体可能趋于不规则几何体,但仍以"方便建系"为原则. 在高考中,立体几何始终占有重要位置,以中档题为主,兼有低档题.

高考解析几何试题,既要考查直线与圆的方程、圆锥曲线的定义、方程与几何性质及图形等基础知识,又要将几何图形置于直角坐标系中,借助方程研究曲线,体现"代数方法研究几何问题"的解析几何的基本思想方法;既综合性强又有适当的难度和较好的区分度. 纵观近年全国各地数学高考题,平面解析几何问题常见的有:最值和参数范围问题,定点、定值和存在性问题,圆锥曲线与向量问题,圆锥曲线的切线及弦长问题,解析几何交汇问题,求轨迹方程问题等.

§6.2.3　高考几何问题的基本解法

美籍匈牙利数学家、教育家波利亚(Pólya)说过,掌握数学就意味着要善于解题. 当我们解题时遇到一个新问题,总想用熟悉的题型去"套",这只是满足于解出来. 只有对数学思想、数学方法理解透彻及融会贯通时,才能提出新解法、巧解法. 高考几何试题十分重视对于数学思想方法的考查,这类考查能力的试题,其解答过程都蕴涵着重要的数学思想方法. 我们要有意识地应用数学思想方法去分析问题,解决问题,形成能力,提高数学素质,使自己具有数学头脑和眼光.

高考几何试题主要从以下几个方面对数学思想方法进行考查. 一是数学逻辑方法:分析法、综合法、反证法、归纳法、演绎法等,二是数学思维方法:观察与分析、概括与抽象、分析与综合、特殊与一般、类比、归纳和演绎等,三是常用数学思想:数形结合思想、分类讨论思想、转化(化归)思想等.

对于数学思想方法与数学基础知识的关系,可以说,"知识"是基础,"方法"是手段,"思想"是深化,提高学生数学素质的核心就是提高学生对数学思想方法的认识和运用,数学素质的综合体现就是分析问题和解决问题的数学"能力".

例 1(全国 I 卷) 如图 6.55 所示,四边形 $ABCD$ 为正方形,E,F 分别为 AD,BC 的中点,以线段 DF 为折痕把 $\triangle DFC$ 折起,使点 C 到达点 P 的位置,且 $PF \perp BF$.

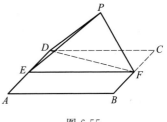

图 6.55

(1) 证明:平面 $PEF \perp$ 平面 $ABFD$;

(2) 求 DP 与平面 $ABFD$ 所成角的正弦值.

分析 (1) 欲证平面 $PEF \perp$ 平面 $ABFD$,只须证明 $BF \perp$ 平面 PEF,于是只须在平面 PEF 内寻找两条相交直线与直线 BF 垂直.

(2) 建立空间直角坐标系,求出平面 $ABFD$ 的法向量与直线 DP 的方向向量,利用线面所成角的向量公式,即可得 DP 与平面 $ABFD$ 所成角的正弦值.

(1) **证明** 由已知可得 $BF \perp PF$,$BF \perp EF$,所以 $BF \perp$ 平面 PEF. 又 $BF \subset$ 平面 $ABFD$,所以平面 $PEF \perp$ 平面 $ABFD$.

(2) **解** 如图 6.56 所示,作 $PH \perp EF$,垂足为 H,由(1)得 $PH \perp$ 平面 $ABFD$. 以 H 为原点,$\overrightarrow{HF}$ 的方向为 y 轴正方向,$|\overrightarrow{BF}|$ 为单位长,建立空间直角坐标系 $Hxyz$.

由(1)可得,$DE \perp PE$. 又 $DP = 2$,$DE = 1$,所以 $PE = \sqrt{3}$. 而 $PF = 1$,$EF = 2$,故 $PE \perp PF$,可得 $PH = \dfrac{\sqrt{3}}{2}$,$EH = \dfrac{3}{2}$. 因此

$$H(0,0,0), \quad P\left(0,0,\frac{\sqrt{3}}{2}\right), \quad D\left(-1,-\frac{3}{2},0\right),$$

$$\overrightarrow{DP} = \left(1,\frac{3}{2},\frac{\sqrt{3}}{2}\right), \overrightarrow{HP} = \left(0,0,\frac{\sqrt{3}}{2}\right),$$

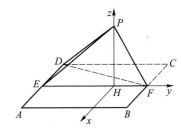

图 6.56

且 $\overrightarrow{HP}$ 为平面 $ABFD$ 的法向量.

设 DP 与平面 $ABFD$ 所成角为 θ,则

$$\sin \theta = \frac{\overrightarrow{HP} \cdot \overrightarrow{DP}}{|\overrightarrow{HP}| \cdot |\overrightarrow{DP}|} = \frac{\dfrac{3}{4}}{\sqrt{3}} = \frac{\sqrt{3}}{4},$$

所以 DP 与平面 $ABFD$ 所成角的正弦值为 $\dfrac{\sqrt{3}}{4}$.

注 本题主要考查平面与平面的垂直关系及线面角,考查考生的空间想象能力、推理论证能力、运算求解能力,考查化归与转化思想,考查的核心素养是逻辑推理、直观想象、数学运算.

求解翻折问题时既要考虑翻折前后的不变关系,如线线位置关系、线线长度关系,又要考虑翻折前后的变化关系和空间图形的特点,对空间想象能力有较高的要求. 在证明空间线面、面面平行或垂直,以及求空间角的过程中,对逻辑论证能力有较高的要求. 若明晰转化的路线,可轻松突破难点,向量法降低了对空间思维能力的要求.

这里就求线面角易出错之处谈两点. 一是求平面的法向量出错,应注意准确求解

点的坐标;二是公式用错,混淆线面角的向量公式与二面角的向量公式,导致结果出错.此外,线面角的取值范围为 $[0°,90°]$.

例 2(全国新高考 Ⅰ 卷)　如图 6.57 所示,在三棱锥 $A-BCD$ 中,平面 $ABD\perp$ 平面 BCD,$AB=AD$,O 为 BD 的中点.

(1) 证明:$OA\perp CD$;

(2) 若 $\triangle OCD$ 是边长为 1 的等边三角形,点 E 在棱 AD 上,$DE=2EA$,且二面角 $E-BC-D$ 的大小为 $45°$,求三棱锥 $A-BCD$ 的体积.

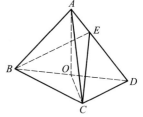

图 6.57

分析　(1) 要证 $OA\perp CD$,只须证明 $OA\perp$ 平面 BCD,这由已知条件结合线面垂直的判定定理即可证得;

(2) 要求三棱锥 $A-BCD$ 的体积,关键在于求得 OA 的值.于是以 O 为原点建立合适的空间直角坐标系,设出 A,E 两点的坐标,分别求出平面 EBC 和平面 BCD 的一个法向量,再利用空间向量的夹角公式即可求出 A,E 两点的坐标中参数的值,继而求出 OA 的值,最后由三棱锥的体积公式即可求解.

(1) **证明**　因为 $AB=AD$,O 为 BD 中点,所以 $AO\perp BD$. 因为

$$OA\subset\text{平面}\ ABD,\quad \text{平面}\ ABD\perp\text{平面}\ BCD,$$

$$\text{平面}\ ABD\bigcap\text{平面}\ BCD=BD,$$

所以 $OA\perp$ 平面 BCD,则 $OA\perp CD$.

(2) **解**　如图 6.58 所示,以 O 为原点,OD 为 y 轴,OA 为 z 轴,在平面 BCD 内垂直 OD 且过点 O 的直线为 x 轴,建立空间直角坐标系 $Oxyz$,则

$$C\left(\frac{\sqrt{3}}{2},\frac{1}{2},0\right),\quad D(0,1,0),\quad B(0,-1,0).$$

设 $A(0,0,m)$,则 $E\left(0,\dfrac{1}{3},\dfrac{2}{3}m\right)$,且

$$\overrightarrow{EB}=\left(0,-\frac{4}{3},-\frac{2}{3}m\right),\quad \overrightarrow{BC}=\left(\frac{\sqrt{3}}{2},\frac{3}{2},0\right).$$

设 $\boldsymbol{n}_1=(x_1,y_1,z_1)$ 为平面 EBC 的法向量,则

$$\begin{cases}\overrightarrow{EB}\cdot\boldsymbol{n}_1=-\dfrac{4}{3}y_1-\dfrac{2}{3}mz_1=0,\\[2mm]\overrightarrow{BC}\cdot\boldsymbol{n}_1=\dfrac{\sqrt{3}}{2}x_1+\dfrac{3}{2}y_1=0,\end{cases}\quad\text{即}\quad\begin{cases}2y_1+mz_1=0,\\[2mm]x_1+\sqrt{3}y_1=0.\end{cases}$$

令 $y_1=1$,则 $z_1=-\dfrac{2}{m}$,$x_1=-\sqrt{3}$,且 $\boldsymbol{n}_1=\left(-\sqrt{3},1,-\dfrac{2}{m}\right)$.

取平面 BCD 的法向量为 $\overrightarrow{OA}=(0,0,m)$,由题意,

$$\cos\langle \boldsymbol{n}_1, \overrightarrow{OA}\rangle = \left| \frac{-2}{m \cdot \sqrt{4+\dfrac{4}{m^2}}} \right| = \frac{\sqrt{2}}{2},$$

解得 $m=1$. 所以 $OA=1$,

$$S_{\triangle ABD} = \frac{1}{2}BD \cdot OA = \frac{1}{2} \times 2 \times 1 = 1,$$

$$V_{A\text{-}BCD} = \frac{1}{3}S_{\triangle ABD} \cdot |x_C| = \frac{\sqrt{3}}{6}.$$

注 本题考查线面垂直的判定定理与性质定理、二面角、三棱锥的体积,考查空间想象能力、推理论证能力,考查直观想象、逻辑推理等核心素养. 牢固掌握线面垂直的性质定理,建立合适的空间直角坐标系,正确利用空间向量的夹角公式,是解决这类问题的有效思维方法.

例 3(全国甲卷) 如图 6.59 所示,已知直三棱柱 ABC-$A_1B_1C_1$ 中,侧面 AA_1B_1B 为正方形,$AB=BC=2$,E,F 分别为 AC 和 CC_1 的中点,D 为棱 A_1B_1 上的点,$BF\perp A_1B_1$.

(1) 证明:$BF\perp DE$;

(2) 当 B_1D 为何值时,平面 BB_1C_1 与平面 DFE 所成的二面角的正弦值最小?

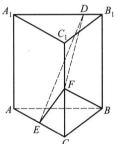

图 6.59

分析 (1) 要证 $BF\perp DE$,只须证明 $\overrightarrow{BF} \cdot \overrightarrow{DE}=0$,于是以 B 为原点建立空间直角坐标系,连接 AF,易知 $CF=1$,$BF=\sqrt{5}$,由 $BF\perp A_1B_1$ 知 $BF\perp AB$,再利用勾股定理求得 AF 和 AC 的长,证得 $BA\perp BC$,进而证得 $\overrightarrow{BF} \cdot \overrightarrow{DE}=0$.

(2) 要求二面角的最小正弦值,先由题设知平面 BB_1C_1C 的一个法向量 $\boldsymbol{m}$,求得平面 DFE 的法向量 $\boldsymbol{n}$,再求 $\cos\langle \boldsymbol{m}, \boldsymbol{n}\rangle$ 的最大值,进而得解.

(1) **证明** 连接 AF. 因为 E,F 分别为直三棱柱 ABC-$A_1B_1C_1$ 的棱 AC 和 CC_1 的中点,且 $AB=BC=2$,所以 $CF=1$,$BF=\sqrt{5}$. 因为 $BF\perp A_1B_1$,$AB /\!/ A_1B_1$,所以 $BF\perp AB$,且

$$AF=\sqrt{2^2+(\sqrt{5})^2}=3, \quad AC=\sqrt{3^2-1^2}=2\sqrt{2}.$$

因此 $AC^2=AB^2+BC^2$,即 $BA\perp BC$,故以 B 为原点,BA,BC,BB_1 所在直线分别为 x 轴、y 轴、z 轴建立空间直角坐标系,如图 6.60 所示,则

$$A(2,0,0), \quad B(0,0,0), \quad C(0,2,0),$$
$$E(1,1,0), \quad F(0,2,1).$$

设 $B_1D=k$,则 $D(k,0,2)$,

$$\overrightarrow{BF}=(0,2,1), \quad \overrightarrow{DE}=(1-k,1,-2),$$

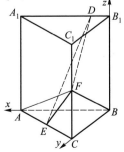

图 6.60

所以$\overrightarrow{BF} \cdot \overrightarrow{DE} = 0$,即 $BF \perp DE$.

(2) **解** 因为 $AB \perp$ 平面 BB_1C_1C,所以平面 BB_1C_1C 的一个法向量为 $\boldsymbol{m} = (1, 0, 0)$. 由(1)知,

$$\overrightarrow{DE} = (1-k, 1, -2), \quad \overrightarrow{EF} = (-1, 1, 1),$$

设平面 DEF 的法向量为 $\boldsymbol{n} = (x, y, z)$,则

$$\begin{cases} \boldsymbol{n} \cdot \overrightarrow{DE} = 0, \\ \boldsymbol{n} \cdot \overrightarrow{EF} = 0, \end{cases} \quad 即 \quad \begin{cases} (1-k)x + y - 2z = 0, \\ -x + y + z = 0. \end{cases}$$

令 $x = 3$,则 $y = k+1$,$z = 2-k$,$\boldsymbol{n} = (3, k+1, 2-k)$,所以

$$\cos\langle \boldsymbol{m}, \boldsymbol{n} \rangle = \frac{\boldsymbol{m} \cdot \boldsymbol{n}}{|\boldsymbol{m}| \cdot |\boldsymbol{n}|} = \frac{3}{1 \cdot \sqrt{9 + (k+1)^2 + (2-k)^2}}$$

$$= \frac{3}{\sqrt{2k^2 - 2k + 14}}.$$

考察分母,当 $k = \dfrac{1}{2}$ 时,平面 BB_1C_1C 与平面 DFE 所成的二面角的余弦值最大且为 $\dfrac{\sqrt{6}}{3}$,此时该二面角的正弦值最小且为 $\dfrac{\sqrt{3}}{3}$.

注 本题考查空间中线与线的垂直关系、二面角的求法,考查空间立体感、推理论证能力和运算能力. 建立恰当的空间直角坐标系,正确利用空间向量证明线线垂直和求二面角的方法是解答本题的关键,牢固掌握和正确应用平面几何知识是解答本题的基础.

例 4(北京) 如图 6.61 所示,$\square ABCD$ 所在的平面与直角梯形 $ABEF$ 所在的平面垂直,$BE /\!/ AF$,$AB = BE = \dfrac{1}{2}AF = 1$,且 $AB \perp AF$,$\angle CBA = \dfrac{\pi}{4}$,$BC = \sqrt{2}$,$P$ 为 DF 的中点.

(1) 求证:$PE /\!/$ 平面 $ABCD$.

(2) 求证:$AC \perp EF$.

分析 (1) 要证线面平行,借助其判定定理转化为线线平行,故只须在平面内找或作直线与已知直线平行,而找线线平行往往利用中位线或构造平行四边形;也可利用面面平行的性质将线面平行转化为面面平行;还可利用向量法转化为证明平面的一个法向量与已知直线垂直.

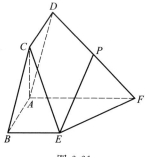

图 6.61

(2) 要证线线垂直,既可以转化为平行直线,使对应元素在同一个平面内借助平面几何知识加以证明,也可以利用线面垂直的性质转化为线面垂直,还可以用空间向量转化为坐标计算加以证明.

(1) **证法 1** 如图 6.62 所示,取 AD 的中点 M,连接 MP,MB. 在 $\triangle ADF$ 中,$PF = PD$,$MD = MA$,所以

$$MP /\!/ AF, \quad MP = \frac{1}{2}AF.$$

又 $BE=\dfrac{1}{2}AF$，$BE /\!/ AF$，所以

$$MP /\!/ BE，\quad MP=BE，$$

四边形 $BEPM$ 为平行四边形，$PE /\!/ MB$. 因为

$$PE \not\subset 平面\ ABCD，\quad BM \subset 平面\ ABCD，$$

所以 $PE /\!/ 平面\ ABCD$.

证法 2　如图 6.63 所示，取 AF 的中点 Q，连接 PQ，EQ. 在直角梯形 $ABEF$ 中，

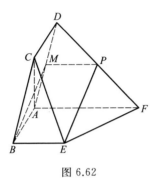

图 6.62　　　　　　图 6.63

$$AQ=BE=1，\quad BE /\!/ AQ，$$

所以四边形 $ABEQ$ 为平行四边形，$AB /\!/ EQ$. 因为

$$AB \not\subset 平面\ PQE，\quad EQ \subset 平面\ PQE，$$

所以 $AB /\!/ 平面\ PQE$. 在 $\triangle ADF$ 中，

$$PF=PD，QF=QA，$$

所以 $PQ /\!/ AD$. 因为

$$AD \not\subset 平面\ PQE，PQ \subset 平面\ PQE，$$

所以 $AD /\!/ 平面\ PQE$. 又 $AD \bigcap AB=A$，所以平面 $PQE /\!/ 平面\ ABCD$. $PE \subset 平面$
PQE 表明，$PE /\!/ 平面\ ABCD$.

证法 3　在 $\triangle ABC$ 中，$AB=1$，$\angle CBA=\dfrac{\pi}{4}$，$BC=\sqrt{2}$，所以

$$AC^2=AB^2+BC^2-2AB \cdot BC \cdot \cos\angle CBA=1，$$

则 $AC^2+AB^2=BC^2$，故 $AB \perp AC$. 又平面 $ABCD \perp$
平面 $ABEF$，平面 $ABCD \bigcap$ 平面 $ABEF=AB$，
$AC \subset 平面\ ABCD$，所以 $AC \perp 平面\ ABEF$，且
$AC \perp AF$. 而 $AB \perp AF$，所以 AB，AF，AC 三线两
两垂直.

如图 6.64 所示，以 A 为原点，分别以 $\overrightarrow{AB}$，$\overrightarrow{AF}$，
$\overrightarrow{AC}$ 的方向为 x 轴、y 轴、z 轴的正方向，建立空间直
角坐标系 $Axyz$，则

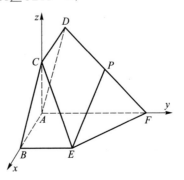

图 6.64

$$D(-1,0,1), \quad E(1,1,0), \quad F(0,2,0).$$

因为 P 为 DF 的中点,所以

$$P\left(-\frac{1}{2},1,\frac{1}{2}\right), \quad \overrightarrow{PE}=\left(\frac{3}{2},0,-\frac{1}{2}\right).$$

易知平面 $ABCD$ 的一个法向量为 $\boldsymbol{n}=(0,1,0)$,所以

$$\overrightarrow{PE}\cdot\boldsymbol{n}=\frac{3}{2}\times0+0\times1+\left(-\frac{1}{2}\right)\times0=0,$$

则 $\overrightarrow{PE}\perp\boldsymbol{n}$. 又 $PE\not\subset$ 平面 $ABCD$,所以 $PE\,/\!/$ 平面 $ABCD$.

(2) **证法 1**　(线面垂直的性质定理法)在 $\triangle ABC$ 中,$AB=1,\angle CBA=\dfrac{\pi}{4},BC=$ $\sqrt{2}$,所以

$$AC^2=AB^2+BC^2-2AB\cdot BC\cdot\cos\angle CBA=1,$$

则 $AC^2+AB^2=BC^2,AB\perp AC.$ 又平面 $ABCD\perp$ 平面 $ABEF$,平面 $ABCD\bigcap$ 平面 $ABEF=AB,AC\subset$ 平面 $ABCD$,所以 $AC\perp$ 平面 $ABEF$. 而 $EF\subset$ 平面 $ABEF$,所以 $AC\perp EF$.

证法 2　(向量法)由(1)知 $A(0,0,0),C(0,0,1)$,则

$$\overrightarrow{AC}\cdot\overrightarrow{EF}=(0,0,1)\cdot(-1,1,0)=0.$$

所以 $\overrightarrow{AC}\perp\overrightarrow{EF}$,即 $AC\perp EF$.

注　立体几何问题往往涉及证明位置关系与计算角度、距离等,通常借助相关判定定理与性质定理,在几何图形载体中寻找相关几何量. 也可建立空间直角坐标系,将几何推理转化为代数计算,向量法处理几何问题对空间想象能力相对要求低一点.

例 5(安徽)　如图 6.65 所示,圆锥顶点为 P,底面圆心为 O,其母线与底面所成的角为 $22.5°,AB$ 和 CD 是底面圆 O 上的两条平行的弦,轴 OP 与平面 PCD 所成的角为 $60°$.

(1) 证明:平面 PAB 与平面 PCD 的交线平行于底面;

(2) 求 $\cos\angle COD$.

分析　(1) 本题要证线面平行,可利用其判定理与性质定理.

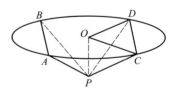

图 6.65

(2) 要求 $\cos\angle COD$ 的值,先作出 OP 与底面 PCD 所成的角,设 CD 的中点为 F,求出 OC,OF,再求 $\cos\angle COF$,利用二倍角公式,即可得到答案.

(1) **证明**　设平面 PAB 与平面 PCD 的交线为 l. 因为 $AB\,/\!/\,CD,AB\not\subset$ 平面 PCD,所以 $AB\,/\!/$ 平面 PCD. 因为 $AB\subset$ 平面 PAB,平面 PAB 与平面 PCD 的交线为 l,所以 $AB\,/\!/\,l$. 由 AB 在底面内,l 在底面外知,l 与底面平行.

（2）**解**　如图 6.66 所示，设 CD 的中点为 F，连接 OF，PF。由圆的性质，$\angle COD =$ $2\angle COF$，$OF \perp CD$。因为 $OP \perp$ 底面，$CD \subset$ 底面，所以 $OP \perp CD$。因为 $OP \bigcap OF = O$，所以 $CD \perp$ 平面 OPF。由 $CD \subset$ 平面 PCD 知，平面 $OPF \perp$ 平面 PCD，则直线 OP 在平面 PCD 内的射影为直线 PF，$\angle OPF$ 为 OP 与平面 PCD 所成的角。

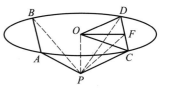

图 6.66

由题设，$\angle OPF = 60°$，设 $OP = h$，则
$$OF = OP \tan \angle OPF = \sqrt{3}\, h.$$

因为 $\angle OCP = 22.5°$，所以
$$OC = \frac{OP}{\tan \angle OCP} = \frac{h}{\tan 22.5°}.$$

由 $\tan 45° = \dfrac{2\tan 22.5°}{1 - \tan^2 22.5°} = 1$ 知，$\tan 22.5° = \sqrt{2} - 1$，则
$$OC = \frac{h}{\sqrt{2}-1} = (\sqrt{2}+1)h.$$

在 Rt$\triangle OCF$ 中，
$$\cos \angle COF = \frac{OF}{OC} = \frac{\sqrt{3}\, h}{(\sqrt{2}+1)h} = \sqrt{6} - \sqrt{3},$$

所以
$$\cos \angle COD = \cos(2\angle COF) = 2\cos^2 \angle COF - 1 = 17 - 12\sqrt{2}.$$

注　本题考查线面平行的判定与性质，考查空间角的计算，进而考查学生的计算能力。牢固掌握并灵活应用线面平行的判定定理与性质定理是解答这类问题的关键，熟悉平面几何和三角函数的基础知识是解答这类问题的基石。

例 6（福建）　如图 6.67 所示，圆柱 OO_1 内有一个三棱柱 $ABC\text{-}A_1B_1C_1$，三棱柱的底面为圆柱底面的内接三角形，且 AB 是圆 O 的直径。

（1）证明：平面 $A_1ACC_1 \perp$ 平面 B_1BCC_1；

（2）设 $AB = AA_1$，在圆柱 OO_1 内随机选取一点，记该点取自于三棱柱 $ABC\text{-}A_1B_1C_1$ 内的概率为 P。

① 当点 C 在圆周上运动时，求 P 的最大值；

② 记平面 A_1ACC_1 与平面 B_1OC 所成的角为 θ（$0° < \theta \leqslant 90°$）。当 P 取最大值时，求 $\cos \theta$ 的值。

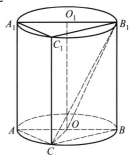

图 6.67

分析　（1）本题要证面面垂直，借助其判定定理易得证明。

(2) ① 要求 P 的最大值,易知 $P = \dfrac{V_1}{V}$(其中 V_1 是三棱柱 $ABC\text{-}A_1B_1C_1$ 的体积,

V 是圆柱的体积). 假设圆柱底面半径为 r,易得 $V_1 \leqslant 2r^3$,进而求得 P 的最大值.

② 当 P 取最大值时,$OC \perp AB$,于是以 O 为原点,建立空间直角坐标系 $Oxyz$. $\overrightarrow{BC}$ 是平面 A_1ACC_1 的一个法向量,再求得平面 B_1OC 的一个法向量 $\boldsymbol{n}$. 最后由 $\cos\theta = |\cos\langle \boldsymbol{n},\overrightarrow{BC}\rangle|$ 即得结果.

(1) **证明**　因为 $A_1A \perp$ 平面 ABC,$BC \subset$ 平面 ABC,所以 $A_1A \perp BC$. 因为 AB 是圆 O 的直径,所以 $BC \perp AC$. 又 $AC \cap A_1A = A$,所以 $BC \perp$ 平面 A_1ACC_1. 而 $BC \subset$ 平面 B_1BCC_1,则平面 $A_1ACC_1 \perp$ 平面 B_1BCC_1.

(2) ① **解法 1**　设圆柱的底面半径为 r,则 $AB = AA_1 = 2r$,故三棱柱 $ABC\text{-}A_1B_1C_1$ 的体积

$$V_1 = \frac{1}{2}AC \cdot BC \cdot 2r = AC \cdot BC \cdot r.$$

又 $AC^2 + BC^2 = AB^2 = 4r^2$,所以

$$AC \cdot BC \leqslant \frac{AC^2 + BC^2}{2} = 2r^2,$$

当且仅当 $AC = BC = \sqrt{2}\,r$ 时等号成立. 从而,$V_1 \leqslant 2r^3$.

而圆柱的体积 $V = \pi r^2 \cdot 2r = 2\pi r^3$,故

$$P = \frac{V_1}{V} \leqslant \frac{2r^3}{2\pi r^3} = \frac{1}{\pi},$$

当且仅当 $AC = BC = \sqrt{2}\,r$,即 $OC \perp AB$ 时等号成立. 所以,P 的最大值等于 $\dfrac{1}{\pi}$.

解法 2　设圆柱的底面半径为 r,则 $AB = AA_1 = 2r$,故三棱柱 $ABC\text{-}A_1B_1C_1$ 的体积

$$V_1 = \frac{1}{2}AC \cdot BC \cdot 2r = AC \cdot BC \cdot r,$$

设 $\angle BAC = \alpha\,(0° < \alpha \leqslant 90°)$,则

$$AC = AB\cos\alpha = 2r\cos\alpha, \quad BC = AB\sin\alpha = 2r\sin\alpha.$$

由于

$$AC \cdot BC = 4r^2\sin\alpha\cos\alpha = 2r^2\sin 2\alpha \leqslant 2r^2,$$

当且仅当 $\sin 2\alpha = 1$ 即 $\alpha = 45°$ 时等号成立,故 $V_1 \leqslant 2r^3$. 而圆柱的体积 $V = \pi r^2 \cdot 2r = 2\pi r^3$,故

$$P = \frac{V_1}{V} \leqslant \frac{2r^3}{2\pi r^3} = \frac{1}{\pi},$$

当且仅当 $\sin 2\alpha = 1$ 即 $\alpha = 45°$ 时等号成立. 所以,P 的最大值等于 $\dfrac{1}{\pi}$.

解法 3　设圆柱的底面半径为 r，则 $AB=AA_1=2r$，故圆柱的体积 $V=\pi r^2\cdot 2r=2\pi r^3$. 因为 $P=\dfrac{V_1}{V}$，当 V_1 取得最大值时，P 取得最大值. 又点 C 在圆周上运动，所以当 $OC\perp AB$ 时，$\triangle ABC$ 的面积最大，进而，三棱柱 ABC-$A_1B_1C_1$ 的体积最大，且其最大值为

$$\frac{1}{2}\cdot 2r\cdot r\cdot 2r=2r^3.$$

故 P 的最大值等于 $\dfrac{1}{\pi}$.

② 由①可知，当 P 取最大值时，$OC\perp AB$. 于是，以 O 为原点，建立空间直角坐标系 $Oxyz$（图 6.68），则

$$C(r,0,0),\quad B(0,r,0),\quad B_1(0,r,2r).$$

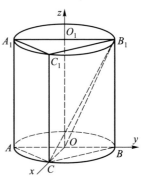

由 $BC\perp$ 平面 A_1ACC_1 知 $\overrightarrow{BC}=(r,-r,0)$ 是平面 A_1ACC_1 的一个法向量. 设平面 B_1OC 的法向量 $\boldsymbol{n}=(x,y,z)$，由 $\boldsymbol{n}\perp\overrightarrow{OC}$，$\boldsymbol{n}\perp\overrightarrow{OB_1}$，得

$$\begin{cases}rx=0,\\ ry+2rz=0,\end{cases}\quad\text{故}\quad\begin{cases}x=0,\\ y=-2z.\end{cases}$$

取 $z=1$，得平面 B_1OC 的一个法向量为 $\boldsymbol{n}=(0,-2,1)$.

图 6.68

因为 $0°<\theta\leqslant 90°$，所以

$$\cos\theta=|\cos\langle\boldsymbol{n},\overrightarrow{BC}\rangle|=\left|\frac{\boldsymbol{n}\cdot\overrightarrow{BC}}{|\boldsymbol{n}|\cdot|\overrightarrow{BC}|}\right|=\left|\frac{2r}{\sqrt{5}\cdot\sqrt{2}r}\right|=\frac{\sqrt{10}}{5}.$$

注　本题主要考查直线与直线、直线与平面、平面与平面的位置关系、几何体的体积、几何概型等基础知识；考查空间想象能力、推理论证能力、运算求解能力；考查数形结合思想、化归与转化思想、必然与或然思想. 因此，要求学生必须牢固掌握立体几何与几何概型的基础知识和基本技能.

例 7(全国甲卷，多选)　已知点 P 在圆 $(x-5)^2+(y-5)^2=16$ 上，及点 $A(4,0)$，$B(0,2)$，则(　　).

（A）点 P 到直线 AB 的距离小于 10

（B）点 P 到直线 AB 的距离大于 2

（C）当 $\angle PBA$ 最小时，$PB=3\sqrt{2}$

（D）当 $\angle PBA$ 最大时，$PB=3\sqrt{2}$

分析　由题设，容易想到要对四个选项分别进行检验，判断其真假，进而作出解答.

解　由直线方程的截距式可知，直线 AB 的方程为

$$\frac{x}{4}+\frac{y}{2}=1,\quad\text{即}\quad x+2y-4=0.$$

设圆心为 M,则圆心 $M(5,5)$ 到直线 AB 的距离为

$$\frac{|5+2\times5-4|}{\sqrt{1^2+2^2}}=\frac{11}{\sqrt{5}}.$$

所以圆上点 P 到直线 AB 的距离的取值范围为 $\left[\frac{11}{\sqrt{5}}-4,\ \frac{11}{\sqrt{5}}+4\right]$. 因为

$$\frac{11}{\sqrt{5}}+4<10,\quad\frac{11}{\sqrt{5}}-4<2,$$

故选项 A 正确,选项 B 错误.

当 $\angle PBA$ 最小或最大时,直线 BP 与圆 M 相切,

$$|BM|=\sqrt{(5-0)^2+(5-2)^2}=\sqrt{34}.$$

在 $\mathrm{Rt}\triangle MPB$ 中,

$$|PB|=\sqrt{34-16}=3\sqrt{2},$$

故选项 C 正确.

综上,本题选 A,C,D.

注 本题是新高考数学选择题,与以前选择题不同,它是一个多选题,其特点是在题目给出的选项中,有多项符合题目要求. 学生容易漏掉某些正确选项,从而得出错误结论.

例 8(全国 I 卷) 设椭圆 $C:\dfrac{x^2}{2}+y^2=1$ 的右焦点为 F,过 F 的直线 l 与 C 交于 A,B 两点,点 M 的坐标为 $(2,0)$.

(1) 当 l 与 x 轴垂直时,求直线 AM 的方程;

(2) 设 O 为坐标原点,证明:$\angle OMA=\angle OMB$.

分析 (1) 要求直线 AM 的方程,先求出椭圆 $C:\dfrac{x^2}{2}+y^2=1$ 的右焦点 F 的坐标. 由于 l 与 x 轴垂直,所以可求出直线 l 的方程,从而求出点 A 的坐标. 再利用直线方程的两点式,即可求出直线 AM 的方程.

(2) 要证 $\angle OMA=\angle OMB$,先对直线 l 分三类讨论:当直线 l 与 x 轴重合时,直接求出 $\angle OMA=\angle OMB=0°$;当直线 l 与 x 轴垂直时,可直接证得 $\angle OMA=\angle OMB$;当直线 l 与 x 轴不重合也不垂直时,设 l 的方程为 $y=k(x-1)(k\neq0)$,可证 $k_{MA}+k_{MB}=0$,从而证得 $\angle OMA=\angle OMB$.

(1) **解** 由已知得 $F(1,0)$,l 的方程为 $x=1$,点 A 的坐标为 $\left(1,\dfrac{\sqrt{2}}{2}\right)$ 或 $\left(1,-\dfrac{\sqrt{2}}{2}\right)$. 所以 AM 的方程为

$$y=-\frac{\sqrt{2}}{2}x+\sqrt{2},\quad\text{或}\quad y=\frac{\sqrt{2}}{2}x-\sqrt{2}.$$

(2) **证明** 当 l 与 x 轴重合时,$\angle OMA=\angle OMB=0°$.

当 l 与 x 轴垂直时，OM 为 AB 的垂直平分线，所以 $\angle OMA = \angle OMB$.

当 l 与 x 轴不重合也不垂直时，设 l 的方程为 $y = k(x-1)(k \neq 0)$，$A(x_1, y_1)$，$B(x_2, y_2)$，则 $x_1 < \sqrt{2}$，$x_2 < \sqrt{2}$，直线 MA，MB 的斜率之和为

$$k_{MA} + k_{MB} = \frac{y_1}{x_1 - 2} + \frac{y_2}{x_2 - 2}.$$

由 $y_1 = kx_1 - k$，$y_2 = kx_2 - k$，得

$$k_{MA} + k_{MB} = \frac{2kx_1x_2 - 3k(x_1 + x_2) + 4k}{(x_1 - 2)(x_2 - 2)}.$$

将 $y = k(x-1)$ 代入 $\dfrac{x^2}{2} + y^2 = 1$，得

$$(2k^2 + 1)x^2 - 4k^2 x + 2k^2 - 2 = 0,$$

所以

$$x_1 + x_2 = \frac{4k^2}{2k^2 + 1}, \quad x_1 x_2 = \frac{2k^2 - 2}{2k^2 + 1},$$

$$2kx_1x_2 - 3k(x_1 + x_2) + 4k = \frac{4k^3 - 4k - 12k^3 + 8k^3 + 4k}{2k^2 + 1} = 0,$$

从而 $k_{MA} + k_{MB} = 0$，故 MA，MB 的倾斜角互补. 所以 $\angle OMA = \angle OMB$.

综上，$\angle OMA = \angle OMB$.

注 破解此类解析几何题的关键：一是"图形"引路，一般需画出大致图形，把已知条件翻译到图形中，利用直线方程的点斜式或两点式，即可快速表示出直线方程；二是"转化"桥梁，即会把要证的两角相等，根据图形的特征，转化为斜率之间的关系，再把直线与椭圆的方程联立，利用根与系数的关系，以及斜率公式即可证得结论.

这里特别值得一提的是"真题互鉴". 本题来源于全国 I 卷理科数学：在直角坐标系 Oxy 中，曲线 $C: y = \dfrac{x^2}{4}$ 与直线 $l: y = kx + a (a > 0)$ 交于 M，N 两点.

(1) 当 $k = 0$ 时，分别求 C 在点 M 和 N 处的切线方程；

(2) y 轴上是否存在点 P，使得当 k 变动时，总有 $\angle OPM = \angle OPN$？说明理由.

例 8 只是把"抛物线"变为"椭圆"，仍然考查直线与圆锥曲线有两个交点的位置关系，都是"求方程"与"证明等角"问题，只是去掉了原来的"是否存在"型的外包装. 在强调命题改革的今天，通过改编创新等手段来赋予高考典型试题新的生命，成为高考命题的一种新走向.

例 9(全国 II 卷) 已知点 $A(-2,0)$，$B(2,0)$，动点 $M(x,y)$ 满足直线 AM 与 BM 的斜率之积为 $-\dfrac{1}{2}$，记 M 的轨迹为曲线 C.

(1) 求 C 的方程，并说明是什么曲线；

(2) 过坐标原点的直线交 C 于 P，Q 两点，点 P 在第一象限，$PE \perp x$ 轴，垂足为 E，连接 QE 并延长交 C 于点 G.

① 证明:$\triangle PQG$ 是直角三角形;

② 求$\triangle PQG$ 面积的最大值.

分析 （1）要求曲线 C 的方程,可利用斜率公式而得到,进而可判断曲线类型.

（2）① 设直线 PQ 的方程为 $y = kx(k > 0)$,然后与椭圆方程联立,求得点 P,Q,E 的坐标,从而求得直线 QG 的方程,并与椭圆方程联立,求得点 C 的坐标,由此求得直线 PG 的斜率,进而可使问题得证;

② 由①求出 $|PQ|$,$|PG|$,从而得到$\triangle PQG$ 面积的表达式,进而用换元法及函数的单调性求得最大值.

（1）**解**　由题设得 $\dfrac{y}{x+2} \cdot \dfrac{y}{x-2} = -\dfrac{1}{2}$,化简得,

$$C:\frac{x^2}{4}+\frac{y^2}{2}=1 \quad （|x| \neq 2）,$$

所以 C 为中心在坐标原点、焦点在 x 轴上的椭圆,不含左、右顶点.

（2）**证明**　① 设直线 PQ 的斜率为 k,则其方程为 $y = kx(k > 0)$. 由

$$\begin{cases} y = kx, \\ \dfrac{x^2}{4}+\dfrac{y^2}{2}=1 \end{cases} \quad 得 \quad x = \pm \frac{2}{\sqrt{1+2k^2}}.$$

记 $u = \dfrac{2}{\sqrt{1+2k^2}}$,则 $P(u,uk)$,$Q(-u,-uk)$,$E(u,0)$. 于是直线 QG 的斜率为 $\dfrac{k}{2}$,方程为 $y = \dfrac{k}{2}(x-u)$. 由

$$\begin{cases} y = \dfrac{k}{2}(x-u), \\ \dfrac{x^2}{4}+\dfrac{y^2}{2}=1 \end{cases} \quad 得 \quad (2+k^2)x^2 - 2uk^2 x + k^2 u^2 - 8 = 0.$$

设 $G(x_G, y_G)$,则 $-u$ 和 x_G 是上述关于 x 的二次方程的解,故

$$x_G = \frac{u(3k^2+2)}{2+k^2}, \quad 由此得 \quad y_G = \frac{uk^3}{2+k^2}.$$

从而直线 PG 的斜率为

$$\frac{\dfrac{uk^3}{2+k^2}-uk}{\dfrac{u(3k^2+2)}{2+k^2}-u} = -\frac{1}{k},$$

所以 $PQ \perp PG$,即$\triangle PQG$ 是直角三角形.

② 由①得,

$$|PQ| = 2u\sqrt{1+k^2}, \quad |PG| = \frac{2uk\sqrt{k^2+1}}{2+k^2},$$

所以$\triangle PQG$ 的面积

$$S = \frac{1}{2} |PQ| \cdot |PG| = \frac{8k(1+k^2)}{(1+2k^2)(2+k^2)} = \frac{8\left(\frac{1}{k}+k\right)}{1+2\left(\frac{1}{k}+k\right)^2}.$$

设 $t = k + \frac{1}{k}$，则由 $k > 0$ 得 $t \geq 2$，当且仅当 $k = 1$ 时取等号. 因为关于 t 的函数 $S = \frac{8t}{1+2t^2}$ 在 $[2, +\infty)$ 上单调递减，所以当 $t = 2$ 即 $k = 1$ 时，S 取得最大值，且最大值为 $\frac{16}{9}$. 因此，$\triangle PQG$ 面积的最大值为 $\frac{16}{9}$.

注 解决圆锥曲线中最值与范围问题，一般有两条思路：

(1) 构造关于所求量的函数，通过求函数的值域来获得问题的解；

(2) 构造关于所求量的不等式，通过解不等式来获得问题的解.

在解题过程中，一定要深刻挖掘题目中的隐含条件.

例 10(全国甲卷) 抛物线 C 的顶点为坐标原点 O，焦点在 x 轴上，直线 $l: x = 1$ 交 C 于 P, Q 两点，且 $OP \perp OQ$. 已知点 $M(2,0)$，且 $\odot M$ 与 l 相切.

(1) 求 $C, \odot M$ 的方程；

(2) 设 A_1, A_2, A_3 是 C 上的三个点，直线 A_1A_2, A_1A_3 均与 $\odot M$ 相切. 判断直线 A_2A_3 与 $\odot M$ 的位置关系，并说明理由.

分析 (1) 要求抛物线 C 和 $\odot M$ 的方程，可根据垂直关系得到点 P 的坐标，代入抛物线的解析式即可得到抛物线 C 的方程，根据点 M 到切线 l 的距离得到圆的半径，进而得到圆的方程.

(2) 要判断直线 A_2A_3 与 $\odot M$ 的位置关系，可根据直线与圆相切得到点的横坐标是一元二次方程的解，再根据韦达定理结合点到直线的距离公式求圆心到直线 A_2A_3 的距离，从而得到结论.

解 (1) 设 PQ 与 x 轴交于点 E，因为 $OP \perp OQ$，所以 $\triangle OPE$ 为等腰直角三角形，故 $PE = OE = 1$，$P(1,1)$，由此可知抛物线 C 的方程为 $y^2 = x$. 因为 $\odot M$ 与 l 相切，$M(2,0)$，所以 $\odot M$ 的方程为 $(x-2)^2 + y^2 = 1$.

(2) 设 $A_1(x_1, y_1), A_2(x_2, y_2), A_3(x_3, y_3)$.

当 A_1, A_2, A_3 中有一个点为坐标原点，另外两个点的横坐标的值均为 3 时，满足条件，且此时直线 A_2A_3 与 $\odot M$ 也相切.

当 $x_1 \neq x_2 \neq x_3$ 时，直线 A_1A_2 的方程为 $x - (y_1 + y_2)y + y_1y_2 = 0$. 此时有

$$\frac{|2 + y_1y_2|}{\sqrt{1 + (y_1 + y_2)^2}} = 1, \quad 即 \quad (y_1^2 - 1)y_2^2 + 2y_1y_2 + 3 - y_1^2 = 0.$$

同理可得

$$(y_1^2 - 1)y_3^2 + 2y_1y_3 + 3 - y_1^2 = 0.$$

所以 y_2，y_3 是关于 t 的方程

$$(y_1^2-1)t^2+2y_1t+3-y_1^2=0$$

的两根，因此

$$y_2+y_3=\frac{-2y_1}{y_1^2-1}, \quad y_2y_3=\frac{3-y_1^2}{y_1^2-1}.$$

依题意得直线 A_2A_3 的方程为 $x-(y_3+y_2)y+y_2y_3=0$. 令点 M 到直线 A_2A_3 的距离为 d，则

$$d^2=\frac{(2+y_2y_3)^2}{1+(y_2+y_3)^2}=\frac{\left(2+\dfrac{3-y_1^2}{y_1^2-1}\right)^2}{1+\left(\dfrac{-2y_1}{y_1^2-1}\right)^2}=1.$$

所以直线 A_2A_3 与 $\odot M$ 也相切.

注　求圆锥曲线方程和判断直线与圆锥曲线的位置关系，是解析几何中的基本题型. 本题就考查了抛物线与圆的方程、直线与圆的位置关系，因此学生一定要学好圆锥曲线的基础知识，掌握基本技能，努力增强数学运算核心素养.

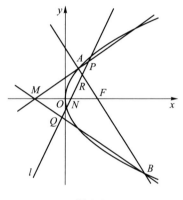

图 6.69

例 11(浙江)　如图 6.69 所示，已知 F 是抛物线 $y^2=2px(p>0)$ 的焦点，M 是抛物线的准线与 x 轴的交点，且 $|MF|=2$.

(1) 求抛物线的方程；

(2) 设过点 F 的直线交抛物线于 A，B 两点，若斜率为 2 的直线 l 与直线 MA，MB，AB，x 轴依次交于点 P，Q，R，N，且满足 $|RN|^2=|PN|\cdot|QN|$，求直线 l 在 x 轴上截距的取值范围.

分析　(1) 要求抛物线的方程，只须求出 p 的值，这可根据点 M 的特性而得到.

(2) 要求直线 l 在 x 轴上截距的取值范围，就需要得出关于该截距的不等式，这可将题设 $|RN|^2=|PN|\cdot|QN|$ 转化为 $|y_R|^2=|y_P|\cdot|y_Q|$ 后得到，进而解此不等式求出所要范围.

解　(1) 由题意知 $p=2$，所以抛物线的方程是 $y^2=4x$.

(2) 由题意可设直线 AB 的方程为 $x=ty+1\left(t\neq\dfrac{1}{2}\right)$，$A(x_1,y_1)$，$B(x_2,y_2)$. 将直线 AB 的方程代入 $y^2=4x$，得 $y^2-4ty-4=0$，所以

$$y_1+y_2=4t, \quad y_1y_2=-4.$$

直线 MA 的方程为 $y=\dfrac{y_1}{x_1+1}(x+1)$，设直线 l 的方程为 $x=\dfrac{1}{2}y+s$. 记 $P(x_P,y_P)$，$Q(x_Q,y_Q)$，由

$$\begin{cases} y=\dfrac{y_1}{x_1+1}(x+1), \\ x=\dfrac{1}{2}y+s \end{cases} \quad 得 \quad y_P=\dfrac{2(s+1)y_1}{(2t-1)y_1+4},$$

同理得 $y_Q=\dfrac{2(s+1)y_2}{(2t-1)y_2+4}$. 记 $R(x_R,y_R)$，由

$$\begin{cases} x=ty+1, \\ x=\dfrac{1}{2}y+s \end{cases} \quad 得 \quad y_R=\dfrac{2(s-1)}{2t-1}.$$

由题意知 $|y_R|^2=|y_P|\cdot|y_Q|$，化简，得

$$\dfrac{(s-1)^2}{(2t-1)^2}=\dfrac{(s+1)^2}{4t^2+3}.$$

易知 $s\neq1$，所以

$$\dfrac{(s+1)^2}{(s-1)^2}=\dfrac{4t^2+3}{(2t-1)^2}.$$

因为

$$\dfrac{4t^2+3}{(2t-1)^2}=\left(\dfrac{t+3/2}{2t-1}\right)^2+\dfrac{3}{4}\geqslant\dfrac{3}{4},$$

当且仅当 $t=-\dfrac{3}{2}$ 时等号成立，所以 $\dfrac{(s+1)^2}{(s-1)^2}\geqslant\dfrac{3}{4}$，解得

$$s\leqslant-7-4\sqrt{3} \ 或 \ s\geqslant-7+4\sqrt{3}, \quad 且 \quad s\neq1.$$

因此直线 l 在 x 轴上截距的取值范围是

$$(-\infty,-7-4\sqrt{3}\,]\bigcup[\,-7+4\sqrt{3},1)\bigcup(1,+\infty).$$

注 本题主要考查抛物线的几何性质、直线与抛物线的位置关系等基础知识，同时考查数学抽象、数学运算与逻辑推理等素养. 在解答本题过程中不难看出，既需要圆锥曲线的基础知识和基本技能，又需要进行准确的计算.

例 12(重庆) 已知以原点 O 为中心、$F(\sqrt{5},0)$ 为右焦点的双曲线 C 的离心率 $e=\dfrac{\sqrt{5}}{2}$.

(1) 求双曲线 C 的标准方程及其渐近线方程；

(2) 如图 6.70 所示，已知过点 $M(x_1,y_1)$ 的直线 l_1：$x_1x+4y_1y=4$ 与过点 $N(x_2,y_2)$（其中 $x_2\neq x_1$）的直线 l_2：$x_2x+4y_2y=4$ 的交点 E 在双曲线 C 上，直线 MN 与两条渐近线分别交于 G,H 两点，求 $\triangle OGH$ 的面积.

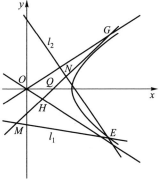

图 6.70

分析 (1) 要求双曲线 C 的标准方程及其渐近线方程，首先要假设 C 的标准方程为 $\dfrac{x^2}{a^2}-\dfrac{y^2}{b^2}=1(a>b>0)$，

显然只需求得 a 与 b 的值即可.

（2）要求 $\triangle OGH$ 的面积，先设 MN 与 x 轴的交点为 Q，再求 $|OQ|$ 与 $|y_G - y_H|$ 的值，最后计算 $S_{\triangle OGH} = \dfrac{1}{2}|OQ| \cdot |y_G - y_H|$.

（1）**解**　设 C 的标准方程为 $\dfrac{x^2}{a^2} - \dfrac{y^2}{b^2} = 1(a > b > 0)$，则由题意

$$c = \sqrt{5}, \quad e = \frac{c}{a} = \frac{\sqrt{5}}{2}.$$

因此
$$a = 2, b = \sqrt{c^2 - a^2} = 1,$$

C 的标准方程为 $\dfrac{x^2}{4} - y^2 = 1$. 故 C 的渐近线方程为 $x - 2y = 0$ 和 $x + 2y = 0$.

（2）**解法 1**　由题意知，点 $E(x_E, y_E)$ 在直线 $l_1 : x_1 x + 4y_1 y = 4$ 和 $l_2 : x_2 x + 4y_2 y = 4$ 上，则

$$x_1 x_E + 4y_1 y_E = 4, \quad x_2 x_E + 4y_2 y_E = 4,$$

故点 M, N 均在直线 $x_E x + 4y_E y = 4$ 上，因此直线 MN 的方程为 $x_E x + 4y_E y = 4$.

设 G, H 分别是直线 MN 与渐近线 $x - 2y = 0$ 及 $x + 2y = 0$ 的交点，由方程组

$$\begin{cases} x_E x + 4y_E y = 4, \\ x - 2y = 0 \end{cases} \quad 及 \quad \begin{cases} x_E x + 4y_E y = 4, \\ x + 2y = 0 \end{cases}$$

解得

$$y_G = \frac{2}{x_E + 2y_E}, \quad y_H = \frac{2}{2y_E - x_E}.$$

设 MN 与 x 轴的交点为 Q，则在直线 $x_E x + 4y_E y = 4$ 中，令 $y = 0$ 得 $x_Q = \dfrac{4}{x_E}$（易知 $x_E \neq 0$）. 注意到 $x_E^2 - 4y_E^2 = 4$，得

$$S_{\triangle OGH} = \frac{1}{2}|OQ| \cdot |y_G - y_H| = \frac{4}{|x_E|} \cdot \left| \frac{1}{x_E + 2y_E} - \frac{1}{2y_E - x_E} \right|$$

$$= \frac{4}{|x_E|} \cdot \frac{2|x_E|}{|x_E^2 - 4y_E^2|} = 2.$$

解法 2　设 $E(x_E, y_E)$，由方程组 $\begin{cases} x_1 x + 4y_1 y = 4, \\ x_2 + 4y_2 y = 4 \end{cases}$ 解得

$$x_E = \frac{4(y_2 - y_1)}{x_1 y_2 - x_2 y_1}, \quad y_E = \frac{x_1 - x_2}{x_1 y_2 - x_2 y_1}.$$

因 $x_2 \neq x_1$，则直线 MN 的斜率

$$k = \frac{y_2 - y_1}{x_2 - x_1} = -\frac{x_E}{4y_E},$$

故直线 MN 的方程为

$$y - y_1 = -\frac{x_E}{4y_E}(x - x_1).$$

注意到 $x_1 x_E + 4 y_1 y_E = 4$，因此直线 MN 的方程为 $x_E x + 4 y_E y = 4$.

下同解法 1.

注　求解圆锥曲线问题的，一般的思考方法是合理设元(设点或直线等)、几何条件代数化、建立恰当的关系式、围绕目标合理处理关系式(包括代入转化与恒等变形等).

例 13(江苏)　直角坐标系 Oxy 中，两圆
$$C_1:(x+3)^2+(y-1)^2=4,$$
$$C_2:(x-4)^2+(y-5)^2=4,$$
如图 6.71 所示.

(1) 若直线 l 过点 $A(4,0)$，且被圆 C_1 截得的弦长为 $2\sqrt{3}$，求直线 l 的方程；

(2) 设 P 为平面上的点，满足：存在过点 P 的无穷多对互相垂直的直线 l_1 和 l_2，它们分别与圆 C_1 和圆 C_2 相交，且直线 l_1 被圆 C_1 截得的弦长与直线 l_2 被圆 C_2 截得的弦长相等，试求所有满足条件的点 P 的坐标.

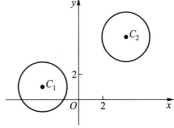

图 6.71

分析 1　(1) 要求直线 l 的方程，只要求得其斜率即可. 为此，一要说明直线 l 的斜率存在，二要利用点到直线的距离公式、勾股定理和垂径定理求其斜率.

(2) 要求点 P 的坐标，先由点斜式(注意 $l_1 \perp l_2$)可得直线 l_1, l_2 的方程，再由题设"弦长相等"建立等式，化简后即得结果.

解法 1　(1) 由于直线 $x=4$ 与圆 C_1 不相交，所以直线 l 的斜率存在. 设直线 l 的方程为 $y=k(x-4)$，即 $kx-y-4k=0$. 由垂径定理，得圆心 C_1 直线 l 的距离
$$d=\sqrt{4^2-\left(\frac{2\sqrt{3}}{2}\right)^2}=1.$$

结合点到直线距离公式，得
$$\frac{|-3k-1-4k|}{\sqrt{k^2+1}}=1, \quad 化简得 \quad 24k^2+7k=0,$$

解得 $k=0$ 或 $-\dfrac{7}{24}$. 故直线 l 的方程为 $y=0$ 或 $y=-\dfrac{7}{24}(x-4)$，即
$$y=0 \quad 或 \quad 7x+24y-28=0.$$

(2) 设点 P 坐标为 (m,n)，直线 l_1, l_2 的方程分别为
$$y-n=k(x-m) \quad 和 \quad y-n=-\frac{1}{k}(x-m),$$
即
$$kx-y+n-km=0 \quad 和 \quad -\frac{1}{k}x-y+n+\frac{1}{k}m=0.$$

因为直线 l_1 被圆 C_1 截得的弦长与直线 l_2 被圆 C_2 截得的弦长相等，两圆半径相等，由垂径定理，得圆心 C_1 到直线 l_1 的距离与圆心 C_2 到直线 l_2 的距离相等. 故有

$$\frac{|-3k-1+n-km|}{\sqrt{k^2+1}}=\frac{\left|-\dfrac{4}{k}-5+n+\dfrac{1}{k}m\right|}{\sqrt{\dfrac{1}{k^2}+1}},$$

化简得

$$(2-m-n)k=m-n-3, \quad 或 \quad (m-n+8)k=m+n-5.$$

上述关于 k 的方程有无穷多解,则

$$\begin{cases}2-m-n=0,\\ m-n-3=0\end{cases} \quad 或 \quad \begin{cases}m-n+8=0,\\ m+n-5=0,\end{cases}$$

解之,得点 P 坐标为 $\left(\dfrac{5}{2},-\dfrac{1}{2}\right)$ 或 $\left(-\dfrac{3}{2},\dfrac{13}{2}\right)$.

分析 2　(1) 同上分析.

(2) 由解法 1 知,所求点 P 满足 $PC_1=PC_2$,易证 $\angle C_1PC_2$ 为 $90°$,故点 P 应为两个轨迹的交点,再根据 C_1P 与 C_1C_2 的斜率关系可求得点 P 的坐标.

解法 2　(1) 同解法 1.

(2) 因为圆 C_1 和圆 C_2 的半径相等,所以作出两圆的对称轴,即线段 C_1C_2 的垂直平分线 m,再以线段 C_1C_2 为直径作圆 C 交 m 于点 P_1,P_2,则 P_1,P_2 为所求的点. 证明如下:

如图 6.72 所示,因为线段 C_1C_2 为圆 C 的直径,所以 $P_1C_1\perp P_1C_2$.直线 P_1C_1,P_1C_2 与圆 C_1、圆 C_2 相交的弦长是等圆的直径,显然相等.

设直线 l_1 绕点 P_1 从初始位置 P_1C_1 旋转 α 角(不妨设为逆时针)到达 $P_1M_1N_1$,与圆 C_1 相交于点 M_1,N_1. 此时 l_2 绕点 P_1 从初始位置 P_1C_2 旋转 α 角到达 $P_1M_2N_2$,与圆 C_2 相交于点 M_2,N_2,过两圆圆心 C_1 与 C_2 分别作 $C_1Q_1\perp M_1N_1,C_2Q_2\perp$

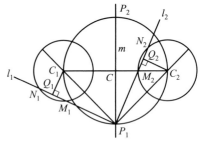

图 6.72

M_2N_2,垂足分别为 Q_1,Q_2,则 $\mathrm{Rt}\triangle P_1C_1Q_1\cong\mathrm{Rt}\triangle P_1C_2Q_2$,所以 $C_1Q_1=C_2Q_2$,从而 $M_1N_1=M_2N_2$. 于是,问题简化为找两点 P_1 与 P_2,使得四边形 $P_1C_1P_2C_2$ 为正方形.

设直线 C_1P_1 的斜率为 k_1,因为直线 C_1C_2 的斜率为 $\dfrac{4}{7}$,则由 $\angle P_1C_1C_2=45°$,得

$$\tan 45°=\frac{\dfrac{4}{7}-k_1}{1+\dfrac{4}{7}k_1}=1, \quad 解得 \quad k_1=-\frac{3}{11}.$$

由 $C_1P_1\perp C_2P_1$,得 C_2P_1 的斜率为 $k_2=\dfrac{11}{3}$. 于是直线 C_1P_1 与 C_2P_1 的方程分别为

$$C_1P_1:y-1=-\frac{3}{11}(x+3), \quad 即 \quad 3x+11y=2;$$

$$C_2P_1: y-5=\frac{11}{3}(x-4)，\quad 即 \quad 11x-3y=29.$$

求得两直线的交点为 $P_1\left(\dfrac{5}{2},-\dfrac{1}{2}\right)$.

由线段 C_1C_2 的中点与线段 P_1P_2 的中点重合，得 $P_2\left(-\dfrac{3}{2},\dfrac{13}{2}\right)$.

注　（1）若将本例的圆改为

$$C_1:(x-m)^2+y^2=r^2，$$

$$C_2:(x+m)^2+y^2=r^2(m\neq0,r>0)，$$

将两直线垂直改为两直线成任意角，其余条件不变，试问满足条件的点 P 是否存在？

（2）若将本例两圆半径相等改为不等，其余条件不变，试问满足条件的点 P 是否存在？

探究 1　直角坐标系 Oxy 中，已知两圆

$$C_1:(x-m)^2+y^2=r^2，$$

$$C_2:(x+m)^2+y^2=r^2(m\neq0,r>0)，$$

则存在定点 P，使得过点 P 的无穷多对所成角为 θ 的直线 l_1，l_2，它们分别与圆 C_1 和圆 C_2 相交，且直线 l_1 被圆 C_1 截得的弦长与直线 l_2 被圆 C_2 截得的弦长相等.

证明　设 $P(a,b)$，$l_1:y-b=k_1(x-a)$，$l_2:y-b=k_2(x-a)$，而 $k_2=\dfrac{k_1+\tan\theta}{1-k_1\tan\theta}$，所以

$$\frac{|k_1(m-a)+b|}{\sqrt{1+k_1^2}}=\frac{|k_2(-m-a)+b|}{\sqrt{1+k_2^2}}，$$

化简，得

$$|k_1(m-a)+b|=|k_1[(m+a)\cos\theta+b\sin\theta]+(m+a)\sin\theta-b\cos\theta|.$$

故

$$\begin{cases} m-a=(m+a)\cos\theta+b\sin\theta， \\ b=(m+a)\sin\theta-b\cos\theta \end{cases} \quad 或 \quad \begin{cases} -m+a=(m+a)\cos\theta+b\sin\theta， \\ -b=(m+a)\sin\theta-b\cos\theta. \end{cases}$$

解得

$$\begin{cases} a=0， \\ b=\dfrac{m\sin\theta}{1+\cos\theta} \end{cases} \quad 或 \quad \begin{cases} a=2m， \\ b=\dfrac{m\sin\theta}{1-\cos\theta}. \end{cases}$$

故存在定点 $P_1\left(0,\dfrac{m\sin\theta}{1+\cos\theta}\right)$，或 $P_2\left(2m,\dfrac{m\sin\theta}{1-\cos\theta}\right)$.

探究 2　设圆 C_1 和圆 C_2 的半径分别为 R 和 r，一般地，平面上存在两点 P_1 和 P_2，使得过点 P_1 和 P_2 的无穷多对互相垂直的直线 l_1 和 l_2，它们分别与圆 C_1 和圆 C_2 相交，且直线 l_1 被圆 C_1 截得的弦长与直线 l_2 被圆 C_2 截得的弦长之比为 $R:r$.

分析 因为圆 C_1 和圆 C_2 的半径分别为 R 和 r,设到两圆圆心 C_1 和 C_2 距离之比为 $R：r$ 的点的集合为 T. 当 $R \neq r$ 时,轨迹 T 是一个阿波罗尼奥斯圆;当 $R = r$ 时,轨迹 T 是线段 $C_1 C_2$ 的垂直平分线. 若以线段 $C_1 C_2$ 为直径作圆 C 与轨迹 T 相交于 P_1,P_2,则 P_1,P_2 为所求的点.

证明 如图 6.73 所示,轨迹 T 与以线段 $C_1 C_2$ 为直径的圆 C 相交于 P_1,则 $P_1 C_1$ 与 $P_1 C_2$ 垂直,直线 $P_1 C_1$ 与 $P_1 C_2$ 分别与圆 C_1 和圆 C_2 相交的弦长是两圆的直径,此时弦长之比当然为 $R：r$.

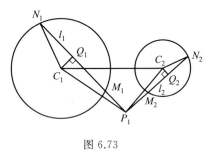

图 6.73

设直线 l_1 绕点 P_1 从初始位置 $P_1 C_1$ 旋转 α 角(不妨设为顺时针)到达 $P_1 M_1 N_1$,与圆 C_1 相交于点 M_1,N_1. 此时 l_2 绕点 P_1 从初始位置 $P_1 C_2$ 旋转 α 角到达 $P_1 M_2 N_2$,与圆 C_2 相交于点 M_2,N_2. 过两圆圆心 C_1 与 C_2 分别作 $C_1 Q_1 \perp M_1 N_1$,$C_2 Q_2 \perp M_2 N_2$,垂足分别为 Q_1,Q_2. 因为

$$C_1 P_1 : C_2 P_1 = R : r, \quad \angle C_1 P_1 Q_1 = \alpha = \angle C_2 P_1 Q_2,$$

所以 $\mathrm{Rt}\triangle P_1 C_1 Q_1 \backsim \mathrm{Rt}\triangle P_1 C_2 Q_2$,$C_1 Q_1 : C_2 Q_2 = R : r$,从而 $M_1 N_1 : M_2 N_2 = R : r$.

§6.3 竞赛几何问题

数学竞赛中的几何问题,既具有基础性、综合性和教育性,又凸显了挑战性与创造性,调动与活化了几何学中很多潜在的知识、原理和方法.

竞赛中的几何问题在各级各类数学竞赛中占有举足轻重的地位,无论地方性竞赛,还是国际数学奥林匹克竞赛(简称 IMO),都有几何试题. 因此,我们必须研究竞赛中几何试题的基本特点、基本内容和基本解(证)法.

§6.3.1 竞赛几何问题的基本特点

竞赛中的几何问题包括平面几何、立体几何、平面解析几何、组合几何与图论初步四方面的问题. 这些竞赛几何问题具有以下基本特点:

1. 竞赛中几何问题的交叉性

(1)中学几何知识与大学数学方法的交叉

竞赛中的几何问题所涉及的核心内容,不能直接归为中学几何,因为它常有大学数学的背景,用到了大学数学的思想方法,而且有些内容中学教材并不直接讲授. 同时,竞赛中的几何问题又不能简单地并入大学数学,其能力要求并不超出中学生所能接受的范围,有些内容大学教材也不直接讲授.

(2)教学几何与研究几何的交叉

教学几何是指学校教授的各类几何,它将为学生提供以后学习和工作所需要的几何基础知识和基本技能. 研究几何是指数学工作者需要掌握的几何前沿知识,它与几何的新发现、新进展直接相联系. 竞赛中的几何内容更加接近教学几何,而其思想方法和能力要求却又比较接近研究几何,因此竞赛中的几何问题介于教学几何和研究几何之间.

(3)严肃几何与趣味几何的交叉

竞赛中的几何题既有非常抽象、非常专业化的题目,又有非常实际、非常生活化的题目,并且无论哪类题目,命题者都追求内容的现代性、陈述的趣味性、技巧的独创性,这使得竞赛中的几何问题把抽象的理论和实际的运用相联系,把形式和生活趣味相联系,有时人们称之为非常规题.

2. 竞赛中几何问题的研究性

(1)内容的新颖性

竞赛中的几何问题不仅常常使用现代的几何语言,体现现代几何发展的趋势,甚至有些内容就是科学研究的新成果. 许多高层次、新境界的竞赛几何题都出自数学前沿或数学研究的最新成果,或由数学研究新成果经过简单化、特殊化后形成的.

(2)方法的创造性

竞赛中的几何问题十分灵活,解答中虽然离不开基本几何知识、一般思维方法和常用基本技能,但是大多数试题都没有常规模式可套,也无万能范本可循,解答的关键在于整体上的洞察力、敏锐的直觉和独创性的构思. 竞赛几何试题方法的创造性,既体现在命题者对试题的构造上,又体现在解答者临场的答卷中,而更多、更广泛的还体现在赛后评议、归纳总结和永无止境的研究中.

(3)问题的研究性

数学竞赛中的许多几何试题,由于它的新颖性、启示性、方向性,往往能为初等几何研究提供新的课题;由于数学竞赛的权威性,许多古老的几何问题要我们去研究,使它们焕发出新的光彩,许多现代的几何问题要我们去研究,让它们为竞赛试题注入活力.

3. 竞赛中几何问题的艺术性

(1)构题的趣味性

竞赛中几何问题的魅力,既源于其深刻的背景,揭示了几何内容的本质,体现了几何中真和美的统一,充满了美感的简单性、对称性与奇异性;又源于在构题内容上追求科学、正确与内在美,在构题形式上追求新意,力图生动有趣.

(2)解法的技巧性

一道好的竞赛几何试题,它的解法应该体现简洁、奇异和独创. 解答竞赛几何试题的技巧,不是低层次的一招一式或妙手偶得的雕虫小技,它既是使用几何技巧的技巧,又是创造几何技巧的技巧,还是一种几何创造力与高层次思维的艺术!

4. 竞赛中几何问题的教育性

竞赛几何的教育性,既是学校教育的需要,又是开展数学竞赛的重要目的. 竞赛几何的教育性,既体现在试题内容与形式的有机结合上,又体现在参赛者的解答之中,还体现为对几何研究成果的再创造.

§6.3.2 竞赛几何问题的基本内容

竞赛中的几何问题包括平面几何、立体几何、平面解析几何、组合几何与图论初步中的相关问题,以平面几何问题为主. 在初中、高中联赛(二试)、冬令营及 IMO 中必有平面几何试题. 在 IMO 的几何试题中,从第 22 届(1981 年)开始,立体几何在竞赛中已多年没有出现. 究其原因,一方面是组合几何的涌入,另一方面是难于命制适度而新颖的立体几何题. 在初、高中数学竞赛大纲中,几何问题的基本内容是:

(1) 常规的平面几何问题:包括证明题、计算题、轨迹题、作图题等,着重在共线点、共圆点、共点线、轨迹、几何变换、几何不等式、几何极值和充要条件等方面,强调运动变化的观点.

(2) 组合几何问题:所谓组合几何,就是用组合数学的成果来解决几何学中的问题,是几何与组合数学的综合和交叉,主要研究几何图形的拓扑性质和有限制条件的欧几里得几何性质. 所牵涉的类型包括计数、分类、构造、覆盖、递推关系以及相邻、相交、包含等拓扑性质. 这是近几年来数学奥林匹克中热门而极具挑战性的新颖题型,这类问题离不开几何知识的运用以及几何结构的分析,但更注重精巧的构思.

(3) 立体几何问题:包括证明题、计算题、轨迹题,所涉及的主要知识包括直线与平面、多面角、四面体与多面体、旋转体等.

(4) 解析几何问题:包括证明题、计算题、轨迹题,所涉及的主要知识包括格点、面积、区域、直线束、圆系、圆锥曲线等.

§6.3.3 竞赛几何问题的基本解法

竞赛中的几何不是一个有独立研究对象、独立研究方法的数学分支,而是由若干数学分支上的某些层面交叉综合而成的. 因此,解答竞赛几何问题的方法既有一般性又有特殊性.

竞赛中的几何试题,首先是几何题,但又不是单靠记忆和模仿就能解决的常规"练习题",而是具有接受性、障碍性、探究性的"问题",需在一般思维规律指导下,综合而灵活地运用数学基础知识和基本方法才能解决,解题过程表现为一种创造性活动. 解答竞赛几何问题,既要经常使用一些中学常见的方法,如综合几何法(包括全等法、面积法等)、几何变换法(包括对称、平移、旋转等)、代数方法(包括解析法、复数法、向量法、三角法等)以及分析法、综合法、同一法、枚举法、反证法、归纳法和类比法,又要使用一些特殊的方法和技巧,例如构造、染色、极端原理、对称性分析、包含与排除、特殊化、一般化等方法,在图形中巧添辅助线等技巧.

例1(初中) 如图 6.74 所示,在等腰 $\triangle ABC$ 中,$AB=1$,$\angle A=90°$,点 E 为腰 AC 中点,点 F 在底边 BC 上,且 $FE \perp BE$,求 $\triangle CEF$ 的面积.

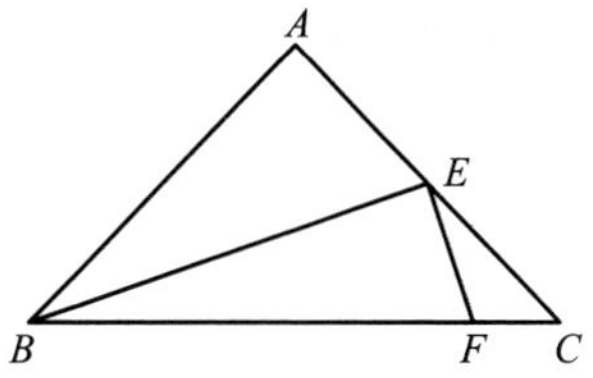

分析 $\triangle CEF$ 的边 $CE = \dfrac{1}{2}$,要求面积,需要求出对应的高.

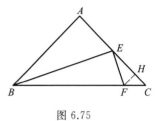

图 6.74

解法1 如图 6.75 所示,作 $FH \perp AC$ 于点 H. 易得 $\triangle EFH \backsim \triangle BEA$,从而

$$\frac{FH}{EH} = \frac{EA}{BA} = \frac{1}{2}, \quad EH = 2FH.$$

由已知,$\angle C = 45°$,有 $FH = CH$,所以

$$3FH = CE = \frac{1}{2}, \quad FH = \frac{1}{6}.$$

因此 $S_{\triangle CEF} = \dfrac{1}{24}$.

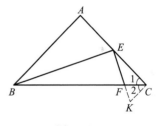

图 6.75

解法2 如图 6.76 所示,作 $CK \perp AC$,与 EF 的延长线交于点 K. 易得 $\triangle EKC \backsim \triangle BEA$,从而

$$\frac{KC}{EC} = \frac{EA}{BA} = \frac{1}{2}, \quad KC = \frac{1}{2}EC = \frac{1}{4},$$

所以 $S_{\triangle EKC} = \dfrac{1}{16}$. 由已知,$\angle 1 = \angle 2 = 45°$,则 CF 平分 $\angle ECK$,点 F 到 CE,CK 的距离相等. 所以

$$\frac{S_{\triangle EFC}}{S_{\triangle KFC}} = \frac{EC}{KC} = 2,$$

$$S_{\triangle CEF} = \frac{2}{3} S_{\triangle EKC} = \frac{1}{24}.$$

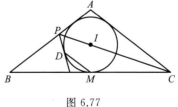

图 6.76

注 解答本题的有效途径在于求出需要的量,认定 CE 为底边后,重点要求出这边上的高. 解法2用了相似基本图,及面积定理(等高三角形面积之比等于底边之比).

例2(初中) 如图 6.77 所示,已知在等腰 $\triangle ABC$ 中,$AB = AC$,$\angle C$ 的平分线与 AB 边交于点 P,M 为 $\triangle ABC$ 内切圆 $\odot I$ 与边 BC 的切点,作 $MD /\!/ AC$,交 $\odot I$ 于点 D. 证明:PD 是 $\odot I$ 的切线.

图 6.77

分析 要直接证明 PD 是 $\odot I$ 的切线不易,尝试同一法.

证明 如图 6.78 所示,过点 P 作 PN 切 $\odot I$ 于点 Q,与 BC 交于点 N. 因为 PA 是 $\odot I$ 的切线,所以 $\angle APC = \angle NPC$. 而 $\angle 1 = \angle 2$,则

$$\triangle ACP \cong \triangle NCP, \quad \angle A = \angle 3.$$

因为 $NM = NQ$,$AB = AC$,所以

$\triangle NMQ \backsim \triangle ACB$，$\angle 4 = \angle ACB$.

因此 $MQ /\!/ AC$. 由 $MD /\!/ AC$ 知，MD，MQ 为同一条直线. 因为 Q，D 均在 $\odot I$ 上，所以点 Q 与点 D 重合，即 PD 是 $\odot I$ 的切线.

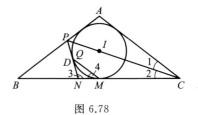

图 6.78

注　同一法是间接证法的一种. 当要证明某种图形具有某种特性而不易直接证明时，使用此法往往可以克服这个困难. 用同一法证明的一般步骤是：(1) 不从已知条件入手，而是作出符合结论特性的图形；(2) 证明所作的图形符合已知条件；(3) 推证出所作图形与已知为同一图形.

例 3(初中)　如图 6.79 所示，等腰梯形 $ABCD$ 中，$AB = 3CD$，过点 A 和点 C 分别作其外接圆的切线，两者交于点 K. 求证：$\triangle KDA$ 为直角三角形.

分析　要证明 $\triangle KDA$ 为直角三角形，只须证明 $\angle KDA = 90°$. 于是需要在圆中转换，构造一个直角三角形与 $\triangle KAD$ 相似.

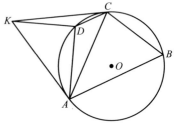

图 6.79

证明　如图 6.80 所示，作 $CQ /\!/ AD$ 交 AB 于点 Q，延长 QD，BC 交于点 G. 因为 $ABCD$ 为等腰梯形，所以 $DC /\!/ AB$，则 $ADCQ$ 是平行四边形，$AD = QC$. 因为 $AD = BC$，所以 $CQ = BC$. 而 $AB = 3DC$，即 $QB = 2DC$，结合 $DC /\!/ BQ$ 知，CD 是 $\triangle QGB$ 的中位线. 所以

$$GC = BC = CQ, \quad GQ \perp AB.$$

因为 KA，KC 为 $\odot O$ 的切线，所以

$$KA = KC, \quad \angle KAD = \angle DCA = \angle CAB,$$

则 $\angle KAC = \angle DAB = \angle B$. 因为 $KA = KC$，$CQ = CB$，所以

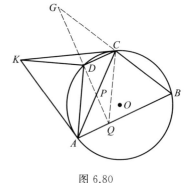

图 6.80

$$\triangle KAC \backsim \triangle CQB, \quad \frac{KA}{CQ} = \frac{AC}{QB},$$

则

$$\frac{KA}{AD} = \frac{2AP}{2AQ} = \frac{AP}{AQ}.$$

结合 $\angle KAD = \angle CAQ$，有 $\triangle KAD \backsim \triangle PAQ$，则

$$\angle KDA = \angle PQA = 90°,$$

$\triangle KDA$ 为直角三角形.

注　证明本题的关键在于构造需要的直角三角形，利用 $AB = 3CD$ 导出更多的线段比例式，再得出相似关系，进而得出结论.

例 4(高中) 如图 6.81 所示,已知△ABC 内接于⊙O,I 为△ABC 的内心,∠BAC 所对的旁心为 J,E 为弧 BAC 的中点,EA 交 BC 于点 K. 证明:$EI \perp JK$.

分析 本题要证明的是两条直线的垂直关系,通过分析题目中各线段的几何关系,我们容易知道 EI 的延长线与 JK 的交点在三角形 ABC 的"鸡爪"圆(以 IJ 为直径的圆)上,下面只需要证明该结论成立即可.

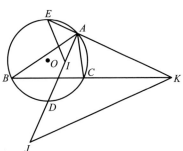

图 6.81

证法 1 如图 6.82 所示,延长 EI 交⊙O 于点 F,延长 DF 交 EK 于点 L. 由已知可得 DE 为⊙O 的直径,则可得 I 为△EDL 的垂心,$LI \perp DE$,因此

$$IL \parallel BC, \quad \frac{AL}{LK} = \frac{AI}{IP}.$$

原问题等价于 $DL \parallel JK$,即证明

$$\frac{AL}{LK} = \frac{AD}{DJ}, \quad \text{或} \quad \frac{AI}{IP} = \frac{AD}{DJ},$$

由"鸡爪"定理($DJ = DI = DC$)及角平分线定理知只需要证明 $\dfrac{AC}{CP} = \dfrac{AD}{CD}$,这由△$CDP \backsim$△$ADC$ 即可得到.

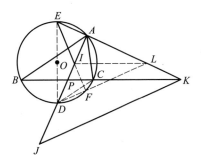

图 6.82

证法 2 如图 6.83 所示,EI 交⊙D 于 M,连接 JM,由 IJ 为⊙D 的直径可知 $EM \perp JM$,则只须证明 J,M,K 三点共线.

因∠$EAJ = \angle EMJ = 90°$,则 E,A,M,J 四点共圆. 由蒙日(Monge)定理知,EA,BC,JM 三线交于一点,故 J,M,K 共线.

证法 3 如图 6.84 所示,同证法 2 一样把原问题转化为 J,M,K 共线,这里采用证明∠$KMI = 90°$ 来得出共线,只须证明 A,I,M,K 四点共圆.

因为∠$EBC = \angle ECB = \angle EAB$,所以 $BE^2 = EA \cdot EK$. 注意到 $EB \perp BD$,所以 EB 为⊙D 的切线,且 $BE^2 = EI \cdot EM$. 因此

$$EA \cdot EK = EI \cdot EM,$$

表明 A,I,M,K 四点共圆.

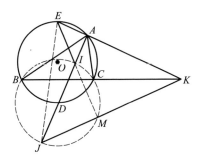

图 6.83

注 此题是一个内涵十分丰富的题目,基本结构很多,用旁心和内心的性质可以由多种途径解决问题.

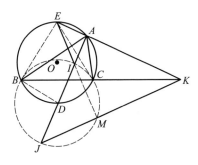

图 6.84

例 5(高中联赛)　如图 6.85 所示,在等腰 $\triangle ABC$ 中,$AB=BC$,I 为内心,M 为 BI 的中点,P 为边 AC 上一点,满足 $AP=3PC$,PI 延长线上一点 H 满足 $MH\perp PH$,Q 为 $\triangle ABC$ 的外接圆上劣弧 AB 的中点.证明:$BH\perp QH$.

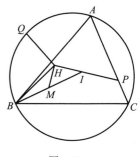

图 6.85

分析　这道试题图形结构简单,条件简洁,内涵丰富,A,B,C 三点可以看成圆上的动点,其他点相应变动,但在运动中蕴含着垂直关系这一不变性.试题要证明的是垂直关系 $BH\perp QH$,可转化为证明 $\angle QHB=90°$,解决的途径很多,关键在于利用题设条件进行合理的推理转化.

思路 1　根据题设条件和内心的性质容易得到 $QB=QI$,而 M 为 BI 的中点,故可知 $QM\perp BI$,所以 $\angle QMB=90°$,自然容易想到先证明 Q,B,M,H 四点共圆.若设 AB 的中点为 E,则易知 $\angle QEB=90°$,也可考虑先证明 B,H,E,Q 四点共圆.作出不同的辅助线,可得到如下 3 种证法:

证法 1　如图 6.86 所示,取 AC 的中点 N,由 $AP=3PC$,可知 P 为 NC 的中点.易知 B,I,N 共线,$\angle INC=90°$.

由 I 为 $\triangle ABC$ 的内心,可知 CI 经过点 Q,且
$$\angle QIB=\angle IBC+\angle ICB=\angle ABI+\angle ACQ$$
$$=\angle ABI+\angle ABQ=\angle QBI,$$
故 $BQ=QI$.又 M 为 BI 的中点,所以 $QM\perp BI$,进而 $QM\parallel CN$.

考虑 $\triangle HMQ$ 与 $\triangle HIB$,由于 $MH\perp PH$,则
$$\angle HMQ=90°-\angle HMI=\angle HIB.$$

图 6.86

又 $\angle IHM=\angle INP=90°$,故
$$\frac{HM}{HI}=\frac{NP}{NI}=\frac{1}{2}\cdot\frac{NC}{NI}=\frac{1}{2}\cdot\frac{MQ}{MI}=\frac{MQ}{IB},$$
所以 $\triangle HMQ\backsim\triangle HIB$,得 $\angle HQM=\angle HBI$.从而 H,M,B,Q 四点共圆,于是有 $\angle BHQ=\angle BMQ=90°$,即 $BH\perp QH$.

证法 2　如图 6.86 所示,延长 BI 交 AC 于点 N,连接 QC,QB,QM.由 I 为 $\triangle ABC$ 的内心,$AB=BC$,Q 为 $\triangle ABC$ 的外接圆上劣弧 AB 的中点,可知 N 为 AC 的中点,$BN\perp AC$,CQ 平分 $\angle ACB$,CQ 经过点 I,且
$$\angle QIB=\angle IBC+\angle ICB=\angle ABI+\angle ACQ$$
$$=\angle ABI+\angle ABQ=\angle QBI,$$
故 $BQ=QI$.又 M 为 BI 的中点,所以 $QM\perp BI$,且 QM 平分 $\angle BQC$.

由于 $\angle MHP=\angle MNP=90°$,所以 M,H,N,P 四点共圆,故 $\triangle MHI\backsim\triangle PNI$,
$$\frac{HM}{MI}=\frac{NP}{PI},\quad\angle HMI=\angle IPN.$$

由于 $AP=3PC$，故 P 为 NC 的中点，$NP=PC$. 又 M 为 BI 的中点，故 $MI=MB$，于是可得 $\dfrac{HM}{MB}=\dfrac{PC}{PI}$. 又

$$\angle HMB=180°-\angle HMI=180°-\angle IPN=\angle IPC,$$

所以 $\triangle BHM \backsim \triangle ICP$，故

$$\angle BHM=\angle ICP=\angle ACQ=\frac{1}{2}\angle ACB$$

$$=\frac{1}{2}\angle BAC=\frac{1}{2}\angle BQC=\angle BQM.$$

从而 H,M,B,Q 四点共圆，于是有 $\angle BHQ=\angle BMQ=90°$，即 $BH\perp QH$.

证法 3 如图 6.87 所示，取 AC 的中点 N，由 $AP=3PC$ 可知，P 为 NC 的中点. 易知 B,I,N 共线，$\angle INC=90°$.

由 I 为 $\triangle ABC$ 的内心，可知 CI 经过点 Q，且

$$\angle QIB=\angle IBC+\angle ICB=\angle ABI+\angle ACQ$$

$$=\angle ABI+\angle ABQ=\angle QBI,$$

故 $BQ=QI$. 又 M 为 BI 的中点，所以 $QM\perp BI$，于是可知 $\triangle QMI \backsim \triangle CNI$.

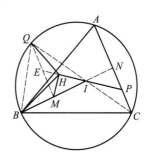

图 6.87

延长 PH 交 QM 于点 E，则 E 为 QM 的中点，即有 $QE=ME$. 由于 $MH\perp PH$，$QM\perp BI$，在 $\mathrm{Rt}\triangle MEI$ 中，由射影定理可得 $ME^2=EH\cdot EI$，故

$$QE^2=EH\cdot EI,\quad \text{即}\quad \frac{QE}{EI}=\frac{EH}{QE},$$

从而可得 $\triangle QHE \backsim \triangle IQE$，所以 $\angle QHE=\angle IQE=\angle IQM$. 于是

$$\angle QHM=\angle QHE+90°=\angle IQM+\angle QMI$$

$$=180°-\angle QIM=180°-\angle QBM,$$

所以 Q,B,M,H 四点共圆，于是有 $\angle BHQ=\angle BMQ=90°$，即 $BH\perp QH$.

思路 2 根据题设条件可知，图中的中点较多，如点 N,P,M. 又由证法 3 可知 E 为 QM 的中点，若设 BQ 的中点为 F，则 $EF=\dfrac{1}{2}BM=\dfrac{1}{2}MI$. 要证 $\angle QHB=90°$，只须证 $FH=\dfrac{1}{2}QB$. 再设 MI 的中点为 K，则 $EF=KI$，且 $EF/\!/KI$，故四边形 $EFKI$ 为平行四边形，可知 FK 垂直平分线段 MH，于是可得如下证法：

证法 4 如图 6.88 所示，取 AC 的中点 N，由 $AP=3PC$，可知 P 为 NC 的中点. 易知 B,I,N 共线，$\angle INC=90°$. 由 I 为 $\triangle ABC$ 的内心，可知 CI 经过点 Q，且

$$\angle QIB=\angle IBC+\angle ICB=\angle ABI+\angle ACQ$$

$$=\angle ABI+\angle ABQ=\angle QBI,$$

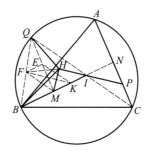

图 6.88

故 $BQ = QI$,又 M 为 BI 的中点,所以 $QM \perp BI$.于是可知 $\triangle QMI \backsim \triangle CNI$.设直线 PI 交 MQ 于点 E,则 E 为 QM 的中点,即有 $QE = ME$.设 BQ,MI 的中点分别为 F, K,连接 EF,FH,FK,FM,则

$$EF /\!/ BN, \quad 且 \quad EF = \frac{1}{2}BM = \frac{1}{2}MI = KI,$$

所以四边形 $EFKI$ 为平行四边形,故 $FK /\!/ IE$.

因为 $MH \perp PH$,K 为 MI 的中点,所以 $MF \perp FK$,且 FK 平分 MH,于是 $EH = EM$,四边形 $EFKI$ 为平行四边形,故 $FK /\!/ IE$.又 $QM \perp BI$,F 为 QB 的中点,所以 $FM = \frac{1}{2}QB$,故 $FH = \frac{1}{2}QB$,且 $\triangle QHB$ 为直角三角形,$BH \perp QH$.

思路 3　所给图形与等腰 $\triangle ABC$ 的外接圆有关,又涉及较多的垂直关系和中点,要证明的也是垂直关系,可以考虑结合图形结构建立合适的平面直角坐标系,引入参数,根据条件求出相关点的坐标和直线的方程,证明 $\overrightarrow{BH} \cdot \overrightarrow{QH} = 0$.需要说明的是,如果图形结构不是太好,应尽量避免使用解析法解决平面几何问题,否则容易陷入烦琐的代数运算,由于步骤不完整而丢分.

证法 5(解析法)　如图 6.89 所示,设 $\triangle ABC$ 的外心为 O,延长 BI 交 AC 于点 D,交圆 O 于点 E.由 I 为 $\triangle ABC$ 的内心,$AB = BC$,Q 为 $\triangle ABC$ 的外接圆上劣弧 AB 的中点,可知 D 为 AC 的中点,且 $BD \perp AC$.因为点 O 在 BD 上,$OQ \perp AB$,所以 OQ 与 AB 的交点 F 为 AB 的中点.又 $AP = 3PC$,故 P 为 DC 的中点.

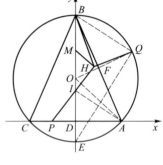

图 6.89

以 D 为原点,AC 所在直线为 x 轴,BD 所在直线为 y 轴,建立平面直角坐标系.不妨设 $AC = 4$,$AB = BC = a(a > 2)$,$I(0,t)$,则

$$A(2,0), \quad C(-2,0), \quad P(-1,0), \quad B(0,\sqrt{a^2-4}).$$

设圆 O 的半径为 R,由 $OA^2 = OD^2 + AD^2$ 得

$$R^2 = (\sqrt{a^2-4} - R)^2 + 4, \quad 解得 \quad R = \frac{a^2}{2\sqrt{a^2-4}},$$

从而可得 $E\left(0, -\dfrac{4}{\sqrt{a^2-4}}\right)$.因为 AI 平分 $\angle BAC$,由角平分线定理可得 $\dfrac{AB}{AD} = \dfrac{BI}{DI}$,即

$$\frac{a}{2} = \frac{\sqrt{a^2-4} - t}{t}, \quad 解得 \quad t = \sqrt{\frac{4(a-2)}{a+2}},$$

故直线 PH 的方程为

$$y = \sqrt{\frac{4(a-2)}{a+2}} \cdot (x+1).$$

又 M 为 BI 的中点，故可得 $M\left(0,\dfrac{\sqrt{a^2-4}}{2}+\sqrt{\dfrac{a-2}{a+2}}\right)$. 而 $MH\perp PH$，所以直线 MH 的方程为

$$y=-\sqrt{\frac{a+2}{4(a-2)}}\cdot x+\frac{\sqrt{a^2-4}}{2}+\sqrt{\frac{a-2}{a+2}}.$$

联立直线 PH，MH 的方程解得

$$H\left(\frac{a^2-2a}{5a-6},\frac{2a^2+6a-12}{5a-6}\cdot\sqrt{\frac{a-2}{a+2}}\right).$$

由 AB 的中点 $F\left(1,\dfrac{1}{2}\sqrt{a^2-4}\right)$，可得 AB 的中垂线所在直线 QF 的方程为

$$y-\frac{1}{2}\sqrt{a^2-4}=\frac{2}{\sqrt{a^2-4}}(x-1),$$

即

$$y=\frac{2}{\sqrt{a^2-4}}\cdot x+\frac{a^2-8}{2\sqrt{a^2-4}}.$$

设 $Q\left(q,\dfrac{2q}{\sqrt{a^2-4}}+\dfrac{a^2-8}{2\sqrt{a^2-4}}\right)$，则

$$\overrightarrow{BQ}=\left(q,\frac{2q}{\sqrt{a^2-4}}-\frac{a^2}{2\sqrt{a^2-4}}\right),\quad\overrightarrow{EQ}=\left(q,\frac{2q}{\sqrt{a^2-4}}+\frac{a^2}{2\sqrt{a^2-4}}\right).$$

因为 $BQ\perp EQ$，所以 $\overrightarrow{BQ}\cdot\overrightarrow{EQ}=0$，即

$$q^2+\left(\frac{2q}{\sqrt{a^2-4}}-\frac{a^2}{2\sqrt{a^2-4}}\right)\cdot\left(\frac{2q}{\sqrt{a^2-4}}+\frac{a^2}{2\sqrt{a^2-4}}\right)=0,$$

解得 $q=\dfrac{a}{2}$. 因为

$$\overrightarrow{BH}=\left(\frac{a^2-2a}{5a-6},\frac{2a^2+6a-12}{5a-6}\cdot\sqrt{\frac{a-2}{a+2}}-\sqrt{a^2-4}\right)$$

$$=\left(\frac{a^2-2a}{5a-6},\frac{-3a^2+2a}{5a-6}\cdot\sqrt{\frac{a-2}{a+2}}\right),$$

$$\overrightarrow{QH}=\left(\frac{a^2-2a}{5a-6}-q,\frac{2a^2+6a-12}{5a-6}\cdot\sqrt{\frac{a-2}{a+2}}-\frac{2q}{\sqrt{a^2-4}}-\frac{a^2-8}{2\sqrt{a^2-4}}\right)$$

$$=\left(\frac{-3a^2+2a}{2(5a-6)},-\frac{a\sqrt{a^2-4}}{2(5a-6)}\right),$$

所以

$$\overrightarrow{BH}\cdot\overrightarrow{QH}=\frac{a^2-2a}{5a-6}\cdot\frac{-3a^2+2a}{2(5a-6)}+\frac{-3a^2+2a}{5a-6}\cdot\sqrt{\frac{a-2}{a+2}}\cdot\left(-\frac{a\sqrt{a^2-4}}{2(5a-6)}\right)$$

$$=\frac{-a^2(3a-2)(a-2)}{2(5a-6)^2}+\frac{-a(3a-2)}{2(5a-6)^2}\cdot\left[-a(a-2)\right]$$

$$=0,$$

因此 $BH \perp QH$.

注 这道试题以平面几何中的基本图形——三角形和圆为载体,涉及圆、三角形的内心、等腰三角形的性质、四点共圆、全等三角形的判定及性质等基本知识点,证明直线的垂直关系,考查学生的逻辑推理能力和数学运算素养.结合所给的条件,从不同的角度出发进行思考,有利于选手充分发挥水平.

例 6(北大强基计划) 凸五边形 $ABCDE$ 的对角线 CE 分别与对角线 BD 和 AD 交于点 F 和 G,已知

$$BF : FD = 5 : 4, \quad AG : GD = 1 : 1,$$

$$CF : FG : GE = 2 : 2 : 3,$$

$S_{\triangle CFD}$ 和 $S_{\triangle ABE}$ 分别为 $\triangle CFD$ 和 $\triangle ABE$ 的面积,则 $S_{\triangle CFD} : S_{\triangle ABE}$ 的值等于(　　).

(A) $8 : 15$　　　　　　　　(B) $2 : 3$

(C) $11 : 23$　　　　　　　　(D) 前三个答案都不对

分析 题目中给出了一些线段比例关系式,容易联想到平行线截线段成比例,从而想办法构造出平行线,将线段的比例关系联系起来.由于

$$CF : FG : GE = 2 : 2 : 3, \quad BF : FD = 5 : 4,$$

这两个比例式均与线段 BE 有关系,于是构造一条与线段 BE 平行的直线.经过分析只需倍长线段 FC 产生平行线($BE /\!/ MD$).再通过共边比,求出三角形之间的面积比,题目就迎刃而解.

解 如图 6.90 所示,设 AD 与 BE 相交于点 O,延长 FC,使 $CM = CF$,则根据比例,可得 $BE /\!/ MD$,所以

$$\frac{OG}{GD} = \frac{EG}{GM} = \frac{1}{2}.$$

因为 G 为 AD 中点,所以

$$AO = OG = \frac{1}{2}GD, \quad MD = \frac{4}{5}BE = 2OE,$$

则 $OE = \frac{2}{5}BE$. 不妨设 $S_{\triangle ABE} = 5$,则

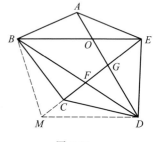

图 6.90

$$S_{\triangle AOE} = 2, \quad S_{\triangle EGD} = 4, \quad S_{\triangle CFD} = 4 \times \frac{2}{3} = \frac{8}{3}.$$

所以 $S_{\triangle CFD} : S_{\triangle ABE} = 8 : 15$,故选 A.

注 解本题的关键是通过倍长线段产生平行线,使各线段之间产生联系,再利用平行得出的线段比例来求两个三角形的面积比例.

例 7(中学竞赛) 如图 6.91 所示,锐角 $\triangle ABC$ 中,$AB > AC > BC$,O,I 分别为外心和内心,E,F 分别在 CA,AB 上,且 $CE = BF = BC$. 则 $\dfrac{EF}{OI} = ($　　$)$.

(A) $\cos A$　　　　　　　　(B) $2\cos \dfrac{A}{2}$

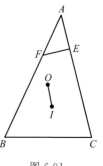

图 6.91

(C) $2\sin A$ (D) $2\sin\dfrac{A}{2}$

分析　利用内心性质得出 BI 的延长线与 $\triangle ABC$ 外接圆的弧 AC 的交点 T 是 $\triangle AFI$ 的外心,且 A,F,C,I 四点共圆,再利用角度关系得出 $\triangle OTI \backsim \triangle ECF$. 这样就可以计算出 $\dfrac{EF}{OI}$ 的值.

解　如图 6.92 所示,延长 BI 与 $\odot O$ 交于点 T. 因为 $BC=BF$,所以 BI 垂直平分 CF. 由内心性质知, $TI=TC=TA$,所以

$$TF=TC=TI=TA,$$

则 A,F,I,C 四点共圆, T 为圆心. 而

$$\angle FTC=2\angle FAC=\angle BOC,$$

所以 $\triangle TFC \backsim \triangle OBC$,

$$\frac{OT}{CE}=\frac{OB}{BC}=\frac{TF}{CF}=\frac{TI}{CF}.$$

因为 $OT \perp AC$, $BT \perp CF$,所以

$$\angle OTI=\angle ECF, \quad \triangle OTI \backsim \triangle ECF,$$

则

$$\frac{EF}{OI}=\frac{CE}{OT}=\frac{BC}{OB}=2\sin A.$$

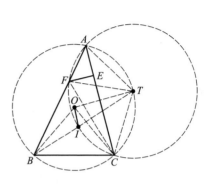

图 6.92

故选 C.

注　本题的条件较多,我们需要一个中间点将它们联系起来,这个中间点就是 BI 与弧 AC 的交点 T. 通过对点 T 性质的探究,本题也就迎刃而解了.

例 8(女子奥林匹克)　如图 6.93 所示,四边形 $ABCD$ 中, $AB=AD$, $CB=CD$, $AB \perp BC$. 在 AB, AD 上分别取点 E,F,在线段 EF 上分别取点 P,Q,使 $\dfrac{AE}{EP}=\dfrac{AF}{FQ}$. $BX \perp PC$ 于点 X, $DY \perp CQ$ 于点 Y. 求证: P,Q,X,Y 四点共圆.

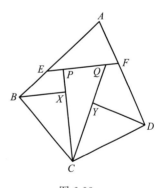

图 6.93

分析　本题要证明 P,Q,X,Y 四点共圆,可以先证明对角互补,也可以先证明 $CX \cdot CP=CX \cdot CQ$. 由于题中已知的是线段的比,可以尝试证明 $CX \cdot CP=CX \cdot CQ$. 再分析题目条件,很容易想到将 CP, CQ 延长,分别交 AB, AD 于点 M,N,利用射影定理得到一个类似于割线定理的等式. 经过转化,发现仅需证明 MN 平行于 EF,由梅涅劳斯定理,这是显然的.

证明　如图 6.94 所示,延长 CP 交 AB 于点 M,延长 CQ 交 AD 于点 N,连接 MN, AC. 可证 $\angle ADC=\angle ABC=90°$,则

$$CB^2=CX \cdot CM, \quad CD^2=CY \cdot CN,$$

所以

$$CX \cdot CM = CY \cdot CN. \qquad ①$$

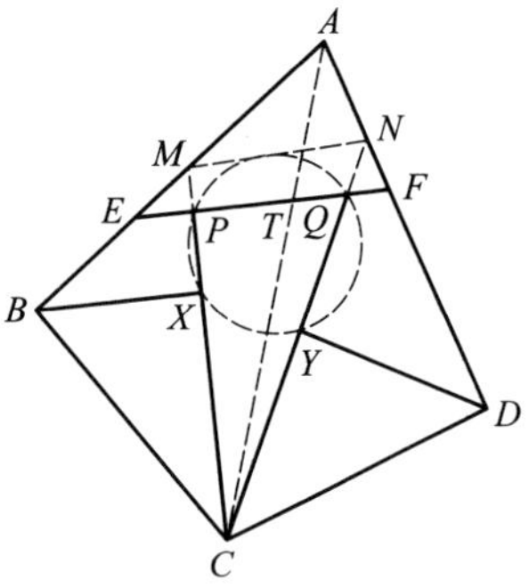

由梅涅劳斯定理,

$$\frac{CA}{AT} \cdot \frac{TE}{PE} \cdot \frac{PM}{MC} = 1, \quad \frac{CA}{AT} \cdot \frac{TF}{QF} \cdot \frac{QN}{NC} = 1.$$

易证 AC 平分 $\angle EAF$,则 $\dfrac{AE}{AF} = \dfrac{ET}{TF}$. 因为 $\dfrac{AE}{EP} = \dfrac{AF}{FQ}$,

所以 $\dfrac{TE}{PE} = \dfrac{TF}{QF}$,且

$$\frac{PM}{MC} = \frac{QN}{NC} \quad 即 \quad \frac{CP}{CM} = \frac{CQ}{CN}. \qquad ②$$

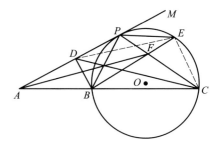

图 6.94

由①式和②式,得 $CX \cdot CP = CY \cdot CQ$,故 P, Q, X, Y 四点共圆.

注　解决本题的关键是通过射影定理导出线段关系式,再利用梅涅劳斯定理得出平行关系. 思路层层递进,清晰自然.

例 9(西部奥林匹克)　如图 6.95 所示,在 $\triangle PBC$ 中,$\angle PBC = 60°$,过点 P 作 $\triangle PBC$ 的外接圆 O 的切线,与 CB 的延长线交于点 A. 点 D 和 E 分别在线段 PA 和 $\odot O$ 上,使 $\angle DBE = 90°$,$PD = PE$. 连接 BE,与 PC 交于点 F. 已知 AF,BP,CD 三线共点.

图 6.95

（1）求证:BF 是 $\angle PBC$ 的角平分线.

（2）求 $\tan \angle PCB$ 的值.

（1）**证明**　当 BF 平分 $\angle PBC$ 时,由于 $\angle DBE = 90°$,所以 BD 平分 $\angle PBA$,

$$\frac{PF}{FC} \cdot \frac{CB}{BA} \cdot \frac{AD}{DP} = \frac{PB}{BC} \cdot \frac{BC}{BA} \cdot \frac{AB}{PB} = 1.$$

由切瓦定理的逆定理知,AF,BP,CD 三线共点.

若还有 $\angle D'BF'$ 满足 $\angle D'BF' = 90°$,且 AF',BP,CD' 三线共点,不妨设点 F' 在线段 PF 内,则点 D' 在线段 AD 内,于是

$$\frac{PF'}{F'C} < \frac{PF}{FC}, \quad \frac{AD'}{D'P} < \frac{AD}{PD},$$

所以

$$\frac{PF'}{F'C} \cdot \frac{CB}{BA} \cdot \frac{AD'}{D'P} < \frac{PF}{FC} \cdot \frac{CB}{BA} \cdot \frac{AD}{PD} = 1.$$

这与 AF',BP,CD' 三线共点矛盾,故 BF 是 $\angle PBC$ 的内角平分线.

（2）**解**　不妨设 $\odot O$ 的半径为 1,$\angle PCB = \alpha$. 由（1）知,$\angle PBE = \angle EBC = 30°$,$E$ 是 $\overset{\frown}{PC}$ 的中点. 连接 DE,因为

$$\angle MPE = \angle PBE = 30°, \quad \angle CPE = \angle CBE = 30°,$$

所以由 $PD = PE$ 知,

$$\angle PDE = \angle PED = 15°, \quad PE = 2 \times 1 \times \sin 30°, \quad DE = 2\cos 15°.$$

连接 EC,又

$$BE = 2\sin\angle ECB = 2\sin(\alpha + 30°),$$

$$\angle BED = \angle BEP - 15° = \alpha - 15°.$$

所以在 Rt$\triangle BDE$ 中,有

$$\cos(\alpha - 15°) = \frac{BE}{DE} = \frac{2\sin(\alpha + 30°)}{2\cos 15°},$$

解得 $\tan\alpha = \dfrac{6 + \sqrt{3}}{11}$.

例 10(东南奥林匹克) 如图 6.96 所示,在 $\triangle ABC$ 中,$AB < AC$,PB 和 PC 是 $\triangle ABC$ 的外接圆 O 的切线. R 是弧 AC 上的一点,PR 与 $\odot O$ 的另一个交点为 Q. I 是 $\triangle ABC$ 的内心,$ID \perp BC$ 于 D,QD 与 $\odot O$ 的另一交点为 G. 过点 I 且与 AI 垂直的直线与 AB,AC 分别相交于点 M,N.

求证:若 $AR \parallel BC$,则 A,G,M,N 四点共圆.

分析 解决途径是由相切及平行等关系,导出比例式,得到图中两个三角形相似,再得到角度关系,于是共圆. 在导出比例式的过程中只须进行简单的转化以及一些熟知的边的计算.

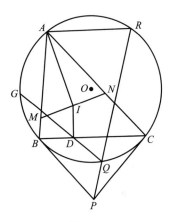

图 6.96

证明 如图 6.97 所示,连接 GB,GC,GM,GN,RB,RC,QB,QC,BI,CI. 由 PB,PC 是 $\odot O$ 的切线知,

$$\frac{RB}{BQ} = \frac{PR}{PB} = \frac{PR}{PC} = \frac{RC}{CQ},$$

所以 $\dfrac{BQ}{CQ} = \dfrac{RB}{RC}$. 又

$$\frac{BD}{CD} = \frac{S_{\triangle BGQ}}{S_{\triangle CGQ}} = \frac{BG \cdot BQ}{CG \cdot CQ} = \frac{BG \cdot RB}{CG \cdot RC},$$

由 $AR \parallel BC$ 知,$RB = AC$,$RC = AB$,所以

$$\frac{BD}{CD} = \frac{BG \cdot AC}{CG \cdot AB},$$

从而

$$\frac{BG}{CG} = \frac{BD \cdot AB}{CD \cdot AC} = \frac{BI\cos\dfrac{\angle ABC}{2}\sin\angle ACB}{CI\cos\dfrac{\angle ACB}{2}\sin\angle ABC}$$

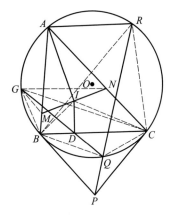

图 6.97

$$=\frac{BI\sin\dfrac{\angle ACB}{2}}{CI\sin\dfrac{\angle ABC}{2}}=\frac{BI^2}{CI^2}.\qquad\text{①}$$

因为 $AI\perp MN$，所以

$$\angle AMN=\angle ANM=\frac{\angle ABC+\angle ACB}{2},$$

$$\angle BMI=\angle INC=180°-\frac{\angle ABC+\angle ACB}{2},$$

$$\angle MBI=\frac{\angle ABC}{2}=\frac{\angle ABC+\angle ACB}{2}-\frac{\angle ACB}{2}$$

$$=\angle ANM-\angle NCI=\angle NIC.$$

因此，$\triangle MBI\backsim\triangle NIC$，从而

$$\frac{BM}{CN}=\frac{BM}{IN}\cdot\frac{IM}{CN}=\frac{BI^2}{CI^2}.\qquad\text{②}$$

由①式和②式知，$\dfrac{BG}{CG}=\dfrac{BM}{CN}$. 又

$$\angle GBM=\angle GBA=\angle GCA=\angle GCN,$$

所以 $\triangle GBM\backsim\triangle GCN$，

$$\angle GMA=180°-\angle GMB=180°-\angle GNC=\angle GNA.$$

因此，A,G,M,N 四点共圆.

例 11(IMO)　如图 6.98 所示，设 M 是 $\triangle ABC$ 的边 AB 上的任意一点，r_1,r_2,r 分别是 $\triangle AMC,\triangle BMC,\triangle ABC$ 的内切圆半径，ρ_1,ρ_2,ρ 分别是这些三角形在 $\angle ACB$ 内部的旁切圆半径. 求证：$\dfrac{r}{\rho}=\dfrac{r_1}{\rho_1}\cdot\dfrac{r_2}{\rho_2}$.

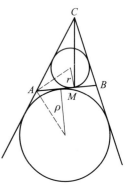

图 6.98

分析　将 r 和 ρ 联系起来，这是解题的关键. 仔细观察图形，容易看出：以边 AB 为桥梁，将 r,ρ 与 AB 关联，而得到 r 与 ρ 的关系.

证明　为此设 $\angle CAB=\alpha,\angle ABC=\beta,\angle AMC=\delta$，则

$$AB=r\left(\cot\frac{\alpha}{2}+\cot\frac{\beta}{2}\right),$$

$$AB=\rho\left(\cot\frac{\pi-\alpha}{2}+\cot\frac{\pi-\beta}{2}\right)=\rho\left(\tan\frac{\alpha}{2}+\tan\frac{\beta}{2}\right),$$

所以

$$\frac{r}{\rho}=\frac{\tan\dfrac{\alpha}{2}+\tan\dfrac{\beta}{2}}{\cot\dfrac{\alpha}{2}+\cot\dfrac{\beta}{2}}=\tan\frac{\alpha}{2}\tan\frac{\beta}{2}.$$

同理,

$$\frac{r_1}{\rho_1}=\tan\frac{\alpha}{2}\tan\frac{\delta}{2},\quad \frac{r_2}{\rho_2}=\tan\frac{\pi-\delta}{2}\tan\frac{\beta}{2}=\cot\frac{\delta}{2}\tan\frac{\beta}{2}.$$

所以

$$\frac{r_1}{\rho_1}\cdot\frac{r_2}{\rho_2}=\tan\frac{\alpha}{2}\tan\frac{\beta}{2}=\frac{r}{\rho},\quad 即\quad \frac{r}{\rho}=\frac{r_1}{\rho_1}\cdot\frac{r_2}{\rho_2}.$$

例 12(IMO) 如图 6.99 所示,在锐角 $\triangle ABC$ 中,$\angle BAC$
的角平分线 AL 交 BC 于点 L,交外接圆于点 N,过点 L 作
$LK\perp AB$ 于点 K,$LM\perp AC$ 于点 M.求证:四边形 $AKNM$
的面积等于 $\triangle ABC$ 的面积.

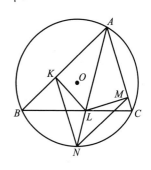

图 6.99

分析 要比较的两个图形,种类不同:一个是三角形,
一个是筝形.如何比较面积呢?一种想法是割补,将多余
的部分补入不足的部分.若二者正好出入相补,则问题得
证.另一种想法是,将图形进行等积变换,使两者变为同一
种图形,或变到容易比较的位置.还有,通过面积公式计算各自的面积.由此可以得到
多种证法.

证法 1 如图 6.100 所示,两个图形重叠部分除外,只须证明

$$S_{\triangle NLK}+S_{\triangle NLM}=S_{\triangle LBK}+S_{\triangle LCM}.$$

现将点 N 平移到 AB 上的点 S,使 $NS\parallel LK$,再平移到
AC 上的点 T,使 $NT\parallel LM$,连接 LS,LT,NB,NC,则有

$$S_{\triangle NLK}=S_{\triangle SLK},\quad S_{\triangle NLM}=S_{\triangle TLM},$$

所以只须证 $S_{\triangle SLK}+S_{\triangle LTM}=S_{\triangle LBK}+S_{\triangle LCM}$.这四个三角
形都等高 $(LK=LM)$,故只须证明

$$KS+MT=KB+MC.$$

但 $KS=MT$,故又只须证 $SB=TC$.而 SB 与 TC 所在的
$Rt\triangle SBN$ 与 $Rt\triangle TCN$ 容易证明是全等的 $(NB=NC$,
$NT=NS)$.至此问题得证.

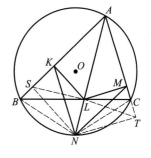

图 6.100

证法 2 如图 6.101 所示,作直径 AD,连接 DB,DN,DC,KM,DK,DL,DM,
DC,则有

$$DB\parallel LK,\quad DN\parallel KM,\quad DC\parallel LM,$$

故

$$S_{\triangle KMN}=S_{\triangle KMD},$$

$$S_{\triangle KLB}=S_{\triangle KLD},$$

$$S_{\triangle MLC}=S_{\triangle MLD}.$$

所以 $S_{AKNM}=S_{\triangle ABC}$.(此证法是我国选手林强所采用的.)

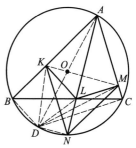

图 6.101

证法 3　如图 6.102 所示，A,K,L,M 共圆，且 AL 是直径，设为 $\odot O'$，与 BC 交于点 I. 连接 KI,MI,BN,CN,NI，则

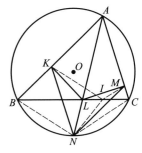

$$\angle BIK = \angle KAL = \frac{1}{2}\angle BAC,$$

$$\angle NBL = \angle NAC = \frac{1}{2}\angle BAC,$$

所以 $\angle BIK = \angle NBL$，$KI \parallel BN$. 同理，$IM \parallel CN$. 于是

$$S_{\triangle BKI} = S_{\triangle NKI}, \quad S_{\triangle CMI} = S_{\triangle NMI}.$$

所以 $S_{\triangle ABC} = S_{AKNM}$.

图 6.102

注　这里将 $\triangle ABC$ 变成四边形 $AKNM$，十分巧妙.

是否还有更漂亮的解法呢？还有. 上面的证法虽各有妙处，但都需要作较多辅助线. 我们可以利用面积公式，设法求出各自的面积，以减少辅助线.

证法 4　设 $\triangle ABC$ 的外接圆半径为 R，$\angle BAC = \alpha$，$\angle ABC = \beta$，$\angle BCA = \gamma$，则有

$$AN = 2R\sin\angle ABN = 2R\sin\left(\beta + \frac{1}{2}\alpha\right).$$

连接 KM. 因为 A,K,L,M 共圆，AL 是直径，所以

$$KM = AL \cdot \sin\alpha = \frac{AC}{\sin\angle ALC} \cdot \sin\gamma \cdot \sin\alpha$$

$$= \frac{AC}{\sin\left(\beta + \frac{1}{2}\alpha\right)} \cdot \sin C \cdot \sin A.$$

因此

$$S_{AKNM} = \frac{1}{2}AN \cdot KM = R \cdot AC \cdot \sin\gamma \cdot \sin\alpha$$

$$= AC \cdot \frac{AB}{2} \cdot \sin\alpha = S_{\triangle ABC}.$$

注　这是我国另一选手滕峻证得的，多么轻松.

还可以移形后再利用面积公式.

证法 5　如图 6.103 所示，延长 AB 到点 P，使 $BP = AC$，连接 NP，则

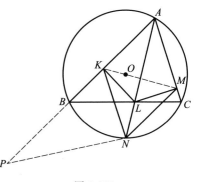

$$S_{\triangle ABC} = \frac{1}{2}LK(AB + AC) = \frac{1}{2}LK \cdot AP.$$

而 $S_{AKNM} = \frac{1}{2}AN \cdot KM$. 欲使二者相等，只须证明

$$LK \cdot AP = AN \cdot KM \quad \text{或} \quad \frac{LK}{KM} = \frac{AN}{AP},$$

这又只须证明 $\triangle LKM \backsim \triangle NAP$. 但 $\triangle LKM$ 为等腰三角形，且 $\angle PAL = \angle LKM$，故又只须证明

图 6.103

$\triangle NAP$ 是等腰三角形,或由 N 引底边垂线平分 AP 即可. 这一点,运用证法 1 的办法即可实现.

纵观以上方法,证法 3,想得奇巧;证法 4,做得轻松,最为可取.

关于一题多解的研究,目前关心的人很多,有的数学杂志(如安徽的《中学数学教学》)为此辟出"每期一题"专栏. 但是要指出的是,一题多解研究的目的在于拓宽解题思路,沟通各种方法之间的联系,并不是以多取胜. 如果将一些并无原则上不同的"解法"罗列出十几种,又不分析和比较各解法之间的思路和优劣,其意义是不大的,无非是浪费一些笔墨.

习 题

A 必做题

1. 如图 6.104 所示,在 $\triangle ABC$ 中,已知 $\angle CAB=60°$,D,E 分别是边 AB,AC 上的点,且 $\angle AED=60°$,$ED+DB=CE$,$\angle CDB=2\angle CDE$,则 $\angle DCB=($).

(A) $15°$ (B) $20°$ (C) $25°$ (D) $30°$

2. 如图 6.105 所示,已知 AB 为 $\odot O$ 的直径,$AB=1$,延长 AB 到点 C,使得 $BC=1$,CD 是 $\odot O$ 的切线,D 是切点,则 $\triangle ABD$ 的面积为____.

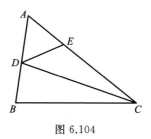

图 6.104

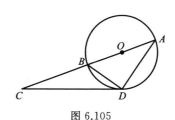

图 6.105

3. 如图 6.106 所示,在 $\triangle ABC$ 中,$AB=4$,$AC=3$,$\angle BAC=90°$,点 D 在边 BC 上,延长 AD 至点 P,使得 $AP=9$,若 $\overrightarrow{PA}=m\overrightarrow{PB}+\left(\dfrac{3}{2}-m\right)\overrightarrow{PC}$($m$ 为常数),则 CD 的长度是____.

4. 如图 6.107 所示,在梯形 $ABCD$ 中,$AD /\!/ BC$,$AB /\!/ DE$,$AF /\!/ DC$,E,F 两点在边 BC 上,且四边形 $AEFD$ 是平行四边形.

(1) AD 与 BC 有何等量关系? 请说明理由.

(2) 当 $AB=DC$ 时,求证:$\square AEFD$ 是矩形.

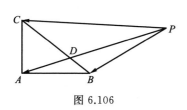

图 6.106

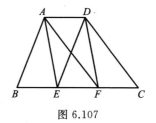

图 6.107

5. 数学课堂上,徐老师出示一道试题:

如图 6.108 所示,在正三角形 ABC 中,M 是 BC 边(不含端点 B,C)上任意一点,P 是 BC 延长线上一点,N 是 $\angle ACP$ 的角平分线上一点.若 $\angle AMN = 60°$,求证:$AM = MN$.

(1) 请写出正确的证明过程.

(2) 若将试题中的"正三角形 ABC"改为"正方形 $A_1 B_1 C_1 D_1$"(图 6.109),N_1 是 $\angle D_1 C_1 P_1$ 的角平分线上一点,则当 $\angle A_1 M_1 N_1 = 90°$ 时,结论 $A_1 M_1 = M_1 N_1$ 是否还成立? (直接写出答案,不需要证明.)

(3) 若将题中的"正三角形 ABC"改为"正多边形 $A_n B_n C_n D_n \cdots X_n$",请猜想:当 $\angle A_n M_n N_n = $ _____°时,结论 $A_n M_n = M_n N_n$ 仍然成立. (直接写出答案,不需要证明.)

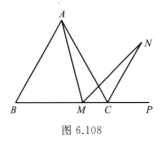

图 6.108

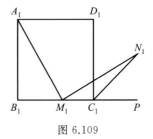

图 6.109

6. 如图 6.110 所示,直角梯形 $ABCD$ 中,$AB = 7$,$\angle B = 90°$,$BC - AD = 1$,以 CD 为直径的 $\odot O$ 与 AB 有两个不同的公共点 E,F,且 $AE = 1$.问在线段 AB 上是否存在点 P,使得以 P,A,D 为顶点的三角形与以 P,B,C 为顶点的三角形相似? 若不存在,说明理由;若存在,这样的 P 点有几个? 并算出 AP 长度.

7. 已知:$\triangle ABC$ 中,$\angle B = 90°$,$\angle A$,$\angle B$,$\angle C$ 所对的边分别为 a,b,c. 求证:

(1) 抛物线 $y = ax^2 + 2bx + c$ 与 x 轴有两个交点;

(2) 当二次函数 $y = ax^2 + 2bx + c$ 的最小值为 $-c$ 时,它的图形与 x 轴两个交点间的距离等于 2.

8. 如图 6.111 所示,$\triangle ABC$ 内接于 $\odot O$,点 D 在 $\odot O$ 外,$\angle ADC = 90°$,BD 交 $\odot O$ 于点 E,交 AC 于点 F,$\angle EAC = \angle DCE$,$\angle CEB = \angle DCA$,$CD = 6$,$AD = 8$.

(1) 求证:$AB \parallel CD$;

(2) 求证:CD 是 $\odot O$ 的切线;

(3) 求 $\tan \angle ACB$ 的值.

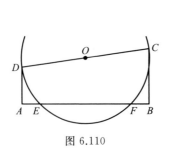

图 6.110

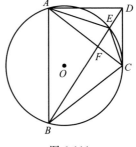

图 6.111

9. 如图 6.112 所示,已知正方形 $ABCD$ 中,E 为对角线 BD 上一点,过点 E 作 $EF \perp BD$ 交 BC 于点 F,连接 DF,G 为 DF 中点,连接 EG,CG.

（1）求证：$EG = CG$.

（2）将图 6.112 中 $\triangle BEF$ 绕点 B 逆时针旋转 $45°$，如图 6.113 所示，取 DF 中点 G，连接 EG，CG.问（1）中的结论是否仍然成立？若成立，请给出证明；若不成立，请说明理由.

（3）将图 6.112 中 $\triangle BEF$ 绕点 B 旋转任意角度，如图 6.114 所示，再连接相应的线段，问（1）中的结论是否仍然成立？通过观察你还能得出什么结论？（均不要求证明.）

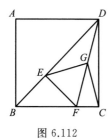　　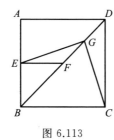　　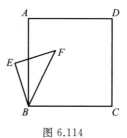

　　图 6.112　　　　　　　图 6.113　　　　　　　图 6.114

10. 将正方形 $ABCD$ 的边 AB 绕点 A 逆时针旋转至 AB'，记旋转角为 α. 连接 BB'，过点 D 作 DE 垂直于直线 BB'，垂足为点 E，连接 DB'，CE.

（1）如图 6.115 所示，当 $\alpha = 60°$ 时，$\triangle DEB'$ 的形状为 _____；连接 BD，可求出 $\dfrac{BB'}{CE}$ 的值为 ____.

（2）当 $0° < \alpha < 360°$ 且 $\alpha \neq 90°$ 时，

① （1）中的两个结论是否仍然成立？如果成立，请仅就图 6.116 的情形进行证明；如果不成立，请说明理由.

② 当以点 B'，E，C，D 为顶点的四边形是平行四边形时，请直接写出 $\dfrac{BE}{B'E}$ 的值.

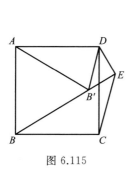　　　　　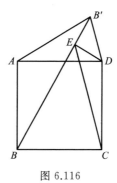

　　图 6.115　　　　　　　　　图 6.116

11. 已知在 $\triangle ABC$ 中，A，B，C 所对边分别为 a，b，c，且 $a = 3$，$b = 2c$.

（1）若 $A = \dfrac{2\pi}{3}$，求 $\triangle ABC$ 的面积；

（2）若 $2\sin B - \sin C = 1$，求 $\triangle ABC$ 的周长.

12. 如图 6.117 所示，在 $\triangle ABC$ 中，$\angle BAC = \angle BCA = 44°$. M 为 $\triangle ABC$ 内一点，使得 $\angle MCA = 30°$，$\angle MAC = 16°$. 求 $\angle BMC$ 的度数.

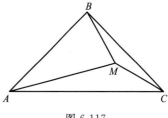

图 6.117

13. 设整数 a,b,c 为三角形的三边,满足 $a^2+b^2+c^2-ab-ac-bc=13$. 求符合条件且周长不超过 30 的三角形的个数. (全等的三角形只算 1 个.)

14. 如图 6.118 所示,D 为圆锥的顶点,O 是圆锥底面的圆心,AE 为底面直径,$AE=AD$,$\triangle ABC$ 是底面的内接正三角形,P 为 DO 上一点,$PO=\dfrac{\sqrt{6}}{6}DO$.

(1) 证明:$PA\perp$ 平面 PBC;

(2) 求二面角 $B-PC-E$ 的余弦值.

15. 如图 6.119 所示,在四棱锥 $P-ABCD$ 中,底面 $ABCD$ 是平行四边形,$\angle ABC=120°$,$AB=1$,$BC=4$,$PA=\sqrt{15}$,M,N 分别为 BC,PC 的中点,$PD\perp DC$,$PM\perp MD$.

(1) 证明:$AB\perp PM$;

(2) 求直线 AN 与平面 PDM 所成角的正弦值.

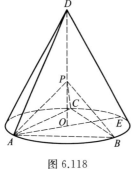

图 6.118

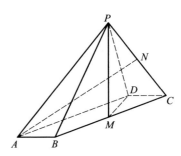

图 6.119

16. 如图 6.120 所示,圆 O 的内接四边形 $ABCD$ 的对角线 AC,BD 交于点 E,且 $AC\perp BD$,$AB=AC=BD$. 过点 D 作 $DF\perp BD$,交 BA 的延长线于点 F,$\angle BFD$ 的角平分线分别交 AD,BD 于点 M,N.

(1) 证明:$\angle BAD=3\angle DAC$;

(2) 如果 $MN=MD$,证明:$BF=CD+DF$.

17. 如图 6.121 所示,证明:(1) 若 P 为 $\overset{\frown}{ABC}$ 的中点,B 为 AP 上任意一点,$PH\perp BC$,则 $AB+BH=CH$;

(2) 若 P 为 $\overset{\frown}{ABC}$ 的中点,点 H 在 BC 上,$AB+BH=CH$,则 $PH\perp BC$;

(3) 若 A,B,C 是圆 O 上三点,点 H 在 BC 上,$AB+BH=CH$,$PH\perp BC$,则 P 是 $\overset{\frown}{ABC}$ 的中点.

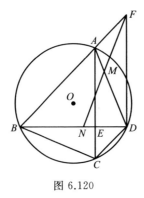

图 6.120

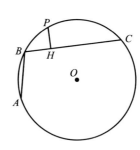

图 6.121

B 选做题

18. 已知曲线 $C:mx^2+ny^2=1$,则(　　).

(A) 若 $m>n>0$,则 C 是椭圆,其焦点在 y 轴上

(B) 若 $m=n>0$,则 C 是圆,其半径为 $\sqrt{n}$

(C) 若 $mn<0$,则 C 是双曲线,其渐近线方程为 $y=\pm\sqrt{-\dfrac{m}{n}}x$

(D) 若 $m=0,n>0$,则 C 是两条直线

19. 如图 6.122 所示,在四边形 $ABCD$ 中,$\angle B=60°$,$AB=3$,$BC=6$,且 $\overrightarrow{AD}=\lambda\overrightarrow{BC}$,$\overrightarrow{AD}\cdot\overrightarrow{AB}=-\dfrac{3}{2}$,则实数 λ 的值为____;若 M,N 是线段 BC 上的动点,且 $|\overrightarrow{MN}|=1$,则 $\overrightarrow{DM}\cdot\overrightarrow{DN}$ 的最小值为____.

20. 问题背景:如图 6.123 所示,已知 $\triangle ABC\backsim\triangle ADE$,求证:$\triangle ABD\backsim\triangle ACE$.

尝试应用:如图 6.124 所示,在 $\triangle ABC$ 和 $\triangle ADE$ 中,$\angle BAC=\angle DAE=90°$,$\angle ABC=\angle ADE=30°$,$AC$ 与 DE 相交于点 F,点 D 在 BC 边上,$\dfrac{AD}{BD}=\sqrt{3}$,求 $\dfrac{DF}{CF}$ 的值.

拓展创新:如图 6.125 所示,D 是 $\triangle ABC$ 内一点,$\angle BAD=\angle CBD=30°$,$\angle BDC=90°$,$AB=4$,$AC=2\sqrt{3}$,直接写出 AD 的长.

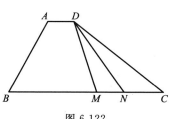

图 6.122

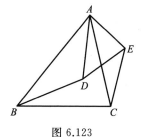

图 6.123

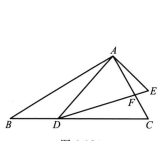

图 6.124

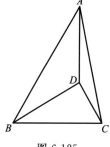

图 6.125

21. 如图 6.126 所示,已知射线 DE 与 x 轴和 y 轴分别交于点 $D(3,0)$ 和点 $E(0,4)$.动点 C 从点 $M(5,0)$ 出发,以 1 个单位长度/s 的速度沿 x 轴向左做匀速运动,与此同时,动点 P 从点 D 出发,也以 1 个单位长度/s 的速度沿射线 DE 的方向做匀速运动.设运动时间为 t s.

(1) 请用含 t 的代数式分别表示出点 C 与点 P 的坐标.

(2) 以点 C 为圆心、$\dfrac{1}{2}t$ 个单位长度为半径的圆 C 与 x 轴交于 A,B 两点(点 A 在点 B 的左

侧),连接 PA,PB.

　　① 当 QC 与射线 DE 有公共点时,求 t 的取值范围.

　　② 当 $\triangle PAB$ 为等腰三角形时,求 t 的值.

22. (1) 如图 6.127 所示,对于任一给定的四面体 $A_1A_2A_3A_4$,找出依次排列的四个相互平行的平面 $\alpha_1,\alpha_2,\alpha_3,\alpha_4$,使得 $A_i\in\alpha_i$ $(i=1,2,3,4)$,且其中每两个相邻平面间的距离都相等;

　　(2) 给定依次排列的四个相互平行的平面 $\alpha_1,\alpha_2,\alpha_3,\alpha_4$,其中每相邻两个平面间的距离都为 1,若一个正四面体 $A_1A_2A_3A_4$ 的四个顶点满足 $A_i\in\alpha_i$ $(i=1,2,3,4)$,求该正四面体 $A_1A_2A_3A_4$ 的体积.

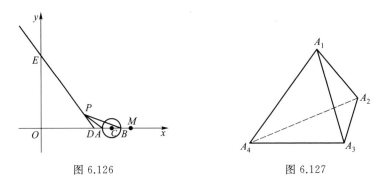

图 6.126　　　　　　　　　　　　图 6.127

23. 在正三棱柱 ABC-$A_1B_1C_1$ 中,$AB=AA_1=1$,点 P 满足 $\overrightarrow{BP}=\lambda\overrightarrow{BC}+\mu\overrightarrow{BB_1}$,其中 $\lambda\in[0,1]$,$\mu\in[0,1]$,则(　　).

　　(A) 当 $\lambda=1$ 时,$\triangle ABP$ 的周长为定值

　　(B) 当 $\mu=1$ 时,三棱锥 P-AB_1C 的体积为定值

　　(C) 当 $\lambda=\dfrac{1}{2}$ 时,有且仅有一个点 P,使得 $A_1P\perp BP$

　　(D) 当 $\mu=\dfrac{1}{2}$ 时,有且仅有一个点 P,使得 $A_1B\perp$ 平面 AB_1P

24. 已知等腰 $Rt\triangle PQR$ 的三个顶点分别在等腰 $Rt\triangle ABC$ 的三条边上,面积分别为 S_1,S_2,则 $\dfrac{S_1}{S_2}$ 的最小值为(　　).

　　(A) $\dfrac{1}{2}$　　　　　(B) $\dfrac{1}{3}$　　　　　(C) $\dfrac{1}{4}$　　　　　(D) $\dfrac{1}{5}$

25. 已知 A,B 分别为椭圆 $E:\dfrac{x^2}{a^2}+y^2=1(a>1)$ 的左、右顶点,G 为 E 的上顶点,$\overrightarrow{AG}\cdot\overrightarrow{GB}=8$. P 为直线 $x=6$ 上的动点,PA 与 E 的另一交点为 C,PB 与 E 的另一交点为 D.

　　(1) 求 E 的方程;

　　(2) 证明:直线 CD 过定点.

26. 已知椭圆 $E:\dfrac{x^2}{a^2}+\dfrac{y^2}{b^2}=1(a>b>0)$ 过点 $A(0,-2)$,四个顶点顺次连接而成的四边形面积为 $4\sqrt{5}$.

　　(1) 求椭圆 E 的标准方程;

　　(2) 过点 $P(0,-3)$ 的直线 l 斜率为 k,交椭圆 E 于不同的两点 B,C,直线 AB,AC 交 $y=-3$

于点 M,N,直线 AC 交 $y=-3$ 于点 N,若 $|PM|+|PM|\leqslant15$,求 k 的取值范围.

27. 如图 6.128 所示,已知抛物线 $E:y^2=x$ 与圆 $M:(x-4)^2+y^2=r^2(r>0)$ 相交于 A,B,C,D 四个点.

(1) 求 r 的取值范围;

(2) 当四边形 $ABCD$ 的面积最大时,求对角线 AC,BD 的交点 P 的坐标.

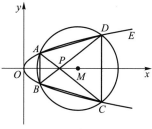

28. 已知曲线 $C:y=\dfrac{x^2}{2}$,D 为直线 $y=\dfrac{1}{2}$ 上的动点,过 D 作 C 的两条切线,切点分别为 A,B.

(1) 证明:直线 AB 过定点;

图 6.128

(2) 若以 $E\left(0,\dfrac{5}{2}\right)$ 为圆心的圆与直线 AB 相切,且切点为线段 AB 的中点,求四边形 $ADBE$ 的面积.

29. 如图 6.129 所示,在平面直角坐标系 Oxy 中,椭圆 $C:\dfrac{x^2}{a^2}+\dfrac{y^2}{b^2}=1(a>b>0)$ 的两个焦点为 $F_1(-1,0),F_2(1,0)$. 过点 F_2 作 x 轴的垂线 l,在 x 轴的上方与圆 $F_2:(x-1)^2+y^2=4a^2$ 交于点 A,与椭圆 C 交于点 D. 连接 AF_1 并延长交圆 F_2 于点 B,连接 BF_2 交椭圆 C 于点 E,连接 DF_1,已知 $DF_1=\dfrac{5}{2}$.

(1) 求椭圆 C 的标准方程;

(2) 求点 E 的坐标.

30. 如图 6.130 所示,A,B,C,D,E 是 $\odot O$ 上顺次的五点,满足 $\overset{\frown}{ABC}=\overset{\frown}{BCD}=\overset{\frown}{CDE}$,点 P,Q 分别在线段 AD,BE 上,且 P 在线段 CQ 上. 证明:$\angle PAQ=\angle PEQ$.

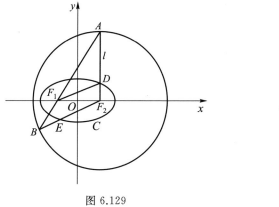

图 6.129

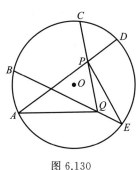

图 6.130

31. 如图 6.131 所示,考虑凸四边形 $ABCD$,设 P 是 $ABCD$ 内部一点,且
$$\angle PAD:\angle PBA:\angle DPA=1:2:3=\angle CBP:\angle BAP:\angle BPC.$$
求证:$\angle ADP$ 的内角平分线、$\angle PCB$ 的内角平分线和线段 AB 的垂直平分线三线共点.

32. 如图 6.132 所示,已知等腰 $\triangle ABC$ 顶角 A 的角平分线交其外接圆于点 D,且 M,N,P 分别在边 AB,AC,BC 上,使四边形 $AMPN$ 为平行四边形. 若 $PR\parallel AD$ 交 MN 于点 R,直线 NM,DP

交于点 Q,求证:B,Q,R,C 四点共圆.

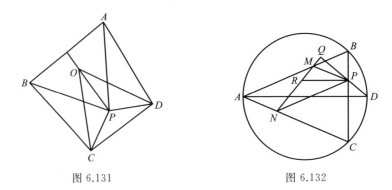

图 6.131　　　　　　　　　　　图 6.132

C 思考题

33.如图 6.133 所示,虚线矩形为凸四边形 $ABCD$ 的外接矩形.

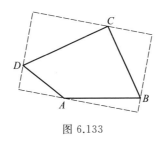

图 6.133

(1)证明:任意凸四边形至少存在一个外接矩形;

(2)证明:任意一个矩形均存在一个面积最大的外接矩形;

(3)证明:任意凸四边形均存在一个面积最大的外接矩形.

34.试就近年某一地区的中考初等几何试题的特点进行分析与探究.

35.试就近年高考几何试题的特点进行分析与探究.

36.综述解答中考初等几何试题的数学思想方法与技巧.

37.综述解答高考立体几何试题的数学思想方法与技巧.

38.综述解答高考解析几何试题的数学思想方法与技巧.

第六章部分习题

参考答案

第七章 广阔空间的几何应用

著名数学家华罗庚教授在"大哉数学之为用"一文中精彩地叙述了数学的广泛应用:宇宙之大,粒子之微,火箭之速,化工之巧,地球之变,生物之谜,日用之繁等各个方面,无处不有数学的重要贡献.事实表明:世事再纷繁,都需加减乘除计算;宇宙虽广大,都由点线面体组成.因此,数学是一切科学得力的助手和工具,几何应用于广阔空间.

§7.1 生活中的几何问题

心理学研究表明:当学生学习的内容和学生熟悉的生活背景越接近时,学生自觉接纳知识的程度越高,因此新课程中的几何内容十分注重与生活实际相结合,使学生感受到:生活中处处有数学,生活中处处有几何.几何与生活的丰富背景相结合,可以调动学生的情感、智力、态度等方面的投入,从而使几何知识教学充满生机与活力.

§7.1.1 生活中的几何图形

在现实生活中,处处都有几何图形的身影,比如,盘子是圆形的或椭圆形的,喝水用的杯子是圆柱形的,黑板是长方形的,粉笔盒是长方体,体育课用的篮球是球体,夏天吃的甜筒是圆锥体,等等,这说明几何图形与我们的学习和生活息息相关.

例1 图7.1是某新产品的标志,它使用了文字和形象兼而有之的方法.由其产品名汉语拼音的首字母IKX组成标志的名称,中央的钻石放射出象征高科技的光辉,红绸带的造型则表示对科技新产品的提倡和激励.请找出其中的简单图形.

解 从上往下看,有如下四种图形:矩形,凹五边形,三角形,平行四边形.

例2 图7.2中的物体分别类似于哪些几何体?将这些几何体进行分类,并说明分类理由.

分析 根据它们的形状及几何体的特征,找出相互的对应关系.在进行分类时,由于题目没有给出分类的标准,所以只要合理即可.

解 (a)类似长方体,(b)类似圆锥,(c)类似圆柱,(d)类似球,(e)类似棱柱,(f)类似棱锥.

图 7.1

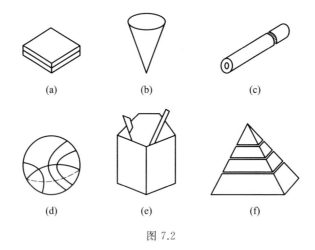

图 7.2

分类(答案不唯一,这里给出参考答案):

(1) 可按是否有顶点分:(a)(b)(e)(f)一类,有顶点;(c)(d)一类,无顶点.

(2) 可按是否有曲面分:(a)(e)(f)一类,没有曲面;(b)(c)(d)一类,有曲面.

(3) 可按柱、锥、球划分:(a)(c)(e)一类,是柱体;(b)(f)一类,是锥体;(d)一类,是球体.

例3 图 7.3 是一些颇具特色的建筑物形象,它们都类似于哪些几何体?

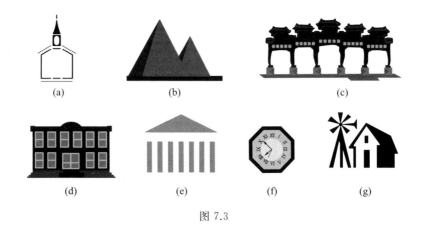

图 7.3

分析　这些建筑物的形象,其形状与我们学习过的三角形、多边形、圆柱、圆锥等几何体相同或相近.

例4　如果用同种正 n 边形地砖来镶嵌地面,使地砖既无缝隙也不重叠,有多少种满足要求的地砖?

解　设在地面上的一个点周围集中了 m 个正 n 边形的角. 由于这些角的和应为 $360°$,于是

$$m \cdot \frac{(n-2) \cdot 180°}{n} = 360°,$$

即$(m-2)(n-2)=4$. 因为m,n都是正整数,并且$m>2,n>2$,所以$m-2,n-2$也都必定是正整数.

当$n-2=1,m-2=4$ 时,$n=3,m=6$;

当$n-2=2,m-2=2$ 时,$n=4,m=4$;

当$n-2=4,m-2=1$ 时,$n=6,m=3$.

这就证明了只用一种正多边形地砖镶嵌地面,只存在三种情况:

(1) 用正三角形地砖镶嵌,并用符号$(3,3,3,3,3,3)$来表示(图7.4).

(2) 用正方形地砖镶嵌,并用符号$(4,4,4,4)$来表示 (图7.5).

(3) 用正六边形地砖镶嵌,并用符号$(6,6,6)$来表示 (图7.6).

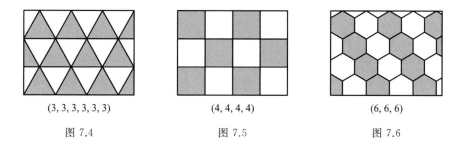

| $(3,3,3,3,3,3)$ | $(4,4,4,4)$ | $(6,6,6)$ |
| 图 7.4 | 图 7.5 | 图 7.6 |

问题拓展　如果用两种正多边形地砖来镶嵌地面,就有以下六种情况:$(3,3,4,3,4)$,$(3,3,3,4,4)$,$(3,3,3,3,6)$,$(3,6,3,6)$,$(3,12,12)$以及$(4,8,8)$,参看图7.7.

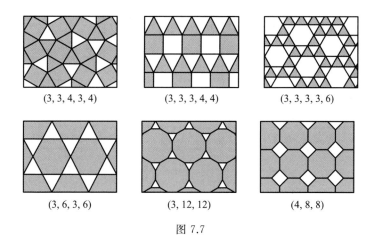

| $(3,3,4,3,4)$ | $(3,3,3,4,4)$ | $(3,3,3,3,6)$ |
| $(3,6,3,6)$ | $(3,12,12)$ | $(4,8,8)$ |

图 7.7

用三种正多边形地砖镶嵌地面的图形就比较复杂了,有兴趣的读者请自己设计出铺设方案.

几何图形在人们的生活中无处不在,学习几何也是为了利用几何图形的种种特性来方便我们的生活. 正如罗丹(Rodin)所说:"生活中不是没有美,而是缺少发现美的眼睛."

§7.1.2 生活中的几何计算

在现实生活中,人们经常需要准确计算一些几何问题,如 A4 复印纸的长与宽的比,玻璃杯的大小及形状的设计,大理石板材的切割,家庭吊灯的高度及外形设计等.这些问题的解决,既需要运用相关的几何知识,又需要进行正确的几何计算.

例 1 一个酒杯的轴截面是抛物线的一部分,抛物线的方程是 $x^2=2y(0\leqslant y\leqslant 20)$. 在酒杯内放入一个玻璃球,要使球触及酒杯底部,求玻璃球的半径 r 的取值范围.

解 玻璃球的轴截面的方程为 $x^2+(y-r)^2=r^2$,由

$$\begin{cases} x^2=2y, \\ x^2+(y-r)^2=r^2 \end{cases}$$

得 $y^2+2(1-r)y=0$. 当玻璃球刚好触及酒杯底部时半径达到最大,此时球与酒杯底部恰有一个交点.

$$\Delta=4(1-r)^2=0, \quad 得 \quad r=1.$$

故玻璃球的半径 r 的取值范围为 $0<r\leqslant 1$.

例 2 有一种大型商品,A,B 两地都有出售,且价格相同. 某地居民从两地之一购得商品后运回的费用是:每单位距离 A 地的运费是 B 地的运费的 3 倍. 已知 A,B 两地距离为 10 km,顾客选择 A 地或 B 地购买这种商品的标准是:包括运费和价格的总费用较低. 求 A,B 两地的售货区域的分界线的曲线形状,并指出曲线上、曲线内、曲线外的居民应如何选择购货地点.

解 以 A,B 所确定的直线为 x 轴,AB 的中点 O 为原点,单位长度为 1 km,建立如图 7.8 所示的平面直角坐标系. 易知 $A(-5,0),B(5,0)$.

设某地 P 的坐标为 (x,y),且 P 地居民选择 A 地购买商品便宜,并设 A 地的运费为 $3a$ 元/km,B 地的运费为 a 元/km. 因为 P 地居民购货总费用满足条件:

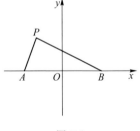

图 7.8

价格 $+A$ 地运费 $\leqslant$ 价格 $+B$ 地的运费,

即

$$3a\sqrt{(x+5)^2+y^2}\leqslant a\sqrt{(x-5)^2+y^2}.$$

因为 $a>0$,所以

$$3\sqrt{(x+5)^2+y^2}\leqslant\sqrt{(x-5)^2+y^2},$$

化简整理得

$$\left(x+\frac{25}{4}\right)^2+y^2\leqslant\left(\frac{15}{4}\right)^2.$$

所以以点 $\left(-\dfrac{25}{4},0\right)$ 为圆心、$\dfrac{15}{4}$ 为半径的圆是两地购货的分界线. 圆内的居民从 A 地

购货便宜,圆外的居民从 B 地购货便宜,圆上的居民从 A,B 两地购货的总费用相等,因此可随意从 A,B 两地之一购货.

例 3 已知有三个居民小区 A,B,C 构成 $\triangle ABC$, $AB=700$ m, $BC=800$ m, $AC=300$ m. 现计划在与 A,B,C 三个小区距离相等处建造一个工厂(图 7.9),为不影响小区居民的正常生活和休息,需在厂房的四周安装隔音窗或建造隔音墙. 据测算,从厂房发出的噪音是 85 dB,而维持居民正常生活和休息时的噪音不得超过 50 dB. 每安装一道隔音窗可使噪音降低 3 dB,成本 3 万元,隔音窗不能超过 3 道;每建造一堵隔音墙可使噪音降低 15 dB,成本 10 万元;距离工厂平均每 25 m 噪音均匀降低 1 dB.

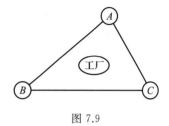

图 7.9

(1) 求 $\angle C$ 的大小;

(2) 求工厂与小区 A 的距离(精确到 1 m);

(3) 为了不影响小区居民的正常生活和休息且花费成本最低,需要安装几道隔音窗,建造几堵隔音墙(计算时工厂和小区的大小忽略不计)?

解 (1) 由 $AB=700$ m, $BC=800$ m, $AC=300$ m,有

$$\cos\angle C=\frac{AC^2+BC^2-AB^2}{2BC\cdot AC}=\frac{800^2+300^2-700^2}{2\times300\times800}=\frac{1}{2},$$

因 $\angle C$ 是 $\triangle ABC$ 的内角,故 $\angle C=60°$.

(2) 由题意可知,工厂所在的点是 $\triangle ABC$ 的外心. 不妨设 $\triangle ABC$ 外接圆半径为 R,由正弦定理知 $R=\dfrac{700}{2\sin\angle C}\approx404$ m,所以工厂与小区 A 的距离约为 404 m.

(3) 设需要安装 x 道隔音窗,建造 y 堵隔音墙,总成本为 S 万元,则由题意得

$$\begin{cases} 85-3x-15y-\dfrac{404}{25}\times1\leqslant50,\\ 0\leqslant x\leqslant3,\ y\geqslant0,\\ x,y\in\mathbf{N}^*, \end{cases}$$

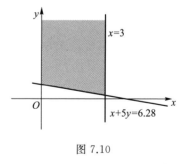

图 7.10

即

$$\begin{cases} x+5y\geqslant6.28,\\ 0\leqslant x\leqslant3,\ y\geqslant0,\\ x,y\in\mathbf{N}^*, \end{cases}$$

其可行域如图 7.10 所示. 又 $x,y\in\mathbf{N}^*$,故当 $x=2,y=1$ 时, $S=3x+10y$ 的最小值为 16 万元. 故需安装 2 道隔音窗,建造 1 堵隔音墙.

例 4 如图 7.11 所示,某海滨浴场的岸边可近似地看成直线,位于岸边 A 处的救生员发现海中东北方向的 B 处有人求救,救生员没有直接从 A 处游向 B 处,而沿岸边自 A 跑到距离 B 最近的 D 处,然后游向 B 处. 若救生员在岸边的奔跑速度为 6 m/s,在海中的游动速度为 2 m/s,

(1) 分析救生员的选择是否正确?

(2) 在 AD 上找一点 C,使救生员从 A 到 B 的时间最短,并求出最短时间.

解　(1) 由 A 处直接游向 B 处的时间为

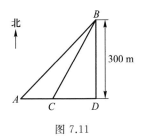

图 7.11

$$t = \frac{\dfrac{300}{\sin 45°}}{2} = 150\sqrt{2}\,(\text{s}).$$

由 A 经 D 到 B 的时间为

$$t_2 = \frac{300}{6} + \frac{300}{2} = 200\,(\text{s}),$$

而 $150\sqrt{2} > 200$,因此,救生员的选择是正确的.

(2) 设 $\angle BCD = \alpha$,则

$$CD = 300\cot\alpha, \quad BC = \frac{300}{\sin\alpha}, \quad AC = 300 - 300\cot\alpha,$$

于是从 A 经 C 到 B 的时间为

$$
\begin{aligned}
t &= \frac{300 - 300\cot\alpha}{6} + \frac{300}{2\sin\alpha} \\
&= 50 - \frac{50\cos\alpha}{\sin\alpha} + \frac{150}{\sin\alpha} \\
&= 50\left(1 + \frac{3}{\sin\alpha} - \frac{\cos\alpha}{\sin\alpha}\right).
\end{aligned}
$$

将万能公式

$$\cos\alpha = \frac{1 - \tan^2\dfrac{\alpha}{2}}{1 + \tan^2\dfrac{\alpha}{2}}, \quad \sin\alpha = \frac{2\tan\dfrac{\alpha}{2}}{1 + \tan^2\dfrac{\alpha}{2}}$$

代入并化简,

$$t = 50\left(1 + \frac{1}{\tan\dfrac{\alpha}{2}} + 2\tan\frac{\alpha}{2}\right)$$

$$\geqslant 50(1 + 2\sqrt{2}) = 50 + 100\sqrt{2},$$

当且仅当 $2\tan\dfrac{\alpha}{2} = \dfrac{1}{\tan\dfrac{\alpha}{2}}$,即 $\tan\dfrac{\alpha}{2} = \dfrac{\sqrt{2}}{2}$,$\tan\alpha = 2\sqrt{2}$ 时,上式等号成立. 此时,

$$CD = \frac{300}{\tan\alpha} = 75\sqrt{2}\,(\text{m}),$$

t 取得最小值为 $(50 + 100\sqrt{2})$ s. 因此,点 C 应选在沿岸边 AD,且 $CD = 75\sqrt{2}$ m,才能使救生员从 A 到 B 所用时间最短,最短时间为 $(50 + 100\sqrt{2})$ s.

注　该问题的结果启示我们,救生员沿岸边自 A 跑到距离 B 最近的 D 处,然后

游向 B 处的路线并不能使他所用的时间达到最短.

§ 7.1.3　生活中的几何趣题

在现实生活中,有很多有趣的几何问题,这些趣题既为几何学的内容增添了形象生动的实际例子,又为学生学习"枯燥"的几何带来了乐趣.

例 1　当进入博物馆的展览厅时,如图 7.12 所示,你是否留意分隔观赏者和展品的围栏所放的位置? 对于你的高度而言,你认为它的位置恰当吗?

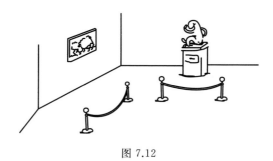

图 7.12

解　如图 7.13 所示,为了找出最大视角 θ 的位置,作圆 O 通过点 P 和 Q,与水平线 HE 相切于点 E. 根据圆形的特性,同弧上的圆周角会较其他圆外角大($\theta > 0$). 因此,眼睛处于点 E 时,观赏的视角最大.

设 x 为观赏者离开展品的水平距离,而 p 和 q 分别为展品的最高点和最低点与观赏者高度的差距(图 7.14). 在 $\triangle OMQ$ 中,设

$$OM = x, \quad OQ = OE = QM + q, \quad QM = \frac{p-q}{2},$$

则由 $OQ^2 = OM^2 + QM^2$ 化简后得 $x = \sqrt{pq}$.

在考虑展览厅内摆设围栏的位置时,只需要估计一般入场参观者的高度,而又知道展品本身的长度和安放的高度,便知道如何安置围栏,方便参观者找到理想的观赏位置.

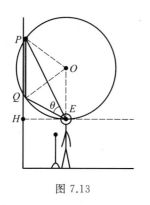

图 7.13

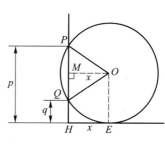

图 7.14

例 2　同学们小时候常常玩万花筒,它是由三块等宽、等长的玻璃片围成的. 为什么在万花筒中会出现美丽奇特的图案呢? 请对这种现象作出解释.

答　万花筒中之所以能呈现千变万化、美丽而奇特的图案,主要是利用了图形的对称和旋转原理. 为具体说明,给出的图 7.15 为万花筒中的一个图案,它可视为由一个小圆、一个平行四边形和一段短线在万花筒中连续反射而成的图形.

如图 7.16 所示,正△ACO 以 OC 为对称轴作轴对称变换,就得到△DCO;△DCO 以 OD 为对称轴作轴对称变换,就得到△DBO. 经过这样两个轴对称变换,实际上相当于△ACO 以点 O 为旋转中心、以 120° 为旋转角,作了一个旋转变换. 这样:

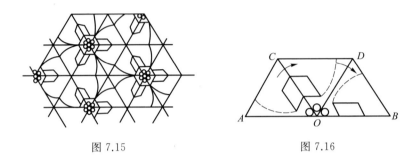

图 7.15　　　　　　　　　　　　　图 7.16

点 A→点 D,边 AO→边 DO;

点 C→点 B,边 AC→边 DB;

点 O→点 O,边 CO→边 BO.

在这种旋转变换下,图中的平行四边形、小圆和曲线也跟着旋转了 120°. 经多次反复,就形成了图 7.15 中的绮丽景色.

§7.2　生产中的几何问题

恩格斯指出"科学的发生和发展一开始就是由生产决定的",这里的生产是指人们使用工具来创造各种生产资料和生活资料. 几何学既然是研究客观世界中的空间形式的一门科学,它的发生和发展也是由生产决定的. 在古希腊,随着奴隶社会的高度发达,社会生产有了较大发展,几何学才取得了决定性的进步. 在我国古代,由于水利工程、国防工事、房屋营造和道路修建的需要,土方计算十分频繁. 随着农业生产的发展,各种谷仓、粮库容积的计算也益加繁重,于是各种几何体体积计算公式不断涌现,除了常见的长方体、棱柱、棱锥、棱台、圆柱、圆锥、圆台以外,还出现了某些拟柱体体积公式. 这些公式大量汇集在《九章算术》的"商功"章里.

§7.2.1　生产中的几何设计

随着知识经济的到来,生产中的几何问题越来越多,几何学的研究对象越来越广泛,几何学的分支越来越细,几何学的知识越来越丰富. 随着经济社会的发展,生产中的设计日益增多,而在生产设计中,几乎无一例外地都要运用几何知识和各种几何图形.

例1 如图 7.17 所示,长方体 $ABCD$-$A_1B_1C_1D_1$ 是一家超市的外形,大门设在 AB 的中点处,$BC=BB_1=\dfrac{1}{2}AB$,在 BC 处有一个地下仓库,在顶棚 D_1 处设立经理办公室. 要在正面墙壁 A_1B_1BA 上安装一个音响设备 P,使 P 到 BC 的距离等于 P 到 A_1B_1 的距离,同时在经理室听到的声音最响,则音响设备应安装在何处?

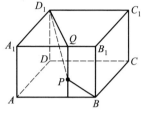

图 7.17

分析 由"P 到 BC 的距离等于 P 到 A_1B_1 的距离"可知"P 到点 B 的距离等于 P 到 A_1B_1 的距离",根据抛物线的定义,点 P 的轨迹是以 B 为焦点、直线 A_1B_1 为准线的抛物线段.

解 在平面 A_1B 内以 BB_1 的中点 O 为原点,直线 BB_1 为 y 轴,建立直角坐标系. 设 $BC=BB_1=\dfrac{1}{2}AB=1$,则点 P 的轨迹所在抛物线方程为

$$x^2=-2y \quad (x\leqslant 0, y\leqslant 0).$$

设 $P\left(-t,-\dfrac{t^2}{2}\right)$ $(0\leqslant t\leqslant 2)$,作 $PQ\perp A_1B_1$,垂足为 Q,连接 D_1Q,可知 $\angle D_1QP=90°$,则

$$PD_1^2=PQ^2+QD_1^2$$

$$=\left(\dfrac{1}{2}+\dfrac{t^2}{2}\right)^2+(2-t)^2+1^2$$

$$=\dfrac{1}{4}t^4+\dfrac{3}{2}t^2-4t+\dfrac{21}{4}.$$

记上式为 $f(t)$,则

$$f'(t)=t^3+3t-4=(t^2+t+4)(t-1),$$

当 $t\in[0,1]$ 时,$f'(t)\leqslant 0$,$f(t)$ 为减函数;当 $t\in[1,2]$ 时,$f'(t)\geqslant 0$,$f(t)$ 为增函数. 故当 $t=1$ 时,$f(t)$ 有最小值 3,于是 PD_1 取最小值 $\sqrt{3}$,且音响设备安装在超市大门口时满足要求.

例2 设计一个帐篷,它下部的形状是高为 1 m 的正六棱柱,上部的形状是侧棱长为 3 m 的正六棱锥(图 7.18). 试问当帐篷的顶点 O 到底面中心 O_1 的距离为多少时,帐篷的体积最大?

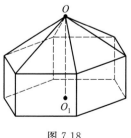

图 7.18

分析 建立帐篷的体积与帐篷高度的函数关系,再利用求函数最值的方法求体积的最大值.

解 设 OO_1 为 x m,则 $1<x<4$. 由题设可得正六棱锥底面边长为

$$\sqrt{3^2-(x-1)^2}=\sqrt{8+2x-x^2}\,(\mathrm{m}),$$

故底面正六边形的面积为

$$6\cdot\frac{\sqrt{3}}{4}(\sqrt{8+2x-x^2})^2=\frac{3\sqrt{3}}{2}(8+2x-x^2)\,(\mathrm{m}^2),$$

帐篷的体积为

$$V(x)=\frac{3\sqrt{3}}{2}(8+2x-x^2)\left[\frac{1}{3}(x-1)+1\right]$$

$$=\frac{\sqrt{3}}{2}(16+12x-x^3)\,(\mathrm{m}^3).$$

求导,得 $V'(x)=\dfrac{\sqrt{3}}{2}(12-3x^2)$. 令 $V'(x)=0$,解得 $x=-2$(不合题意,舍去)或 2,则

当 $1<x<2$ 时, $V'(x)>0$, $V(x)$ 为增函数;

当 $2<x<4$ 时, $V'(x)<0$, $V(x)$ 为减函数.

所以当 $x=2$ 时, $V(x)$ 最大.

答　当 OO_1 为 2 m 时,帐篷的体积最大,最大体积为 $16\sqrt{3}$ m³.

注　这里还值得一提的是,这是江苏省某年的一道高考题,当年有很多学生知道如何求体积,却不能计算出正六边形的面积,其中的缘由需要认真探究,且应引起师生们的共同思考.

例 3　某隧道设计为双向四车道,车道总宽 22 m,要求通行车辆限高 4.5 m,隧道全长 2.5 km,隧道的拱线近似地看成半个椭圆形状.

(1) 若最大拱高 h 为 6 m,则隧道设计的拱宽 l 是多少?

(2) 若最大拱高 h 不小于 6 m,则应如何设计拱高 h 和拱宽 l,才能使半个椭圆形隧道的土方工程量最小(半个椭圆的面积公式为 $S=\dfrac{\pi}{4}lh$,柱体体积为底面积乘以高. 本题结果精确到 0.1 m)?

分析　根据问题的实际意义,通行车辆通过隧道时应以车辆沿着距隧道中线至多 11 m 的道路行驶为最佳路线. 因此,车辆能否安全通过,取决于距隧道中线 11 m 处隧道的高度是否达到 4.5 m,据此可通过建立坐标系,确定椭圆的方程后求得.

(1) **解**　如图 7.19 建立直角坐标系,1 个单位长度为 1 m,则点 $P(11,4.5)$,椭圆方程为 $\dfrac{x^2}{a^2}+\dfrac{y^2}{b^2}=1$. 将 $b=h=6$ 与点 P 坐标代入椭圆方程,得 $a=\dfrac{44\sqrt{7}}{7}$,此时 $l=2a=\dfrac{88\sqrt{7}}{7}\approx33.3$. 因此隧道设计的拱宽约为 33.3 m.

(2) **解法 1**　由椭圆方程 $\dfrac{x^2}{a^2}+\dfrac{y^2}{b^2}=1$,得

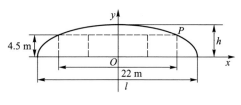

$$\frac{11^2}{a^2}+\frac{4.5^2}{b^2}=1.$$

因为

$$\frac{11^2}{a^2}+\frac{4.5^2}{b^2}\geqslant\frac{2\times11\times4.5}{ab},$$

即 $ab\geqslant99$，且 $l=2a,h=b$，所以

$$S=\frac{\pi}{4}lh=\frac{\pi ab}{2}\geqslant\frac{99\pi}{2}.$$

图 7.19

当 S 取最小值时，有 $\dfrac{11^2}{a^2}=\dfrac{4.5^2}{b^2}=\dfrac{1}{2}$，得 $a=11\sqrt2$，$b=\dfrac{9\sqrt2}{2}$，此时

$$l=2a=22\sqrt2\approx31.1,\quad h=b\approx6.4.$$

故当拱高约为 6.4 m、拱宽约为 31.1 m 时，土方工程量最小。

解法 2 由椭圆方程 $\dfrac{x^2}{a^2}+\dfrac{y^2}{b^2}=1$，得

$$\frac{11^2}{a^2}+\frac{4.5^2}{b^2}=1.$$

于是 $b^2=\dfrac{81}{4}\cdot\dfrac{a^2}{a^2-121}$，

$$a^2b^2=\frac{81}{4}\left(a^2-121+\frac{121^2}{a^2-121}+242\right)$$

$$\geqslant\frac{81}{4}(2\sqrt{121^2}+242)=81\times121,$$

即 $ab\geqslant99$。由 $S=\dfrac{\pi ab}{2}$ 知，当 S 取最小值时，有

$$a^2-121=\frac{121^2}{a^2-121},$$

得 $a=11\sqrt2$，$b=\dfrac{9\sqrt2}{2}$。后续过程同解法 1。

注 本题的解题过程可归纳为两步：一是根据实际问题的意义，确定解题途径；二是结合问题的实际意义和要求，通过不等式得到最值。值得注意的是这种思路在与最佳方案有关的应用题中是常用的。

例 4 有三个新兴城镇，分别位于 A,B,C 三点处，且 $AB=AC=13$ km，$BC=10$ km。今计划合建一个中心医院，为同时方便三镇，准备建在 BC 的垂直平分线上的点 P 处（建立直角坐标系如图 7.20 所示）。

(1) 若希望点 P 到三镇距离的平方和最小，点 P 应位于何处？

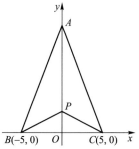

图 7.20

（2）若希望点 P 到三镇的最远距离最小，点 P 应位于何处？

解　（1）设 P 的坐标为 $(0,y)$，则 P 到三镇距离的平方和为

$$f(y)=2(25+y^2)+(12-y)^2=3(y-4)^2+146.$$

所以，当 $y=4$ 时，函数 $f(y)$ 取得最小值. 故点 P 的坐标是 $(0,4)$.

（2）P 到三镇的最远距离为

$$g(y)=\begin{cases}\sqrt{25+y^2}, & \sqrt{25+y^2}\geqslant|12-y|,\\ |12-y|, & \sqrt{25+y^2}<|12-y|.\end{cases}$$

由 $\sqrt{25+y^2}\geqslant|12-y|$ 解得 $y\geqslant\dfrac{119}{24}$，于是

$$g(y)=\begin{cases}\sqrt{25+y^2}, & y\geqslant\dfrac{119}{24},\\ |12-y|, & y<\dfrac{119}{24}.\end{cases}$$

因为 $\sqrt{25+y^2}$ 在 $\left[\dfrac{119}{24},+\infty\right)$ 上是增函数，而 $|12-y|$ 在 $\left(-\infty,\dfrac{119}{24}\right]$ 上是减函数，所以当 $y=\dfrac{119}{24}$ 时，函数 $g(y)$ 取得最小值. 故点 P 的坐标是 $\left(0,\dfrac{119}{24}\right)$.

§7.2.2　生产中的几何作图

在生产实践中，为了达到优质高效的目的，有些问题的解决需要通过恰当而准确的几何作图，利用几何图形的性质和特点来解决相关问题.

例1　如图 7.21(a) 所示，五边形 $ABCDE$ 是张大爷十年前承包的一块土地的示意图. 经过多年开垦荒地，现已变成如图 7.21(b) 所示的形状，但承包地与开垦荒地的分界小路还保留着（即图 7.21(a) 中折线 CDE）. 张大爷想过点 E 修一条直路，直路修好后，要保持直路左边的土地面积与承包时一样多，右边的土地面积与开垦的荒地面积一样多. 请你用有关的几何知识，按张大爷的要求设计出修路方案，并在图 7.21(b) 中画出相应的图形（不计分界小路与直路的占地面积）.

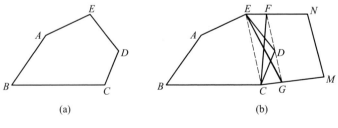

(a)　　　　　　　　(b)

图 7.21

解　如图 7.21(b) 所示，连接 CE，过点 D 作 $FG/\!/CE$ 分别交 EN，CM 于点 F，G，连接 EG，即 EG 为所设计的路线. 证明略.

实际上,张大爷过点 C 修一条直路 CF 仍然可以满足要求.

例 2 一块长 25 cm、宽 6 cm 的硬纸板,先截掉一个最大的正方形加工成一个最大的圆做底,用剩下的整块做侧面(多余部分为接头),做成后,能装沙子多少立方厘米(课前准备这样的纸板若干,胶等材料,发给各小组,制作过程让同学合作完成)?

分析 此题旨在让学生体验制作一个圆柱体的全过程,同时培养他们的合作能力以及运用所学知识解决实际问题的能力,使学生在动手的过程中,体验数学知识的价值,感受成功的喜悦.

略解 $\pi \times (6 \div 2)^2 \times 6 \approx 169.56 (\text{cm}^3)$.

思考 (1)若图 7.22 是一块长方形铁皮,图中的阴影部分是两个圆,刚好能做一个油桶(接头处忽略不计),试问这个油桶的容积是多少?

(2)用长 9.42 dm、宽 6.28 dm 的长方形铁皮做一个水桶的侧面(另外配底),做成的水桶的容积是多少?有几种情况?哪种情况体积最大?

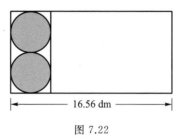

图 7.22

§7.2.3 生产中的几何度量

两千多年前,人们就开始使用各种体积公式于生产中进行有价值的几何计算. 例如《九章算术》中"今有池方一丈,葭生其中央,出水一尺,引葭赴岸,适与岸齐,问水深、葭长各几何?"

今译 有一个正方形池塘,它的边长为 1 丈,一棵芦苇生长在池塘的正中央,高出水面 1 尺[①],如果将芦苇拉向池塘边,茎尖刚巧碰到池岸边,问池塘水深及芦苇长各是多少?

这是一个与勾股定理有关的问题,使用勾股定理经过简单计算可得水深 1 丈 2 尺,葭长 1 丈 3 尺.

随着工农业生产的蓬勃发展,生产实践中需要解决的问题与日俱增,需要进行几何度量的问题也层出不穷.

例 1 某抛物线形拱桥的跨度是 20 m,拱高是 4 m,在建桥时每隔 4 m 需用一根柱子支撑,求其中最大的支柱高度.

解 建立适当的直角坐标系,设抛物线方程为 $x^2 = 2py (p < 0)$,由题意知其过定点 $(10, -4)$,代入 $x^2 = 2py$,得 $p = -\dfrac{25}{2}$,所以 $x^2 = -25y$. 当 $x_0 = 2$ 时,$y_0 = -\dfrac{4}{25}$,故最大的支柱高度为 $4 - |y_0| = 4 - \dfrac{4}{25} = 3.84 (\text{m})$.

例 2 如图 7.23 所示,为了制作一个圆柱形灯笼,先要制作 4 个全等的矩形骨架,

---

① 1 丈＝10 尺.

总计耗用 9.6 m 铁丝,骨架把圆柱底面 8 等分,再用 S m^2 塑料片制成圆柱的侧面和下底面(不安装上底面).

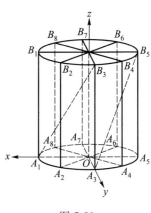

图 7.23

(1) 当圆柱底面半径 r 取何值时,S 取得最大值? 并求出最大值(结果精确到 0.01 m^2).

(2) 在灯笼内,以矩形骨架的顶点为点,安装一些霓虹灯,当灯笼的底面半径为 0.3 m 时,求图中两条直线 A_1B_3 与 A_3B_5 所在异面直线所成角的大小(结果用反三角函数表示).

解 (1) 设圆柱形灯笼的母线长为 l,则
$$l = 1.2 - 2r \quad (0 < r < 0.6),$$
故
$$S = \pi r^2 + 2\pi r l = -3\pi(r - 0.4)^2 + 0.48\pi,$$
所以当 $r = 0.4$ 时,S 取得最大值,约为 1.51 m^2.

(2) 当 $r = 0.3$ 时,$l = 0.6$,建立如图 7.23 所示的空间直角坐标系,得
$$\overrightarrow{A_1B_3} = (-0.3, 0.3, 0.6), \quad \overrightarrow{A_3B_5} = (-0.3, -0.3, 0.6).$$
设向量 $\overrightarrow{A_1B_3}$ 与 $\overrightarrow{A_3B_5}$ 的夹角为 θ,则
$$\cos\theta = \frac{\overrightarrow{A_1B_3} \cdot \overrightarrow{A_3B_5}}{|\overrightarrow{A_1B_3}| \cdot |\overrightarrow{A_3B_5}|} = \frac{2}{3},$$
所以 A_1B_3,A_3B_5 所在异面直线所成角的大小为 $\arccos\dfrac{2}{3}$.

例 3 如图 7.24 所示,一艘科学考察船从港口 O 出发,沿北偏东 α 角的射线 OZ 方向航行,而在离港口 O 为 $\sqrt{13}a$ n mile[①](a 为正常数)的北偏东 β 角的 A 处有一个供给科考船物资的小岛,其中 $\tan\alpha = \dfrac{1}{3}$,$\cos\beta = \dfrac{2}{\sqrt{13}}$. 现指挥部需要紧急征调沿海岸线港口 O 正东 m n mile 的 B 处的补给船,速往小岛 A 装运物资供给科考船. 该船沿 BA 方向全速追赶科考船,并在 C 处相遇. 经测算当两船运行的航线与海岸线 OB 围成的三角形 OBC 的面积 S 最小时,这种补给最适宜.

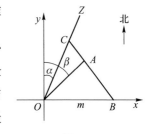

图 7.24

(1) 求 S 关于 m 的函数关系式 $S(m)$;

(2) 应征调 m 为何值处的船只,补给最适宜?

解 (1) 以点 O 为原点,正北方向为 y 轴建立直角坐标系,则直线 OZ 的方程为 $y = 3x$. 设点 $A(x_0, y_0)$,则

---

① 1 n mile(海里)=1 852 m.

$$x_0=\sqrt{13}\,a\sin\beta=3a,\quad y_0=\sqrt{13}\,a\cos\beta=2a,$$

即点 A 坐标为 $(3a,2a)$. 又点 B 坐标为 $(m,0)$,所以直线 AB 的方程是

$$y=\frac{2a}{3a-m}(x-m).$$

由此得到点 C 坐标为 $\left(\dfrac{2am}{3m-7a},\dfrac{6am}{3m-7a}\right)$,且

$$S(m)=\frac{1}{2}\,|OB|\cdot|y_C|=\frac{3am^2}{3m-7a}\quad\left(m>\frac{7}{3}a\right).$$

(2) 将(1)中得到的 $S(m)$ 变形,可得

$$S(m)=a\left[\left(m-\frac{7}{3}a\right)+\frac{49a^2}{9\left(m-\frac{7}{3}a\right)}+\frac{14}{3}a\right]$$

$$\geqslant a\left[2\sqrt{\frac{49a^2}{9}}+\frac{14}{3}a\right]=\frac{28a^2}{3},$$

所以当且仅当 $m-\dfrac{7}{3}a=\dfrac{49a^2}{9\left(m-\dfrac{7}{3}a\right)}$,即 $m=\dfrac{14}{3}a$ 时等号成立,即征调 $m=\dfrac{14}{3}a\,\mathrm{n\ mile}$

处的船只时,补给最适宜.

例 4 某中心接到其正东、正西、正北方向三个观测点的报告:正西、正北两个观测点同时听到了一声巨响,正东观测点听到巨响的时间比其他两个观测点晚 4 s. 已知各观测点到该中心的距离都是 1 020 m. 试确定该巨响发生的位置(假定当时声音传播的速度为 340 m/s,相关各点均在同一平面上).

解 如图 7.25 所示,以该中心为原点 O,正东、正北方向为 x 轴、y 轴正向,建立直角坐标系.

设 A,B,C 分别是西、东、北观测点,则 $A(-1\,020,0),B(1\,020,0),C(0,1\,020)$. 设 $P(x,y)$ 为巨响发生点,则由观测点 A,C 同时听到巨响,得 $|PA|=|PC|$,故点 P 在 AC 的垂直平分线 PO 上,PO 的方程为 $y=-x$.

因观测点 B 比观测点 A 晚 4 s 听到爆炸声,故

$$|PB|-|PA|=340\times4=1\,360,$$

由双曲线定义知,点 P 在以 A,B 为焦点的双曲线 $\dfrac{x^2}{a^2}-\dfrac{y^2}{b^2}=1(a,b>0)$ 上,设半焦距为 c,依题意得 $a=680,c=1\,020$,故

$$b^2=c^2-a^2=1\,020^2-680^2=5\times340^2,$$

双曲线方程为

$$\frac{x^2}{680^2}-\frac{y^2}{5\times340^2}=1.$$

用 $y=-x$ 代入上式,得 $x=\pm680\sqrt{5}$. 因 $|PB|>|PA|$,

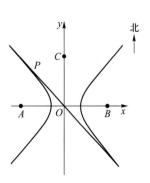

图 7.25

故 $x=-680\sqrt{5}$，$y=680\sqrt{5}$，即 $P(-680\sqrt{5},680\sqrt{5})$，$PO=680\sqrt{10}$．

答　巨响发生在该中心的北偏西 $45°$ 且距中心 $680\sqrt{10}$ m 处．

§7.3　科技中的几何问题

科技中的几何问题,就是如物理、化学、生物、地理、体育等学科或工程技术中的某些与几何相关的问题或利用几何知识可以解决的问题.大量生动的事实表明:几何学的思想方法及推理形式为其他学科和工程技术提供了科学严谨的逻辑基础,促进了科技的创新与发展.

§7.3.1　科技中的几何模型

科技要创新,研究对象必须明确,研究方法必须得当.为了解决科技中与几何有关的研究问题,科学合理地建立几何模型是关键.

例 1　传统的足球一般是由 32 块黑白相间的牛皮缝制而成的,如图 7.26 所示,黑皮可看成正五边形,白皮可看成正六边形,则一个足球分别有黑皮、白皮几块?

图 7.26

解　设白皮有 x 块,则黑皮有 $(32-x)$ 块.每块白皮有 6 条边,共 $6x$ 条边.因每块白皮有三边和黑皮连在一块,故黑皮有 $3x$ 条边,由题意列出方程

$$3x=5(32-x),$$

解得 $x=20$,则 $32-x=12$.故一个足球有白皮 20 块,有黑皮 12 块.

例 2　如图 7.27 所示,将质量为 M 的小车沿倾角为 α、动摩擦系数为 μ 的斜面匀速向上拉,求拉力与斜面夹角 θ 为多大时,拉力最小?

解　小车在四个共点力作用下处于平衡状态,如图 7.27 所示.将支持力 N 和摩擦力 f 用其合力 R 代替,由于 $f=\mu N$,所以 R 与 N 的夹角 $\beta=\arctan\mu$,这样问题就转化成小车在三个共点力作用下的平衡问题.

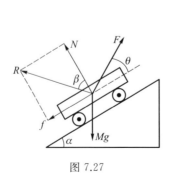

图 7.27

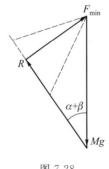

图 7.28

在 θ 角发生变化时,Mg 为竖直向下的恒力(g 为重力加速度大小),R 仅大小变化而方向不变,始终与竖直方向成 $(\alpha+\beta)$ 角,F 的大小及方向都会变化. 由图 7.28 所示的力的矢量三角形可以看出,当拉力 F 与 R 成 $90°$ 角时,拉力 F 最小.

此时 $\theta=\beta=\arctan\mu$,拉力的最小值为

$$F_{\min}=Mg\sin(\alpha+\beta)=Mg\sin(\alpha+\arctan\mu).$$

例 3 如图 7.29 所示,有一位电工从点 M 处出发分别对线路 l_1,l_2 进行检测(假设在 l_1,l_2 的任何一处都可以检测)然后回到点 N 处,请为该电工设计一条检测线路,使其总路线最短.

解 作点 M 关于 l_1 的对称点 M',点 N 关于 l_2 的对称点 N',连接 $M'N'$ 分别交 l_1,l_2 于 A,B 两点,则 $MA+AB+BN$ 最短.

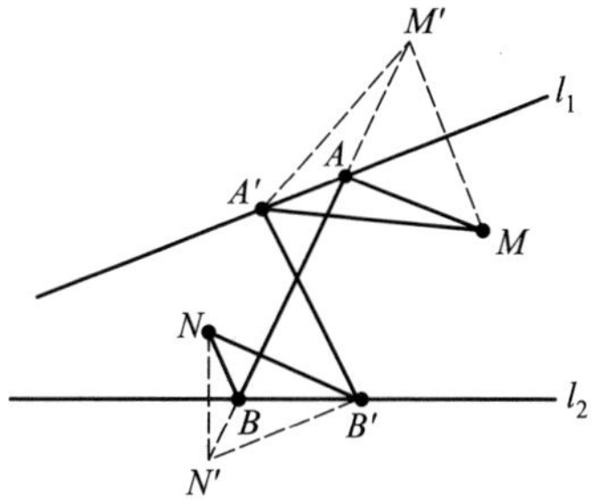

证明 假设在 l_1,l_2 上有不完全同于点 A,B 的检测点 A',B',则由对称性有

$$MA'+A'B'+B'N=M'A'+A'B'+B'N',$$
$$MA+AB+BN=M'A+AB+BN'.$$

根据两点之间线段最短,有

$$M'A'+A'B'+B'N' \geqslant M'A+AB+BN',$$

所以

$$MA'+A'B'+B'N \geqslant MA+AB+BN.$$

故电工沿着 M—A—B—N 线路进行检测可以使总路线最短.

图 7.29

例 4 为了考察冰川的融化状况,一支科考队在某冰川上相距 8 km 的 A,B 两点各建一个考察基地. 视冰川面为平面形,以过 A,B 两点的直线为 x 轴,线段 AB 的垂直平分线为 y 轴建立平面直角坐标系(图 7.30). 在直线 $x=2$ 的右侧,考察范围为到点 B 的距离不超过 $\dfrac{6\sqrt{5}}{5}$ km 的区域;在直线 $x=2$ 的左侧,考察范围为到 A,B 两点的距离之和不超过 $4\sqrt{5}$ km 的区域.

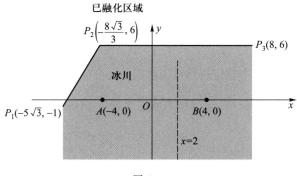

图 7.30

233

（1）求考察区域边界曲线的方程；

（2）如图 7.30 所示，设线段 P_1P_2，P_2P_3 是冰川的部分边界线（不考虑其他边界线），当冰川融化时，边界线沿与其垂直的方向朝考察区域平行移动，第一年移动 0.2 km，以后每年移动的距离为前一年的 2 倍，求冰川边界线移动到考察区域所需的最短时间.

解　（1）设边界曲线上点 P 的坐标为 (x, y).

当 $x \geqslant 2$ 时，由题意，知 $(x-4)^2 + y^2 = \dfrac{36}{5}$.

当 $x < 2$ 时，由 $|PA| + |PB| = 4\sqrt{5}$ 知点 P 在以 A，B 为焦点、长轴长为 $2a = 4\sqrt{5}$ 的椭圆上，此时短半轴长为

$$b = \sqrt{(2\sqrt{5})^2 - 4^2} = 2,$$

因而其方程为 $\dfrac{x^2}{20} + \dfrac{y^2}{4} = 1$.

故考察区域边界曲线的方程为

$$C_1 : (x-4)^2 + y^2 = \frac{36}{5}\ (x \geqslant 2) \quad \text{和} \quad C_2 : \frac{x^2}{20} + \frac{y^2}{4} = 1\ (x < 2).$$

（2）设过点 P_1，P_2 的直线为 l_1，过点 P_2，P_3 的直线为 l_2，则直线 l_1，l_2 的方程分别为

$$y = \sqrt{3}\,x + 14, \quad y = 6.$$

设直线 l 平行于 l_1，其方程为 $y = \sqrt{3}\,x + m$，代入椭圆方程 $\dfrac{x^2}{20} + \dfrac{y^2}{4} = 1$，消去 y，得

$$16x^2 + 10\sqrt{3}\,mx + 5(m^2 - 4) = 0,$$

由

$$\Delta = 100 \cdot 3m^2 - 4 \cdot 16 \cdot 5(m^2 - 4) = 0,$$

解得 $m = 8$ 或者 $m = -8$.

当 $m = 8$ 时，直线 l 与 C_2 的公共点到直线 l_1 的距离最近，此时直线 l 的方程为 $y = \sqrt{3}\,x + 8$，l 和 l_1 之间的距离为 $d = \dfrac{|14 - 8|}{\sqrt{1+3}} = 3$. 又直线 l_2 到 C_1 和 C_2 的最短距离 $d' = 6 - \dfrac{6\sqrt{5}}{5}$，而 $d' > 3$，所以考察区域边界到冰川边界线的最短距离为 3.

设冰川边界线移动到考察区域所需的时间为 n 年，则由题设及等比数列求和公式，得 $\dfrac{0.2(2^n - 1)}{2 - 1} \geqslant 3$，所以 $n \geqslant 4$. 故冰川边界线移动到考察区域所需的最短时间为 4 年.

§7.3.2　科技中的几何计算

科技要发展，科技中出现的新问题必须及时解决. 快速准确的几何计算，是解决

这些问题的重要手段.

例 1 如图 7.31 所示,质量为 m 的小球 A 用细绳拴在天花板上,悬点为 O,小球 A 靠在光滑的大球上,处于静止状态. 已知大球的球心 O' 在悬点的正下方,其中绳长为 l,大球的半径为 R,悬点到大球最高点的距离为 h. 求绳对小球的拉力 T 和小球对大球的压力.

图 7.31

分析 力的三角形图和几何三角形有联系,若两个三角形相似,则可以将力的三角形与几何三角形联系起来,通过对应边成比例求解.

解 以小球为研究对象,进行受力分析,如图 7.31 所示,小球受重力 mg、绳的拉力 T、大球的支持力 F,且处于平衡状态. 观察图中的特点,可以看出力的矢量三角形与几何三角形 AOO' 相似即

$$\frac{T}{l}=\frac{mg}{h+R}=\frac{F}{R},$$

所以绳的拉力 $T=\dfrac{l}{h+R}mg$,小球对大球的压力 $F'=F=\dfrac{R}{h+R}mg$.

例 2 石墨晶体中的每一层为正六边形的平面网状结构(图 7.32),求每个正六边形平均分占多少个碳原子? 平均分占多少个化学键?

分析 每个碳原子为三个六边形所共有,故每个碳原子对每个六边形的贡献只有 $\dfrac{1}{3}$,则每个正六边形所占的碳原子数为 $6\times\dfrac{1}{3}=2$. 又因为每条边(即一个 C-C 单键)为两个环所共有,

则每一条边对每个环的贡献也只能算 $\dfrac{1}{2}$,于是就有 $6\times\dfrac{1}{2}=3$,即每个环分占三个化学键.

注 平面几何中的正多边形都有很好的性质,一些规则的晶体结构就是由正多边形构成的.

例 3 图 7.33(a)为超导领域里一种化合物:钙钛矿晶体结构,该结构是具有代表性的最小重复单元. 该晶体结构中,元素氧、钛、钙的原子个数比为多少(其中〇代表氧原子,●代表钛原子,◎代表钙原子)?

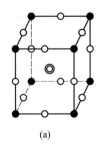

(a)

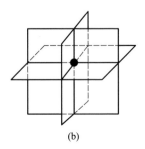

(b)

图 7.33

分析 此题的关键在于空间想象能力,要知道所给图形仅为一个单元而已,在考虑一个钛原子为八个晶胞所共有时,可用图 7.33(b)说明其空间结构,发挥好空间想象,就能较好地解决问题.

解 将晶胞放入整个晶体中考虑,每个氧原子为四个晶胞所共有,所以一个晶胞占有氧原子 $12 \times \dfrac{1}{4} = 3$ 个;每个钛原子为八个晶胞所共有,所以一个晶胞占有钛原子 $8 \times \dfrac{1}{8} = 1$ 个;每个钙原子为一个晶胞所有,所以一个晶胞占有钙原子 1 个,因此所求个数比为 $3 : 1 : 1$.

注 在化学晶体中,要注意的是晶体结构的平面图式往往是一种网络结构.立体几何中共有五种正多面体:正四面体、正方形、正八面体、正十二面体、正二十面体,它们都有很好的性质.化学中的很多晶体结构都是正多面体的网络结构,要很好的解决空间构型题,就必须有很好的空间想象能力.

例 4 结合图 7.34 分析,干冰晶体中,每个 CO_2 分子(图中 ●—● 代表 CO_2 分子)周围离它距离相等且最近的 CO_2 分子数目为(   ).

(A) 6   (B) 8

(C) 10   (D) 12

解 就一个面的对角线上的 CO_2 分子而言,三个互相垂直的且过 CO_2 分子的切面,每个面上距离最近的 CO_2 分子数有 4 个;故共有 $4 \times 3 = 12$ 个,选 D.

若用一个角上的 CO_2 分子来考虑,则比较麻烦,因为一个角上的 CO_2 分子为八个晶胞所共有,需考虑八种情况. 这时有 $3 + 2 + 2 + 5 \times 1 = 12$ 个.

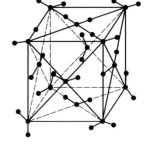

图 7.34

§7.3.3 科技中的几何证明

科技要腾飞,高新科技研究成果必须不断涌现.为了保证研究成果的科学性,不仅需要快捷准确的几何计算,而且也需要几何证明.

例 1 一个凸透镜和一个凹透镜共轴放置,相距 $l = 15$ cm,如图 7.35(a)所示,一束平行光通过两个透镜后得到一束直径为 D_1 的平行光束. 若将两透镜位置互换,得到一束直径为 $D_2 = 4D_1$ 的平行光束,如图 7.35(b)所示.求证:凸透镜和凹透镜的焦距之比为 $2 : 1$.

证明 设原光束直径为 D,凸透镜和凹透镜的焦距大小分别为 f_1, f_2. 由图 7.35(a)可得 $\triangle F_2 CE \backsim \triangle F_2 AB$,则

$$\frac{D_1}{D} = \frac{f_2}{f_1}, \qquad\qquad ①$$

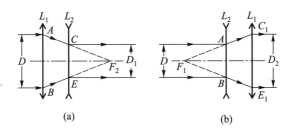

图 7.35

由图 7.35(b)可得 $\triangle F_1 C_1 E_1 \backsim \triangle F_1 AB$，则

$$\frac{D_2}{D} = \frac{f_1}{f_2}. \qquad ②$$

由①式和②式可得 $\dfrac{D_1}{D} = \dfrac{D}{D_2}$，于是有

$$D = \sqrt{D_1 D_2} = \sqrt{D_1 \cdot 4D_1} = 2D_1.$$

由于 $\dfrac{D_1}{D} = \dfrac{f_2}{f_1}$，所以 $f_1 = 2f_2$.

注 利用相似三角形知识求解几何光学问题，是很常用的解题方法. 其最大的优点是直观形象，相比于定性分析，也可定量计算，灵活应用会带来很大的方便.

例 2 抛物线有光学性质：由其焦点射出的光线经抛物线反射后，沿平行于抛物线的对称轴的方向射出. 今有抛物线 $y^2 = 2px(p > 0)$，一个光源在点 $M\left(\dfrac{41}{4}, 4\right)$ 处（图 7.36），由其发出的光线沿平行于抛物线的对称轴的方向射向抛物线上的点 P，反射后射向抛物线上的点 Q，再反射后，又沿平行于抛物线的对称轴的方向射出，途中遇到直线 $l: 2x - 4y - 17 = 0$ 上的点 N，再反射后又射回点 M.

（1）设 P, Q 两点的坐标分别为 (x_1, y_1)，(x_2, y_2)，证明：$y_1 y_2 = -p^2$；

（2）求抛物线的方程；

（3）试判断在抛物线上是否存在一点，使该点与点 M 关于 PN 所在的直线对称？若存在，请求出此点的坐标；若不存在，请说明理由.

分析 本题是一道与物理学中的光学知识相结合的综合性题目，考查了理解问题、分析问题、解决问题的能力.

（1）**证明** 由抛物线的光学性质及题意知，光线 PQ 必过抛物线的焦点 $F\left(\dfrac{p}{2}, 0\right)$. 设直线

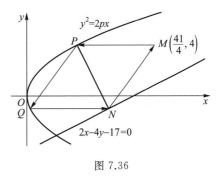

图 7.36

PQ 的斜率 k 存在，方程为 $y = k\left(x - \dfrac{p}{2}\right)$，则 $x = \dfrac{1}{k}y + \dfrac{p}{2}$，将其代入抛物线的方程 $y^2 =$

$2px$,整理得

$$y^2-\frac{2p}{k}y-p^2=0,$$

由韦达(Viète)定理得 $y_1y_2=-p^2$.

当直线 PQ 的倾斜角为 $90°$ 时,将 $x=\frac{p}{2}$ 代入抛物线方程得 $y=\pm p$,同样得到 $y_1y_2=-p^2$.

(2) **解** 设光线 QN 经直线 l 反射后又射向点 M,所以直线 MN 与直线 QN 关于直线 l 对称. 设点 $M\left(\frac{41}{4},4\right)$ 关于 l 的对称点为 $M'(x',y')$,则

$$\begin{cases}\dfrac{y'-4}{x'-\dfrac{41}{4}}\cdot\dfrac{1}{2}=-1,\\[4mm]2\cdot\dfrac{x'+\dfrac{41}{4}}{2}-4\cdot\dfrac{y'+4}{2}-17=0,\end{cases}\qquad 解得\quad\begin{cases}x'=\dfrac{51}{4},\\[2mm]y'=-1.\end{cases}$$

所以直线 QN 的方程为 $y=-1$,点 Q 的纵坐标 $y_2=-1$.

由题设,点 P 的纵坐标 $y_1=4$,由(1)知 $y_1y_2=-p^2$,则

$$4\times(-1)=-p^2,\quad 得\quad p=2.$$

故所求抛物线的方程为 $y^2=4x$.

(3) **解** 将 $y=4$ 代入 $y^2=4x$ 得 $x=4$,故点 P 的坐标为 $(4,4)$. 将 $y=-1$ 代入直线 l 的方程 $2x-4y-17=0$,得 $x=\frac{13}{2}$,故点 N 的坐标为 $\left(\frac{13}{2},-1\right)$. 由 P,N 两点坐标得直线 PN 的方程为 $2x+y-12=0$.

设点 M 关于直线 NP 的对称点 $M_1(x_1,y_1)$,则

$$\begin{cases}\dfrac{y_1-4}{x_1-\dfrac{41}{4}}\times(-2)=-1,\\[4mm]2\cdot\dfrac{x_1+\dfrac{41}{4}}{2}+\dfrac{y_1+4}{2}-12=0,\end{cases}\qquad 解得\quad\begin{cases}x_1=\dfrac{1}{4},\\[2mm]y_1=-1.\end{cases}$$

而 $M_1\left(\frac{1}{4},-1\right)$ 的坐标是抛物线方程 $y^2=4x$ 的解,故抛物线上存在一点 $\left(\frac{1}{4},-1\right)$ 与点 M 关于直线 PN 对称.

注 对称问题常有:点关于直线对称,直线关于直线对称,圆锥曲线关于直线对称,圆锥曲线关于点对称等,这些对称问题的解法是类似的.

习　题

A 必做题

1. 图 7.37(b)是一个组合烟花(图 7.37(a))的横截面,其中 16 个圆的半径相同,点 $O_1, O_2, O_3,$ O_4 分别是四个角上的圆的圆心,且四边形 $O_1O_2O_3O_4$ 是正方形. 若圆的半径为 r,组合烟花的高度为 h,则组合烟花侧面包装纸的面积至少为(接缝面积不计)(　　).

(A) $26\pi rh$　　　　(B) $24rh + \pi rh$　　　　(C) $12rh - 2\pi rh$　　　　(D) $24rh + 2\pi rh$

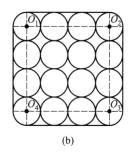

(a)　　　　　　　　　　　　　　　(b)

图 7.37

2. 老王家想借原有的一面旧墙圈一块地做小型矩形养鸡场,但备料只够围 40 m,怎样设计才能使养鸡场的面积最大?

3. 要做 20 个矩形钢框,每个由 2.2 m 和 1.5 m 的钢材各两根组成. 已知原钢材长 4.6 m,应如何下料,使用的原钢材最省?

4. 如图 7.38 所示,甲站在水库水面上的点 A 处,乙站在水坝斜面上的点 B 处,从点 A, B 到直线 l(水面与水坝的交线)的距离 AC 和 BD 分别为 a 和 b,CD 的长为 c,若测出水面与水坝所成的二面角为 θ,求 AB 间的距离.

5. 如图 7.39 所示,有一条河,两岸有 A, B 两地,要设计一条道路,并垂直于河岸架一座桥. 如何设计才能使 A, B 间的路程最短?

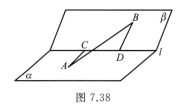
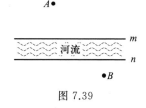

图 7.38　　　　　　　　　　　　　　图 7.39

6. 某公司员工分别住在 A, B, C 三个住宅区. A 区有 30 人,B 区有 15 人,C 区有 10 人. 三个区在同一条直线上,且 B 在 A, C 之间,A 与 B 相距 100 m,B 与 C 相距 200 m. 该公司的接送车打算在此间只设一个停靠点,为使所有员工步行到停靠点的路程之和最小,那么停靠点的位置应设在何处?

7. 为了提高市民的宜居环境,某区规划修建一个文化广场(平面图形如图 7.40 所示),其中四

边形 $ABCD$ 是矩形,分别以 AB,BC,CD,DA 边为直径向外作半圆.设整个广场的周长为628 m,矩形的边长 $AB=y$ m,$BC=x$ m(取 $\pi=3.14$).

(1) 试用含 x 的代数式表示 y.

(2) 现计划在矩形 $ABCD$ 区域上种植花草和铺设鹅卵石等,平均每平方米造价为 428 元;在四个半圆的区域上种植草坪及铺设花岗岩,平均每平方米造价为 400 元.

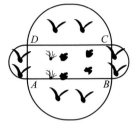

图 7.40

① 设该工程的总造价为 W 元,求 W 关于 x 的函数关系式.

② 若该工程政府投入 1 千万元,问能否完成该工程的建设任务? 若能,请列出设计方案,若不能,请说明理由?

③ 若该工程在政府投入 1 千万元的基础上,又增加企业募捐资金 64.82 万元,但要求矩形的边 BC 的长不超过 AB 长的三分之二,且建设广场恰好用完所有资金,问:能否完成该工程的建设任务? 若能,请列出所有可能的设计方案,若不能,请说明理由.

8. 一块表面涂着红漆的大积木(正方体),被锯成 64 块大小一样的小正方体积木,这些小积木中,三面涂漆的有几块? 两面涂漆的有几块? 一面涂漆的有几块?

9. 如图 7.41 所示,飞机沿水平方向(A,B 两点所在直线)飞行,前方有一座高山,为了避免飞机飞行过低,就必须测量山顶 M 到飞行路线 AB 的距离 MN.飞机能够测量的数据有俯角和飞行距离(因安全因素,飞机不能飞到山顶的正上方 N 处才测量飞行距离),请设计一个求距离 MN 的方案,要求:

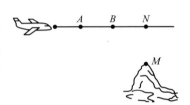

图 7.41

(1) 指出需要测量的数据(用字母表示,并在图中标出);

(2) 用测出的数据写出求距离 MN 的步骤.

10. 在某海滨城市附近海面有一台风,据监测,当前台风中心位于城市 O 的东偏南 θ 方向 300 km的海面 P 处 $\left(\cos\theta=\dfrac{\sqrt{2}}{10}\right)$,并以 20 km/h 的速度向北偏西 $45°$ 方向移动,台风侵袭的范围为圆形区域,当前半径为 60 km,并以 10 km/h 的速度不断增大,问几小时后该城市开始受到台风的侵袭?

11. 某种卡车高 3 m,宽 1.6 m.现要设计横断面为抛物线形的双向二车道的公路隧道,为保障双向行驶安全,交通管理条例规定汽车进入隧道后必须保持距离中线 0.4 m 的距离行驶.已知拱口 AB 宽恰好是拱高 OC 的 4 倍,若拱宽为 a m.求能使该卡车安全通过的 a 的最小整数值.

B 选做题

12. 现代家居设计的"推拉式"钢窗,运用了轨道滑行技术,纱窗装卸时利用了平行四边形的不稳定性,操作步骤如下:

(1) 将矩形纱窗转化成平行四边形纱窗后,纱窗上边框嵌入窗框的上轨道槽(图7.42(a));

(2) 将平行四边形纱窗的下边框对准窗框的下轨道槽(图7.42(b));

(3) 将平行四边形纱窗还原成矩形纱窗,同时下边框嵌入窗框的下轨道槽(图7.42(c)).

在装卸纱窗的过程中,如图所示的 $\angle\alpha$ 不得小于 $81°$,否则纱窗受损.现将高 96 cm 的矩形纱窗恰好安装在上、下槽深均为 0.9 cm,高 96 cm(上、下槽底间的距离)的窗框上.试求合理安装纱窗时 $\angle\alpha$ 的最大整数值(下表提供的数据可供使用).

sin 81° = 0.987	sin 82° = 0.990	sin 83° = 0.993	sin 84° = 0.995
cos 9° = 0.987	cos 8° = 0.990	cos 7° = 0.993	cos 6° = 0.995

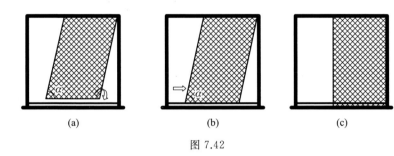

(a)　　　　　(b)　　　　　(c)

图 7.42

13. 已知水渠在过水断面面积为定值的情况下,过水湿周越小,其流量越大. 现有以下两种设计:

图 7.43(a)的过水断面为等腰 $\triangle ABC$,$AB = BC$,过水湿周 $l_1 = AB + BC$;图 7.43(b)的过水断面为等腰梯形 $ABCD$,$AB = CD$,$AD \parallel BC$,$\angle BAD = 60°$,过水湿周 $l_2 = AB + BC + CD$.

设 $\triangle ABC$ 与梯形 $ABCD$ 的面积都为 S.

(1) 分别求 l_1 和 l_2 的最小值;

(2) 为使流量最大,给出最佳设计方案.

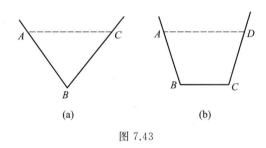

(a)　　　　　　　(b)

图 7.43

14. 某学校要在围墙旁建一个长方形的中药材种植实习苗圃,苗圃的一边靠围墙(墙的长度不限),另三边用木栏围成,建成的苗圃为如图 7.44 所示的长方形 $ABCD$. 已知木栏总长为 120 m,设 AB 边的长为 x m,长方形 $ABCD$ 的面积为 S m².

(1) 求 S 与 x 之间的函数关系式(不要求写出自变量 x 的取值范围). 当 x 为何值时,S 取得最值(请指出是最大值还是最小值)? 并求出这个最值.

(2) 学校计划将苗圃内药材种植区域设计为如图 7.44 所示的两个相外切的等圆,其圆心分别为 O_1 和 O_2,且 O_1 到 AB,BC,AD 的距离与 O_2 到 CD,BC,AD 的距离都相等,并要求在苗圃内药材种植区域外四周至少要留够 0.5 m 宽的平直路面,以方便同学们参观学习. 当(1)中 S 取得最大值时,请问这个设计是否可行? 若可行,求出圆的半径;若不可行,请说明理由.

15. 某建筑物内一个水平直角型过道如图 7.45 所示,两过道的宽度均为 3 m、有一个水平截面为矩形的设备需要水平移过直角型过道,若该设备水平截面矩形的宽为 1 m,长为 7 m,问:该设备能否水平移过拐角过道?

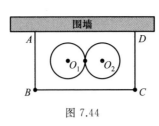

图 7.44

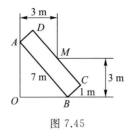

图 7.45

C 思考题

16. 为什么说初等几何知识有广阔的应用空间?

17. 综述中国学者对初等几何研究的一些应用成果.

18. 综述外国学者对初等几何研究的一些应用成果.

第七章部分习题

参考答案

第八章 数学课标中的几何新知

在历次的数学教育教学改革中,几何课程及其教学的改革都是焦点,也都会有所变化、更新.这不仅体现在几何教学中新理念的全面渗透,也体现在几何内容的删减更替及其教学要求的变化,更体现在几何教学方法的逐步适切.本章将基于数学课程标准的变化,阐述中学几何教学中的新理念、新内容、新方法.

§8.1 几何教学中的新理念

教学理念是人们对教学活动内在规律的认识的集中体现,同时也是人们对教学活动的看法和态度,是人们从事教学活动的信念.教学理念有理论层面、操作层面和学科层面之分.这里讨论的是学科层面的教学新理念.明确表达这些教学新理念,对教学活动有着极其重要的指导意义.

教育部已经颁布了《全日制义务教育数学课程标准(实验稿)》《义务教育数学课程标准(2011年版)》《义务教育数学课程标准(2022年版)》和《普通高中数学课程标准(实验)》《普通高中数学课程标准(2017年版)》《普通高中数学课程标准(2017年版2020年修订)》(以下分别简称为"2001年初中课标""2011年初中课标""2022年初中课标"和"2003年高中课标""2017年高中课标""2020年高中课标").各课程标准以全面推进素质教育、培养学生的创新精神和实践能力为宗旨,明确了数学课程的性质和地位,阐述了数学课程的基本理念和设计思路,提出了数学课程目标与内容标准,并对课程实施(教学、评价、教材编写、学业要求)提出了建议.

(1)核心素养导向的几何教学:以学生发展为本,提升几何直观、空间观念、推理能力和模型观念等数学学科素养.

中学数学课程要面向全体学生,实现"人人都能获得良好的数学教育,不同的人在数学上得到不同的发展".几何是数学课程的重要组成部分,几何教学对学生能力的发展起着不可替代的作用,尤其是在培养逻辑思维和演绎推理能力方面有着重要作用.几何长期以来都被当成训练学生的逻辑推理与思维能力的工具.

对于初中几何教学来说,要善于利用几何学的特点,着重发展学生的空间观念、几何直观以及推理能力.同时,为适应时代发展对人才培养的需要,还要特别注重发展学生的应用意识和创新意识.

对于高中几何教学来说,应充分利用几何学知识,培养学生的逻辑推理素养,课标指出:逻辑推理包括两类,其对应的推理形式分别为归纳和演绎.通过观察、猜测和归纳的方法探索空间对象的性质并形成逻辑演绎的公理系统是获得几何知识的重要方式.而逻辑推理素养的培养不能只停留于知识、技能层面,而应该逐步提升到素养所特有的必备品格、关键能力和价值观念层面.基于此,学会有逻辑地思考问题,形成重论据、有条理、合乎逻辑的思维品质和理性精神,有逻辑地表达交流等,都应该是几何教学时应重点关注并予以落实的目标.另外,几何具有直观性,一般的几何概念都有一个直观模型,许多几何概念都可以用图形直观表示.所以,几何教学要注重发展学生几何直观和空间想象能力,增强学生运用几何直观和空间想象能力思考问题的意识,渗透数形结合的思想,注重学生几何思维的培养.比如,直线与直线、直线与平面、平面与平面平行和垂直的判定定理通过归纳推理得到,旨在提升学生的逻辑推理素养;从局部到整体、具体到抽象认识空间几何体及其结构特征有助于学生空间观念的形成,提升学生的直观想象素养.

(2)核心内容凸显的几何教学:教学中充分发挥基本图形、坐标系以及向量的工具作用.

初中阶段图形与几何包含图形的性质、图形的变化和图形与坐标三大主题内容.对几何图形性质的认知大都源于对点、线、角等的关系研究,进而上升到三角形、四边形、圆等基本几何图形的性质.这些基本图形已成为几何性质及其研究的载体.对几何图形变化的认识往往也是针对基本图形的点、线、角的关系.因而,教学中把握了基本几何图形的工具作用,就把握住了几何教学的关键.从初中几何教学应体现几何的演绎证明、运动变化和量化分析三个方面来看,图形的性质与图形的变化显然承载着教学中几何的演绎证明与运动变化方面,那么图形与坐标就是几何量化分析方面的体现.因此,教学中应将图形与坐标相关内容作为从量的方面研究几何的工具.

向量的内容进入高中是高中数学课程内容变化的里程碑事件.向量是数学中一个非常重要的概念,也是高中数学、大学数学中最基本、最重要的概念,我们需要对它有比较全面的理解.首先,向量有丰富的物理学背景和实际背景,很多物理量都可以用向量表示.其次,向量既是代数研究对象也是几何研究对象,是联系几何与代数的天然桥梁.最后,向量基本定理是贯穿向量内容始终的最主要的结果.在高中阶段需要掌握一维、二维、三维向量基本定理,建立向量与其他内容的联系.学习向量后,可以利用向量解决简单的平面几何问题、立体几何问题、力学问题以及其他实际问题,借助向量的运算探究三角形边长与角度的关系,如探究正弦定理、余弦定理等.

(3)教学方式转变的几何教学:注重信息技术与几何课程的深度融合.

几何教学与其他数学领域的教学一样,应创设合适的教学情境、启发学生思考、引导学生把握知识的本质,应提倡独立思考、自主学习、合作交流等多种学习方式.除此之外,几何教学还具有特殊性,比如,很多几何图形都是从具体实物中抽象出来的,可以借助信息技术来展示,比如使用 GeoGebra 等软件.

因此,无论初中还是高中,都要注重信息技术与几何课程的深度融合.一方面,信息技术能够提高教学的实效性,改进几何教学效果,节省教学时间,深化对几何结论的猜想、讨论、证明;另一方面,信息技术可以为学生学习几何概念和结构创造环境,提供工具. 作为工具的信息技术可以不断引导学生感悟几何学的科学价值、应用价值、文化价值和审美价值. 比如,运用信息技术将较复杂的几何图形形象地呈现出来、将教师难以描述的分析过程动态地演示出来,从而培养学生的直观想象素养.

(4)过程评价突出的几何教学:重视几何学习的过程性评价,聚焦数学核心素养.

评价既要关注学生学习几何的结果,也要关注学生学习几何的过程;既要关注学生学习几何的水平,也要关注学生在学习几何的活动中所表现出来的情感态度的变化.因此,首先需要开发合理的评价工具,将几何知识技能的掌握与数学核心素养的达成有机结合;其次应该建立目标多元、方式多样、重视过程的几何评价体系. 通过评价,提高学生学习几何的兴趣,帮助学生认识自我、增强自信,帮助教师改进教学过程、提高教学质量.

在初中阶段几何的学习评价中,既要有结果性评价,也要有过程性评价,同时,评价还应根据学生的不同水平进行具体分析. 例如,在根据性质对平行四边形、矩形、菱形、正方形分类的问题中,对学生进行评价时,教师要关注学生理解、掌握知识的情况,并根据具体情况,设置有层次的问题评价学生的不同水平. 可以设置问题:① 平行四边形、矩形、菱形、正方形各有哪些性质? ② 平行四边形、矩形、菱形、正方形的共性或差异是什么? ③ 图形分类的标准是什么? ④ 按照标准列举满足条件的分类. 教师在设计问题时,可以预设目标:能完成①②是达成基本要求,对能完成③④的学生给予更为积极的肯定. 在高中阶段几何学习评价中,要关注学生几何知识技能的掌握,更要关注逻辑推理、直观想象素养的形成与发展,根据几何内容与学生的情况制定科学合理的教学目标,促进学生在不同学习阶段发展逻辑推理能力、直观想象素养.

§8.2 几何教学中的新内容

§8.2.1 初中几何教学中的新内容

1. 将"空间与图形"领域改为"图形与几何"领域

"2011 年初中课标"将"2001 年初中课标"中的空间与图形领域改为图形与几何领域,"2022 年初中课标"沿用了后一说法. 课标修订组组长史宁中教授认为:"图形"是存在,"空间"是存在的背景,"几何"是运用规则对图形进行研究,改为图形与几何更准确一些.

2. 将"图形的认识"和"图形与证明"合并为"图形的性质"

以往的空间与图形领域包含图形的认识、图形与变换、图形与坐标、图形与证明 4 个部分. 在"2011 年初中课标"及"2022 年初中课标"中,图形与几何领域包含图形的性质、图形的变化、图形与坐标 3 个部分,即将原来的图形的认识、图形与证明合并为图形的性质.

以往的空间与图形领域将图形的认识、图形与证明这两个具体模块分开,决定了涉及几何证明的内容只能安排在八年级下学期和九年级进行,而在七年级及八年级上学期只能运用合情推理探索、发现图形的性质. 这样安排有两个方面的问题:一是将合情推理与演绎推理分开,割裂了它们之间的相辅相成的关系;二是重复较多,给人以"证"了两次、"用"了两次的感觉.

"2011 年初中课标"及"2022 年初中课标"用图形的性质整合以往的图形的认识、图形与证明两个部分,除了更有利于在探索、发现、证明图形性质的过程中,体现两种推理(合情推理与演绎推理)相辅相成的关系外,还决定了图形与几何的教学内容将发生结构性的变化. 比如,根据"2011 年初中课标"修订的教材从七年级上学期的"余角、补角"开始就进行推理证明,使合情推理与演绎推理得到了进一步融合.

3. 明确了 9 条基本事实,并对其教学进行了必要的说明

将长期使用的术语"公理"改为"基本事实".

(1) 9 条基本事实:

① 两点确定一条直线;

② 两点之间线段最短;

③ 过一点有且只有一条直线与已知直线垂直;

④ 过直线外一点有且只有一条直线与已知直线平行;

⑤ 两条直线被第三条直线所截,如果同位角相等,那么这条两直线平行;

⑥ 两边及其夹角分别相等的两个三角形全等;

⑦ 两角及其夹边分别相等的两个三角形全等;

⑧ 三边分别相等的两个三角形全等;

⑨ 两条直线被一组平行线所截,所得的对应线段成比例.

(2) 对 9 条基本事实的几点说明:

其一,没有将"两条直线相交只有一个交点"作为基本事实. 教学时,对学有余力的学生可引导思考:相交于点 O 的直线 a, b 还有另外的交点吗?

其二,"两直线平行,同位角相等"不再作为基本事实,而作为定理要求加以证明.

对此,教材的处理方法是:首先,通过"数学实验"活动探索、发现结论,并明确该定理今后可以运用推理的方法加以证明;其次,在相应的阅读材料中运用反证法进行推理(给学有余力的学生课后阅读、思考);最后,在八年级学习反证法时,通过证明加以确认. 这样处理相关内容,既符合数学逻辑的要求,又不违背学生的认知规律.

4. 对"证明"提出的要求

对于证明,不仅要求"知道证明的意义和必要性,知道证明要合乎逻辑",而且要求"知道证明的过程可以有不同的表达形式". 强调证明除了用简化了的三段论表达外,

还可以采用其他符合学生思维过程的表达形式. 比如,引导学生运用平移、旋转、翻折等图形变换来发现、"确认"图形性质. 这样做的本质体现的不是逻辑推理证明,而是合情推理证明.

§8.2.2　高中几何教学中的新内容

2017 年教育部正式颁布"2017 年高中课标",随后又颁布了"2020 年高中课标",较之"2003 年高中课标",在课程结构与内容以及课程实施建议等方面都有一些新变化. 课程结构的变化可以概括为"从模块到主题,文理不分科,选择多样化". 课程内容的变化主要是减少必修课程的内容;以现行选修课程文科内容为基础建构选择性必修课程内容;设置丰富多样的适合学生不同发展需求的选修课程;对原有课程内容进行重组和调整,使得课程内容更具有系统性和完整性.

1. 高中几何课程内容的变化

在"2003 年高中课标"的选修课程体系中,模块、专题内容太多、太杂,一些模块、专题与学生未来的发展联系不紧密,因而,"2017 年高中课标"在"2003 年高中课标"的基础上进行了必要的增减. 比如,除了"2003 年高中课标"选修课程 3、4 系列中的对称与群、球面上的几何、欧拉公式与闭曲面分类专题以及选修 A、B 课程中的空间向量与代数包含了矩阵与变换的内容以外,其他选修内容几乎都为"2017 年高中课标"新增加的内容.

与"2003 年高中课标"所采用的模块课程结构不同,"2017 年高中课标"中主要采取主题课程结构,每类课程按照函数、几何与代数、概率与统计、数学建模与数学探究活动 4 个主题组织内容,对一些原有内容进行了重组和调整,安排在更适合的主题中. 比如,空间直角坐标系的内容介绍安排在"2017 年高中课标"选修中,这样使得空间向量的内容更具连贯性,学生学习起来更容易宏观把握. "2003 年高中课标"的平面解析几何安排在必修中,而"2017 年高中课标"中平面解析几何是在选修课中学习的. 这样可以缓解必修课内容过多,难点内容过于集中的问题. 具体内容变化如表 8.1 所示:

表 8.1　基于"2003 年高中课标"的"2017 年高中课标"几何课程内容变化

	主题	增加(加强)	减少(弱化)
必修	立体几何初步	能用简单空间图形的体积、表面积公式解决简单的实际问题	画出简单空间图形的三视图
	平面向量及应用	理解平面向量的基本要素,掌握加减法、数乘、数量积运算规则	运用正、余弦定理解决一些简单三角形度量问题
		通过坐标系表示平面向量垂直的条件	
		解三角形	

续表

	主题	增加(加强)	减少(弱化)
选择性必修	空间向量与立体几何	通过与平面向量的类比,学习空间向量的概念及其运算(例如,经历由平面向量及其运算和运算规则推广到空间向量的运算和运算规则的过程)	能用向量的数量积判断空间向量的共线与垂直
		用向量语言表述直线与直线、直线与平面、平面与平面的夹角	
		用向量方法解点到直线、点到平面、相互平行的直线、相互平行平面的距离问题,并能描述解决这一问题的流程	
	平面解析几何		斜截式与一次函数的关系
			在平面解析几何学习过程中,体会用代数方法处理几何问题的思想
			经历从具体情境中抽象出抛物线模型的过程;用坐标法解决与圆锥曲线有关的简单几何问题和实际问题;在圆锥曲线的学习中,进一步体会数形结合的思想;通过学过的曲线及其方程的实例,了解曲线与方程的对应关系
选修	变换	等距变换	
	空间解析几何	空间中的平面与直线	

值得一提的是,"2017年高中课标"必修课程中的几何内容出现了位置的移动、内容的增加(加强)和减少(弱化). 比如,在立体几何部分删除了三视图.

另外,由于"2017年高中课标"中的选择性必修课程文理不分科,在"2003年高中课标"限定选修课程文科内容的基础上,增加了理科的一些内容. 这些内容比原文科内容要求高,比原理科内容要求低. 选择性必修课程与原文科课程相比删除了推理与证明,增加了空间向量与立体几何、空间直角坐标系、平面解析几何、圆锥曲线与方程等内容.

2. 高中几何教学要求的变化

(1)立体几何教学要求变化.

对于立体几何内容的教学,"2017年高中课标"要求:能够通过直观图理解空间图形,掌握基本空间图形及其简单组合体的概念和基本特征,解决简单的实际问题;能够运用图形的概念描述图形的基本关系和基本结果;能够证明简单的几何命题(平行、垂直的性质定理),并会进行简单应用;重点提升直观想象、逻辑推理、数学运算和数学抽象素养.

从"2017 年高中课标"对立体几何内容的教学要求可以看出,立体几何的教学重点是帮助学生逐步形成空间观念.因而教师在教学中应做到"六要":一要遵循从特殊到一般、从整体到局部、从具体到抽象的原则;二要提供丰富的实物模型或利用计算机软件呈现空间几何体,帮助学生认识空间几何体的结构特征,进一步掌握在平面上表示空间图形的方法和技能;三要通过对图形的观察和操作,引导学生发现和提出描述基本图形平行、垂直关系的命题,逐步学会用准确的数学语言表达这些命题,直观解释命题的含义和表述证明的思路,并证明其中一些命题;四要遵循课程标准,对相应的判定定理只要求直观感知、操作确认,在选择性必修课程中再用向量方法对这些定理加以论证;五要使用信息技术展示空间图形,为理解和掌握图形几何性质(包括证明)提供直观想象的空间;六要帮助学生选择立体几何问题作为数学探究活动的课题,指导学生开展必要的立体几何探究活动.

(2) 空间向量(结合立体几何)教学要求的变化.

对于空间向量内容的教学,"2017 年高中课标"要求:能够理解空间向量的概念、运算、背景和作用;能够依托空间向量建立空间图形及图形关系的想象力;能够掌握空间向量基本定理,体会其作用,并能简单应用;能够运用空间向量解决一些简单的实际问题,体会用向量解决一类问题的思路.

对此,教师在教学中,一要引导学生运用类比的方法,经历向量及其运算由平面向空间的推广过程,探索空间向量与平面向量的共性和差异,引发学生思考维数增加所带来的影响;二要鼓励学生灵活选择向量方法与综合几何方法,从不同角度解决立体几何问题(如距离问题),通过对比来体会向量方法的优势;三要引导学生理解向量基本定理的本质,感悟"基"的思想,并运用它解决立体几何中的问题.

(3) 平面解析几何教学要求的变化.

对于平面解析几何的教学,"2017 年高中课标"要求:能够掌握平面解析几何解决问题的基本过程,即,根据具体问题情境的特点,建立平面直角坐标系;根据几何问题和图形的特点,用代数语言把几何问题转化成为代数问题;根据对几何问题(图形)的分析,探索解决问题的思路;运用代数方法得到结论;给出代数结论合理的几何解释,解决几何问题.

对此,教师在教学中,一要通过实例使学生了解几何图形的背景,例如,通过行星运行轨道、抛物运动轨迹等,使学生了解圆锥曲线的背景与应用;进而,结合情境清晰地描述图形的几何特征与问题,例如,椭圆是到两个定点的距离之和为定长的动点的轨迹等;结合具体问题合理地建立坐标系,用代数语言描述这些特征与问题;最后,借助几何图形的特点,形成解决问题的思路,通过直观想象和代数运算得到结果,并给出几何解释,解决问题.二要充分发挥信息技术的作用,比如,通过计算机软件向学生演示方程中参数的变化对方程所表示的曲线的影响,使学生进一步理解曲线与方程的关系.三要组织学生阅读、收集平面解析几何的形成与发展的历史资料,撰写小论文,论述平面解析几何发展的过程、重要结果、主要人物、关键事件及其对人类文明的贡献,从数学史的角度促进学生更深刻地理解平面解析几何.

§8.2.3　高中几何选修新内容简介

§8.2.3.1　球面几何

研究球面上几何问题的几何学分支叫做球面几何,早期的球面几何是人们研究天文学的产物.古代天文学家用天球(一个球面)上的点表示星星,天体在宇宙间的运行情况可以用它们在天球上的轨迹表示,历史上有许多这方面研究的记录.例如,欧几里得的《现象》一书就有球面几何的 18 个命题,其中许多定理是用来探究恒星运动规律的;天文学家、日心说的创立者哥白尼(Copernicus)在《天体运行论》一书中有一章专门讨论球面几何.

现代人的生活更离不开球面几何,航海、航空、卫星定位等都需要能进行精确计算的球面几何.由于球面有很好的对称性以及它与平面几何的密切联系,球面几何中的许多问题可以用初等的方法进行研究.以下角度均用弧度制表示.

1. 球面几何的基本概念

定义 1　三维空间中,与一个定点 O 的距离等于定长 r 的点的轨迹叫做球面(或半径为 r 的半圆绕其直径旋转一周所得的旋转面叫做球面),定点 O 叫做球心,定长 r 叫做球的半径.

定义 2　通过球心的平面与球面交于一个半径与球半径一样大的圆,这样的圆叫做球面上的大圆;不过球心的平面与球面相交所得的圆叫做球面上的小圆,球面上的小圆半径小于球半径.

定义 3　两个大圆相交所成的角叫做球面角,其交点叫做球面角的顶点,大圆弧叫做这个球面角的边.

一般地,球面角是以过顶点的圆弧的两切线所夹的角来度量的(或以两个大圆所成的二面角的平面角来度量).

定义 4　球面上两个大圆的半圆所包围的球面部分叫做球面二角形.

定义 5　球面上相交于三点的三个大圆弧所围成的球面上的部分,叫做球面三角形,其中三个大圆弧叫做球面三角形的边,通常用小写拉丁字母 a,b,c 等来表示;各大圆弧所成的球面角叫做球面三角形的角,通常用大写拉丁字母 A,B,C 等来表示.

将单位球面上的球面三角形 ABC 的各顶点与球心 O 连接,构成球心三面角 $O-ABC$.显然,各圆心角与所对的弧相等,即有

$$a = \angle BOC, \quad b = \angle AOC, \quad c = \angle AOB.$$

定义 6　垂直于已知球面的圆所在平面的球直径的端点,叫做这个圆的极,这个

圆上的点到同一个极的球面距离(见定义 8)都相等. 过球面三角形 ABC 各边的极作大圆弧构成的另一个球面三角形 $A'B'C'$ 叫做原球面三角形的极三角形.

定义 7　在同球面或等球面上,若两个球面三角形的对应边和对应角分别相等,而且排列顺序相同,则称这两个球面三角形全等.

定义 8　球面上两点间大圆劣弧的长叫做这两点间的球面距离.

注　可以证明,在单位球面上,极三角形的边与原球面三角形之对应角互补,极三角形的角与原球面三角形的对应边互补.

2. **球面三角形的基本性质**

由上述定义可得球面三角形的边和角的基本性质:

性质 1　球面三角形两边之和大于第三边,两边之差小于第三边.

性质 2　球面三角形三边之和小于大圆周长.

性质 3　球面三角形三角之和大于 π 而小于 3π.

性质 4　球面三角形的两角之和减去第三角小于 π.

性质 5　若球面三角形的两边相等,则这两边的对角也相等;反之,若两角相等,则这两角的对边也相等.

性质 6　球面三角形中,大角对大边,大边对大角.

性质 7　在同球面或等球面上的两个球面三角形,若满足下列条件之一,则两个球面三角形全等:

(1) 三对边对应相等(SSS);

(2) 两对边对应相等且其夹角也相等(SAS);

(3) 两对角对应相等且夹边也相等(ASA);

(4) 三对角对应相等(AAA).

性质 8　在球面上连接两点的所有曲线(弧)之长以球面距离为最短.

下面简要说明性质 8 的证明方法.

如图 8.1 所示,设 $\overset{\frown}{ACB}$ 是连接球面上 A, B 两点的大圆的劣弧, $AA_1A_2\cdots A_nB$ 是球面上不同于 $\overset{\frown}{ACB}$ 的曲线,并且假设 $A_1, A_2\cdots, A_n$ 各点把这条曲线分为 $\overset{\frown}{AA_1}$, $\overset{\frown}{A_1A_2}, \cdots, \overset{\frown}{A_nB}$ (只要分点足够多的话,这些曲线弧都可近似地看成圆弧).

把 $A, A_1, A_2\cdots, B$ 各点与球心 O 连接起来,则由多面角的性质得

$$\angle AOB < \angle AOA_1 + \angle A_1OA_2 + \cdots + \angle A_nOB.$$

假设球面的半径为 R,各个角的大小都以弧度为单位,则 $\overset{\frown}{ACB} = R\angle AOB$,且

$$\overset{\frown}{AA_1} = R\angle AOA_1, \quad \overset{\frown}{A_1A_2} = R\angle A_1OA_2, \quad \cdots, \quad \overset{\frown}{A_nB} = R\angle A_nOB.$$

由上述关系可得

$$\overset{\frown}{ACB} < \overset{\frown}{AA_1} + \overset{\frown}{A_1A_2} + \cdots + \overset{\frown}{A_nB}.$$

又因为

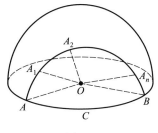

$$\overset{\frown}{AA_1}+\overset{\frown}{A_1A_2}+\cdots+\overset{\frown}{A_nB}=\overset{\frown}{AA_1A_2\cdots A_nB},$$

所以

$$\overset{\frown}{ACB}<\overset{\frown}{A_1A_2\cdots A_nB}.$$

这就说明,连接球面上两点的所有曲线中,经过这两点的大圆在这两点间的劣弧的长度最短.

图 8.1

3. 球面三角形中的基本结论

(1) 球面三角形的面积与内角和

在平面中,三角形内角和恒等于 π,然而在球面中,三角形的内角和却大于 π. 一般地,有如下定理:

定理 1　在单位球面上任给球面 $\triangle ABC$,其内角为 A,B,C,面积为 $S_{\triangle ABC}$,则

$$A+B+C=\pi+S_{\triangle ABC}.$$

证明　如图 8.2 所示,设 A',B',C' 分别是点 A,B,C 的对径点(线段 AA',BB',CC' 的中点均为球心),则 $\triangle A'B'C'$ 是 $\triangle ABC$ 关于球心对称的三角形. 由于球面上以 A 为顶点的四个球面角的大小之和为 2π,而这四个角对应的四个球面二角形面积之和恰好为整个球面的面积,故球面三角形 $ABA'C$ 的面积是整个球面面积的 $\dfrac{A}{2\pi}$ 倍,即

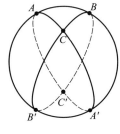

图 8.2

$$S_{\triangle ABC}+S_{\triangle A'BC}=\frac{A}{2\pi}\cdot 4\pi=2A.$$

同理有

$$S_{\triangle ABC}+S_{\triangle AB'C}=2B,\quad S_{\triangle ABC}+S_{\triangle ABC'}=2C.$$

将上述三个等式相加得

$$3S_{\triangle ABC}+S_{\triangle A'BC}+S_{\triangle AB'C}+S_{\triangle ABC'}=2(A+B+C).$$

由于球面 $\triangle ABC,\triangle AB'C,\triangle A'BC,\triangle A'B'C$ 刚好拼成半个球面,而且 $\triangle ABC'$ 和 $\triangle A'B'C$ 关于球心对称,它们的面积相等,即 $S_{\triangle ABC'}=S_{\triangle A'B'C}$,从而

$$S_{\triangle ABC}+S_{\triangle A'BC}+S_{\triangle AB'C}+S_{\triangle ABC'}$$
$$=S_{\triangle ABC}+S_{\triangle A'BC}+S_{\triangle AB'C}+S_{\triangle A'B'C}=2\pi.$$

所以

$$A+B+C=\pi+S_{\triangle ABC}.$$

(2) 球面三角形的正、余弦定理

在平面三角形中存在定量的边角关系:正弦定理、余弦定理. 对球面三角形运用类比的思想,我们能发现也存在类似的正弦定理和余弦定理.

定理 2(正弦定理)　设单位球面上球面 $\triangle ABC$ 的三个内角分别为 A,B,C,三条

边长分别为 a, b, c, 则 $\dfrac{\sin A}{\sin a} = \dfrac{\sin B}{\sin b} = \dfrac{\sin C}{\sin c}$.

证明 如图 8.3 所示, 过点 A 作 $AD \perp$ 平面 OBC, 点 D 为垂足. 再过点 D 分别作 $DE \perp OB$, $DF \perp OC$, E, F 为垂足, 连接 AE, AF. 因为 DE 是 AE 在平面 OBC 内的射影, 且 $DE \perp OB$, 所以 $OB \perp AE$. 同理 $OC \perp AF$. 因此 $\angle DEA$ 和 $\angle DFA$ 分别是二面角 A-OB-C 和 A-OC-B 的平面角, 所以

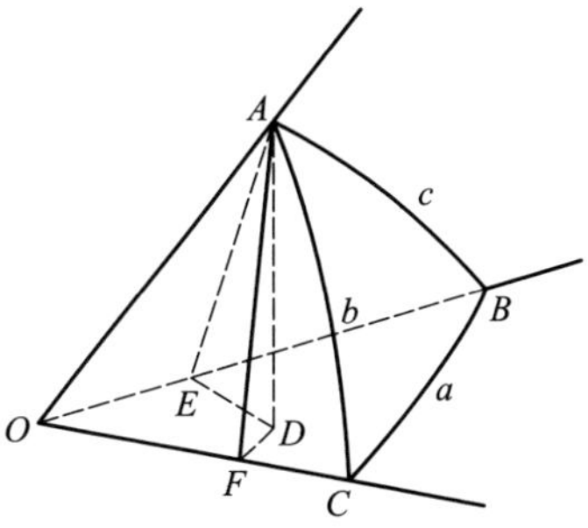

$$\angle DEA = B, \quad \angle DFA = C.$$

图 8.3

在 Rt$\triangle ADE$ 和 Rt$\triangle ADF$ 中, 因为

$$AD = AE \sin \angle DEA = OA \sin \angle AOB \sin B = \sin c \, \sin B,$$
$$AD = AF \sin \angle DFA = OA \sin \angle AOC \sin C = \sin b \, \sin C,$$

所以

$$\sin b \sin C = \sin c \sin B, \quad 即 \quad \frac{\sin B}{\sin b} = \frac{\sin C}{\sin c}.$$

同理, $\dfrac{\sin A}{\sin a} = \dfrac{\sin C}{\sin c}$, 所以

$$\frac{\sin A}{\sin a} = \frac{\sin B}{\sin b} = \frac{\sin C}{\sin c}.$$

在半径为 r 的球面上, 与上式对应的结论为

$$\frac{\sin A}{\sin \dfrac{a}{r}} = \frac{\sin B}{\sin \dfrac{b}{r}} = \frac{\sin C}{\sin \dfrac{c}{r}}.$$

定理 3(余弦定理) 设单位球面上球面 $\triangle ABC$ 的三个内角分别为 A, B, C, 三条边长分别为 a, b, c, 则

$$\cos a = \cos b \, \cos c + \sin b \, \sin c \, \cos A,$$
$$\cos b = \cos c \, \cos a + \sin c \, \sin a \, \cos B,$$
$$\cos c = \cos a \, \cos b + \sin a \, \sin b \, \cos C.$$

证明 如图 8.3 所示, 取 OE 为射影轴, 将折线 $OFDE$ 和封闭线段 OE 映射在 OE 上, 得出

$$OE 在自身的映射长度 = OF 映射在 OE 上的长度 +$$
$$FD 映射在 OE 上的长度 +$$
$$DE 映射在 OE 上的长度,$$

其中 OE 在自身的映射长度为 $OE = \cos c$, OF 映射在 OE 上的长度为

$$OF \cos a = \cos b \cos a,$$

FD 映射在 OE 上的长度为

$$FD \sin a = FA \cos C \sin a = \sin b \cos C \sin a,$$

DE 映射在 OE 上的长度为 $DE \cos \dfrac{\pi}{2} = 0$. 所以

$$\cos c = \cos a \cos b + \sin a \sin b \cos C.$$

同理可得

$$\cos a = \cos b \cos c + \sin b \sin c \cos A,$$

$$\cos b = \cos c \cos a + \sin c \sin a \cos B.$$

若在一般的半径为 r 的球面上，则有

$$\cos \frac{a}{r} = \cos \frac{b}{r} \cos \frac{c}{r} + \sin \frac{b}{r} \sin \frac{c}{r} \cos A,$$

$$\cos \frac{b}{r} = \cos \frac{c}{r} \cos \frac{a}{r} + \sin \frac{c}{r} \sin \frac{a}{r} \cos B,$$

$$\cos \frac{c}{r} = \cos \frac{a}{r} \cos \frac{b}{r} + \sin \frac{a}{r} \sin \frac{b}{r} \cos C.$$

作为球面上余弦定理的特例，我们有如下球面上的勾股定理：

定理 4（勾股定理）　设单位球面上球面 $\triangle ABC$ 的三个内角分别为 A, B, C，其中一个内角 $C = \dfrac{\pi}{2}$，三条边长分别为 a, b, c，则

$$\cos c = \cos a \cos b.$$

§ 8.2.3.2　欧拉公式

1. 欧拉公式及其证明

凸多面体（也称为简单多面体）的"顶点数" V、"棱数" E 和"面数" F 之间存在着如下关系：

$$V + F - E = 2.$$

法国数学家笛卡儿早在 1640 年就已经注意到这个关系式，瑞士数学家欧拉在 1752 年又重新发现该式并加以应用. 后人称这个关系式为欧拉公式，它是拓扑学中的一个中心定理，在空间图形及图论中也有许多重要应用.

欧拉公式有很多种证法，具有代表性的有三种：

（1）勒让德的向径投影法

勒让德于 1794 年利用向径投影证明了欧拉公式. 该证明的思路是：在凸多面体内任意取一点，以它为球心作单位球面，并以它为位似中心将该凸多面体放缩至单位球面内部. 把球心看成光源，将凸多面体投影到球面上，则多面体所有面的像，是该球面上的球面多边形，它们不重叠地盖满整个球面，即凸多面体投影成该球面上的 F 个球面多边形、E 条棱（球面多边形的边）和 V 个顶点. 下面用两种不同的办法分别计算单位球面上所有多边形的内角和.

一方面，由球面三角形面积公式可知，球面三角形内角和等于 π 与三角形面积之

和. 对于球面 n 边形, 不难得出, 其内角和为 $(n-2)\pi$ 与 n 边形面积之和, 从而所有球面多边形内角和是 $(2E-2F)\pi+4\pi$, 其中 4π 是单位球面的面积.

另一方面, 对每个顶点, 以它为顶点的所有的球面多边形内角之和为 2π, 从而所有球面多边形内角和为 $2\pi V$.

结合以上两方面的结论便有 $V+F-E=2$.

（2）柯西的拓扑法

柯西（Cauchy）于 1811 年给出了欧拉公式的证明. 证明的思路是: 通过降维把多面体化归到平面网络上, 再把平面网络问题归结为对三角形的研究. 也就是: 设想多面体是空心的, 其表面由薄橡皮做成, 把它切掉一个面, 再将剩下的表面进行变形, 直至使它铺在一个平面上. 由此产生的平面网络, 除 F 少 1 且相应的面和棱可能变形外, 它所包含的顶点数 V、棱数 E 与原来多面体所包含的相同. 于是只须证此平面网络中 $V+F-E=1$ 成立即可.

为此把网络通过添加一些对角线使它成为全由三角形组成的网络, 再逐步把这些三角形网络"周围"的三角形一一去掉. 在这个过程中 $V+F-E$ 始终保持不变, 最后只剩下一个点, 此时显然有

$$V+F-E=0+1-0=1.$$

具体步骤如下:

① 若有一个多边形面的边数大于 3, 我们添一条对角线, 这样增加了一条边和一个面, 从而 $V+F-E$ 保持不变. 继续增加边直到所有的面都是三角形.

②（逐个）除去所有和网络外部共享两条边的三角形. 每次操作会减少一个顶点、两条边和一个面, 从而 $V+F-E$ 保持不变.

③ 除掉只有一条边和外部相邻的三角形. 每次操作把边和面的个数各减少一个, 而保持顶点数不变, 从而 $V+F-E$ 保持不变.

重复使用第②步和第③步直到只剩一个点.

（3）数学归纳法

由于欧拉公式本身是和自然数有关的命题, 因此可以利用数学归纳法来证明. 证明思路是: 首先, 把多面体降维转化为一个连通的平面图. 其次, 选择对平面图的边数进行归纳. 此处关键是第二步的递推过程, 即在 k 条边的连通平面图上增加一条边使它仍为连通, 这时公式仍成立, 这时只要考虑两种情形: 一是增加一个新顶点并与图中的一个已知顶点连接, 二是用一条边连接图中已知的两个顶点, 这些情形都是容易证明的. 最后, 把外部面变形黏合看成空间的一个面, 平面图就回归多面体. 变形过程中 V, E, F 均不变, 于是多面体的欧拉公式成立, 结论回复到了空间.

用数学归纳法证明欧拉公式, 华罗庚先生在他著的《数学归纳法》一书中已经呈现. 这种证法有助于理解多面体的其中一种生成方法, 即多面体可以从一个点出发, 通过逐步添加各边而围成.

2."正多面体只有五种"的证明

在平面几何中,把各边等长而且诸内角皆相等的多边形定义为正多边形.易见正多边形有一个对称中心,它到各顶点距离相等,且正多边形为圆内接等边多边形.同样地,在立体几何中,把各个面皆为互相全等的正多边形,而且各棱处的二面角皆相等的多面体定义为正多面体.不难证明一个正多面体也有一个对称中心,它到其各顶点等距离,亦即其顶点共球.众所周知,正多面体有且只有五种,即正四面体、正六面体(正方体)、正八面体、正十二面体和正二十面体,如图 8.4 所示.这一结论早在欧几里得的《原本》中就给出了证明.经研究,人们又给出了多种证明.下面再介绍两种较为简洁的证明.

(1)应用欧拉公式

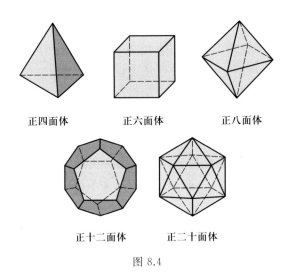

正四面体　　　　　正六面体　　　　　正八面体

正十二面体　　　正二十面体

图 8.4

设一个正多面体有 F 个面,每个面是正 n 边形,且每个顶点连接 r 条棱.用面和顶点来计算棱数,我们有 $nF=2E$,因为每条棱属于两个面,因此在乘积 nF 中重复计算了两次;又因为每条棱有两个顶点,故有 $rV=2E$.这样,由欧拉公式便有等式

$$\frac{2E}{n}+\frac{2E}{r}-E=2,$$

由此式可得

$$2r+2n-nr>0, \quad 即 \quad (n-2)(r-2)<4,$$

满足上述不等式的正整数数组 (n,r) 有且只有五组:

$$(3,3), \quad (3,4), \quad (4,3), \quad (3,5), \quad (5,3),$$

对应的 F 值依次为 $4,8,6,20,12$.这样就证明了只存在五种正多面体,即正四面体、正六面体(正方体)、正八面体、正十二面体和正二十面体.

（2）应用球面三角形面积公式

将一个给定的正多面体适当放大或缩小，使得其外接球的半径等于 1. 再将正多面体的各个面，用球心的向径投影把它们投影到单位球面上，如此即得上述外接球球面的一种正则分割，所得每个球面多边形的各边都是等长的大圆圆弧，而且其顶点共圆（该圆为正多面体各面所在的平面与球面的交线之一），把具有这种性质的球面多边形叫做球面正多边形.

由球面三角形面积公式可知，在单位球面上，球面四边形的面积等于其内角和减去 2π，球面五边形的面积等于其内角和减去 3π. 我们可以把证明归结为单位球面上的正则分割只有五种，即仅能分割成：6 个球面正四边形；12 个球面正五边形；4 个或 8 个或 20 个球面正三角形，共五种. 分别证明如下：

若正则分割中每个球面多边形皆为球面正四边形，因为其内角大于 $\frac{\pi}{2}$，所以只能是 3 个球面正四边形共用一个顶点. 因此其 4 个内角皆为 $\frac{2\pi}{3}$，亦即其面积等于 $\frac{2\pi}{3}$，它乃是总面积 4π 的 $\frac{1}{6}$，所以这种正则分割把球面分割成 6 个内角皆为 $\frac{2\pi}{3}$ 的球面正四边形.

若正则分割中每个球面多边形皆为球面正五边形，同理可见其 5 个内角皆为 $\frac{2\pi}{3}$，所以其面积等于 $\frac{10\pi}{3} - 3\pi = \frac{\pi}{3}$，它乃是总面积的 $\frac{1}{12}$，所以这种正则分割把球面分割成 12 个内角皆为 $\frac{2\pi}{3}$ 的球面正五边形.

若正则分割中每个球面多边形皆为球面正三角形，因为球面正三角形的内角大于 $\frac{\pi}{3}$，所以只可能每个内角是 $\frac{2\pi}{3}$、$\frac{\pi}{2}$ 或 $\frac{2\pi}{5}$. 所以球面正三角形的面积分别是 π，$\frac{\pi}{2}$ 或 $\frac{\pi}{5}$，因此只有三种这样的正则分割，即分割成 4（或 8 或 20）个内角为 $\frac{2\pi}{3}\left(或 \frac{\pi}{2} 或 \frac{2\pi}{5}\right)$ 的球面正三角形.

这样，只须用上述简单的面积计算就证明了正多面体有且只有五种这一结论.

§8.2.3.3 分形几何

分形是 20 世纪初出现的一种研究对象，今天，分形几何已成为一个严谨的数学分支，是有着广泛应用的艺术，也是图像压缩、信息传输的工具，还是鉴定特定的地质纪元、矿脉类型及其含量的"指纹"，有着广泛的应用.

1. 分形的提出

1967 年，美籍法国数学家芒德布罗（Mandelbrot）在美国《科学》杂志上发表了仅两页多却轰动学术界的著名论文"不列颠的海岸线有多长？统计自相似与分数维". 文章提到，当以公里为单位测量海岸线时，几米、几十米的弯曲被忽略了；当以米为单位测量海岸线时,前面被忽略的弯曲就能计算进去,因而测得的总长度就会增加,但几厘米、几毫米的弯曲仍然会被忽略,所以随着测量尺度的减小,海岸线的长度会逐渐增加,从而得出结论:海岸线的长度是不确定.这样的结论太惊人了,大大出乎人们的意料!然而,芒德布罗并不以此为目的,反而将其作为一个突破口,开始了他的艰辛探索.

他发现,随机方法生成的科赫(Koch)曲线是海岸线的极好数学模型,它与海岸线一样,随着测量尺度的减小而长度渐次增加,这就为"怪物"画廊的成员们被摆正在数学史上的位置迈出了开创性的一步.同时,在研究英国科学家理查森(Richardson)得出的海岸线长度的经验公式 $L(\varepsilon) = F\varepsilon^{1-D}$ 时,对理查森认为无关紧要的简单指数 D 他却独具慧眼,将之解释为分形维数,为分形几何学大厦的构筑奠定了坚实的理论基础.

通过不倦的努力和孜孜的追求,芒德布罗把早年数学家提供的那些"病态"的数学结构串联在一起进行思考,从而发现了它们之间的内在联系,认识到它们的宝贵价值.终于,芒德布罗集前人成果之大成,于1975年以《分形对象:形、机遇和维数》为名发表了他划时代的专著,第一次系统地阐述了分形几何的思想内容、意义和方法,将历史上公认的反例变成分形几何的主角,完成了一次伟大的思想革命,使分形几何在数学史上作为一个独立的分支正式诞生.

2. 分形的定义与特征

分形(fractal)是芒德布罗由拉丁语形容词(fractus)创造出来的一个新词,涵义包括"破碎的"和"不规则的",但至今尚无一个科学的定义.芒德布罗在1975年将之定义为"豪斯多夫(Hausdorff)维数严格大于其拓扑维数的集合",但却把明显属于分形的著名佩亚诺(Peano)曲线排除在外.于是芒德布罗又修改了原来的定义,说分形是那些局部和整体按某种方式相似的集合.但又如何说清像直线、圆周这样的几何形态不是分形呢?所以这些定义都不够精确、全面.英国数学家法尔科内(Falconer)在《分形几何的数学基础及其应用》一书中认为,分形的定义应该以生物学家给出生命定义的类似方法给出,即不寻求分形的确切简明的定义,而是寻求分形的特性,将分形看成具有如下性质的集合:

1° 具有精细结构,即在任意小的比例尺度内包含着整体;

2° 不规则,不能用传统的几何语言来描述;

3° 通常具有某种自相似性,或许是近似的,或许是统计意义下的;

4° 在某种方式下定义的"分维数"通常大于其拓扑维数;

5° 定义常常是非常简单的,或许是递归的.

在以上性质中,"自相似性"和"分维数"是最为主要的.正由于分形具有某种意义下的自相似性,就决定了它没有特征尺度,即对于每个具体的分形体,大大小小的许多相似的层次,使它没有尺度的代表者,从而若要对它们进行测量,就必须要准备从小到大的许多尺度,这显然是十分困难的,因而也常常成为科学研究中的难题.所以日本学者高安秀树把分形定义为"对没有特征长度的图形和构造以及现象的总称". 另一方面,维数一般不为整数也是分形的重要特征,这往往使习惯了欧几里得几何中点、线、面、体的维数分别是 $0,1,2,3$ 的人们难于理解. 但我们可以这样来看:以科赫曲线为例,它作为线,其欧几里得维数应是 1;但它又弯弯曲曲,当测量它的尺度 r 趋于 0 时,其长度趋于 ∞,所以它又不是一般的规整的线;似乎应该是面(因为 2 维的面可以看成由无穷的线段所组成),但它还没有充满整个平面,所以它的维数应小于 2,这样它的维数 D 满足 $1 < D < 2$,从而是分数. 将维数从整数拓展为分数,不能不说是数学观的一次革命. 正由于分形这些特征,使得以分形为研究对象的分形几何与传统的欧几里得几何产生了很大的差异.

3. 分形举例

(1) 康托尔集

1872 年,德国数学家康托尔曾构造了一个奇异的集合——康托尔集. 如图 8.5 所示,选取一个欧几里得长度为 1 的直线段 E_0,将之三等分,去掉中间一段,剩下两段,记为 E_1;将剩下的两段分别再三等分,各去掉中间一段,剩下更短的四段,记为 E_2……将这样的操作继续下去,直至无穷,最终得到的集合就是三分康托尔集.

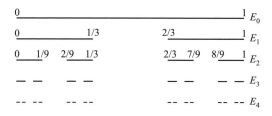

图 8.5

(2) 科赫雪花

1904 年,瑞典数学家科赫提出了能够描述雪花曲线的方法. 如图 8.6 所示,将一个等边三角形的每条边三等分,在每边上以中间一段为一边向外作一等边三角形,然后将这一段去掉,如此重复下去便可得科赫雪花. 关于科赫雪花的面积和周长等问题,有兴趣的读者可以自行探究一番.

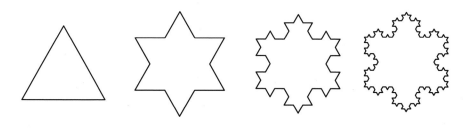

图 8.6

（3）谢尔品斯基垫片、地毯及海绵

1915 年,波兰数学家谢尔品斯基(Sierpinski)构造了一批千疮百孔的平面与立体图形,人们分别称之为谢尔品斯基垫片、地毯及海绵等.

谢尔品斯基垫片的构造方法:取初始图形为等边三角形面,将这个等边三角形面四等分,得到 4 个小等边三角形面,去掉中间一个;再将剩下的 3 个小等边三角形面分别四等分,并去掉中间的一个,重复以上操作直到无穷,如图 8.7 所示.

谢尔品斯基地毯的构造方法:将一个正方形等分成 9 个小正方形,去掉中间一个,对其余 8 个重复上述过程,如图 8.8 所示.

谢尔品斯基海绵的构造方法:将一个正方体等分成 27 个小正方体,将不在大正方体棱上的 7 个去掉,对余下的 20 个小正方体重复上述操作,如图 8.9 所示.

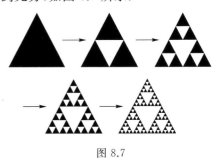

图 8.7

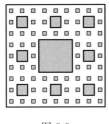

图 8.8

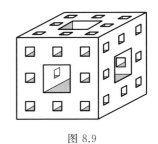

图 8.9

（4）芒德布罗集与朱利亚集

芒德布罗集和朱利亚(Julia)集都是复动力系统,是由复迭代公式

$$z_{n+1} = z_n^2 + c \qquad \qquad ①$$

确定的收敛集,其中 $z_n = x_n + y_n \mathrm{i}, c = a + b\mathrm{i}$ 均为复变量.

芒德布罗集:若固定 c,让①式每次从某个固定 $z_0 = x_0 + y_0\mathrm{i}$(如 $x_0 = 0, y_0 = 0$)开始进行无穷迭代,当其发散到无穷大时(可用 $|z_n|^2 = x_n^2 + y_n^2 > 4$ 来判断),用发散速度(迭代次数)来给 $\mathbf{C}$ 平面上的对应点着色,则在 $-2.2 < a < 0.6, -1.25 < b < 1.25$ 时,可得到变幻无穷且能无穷放大的美丽图案,参见图 8.10.

芒德布罗集(简称 M 集)是号称"分形几何之父"的芒德布罗于 1980 年发现的. 它被公认为迄今为止发现的最复杂的形状,是人类有史以来最奇异、最瑰丽的几何图形. 它是由一个主要的心形图与一系列大小不一的圆盘"芽苞"突起连在一起构成的. 由其局部放大图可看出,有的地方像日冕,有的地方像燃烧的火焰,那心形圆盘上饰以多姿多彩的荆棘,上面挂着鳞茎状下垂的微小颗粒,仿佛是葡萄藤上熟透的累累硕果. 它的每一个局部都可以演绎出美丽的图案,它们像漩涡、海马、发芽的仙人掌、繁

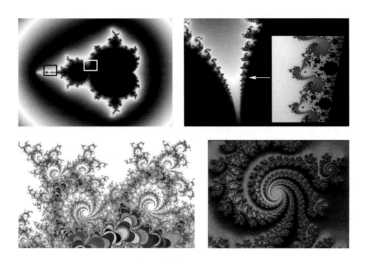

图 8.10

星……不管把它的局部放大多少倍,都能显示出更复杂、更令人赏心悦目的新的局部,这些局部既与整体不同,又有某种相似性. 这些梦幻般的图案具有无穷无尽的细节和自相似性. 而这种放大操作可以无限地进行下去,使人感到这座具有无穷层次结构的雄伟建筑的每一个角落都存在着无限嵌套的迷宫和回廊,催生出无穷探究的欲望. 难怪芒德布罗自己称 M 集为"魔鬼的聚合物".

朱利亚集:若固定 c,让 z_0 在一定区域(如 $|x_0| < 1.75$,$|y_0| < 1.75$)内变化,则①式迭代的收敛集为朱利亚集,也可以像 M 集一样着色,所得图形也非常美丽,如图 8.11所示.

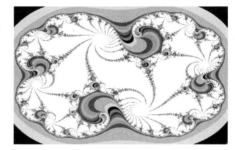

图 8.11

4. 分形的维数

欧几里得几何所描述的"整形"可以由长度、面积、体积来测定,但用这种办法对分形的层层细节作出测定是不可能的. 芒德布罗放弃了这些测定而转向了维数概念. 分形的主要几何特征是关于它的结构的自相似性和复杂性,主要特征量应该是关于它的自相似性和复杂性程度的度量,这可用"维数"来表征. 维数是几何形体的一种重要性质,有其丰富的内涵.

分形维数的定义有很多种,如豪斯多夫维数、自相似维、容量维、信息维、关联维、李雅普诺夫(Lyapunov)维、盒子维,等等. 下面我们给出自相似维数的定义.

定义 若 $A \in \mathbf{R}^n$ 总可以逐级分成 N 个同样大小的、与原集合(或图形)A 相似的子集,每次的缩小因子为 $\dfrac{1}{b}$,则称 $D_s = \dfrac{\ln N}{\ln b}$ 为 A 的自相似维数.

自相似维数本质上与 1919 年法国数学家豪斯多夫所引入的分数维(称为豪斯多

夫数维,记为 D_f)概念是一致的.

由上述定义,我们可以分别计算出康托尔集、科赫雪花以及谢尔品斯基垫片、地毯及海绵等的自相似维数,如表 8.2 所示.

表 8.2　康托尔集、科赫雪花等的自相似维数

分形	康托尔集	科赫雪花	谢尔品斯基垫片	谢尔品斯基地毯	谢尔品斯基海绵
维数	$\dfrac{\ln 2}{\ln 3}\approx 0.630\ 9$	$\dfrac{\ln 4}{\ln 3}\approx 1.261\ 9$	$\dfrac{\ln 3}{\ln 2}\approx 1.585\ 0$	$\dfrac{\ln 8}{\ln 3}\approx 1.892\ 8$	$\dfrac{\ln 20}{\ln 3}\approx 2.726\ 8$

5. 分形的应用

分形作为一种新的概念和方法,它诞生以后对传统的数学和物理学都产生了强大的冲击.因其思想新颖而独特,引起人们广泛的关注,始自 20 世纪 80 年代的分形热至今方兴未艾.美国著名物理学家惠勒(Wheeler)说过:今后谁不熟悉分形,谁就不能被称为科学上的文化人.目前世界上许多国家都十分重视分形理论及其应用的研究工作,尤其是它作为 20 世纪继相对论和量子力学以来物理学的第三次革命——混沌论的主要数学工具,使其成为众多学科竞相引入的课题.它对物理学的湍流和相变两大难题有独特的见解;为化学家深化对高分子的认识提供了有力的工具;在地震预测研究的尝试中取得了重要的成果;使石油开采大幅度提高产量成为可能;对中医治病原理作出令人满意的解释……分形论开拓了人们洞察客观世界的眼界,在众多学科领域施展其洞察事物本质与运动规律的巨大潜力.据美国科学情报研究所的数据显示,世界上 1 257 种权威学术刊物早在 20 世纪 80 年代后期发表的论文中,与分形有关的文献占 37.5%.就论文所涉及的领域,其应用遍及哲学、数学、物理学、化学、冶金学、材料科学、表面科学、计算机科学、生物学、心理学、人口学、情报学、经贸、管理和商品学,甚至在电影、美术和书法艺术领域也得到应用.

在金融学中,人们根据分形的自相似性思想,把市场走势图放大或缩小,以使其符合同一时间内股票或货币的变动情况,从而使人们可以利用数学计算机分析工具来进一步研究它们.

分形的这种自相似特点,在社会学上的一个明显的应用,就是个体与社会存在的自相似性.我们可以通过对一般群体的研究得出社会制度的原则,从而解决社会学中的一些疑难问题.有了对分形的了解,我们再来看历史名言"修身、齐家、治国、平天下"就会有更深的理解.

为了让人们了解更多的分形几何知识,中国澳门特区邮电局于 2005 年 11 月 16 日发行了一套邮票"科学与科技·混沌与分形",如图 8.12 和图 8.13 所示(图中译名与本教材译名不完全一致).

邮票中的"分形树",可由德国生物学家林登迈尔(Lindenmayer)创立的一种能够

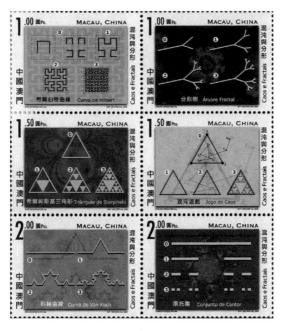

图 8.12

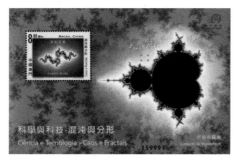

图 8.13

生成分形形态的代数系统生成. 这一系统的数学原理又可以在斐波那契(Fibonacci)兔子繁殖问题中找到踪影.

§8.3 几何教学中的新方法

几何教学是教师的"教"与学生的"学"组成的双边活动,教与学是密不可分的,它们不是两个不同的部分,二者有机结合成一个整体. 在教学过程中,一般意义上的教学方法,既包括教师教的方法,又包括学生学的方法. 传统的几何教学往往是教师教什么,学生就学什么,学生围绕教师转. 教的方式决定学的方式,学的方式影响教的方式. 研究表明,学生的学习方式与教师的教学方式是相匹配的,二者达到和谐统一,就有利于学生学习,有利于提高教学质量. 现代教学方法已形成五个鲜明特点:一是以学生为本,以发展学生的智能、培养学生核心素养为出发点;二是以调动学生学习的积极性和充分发挥教师主导作用相结合为基本特征;三是注重对学生学习方法的研究;四是重视学生的情绪生活;五是对传统教学方法恰当保留并加以改造.在我国已有相当数量的数学教师不再满足于传统的教学方法,纷纷推出或是学习新颖的、富有成效和特色的新的教学方法.

随着"提倡独立思考、自主学习、合作交流等多种学习方式,激发学习数学的兴趣,养成良好的学习习惯,促进学生实践能力和创新意识的发展"的提出,一些新的教学方法出现在几何教学之中.本节将"动手实践""探究式""合作交流""问题—情境式"和"问题驱动式"等教学方法在几何教学中的应用作一些探讨.

§8.3.1 "动手实践"教学

所谓"动手实践"教学,就是指有目的地创设数学情景,让学生借助于一定的物质仪器或者技术手段,在数学思想和数学理论指导下对与学习内容有关的几何素材进行各种操作,如观察、折纸、拼图、填充、画图甚至计算等活动,以激发学生学习兴趣,使学生体验知识形成的过程,提炼知识内涵,建构新知识,解决新问题的"动"而有"得"的一种几何教学过程或者学习方式.

按照建构主义把学习过程分为有意义接受学习和有意义发现学习的思想,我们把动手实践也分为两种形式.

一是有意义接受式的动手实践:教师操作—学生观察—探索新知(解决问题)—总结反思.

由于受学生认知特点、教学条件和教学时间的限制,有的动手实践是在教师操作下,学生通过观察进行的实践活动.在课堂上,教师进行实物操作,或者利用多媒体等现代传媒工具,或者利用相关软件如 GeoGebra,等等.在活动过程中,教师引导学生将新知识纳入自己原有的知识经验中,使二者建立联系并重新建构图式,从而上升到掌握新知识的层面.

例如,讲授北师大版七年级下册"轴对称现象"时,可利用多媒体进行"动手实践"教学.首先播放乐曲《梁祝》中的"化蝶".学生在听音乐的同时,要他们注意屏幕,观察屏幕中有哪些景物?这些景物的大致特点是什么?在悠扬的乐曲声中,夜幕慢慢拉开,升入空中的那轮皎洁的圆圆的月亮,映入湖水中透迤的群山,烘托出的是静谧而幽雅的夜.两翼纷飞的蝴蝶、状如弯弓的拱桥、形态娇美的梅花都给我们以美的享受.试问,从这诸多景物中可以发现什么共同点?(学生观察、思考后回答.)学生通过观察,得到轴对称的有关知识,唤醒了学生原有的知识经验,在教师帮助下进一步总结轴对称的相关知识.

二是有意义发现式的动手实践:学生操作—教师指导—探索新知(解决问题)—总结反思.

在教学中,教师要积极创造条件,尽一切可能让学生动手操作实践.在学生动手操作实践中,教师的任务是指导和启发学生,使他们在实践中体验知识的形成过程,进而形成和建构自己的知识系统,找到解决问题的办法.

新课程理念强调,教学组织形式应多样并存,要重视直接经验.几何学习本该是学生自己的生活实践,几何教学则更应与学生的生活充分地融合起来,从学生的生活经验和已有的知识背景出发,向他们提供充分从事几何学习活动和交流的机会,让他们在自己的生活中寻找几何、发现几何、探究几何、认识几何和掌握几何知识.俗话说"心灵手巧",手巧依仗的是心灵,当然手巧也能促进心灵.几何课堂教学中,让学生有意识动手实践操作,比一比、量一量、折一折、做一做,以加深学生印象,提高学生学习兴趣,让学生在具体的实践操作情境中,领悟几何学的形成和发展的真谛,增强课堂教学的实效性和针对性.这种具体的动手实践操作教学是信息技术无法替代的,即使替代,效果也不一定理想.现就新教材立体几何教学中不可忽视的动手实践操作作一些探讨.

(1)关于认识几何体的结构特征的动手实践操作

三维空间是人类生存的现实空间,人们认识周围的事物,常常需要描述事物的形状、大小,并用恰当的方式表达事物之间的关系.认识空间图形,人们通常采用直观感知、操作确认.

例如,学习空间几何体的结构时,我们可从实践操作角度入手,布置学生用搭积木、捏橡皮泥或拼接纸板等方式制作各种类型的几何体模型,在制作过程中认识相同类型的几何体.例如,通过实践操作使学生体会"有六个面,十二条棱,八个顶点的几何体"并不一定是长方体,还可能是棱柱或是平行六面体.然后,再引导学生进行深层次的观察、比较、交流,分别指出柱、锥、台、球的结构特征,逐步归纳形成各种几何体的结构概念框架.以已有的知识和经验为基础,展示知识的形成过程,强调学习者的参与及对学习过程的体验,这样的教学过程不但激发学生探求的兴趣,而且使他们从被动学习知识变为主动吸收知识,增强了学生应用知识的灵活性.

(2)关于点、线、面的位置关系的动手实践操作

传统的几何教学,为了让学生对点、线、面获得清晰的直观印象,教师往往在课堂上独自一人演示,有的借助于现代化教学手段多媒体演示,有的演示一大堆教具.但这些演示,学生只能看,不能动手操作,直观形象仍停留于形式,很难发挥学生的主体作用,对自主探究、开展合作学习、发展学生的个性品质形成障碍,很难化解识图这个难点.对此,关于点、直线、平面之间的位置关系的教学,课前我们就指导学生制作一些常用的几何模型(如直线、平面、空间四边形、正方体、三棱锥等).上课时,我们可通过多媒体的动画演示,让学生观察到它们的位置关系.同时,更多的是给学生创造自己动手操作的机会,利用自己制作的模型,随时演示,手、脑并用,通过亲手操作,眼看、手摸、脑想,直观地看清各种"线线""线面""面面"的关系,化抽象为直观.这样,学生

在亲手演示中多角度、多侧面、全方位地观察、体验,从中发现知识,加深印象,就易于把空间问题转化为平面问题.善于"转化",才能真正深入地把握它们,从而提高了学生运用所学知识解决实际问题的能力.

(3) 关于几何体表面积的动手实践操作

现行教材对几何体表面积的编写意图是根据柱、锥、台、球的结构特征并结合它们的展开图,推导它们的表面积的计算公式,从度量的角度认识空间几何体,有些公式的推导用到极限思想.按照新课程理念,课堂教学应让学生体验快乐,把学习当成一种美的享受.对此,我们组织教学时,应从引起学生的兴趣入手,具体创设联系生活的问题情境,引入思维境界.例如,对几何体表面积的教学,首先,课前布置学生用纸板制作各种柱、锥、台模型.上课时,从学生熟悉的正方体入手,让学生亲手把正方体沿着若干条棱剪开后,将正方体的各面展开在一个平面内,得到一个多边形,通过观察容易得到它们的面积.然后,再要求学生用类比研究正方体的方法,探究、讨论其他棱柱、棱锥、棱台的表面积,以及圆柱、圆锥、圆台的表面积.

"动手实践"教学表明:它建构了学生的几何知识和学习方式,使学生变机械学习为有意义学习、变接受学习为发现学习,从而激发学生学习几何的积极性.但是,并不是任何课题都可以采用"动手实践"教学,"动手实践"必须遵循效率原则、可持续发展原则、适时原则和内化原则.不能把大量时间用在学生的操作上,应该向课堂 40 分钟要效率;动手实践教学,既应满足学生当前学习几何的需要,又应提供后续学习的需要才有发展的可能:动手实践教学在低年级和直观几何的学习中效果显著,而在高年级和逻辑思维很强的几何内容则效果甚微:动手实践教学,应使学生所学技能(心智活动技能、动作技能)熟练和运用自如,即知识的内化.如果动手实践后没有达到知识内化的目的,那么这堂课的教学不能说是成功的.

§8.3.2　"探究式"教学

在当今国际数学教育改革的热潮中,inquiry 是出现频率最高的几个关键词之一.英文 inquiry 一词起源于拉丁文的 in 或 inward(在······之中)和 quaerere(质询、寻找),按照《牛津英语词典》中的定义,inquiry 是求索知识或信息特别是求真的活动,是搜寻、研究、调查、检验的活动,是提问和质疑的活动,其相应的中文翻译有"探问""质疑""调查"及"探究"等多种译法.与"研究"比较,在科学领域中人们普遍接受的"探究"一词和英文原意更为贴切.就语义而言,据《辞海》的解释,"研究"指"用科学的方法探求事物的本质和规律","探究"则指"深入探讨,反复研究".从语感来说,"研究"一词似乎多了几分严谨、稳重,而"探究"则更有生气,更有动感,也更符合青少年学生的身心特点.因此,现在使用的科学探究具有双重含义.如美国《国家科学教育标准》中对科学探究的表述是:"科学探究指的是科学家们用来研究自然界并根据研究所获事实证据作出解释的各种方式.科学探究也指的是学生构建知识、形成科学观念、领悟科学研究方法的各种活动". 它之所以这样表述, 乃是由于学生的科学探究式学习活动在本质上与科学家的科学探究活动有很多相似之处. 在讨论科学教育的文献中, 不管是使用探究 (inquiry) 还是科学探究 (scientific inquiry), 除特别注明外都是指探究式的学习活动而非科学家的科学探究活动.

美国国家研究理事会组织编写出版了科学探究专著, 对科学探究式教与学进行了比较系统且有说服力的阐述, 其中, 将探究式教学的基本特征概括为五个方面:

一是学习者围绕科学性问题展开探究活动. 所谓科学性问题, 就是针对客观世界中的事物提出的, 与学生必学的科学概念相联系, 并且能够引发他们进行实验研究, 进而收集数据和利用数据对科学现象作出解释的活动.

二是学习者获取可以帮助他们解释和评价科学性问题的证据. 与其他认知方式不同的是, 科学以实验证据为基础来解释客观世界的运行机制. 科学家在实验中通过观察测量获得实验证据, 而实验的环境可以是自然环境, 也可以是人工环境 (如实验室). 在课堂探究活动中, 学生也需要运用证据对科学现象作出解释. 学生既可仔细观察事物的特征, 记录相关数据, 也可从教师、教材、网络或其他地方获取证据对其探究进行补充.

三是学习者要根据事实证据形成解释, 对科学性问题作出回答. 科学解释借助于推理提出现象或结果产生的原因, 并在证据和逻辑论证的基础上建立各种各样的联系. 科学解释既要遵循证据规则, 又要运用各种与科学有关的一般认知方法 (如分类、分析、推理、预测) 以及一般的认知过程 (如批判性推理和逻辑性推理). 科学解释是将所观察到的现象与已有知识联系起来学习新知识的方法. 因此科学解释要超越现有知识, 提出新的见解.

四是学习者通过比较其他可能的解释, 特别是那些体现出科学性理解的解释, 来评价他们自己的解释. 评价解释, 并且对解释进行修正, 甚至是抛弃该解释, 是科学探究有别于其他探究形式及其解释的一个特征. 核查不同的解释, 需要学生比较各自的结果, 或者与教师、教材提供的结论相比较以检查他们提出的结果是否正确. 这一特征的一个根本要素是保证学生在他们自己的结论与适合他们发展水平的科学知识之间建立联系.

五是学习者要交流和论证他们所提出的解释. 科学家以结果能够重复验证的方式交流他们的解释, 这就要求科学家清楚地阐述研究的问题、程序、证据、提出的解释以及对不同解释的核查, 以便疑问者进一步核实或者其他科学家将这解释用于新问题的研究. 课堂上, 学生公布他们的解释, 使其他学生有机会就这些解释提出疑问、审定证据、挑出逻辑错误、指出解释中有悖于事实证据的地方. 学生间相互讨论各自对问题的解释, 能够引发新问题、新思路、新方法, 从而培养学生的探索创新思维.

"探究式" 教学虽然不预设过程, 但从探究到结论的实施过程, 其实有内在指向性. 若不注重探究的有效性, 有时会偏离预设结果, 不能取得满意效果. 下面, 我们选摘课堂实施中不成功与成功两方面的 "探究" 案例, 作为研讨的素材.

课堂实施中不成功的"探究"案例

案例 1　"与三角形有关的线段"一课的设计片段.

课程开始设置问题,产生障碍引入:

图 8.14

王老汉有如图 8.14 所示的一块三角形土地,想平均分给两个儿子,点 A 处是一口水井. 为了让两个儿子都不吃亏而且水井可以共用,王老汉可犯了难,于是请来邻居帮忙出主意.

邻居甲说:"我认为只要找到 BC 边的中点 D,连接 AD,沿着线段 AD 分即可."

邻居乙说:"只要画 $\angle A$ 的角平分线交对边于一点 E,沿着线段 AE 分就行了."

邻居丙说:"我觉得只要过点 A 向对边 BC 作垂线段 AF,沿着线段 AF 分就行了."

问题一提出学生就很疑惑,思考一会便七嘴八舌猜测,选甲、乙、丙的都有,教师趁机提出:今天学习"与三角形有关的线段".

从生活问题引入,看似自然、新颖,学生似乎也很有兴趣,可是在后面的教学中重点是三种重要线段的画图,两者似乎有点脱离,特别是三角形的高的作图这个难点仍然没有突破.

授课结束后,任课教师一直在思索,这样的引入是否可以改进?

事后任课教师又尝试了另一种引入(复习引入):

作图一:(1) 如图 8.15 所示,找到线段 AB 的中点 O;

(2) 如图 8.16 所示,画 $\angle AOB$ 的角平分线 OC;

作图二:构造三角形,得出三条重要线段中的中线和角平分线;

(3) 如图 8.15 所示,在直线 AB 外任取一点 C,连接 AC,BC,OC(线段 OC 为 $\triangle ABC$ 的一条中线,接着下定义,并顺势得出另两条中线);

(4) 如图 8.16 所示,任画一条直线交 OA,OC,OB 于点 P,Q,R(线段 OQ 为 $\triangle POR$ 的一条角平分线,接着下定义,并顺势得出另两条角平分线);

作图三:(5) 如图 8.17 所示,过点 M 作线段 CD 的垂线段 MN;

作图四:构造三角形,得出三条重要线段中的高;

(6) 如图 8.17 所示,连接 MC,MD(线段 MN 为 $\triangle MCD$ 的一条高,接着下定义,并顺势得出另两条高).

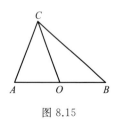

图 8.15

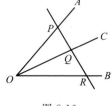

图 8.16

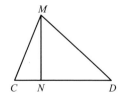

图 8.17

在学生已有知识的基础上,构建三角形得到新知"与三角形有关的线段",并且本节课的重点和难点也得到了突破.

好的教学是适合学生发展的教学,好的情境设计不仅仅起到"敲门砖"的作用,还应符合学生的接受水平,顺应学生的认知发展,才能在从旧知到新知的迁移方面起到持续的促进作用.

课堂实施中成功的"探究"案例

案例2 "立体图形的表面展开图"一课的教学片段.

如图 8.18 所示,一只蚂蚁在正方体箱子的一个顶点 A 处,发现相距它最远的另一个顶点 B 处有它感兴趣的食物,这只蚂蚁想尽快得到食物,怎样以最短的路程爬到 B 处呢?

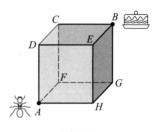

图 8.18

问题提出后,立刻引起了学生的讨论、猜测. 学生容易想到蚂蚁有很多条路线,但具体哪条最短不得而知,都想知道蚂蚁是怎么走的.

"兴趣是最好的老师",充满趣味性的引入让学生对后续内容也产生了浓厚的学习兴趣. 良好的开端是成功的一半,在引入新课时用探究的方法可以更好地为后续学习做好铺垫、引导工作. 探究式教学的优势在于给了学生思维的自由度和宽松性,把教师常规教学中的隐形束缚力量影响降低到最低限度,对培养学生的思维品质有积极的意义.

知识传授的终极目的,是为了让接受者运用已学知识解决日常生活中遇到的实际问题. 数学课堂基于这样的目标,就更要讲究实效性. 跟导入部分采取探究式不同的是,主体内容授课时不仅要考虑学生的热情,还要让学生的能力在探究式模式下得到真正的提升.

案例3 如图 8.19 所示,在直角梯形 $ABCD$ 中,$AD/\!/BC$,$\angle C=90°$,$BC=16$,$DC=12$,$AD=21$. 动点 P 从点 D 出发,沿射线 DA 的方向以每秒 2 个单位长度的速度运动,动点 Q 从点 C 出发,在线段 CB 上以每秒 1 个单位长度向点 B 运动. 点 P,Q 同时出发,当点 Q 运动到点 B 时,点 P 随之停止运动. 设运动的时间为 t s.

(1) 设 $\triangle BPQ$ 的面积为 S,求 S 与 t 之间的函数关系式;

(2) 当 t 为何值时,以 B,P,Q 三点为顶点的三角形是等腰三角形?

(3) 当线段 PQ 与线段 BD 相交于点 O,且 $2OD=OB$ 时,求 $\angle BQP$ 的正切值;

(4) 是否存在 t,使得 $PQ\perp BD$? 若存在,求出 t 的值;若不存在,请说明理由.

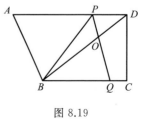

图 8.19

一节课一个题目,任课教师讲授了"点的运动"类题目的解题方法,特别是讲到这里的第(4)小题时,拓展到"两条互相垂直直线"这样的条件可以从哪些方面考虑:相似、三角函数、面积、勾股定理,应该说是非常全面地剖析了这个条件.

在对这堂课的评讲中,其他老师还谈到,如果时间允许,这个题目还可以把"点在直线上的运动"变成"点在折线上的运动",对条件进行探究.显然,这样的变化,对学生认识问题的本质,训练学生的思维的灵活性,培养学生的探究能力,是极有好处的.

任何一种教学方法都有逐步走向完善的过程,"探究式"教学法亦是如此,虽然很难臻于完善,但其显示出的强大的辐射和激励功能应引起我们的关注,对学生的多元影响超出了数学学科的范畴.

§8.3.3 "合作交流"教学

所谓合作交流教学,就是以学习小组互动、团结协作为学习活动的途径,从而完成学习目标,最终获取成功的有效教学方法.几何问题需要严密的逻辑推理过程来证明,在课堂上学生经历辩论、交流的过程后,对解决问题的方法达成共识,这样就能在公平竞争、无压力、和谐的气氛中发展自身的能力.因此,"合作交流"教学符合几何学科的本质特征,是一种行之有效的教学方法.为此,应注意以下几点.

一要科学建立学习小组,有效进行合作交流.在几何学课堂教学中,合作交流学习小组的建立要克服随意性,不流于形式,要科学地把握合作交流学习小组的分组原则,以学生的学习成绩、学习能力、兴趣爱好等多方面因素,按照"组间同质、组内异质"的原则进行编组:"组间同质"为班级各小组间的公平竞争提供了保证,"组内异质"又为小组内部互相帮助提供了可能.小组人数以 4～6 为宜,采取前后位的坐法,为学生提供一个良好的合作交流学习的"场所".每个小组成员在组内承担相应角色,如组长、记录员、协调员、成果发言人等,明确各自的责任;同时教师在活动中要及时发现问题,对不成功的组合体要调整重组,倡导面对面、人人活动,避免小组只是一二名学生谈论.活动宗旨是调动每个学生的积极性,确保全组学生主动参与、互动有效,共同实现小组学习目标.

二要选择合作交流内容,注重学习实际效果.课程标准提倡合作交流的学习方式,但并不是所有的内容都要合作交流学习,应注意适当地选择;不能迎合形式搞"花架子",在一堂课上盲目多次进行合作交流.对于学生难以掌握的知识,可以让学生利用类比联想、合作交流学习达成共识,我们要有针对性地选择不同情境的问题,灵活地运用合作交流学习教学方式.

三要营造一个展示平台,形成一般认知结论.一个班级每个学生的基础知识、基本技能掌握不同,思维方式也有差异,合作交流学习给学生提供了一个交流的机会,营造了一个展示自己、了解别人的平台,促进共同提高.例如顺次连接四边形各边中点所得的四边形是什么四边形?对这个具体问题,学生就难以形成一般性的认知和结论,只知道"不同四边形的中点四边形形状一般会不同",至于为什么不同?是什么决定着"中点四边形"的形状？学生尚不知其所以然. 如果在课堂上设计一个学生合作、探讨、交流的环节,学生人人参与小组活动,从对角线（相等与垂直）着手进行探讨、合作交流、讨论争辩以全面认识四边形,思路就会清晰开阔,就能对"中点四边形"有深刻的认知. 这样就能提高学生的探究能力,并经过解决具体问题形成一般性的认知和结论.

为了有效实施几何知识与技能的合作交流教学,我们必须遵循六条教学原则：

（1）主导性原则.

真正让合作交流学习能互动有效进行,教师应对学生的学习活动做细致的组织工作,并进行指导,对各小组的活动要全面了解,充分发挥学生学习的主体作用和教师的主导作用.

一要教会学生合作交流学习的技能. 在日常的教学中,教师要教会学生合作交流学习的方法、技能,以保证进行高质量的学习,在学习活动过程中,明确要求、制定目标,互动信任,学会倾听他人的发言,彼此支持,有不同意见让他人说完后再进行补充或反驳,学会正确地评估自己和他人,在民主和谐的氛围中开展合作交流学习活动.

二要激发学生合作交流学习的意识. 在开展小组活动中,开始常会出现一些问题,比如,优生一堂言、后进生不说话,性格外向的学生抢着发言,而性格内向的学生却当听众. 教师要尽力排除这些不平衡现象,在合作交流学习中,教师是组织者、指导者、协作者,要形成师生互动、生生互动,提高学生课堂合作交流学习的意识.

三要注重学生合作交流学习信息的反馈. 在合作交流学习的过程中,有时学生达不到老师要求的目标,部分学生在理解上也存在偏差,有时对知识的理解也不准确. 这就要求教师在课堂上对学生交流中提出的问题作出反馈,对教学内容进行补充、概括、归纳,帮助学生完善对知识的理解. 个别问题可在小组活动中解决,共性问题全班探索讲解. 各小组要有一名代表进行交流发言,教师点评,让学生透彻地理解和掌握知识,促进学生知识水平、合作交流技能得到充分的发展.

（2）协调性原则.

在教学活动中提倡合作交流学习的同时,要处理好自主学习与合作学习的关系. 合作交流学习建立在学生自主学习基础上,它是明确个人责任的互助性学习,基本点是自主学习越好,合作学习实效性就越强. 合作交流与自主探究是相辅相成的,不是独立的,它是教学活动中的组织形式,二者配合实施才能使学生获得比较好的发展.

（3）平等性原则.

教师要转变自己的角色,作为学生交流的促进者和合作者,参与到几何教学交流中,在交流中要尊重彼此的观点,鼓励并欣赏见解的独创性,追求共识但不强求共识. 师生、生生之间都应有一种积极的态度对待交流中的差异,尊重差异的存在.

（4）互动性原则.

在几何教学中师生相互交流、沟通、启发、补充,共同分享彼此的思想、经验、知识和交流彼此的情感、体验与观念,丰富教学内容,求得新的发展,从而达到共识、共享、共进,实现教学相长和共同发展.

(5)评估性原则.

在每次课堂合作交流学习结束后,要进行小组活动小结、自我反思,它是合作交流学习的一个重要环节.给学生一定的时间进行小组自评是必要的,评价的内容是总结合作交流学习中成功的经验和不足,分析反思存在的问题及原因,并讨论小组成员在学习态度、学习方法、合作交流技能、学习的成效等方面表现,相互提出改进建议,最后制定出本组今后合作交流学习的活动方案.教师有意识地鼓励表扬学习合作交流主动的学困生,进一步推动合作交流学习活动的有效开展.

(6)反思性原则.

几何教学中的某一主题解决以后,学生一定会产生自己的见解、思路和某些情感体验等.适时地组织学生进行反思、交流体会、提出建议,形成资源共享,既能激发学生的学习主动性,又能改善学生的学习方式,进而提高课堂效率.

例如,在学习"直线与圆的位置关系"时,有一位教师设计了如下教学思路:

① 复习"点与圆的位置关系"(目的是为了探究"位置关系");

② 设计问题情景:请一名同学朗读巴金《海上日出》中的一段;

③ 引导学生观察思考"太阳从海平面浮出海面,直至跳出海面"这一过程的画面中含有什么几何图形?

④ 请你画出这一过程中所含平面几何图形的草图,并且思考这些图形之间的位置关系;

⑤ 请你利用已有知识,用你的观点命名这三种位置关系;

⑥ 你能再举出一些生活中的实例,说明直线与圆具有上述三种位置关系吗?

⑦ 你能用什么数量特征区分这三种位置关系?(让学生充分探究、合作交流,讨论直线与圆的交点个数、圆心到直线的距离 d 与圆半径 r 的数量关系等.)

在这一教学环节设计中,学生体验了从生活实例中抽象出数学概念和相关图形的过程,并能根据已有知识,进一步探究它们之间具有的内在联系和各自特征,由此完成对新知识的主动建构过程,渗透了数学思想和方法.通过这样的数学交流活动,教师对一个知识点的教学过程也就自然完成了.

§8.3.4 "情境—问题"教学

中小学"情境—问题"数学教学是指中小学生在教师的引导下,从熟悉的或感兴趣的数学情境出发,通过积极思考、主动探究、提出问题、分析问题和解决问题,从而获取数学知识、思想方法和技能技巧并应用数学知识解决实际问题的过程.这种数学教学旨在逐步培养学生的数学问题意识,逐渐提高学生提出数学问题的能力,不断增强学生应用数学知识解决实际问题的能力.这样,既把培养学生的创新意识和创新能力的要求落实到实际课堂教学之中,展现在"以问题为纽带"的数学课堂教学之中;又把实现素质教育、创新教育的目标建立在数学学科教学之上,找到了在学科教学中提高学生素质,特别是培养学生创新意识与创新能力的实在窗口.

"情境—问题"数学教学的基本模式为

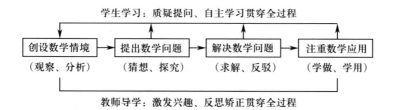

实践表明,这种数学教学模式改变了传统的"灌输—接受型"教学模式:由以教师为中心转变为以学生为中心;由以教师对学生的"教"转变为引导学生学习的"导";由学生被动接受知识转变为主动探究、索取知识;由教师问、学生答转变为学生质疑提问、探索解答;由单纯追求书本知识转变为多渠道获取知识并注重知识应用,从而有利于培养学生敢于质疑、勇于探索、大胆创新的科学精神."情境—问题"数学教学还特别强调了创设问题情境,把从情境中探索和提出数学问题作为教学活动的出发点,教师以"问题"为主线组织教学,在解决问题和应用数学知识的过程中又引发新的情境,进而产生出深层次的数学问题,形成有利于学生探究学习的"情境—问题"学习链.

下面是一则"情境—问题"教学模式下的几何教学案例:

圆与圆的位置关系(片段):多媒体演示——日食的形成过程(图 8.20).

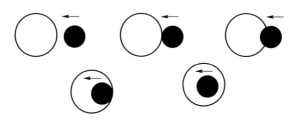

图 8.20

图 8.20 中白色圆表示太阳,黑色圆表示月亮,箭头表示月亮的移动方向.

教师:当月亮转到地球与太阳之间,三者成一条直线时,在地球上可以看到日食现象. 我们现在看到的是"日食"的过程,大家能发现其中有什么数学问题吗?

学生甲:太阳、月亮像一个圆.

学生乙:太阳、月亮是球体.

教师:若使一束平行光线垂直于投影面,则球体在平面上的投影是什么图形?

众生回答:是一个圆.

教师:因为太阳离地球很远很远,射到地面的光线可视为平行光束,看到的太阳、月亮均可视为圆形. 现在,你们能用手中的两个大小不同的圆(一张纸,一张胶片上各有一圆)演示一下日食形成的过程吗?

女生丙到投影仪前将胶片上的圆沿着纸上的圆旋转一圈,另一个男生马上站起来说:"不是这样运动的,应该是一个圆慢慢移动过去盖住另一个圆",并移动手中的两个圆演示了这个过程.

教师:大家能从这个男同学演示的过程中想到什么吗?

学生:两个圆的位置发生了变化.

教师:你能通过手中的图片变化看出有哪些位置吗?

一个男生到投影仪前演示了三种位置关系(外离、相交、内含),很快又有学生补充了外切和内切两种情况,这时,老师再用多媒体演示了两个半径不相等的圆慢慢移动形成五种不同的位置关系,并在屏幕上保留图形,如图 8.21 所示. 然后引导学生观察图形,并问:你观察到了什么? 学生纷纷举手,归纳如下:

(1) 这些图形中都有两个圆;

(2) 图 8.21 中(a) 与(e) 的两个圆没有公共点;

(3) 图 8.21 中(b) 与(d) 的两个圆有且只有一个公共点;

(4) 图 8.21 中(c) 的两个圆有两个公共点.

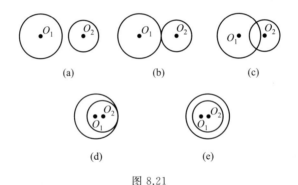

图 8.21

教师:你能给这些位置关系取名字吗?

学生:图 8.21 中(a) 与(e) 叫做相离,(b) 与(d) 叫做相切,(c) 叫做相交.

教师:怎样想到这样命名?

学生:由前面学过的直线与圆的位置关系想到.

这时,学生们情不自禁地拍起手来,教师及时地表扬了这位学生,对他能把学过的知识进行类比给予了肯定. 接着,教师再用多媒体演示出相离、相切、相交的定义. 在接下来的教学中,教师通过引导学生认真观察、仔细探究让学生自己总结,给出了两个圆的五种不同位置关系的定义及其与圆心距和半径之间的联系,让学生很好地掌握了这节课的教学内容.

案例分析　由本教学案例可以看出,创设一个恰当的数学情境对于学生的数学学习(尤其是数学概念的学习)有着十分重要的作用.授课教师在这节课上成功地运用了"情境—问题"数学教学模式,利用"日食"为学生构建了反映两个圆的五种位置关系的真实画面,引导学生认真观察,激起学生的探究欲望,收到了很好的教学效果.

在本教学案例中,授课教师成功地引导学生通过对"日食"的形成过程认真观察、仔细分析,得出了两个圆的五种位置关系的定义,并应用感知规律培养了学生的观察能力.同时,授课教师引导学生总结出两个圆的五种不同的位置关系、圆心距和半径之间的联系,从某种意义上来说,起到了培养学生数形结合思想的作用.

§8.3.5　"问题驱动"教学

"问题驱动"教学法,是以"问题"为载体,以教学内容提出的问题为主线,以发展学生的心理智力为核心,以提出的问题为背景创设情境,引导学生自主学习、合作探究,并进行师生互动的一种教学方法.该方法不同于先学习理论知识后解决问题的传统教学方法,从教学过程的实施来看,问题驱动教学可看成传统教学的逆过程,其教学效果也优于传统教学的教学效果,能够提高学生学习的主动性与在教学过程中的参与度.问题驱动教学法实施的关键在于设计有效的驱动问题.因此,问题驱动教学对教师的要求较高:除了具有丰富的学科知识与专业技能,教师还需掌握学生的认知情况,综合教学内容与学生基础设计驱动问题;同时,教师应具有较强的课堂掌控能力,引导学生在所论问题下发现数学知识的本质,完成知识体系的构建.

问题驱动教学法包含四个环节,如图 8.22 所示:

图 8.22

（1）创设情境,提出问题

教师创设的情境必须是学生现实生活中可能遇见的情境,贴近学生的实际生活,符合学生的认知水平,利于学生提出问题.因此,教师在备课时,需要充分了解教学内容、教学重难点,制定教学目标,在尊重教材的前提下,遵循问题设计的原则与特征,灵活应用、改编适合学生的问题情境,有的放矢地引导学生提出相关问题.

（2）互动探究,分析问题

在教学过程中,创设情境提出问题后,教师要认真组织学生进行问题探究、讨论,让全体学生都能参与其中,并能表达自己对问题的想法,在学生遇到困难时给予引导,充分发挥学生主体作用和教师主导作用,保证课堂教学的顺利进行.

（3）交流归纳,解决问题

教师在让学生充分探究后,再组织学生针对问题进行交流归纳,报告各自解决问题的办法.这既可锻炼学生的表达能力,又可综合学生的方法与思路.但此时容易出现课堂纪律混乱,分散学生注意力的情况,教师要进行实时监控,管理好课堂纪律.

(4) 整理评价,总结反思

所谓整理评价,就是在问题驱动式教学过程中,教师对学生的回答作进一步的梳理,总结与评价:对问题解决的成果给予肯定,对不足之处给予指导意见,便于学生及时改进.同时,学生也要对自己在探究过程中的表现与解决问题的合理性等进行自我评价与反思,发现自己的不足后要及时改进.

为引导学生更有效地建构数学知识,完成对原始问题的分析,在问题驱动教学中有效的方法便是引入问题链.教师根据本节课中的教学任务,围绕着核心问题,从学生已有的知识基础出发,通过创设一个个前后有紧密逻辑结构关系的小问题,使学生掌握数学知识.在设计问题链时,应该遵循启发性、适度性、层次性等原则,明确"问题驱动教学"的特征.

对人教版七年级下册"相交线"一课,设置了如下的教学设计(部分):

创设情境　导入新知	问题 1　在第四章中,我们学习了几何图形初步,知道点、直线都是基本的几何图形,而直线是由点组成的.那在同一平面内,一个点和一条直线有怎样的位置关系呢? 学生可能无法准确用语言进行准确表述,教师可以引导学生在纸上画出图形后再观察. 追问　你能用语言描述上述图形中点与直线的位置关系吗? 问题 2　同一平面内的两条直线又有怎样的位置关系? 若学生无法回答,教师可以让学生动手画出两直线,引导学生发现有相交和平行两种情况,同时揭示第五章的研究课题——相交线、平行线(在黑板上板书出来),并表明这节课先研究相交线(擦去平行线). 问题 3　数学中的几何图形,是对生活实物的抽象,你能找到我们的日常生活中存在的相交线模型吗? 让学生大胆发言,举例说明(剪刀,教室里地砖的纹路等),同时用教学课件进行展示,举出一些生活的实例. 问题 4　我们应该如何开展对相交线的研究呢?请同学们回顾学习"角"这一节内容时,我们是按照怎样的思路来展开对角的研究的? 追问　类比角的研究过程,你觉得可以研究相交线的什么问题?

观察归纳感受新知	教师指出,我们已经由现实背景抽象出了相交线,接下来先来探究相交线的定义.将剪刀看成相交线的模型,引导学生观察剪刀的动态演示,让学生寻找相交线的特点. **问题 5**　从剪刀模型来看,你能否发现两条相交直线上的点的位置关系? 学生不难发现,两条相交直线始终有一个公共点,但难以准确表述,教师应鼓励学生大胆发言,在学生描述的基础上总结出在同一平面内,两条直线"有且只有一个公共点"的位置特性与共性,鼓励学生尝试口述相交线定义,并说明该公共点叫做两条直线的交点. **问题 6**　请同学们继续观察这个会动的剪刀(让剪刀重复开合动作),思考一下,直线的位置发生变化时,什么也在变? 学生可能会用开口大小去描述,此时教师可以进行追问(另外,学生也可能会直接回答"角"发生了变化,此处需要教师灵活把握). **追问 1**　可以用什么来描述开口大小呢? 学生可以自然地想到用角来描述. **追问 2**　一共形成几个角(小于平角)? 教师引导学生通过观察发现,同一平面内的两条直线相交,会形成 4 个小于平角的角,并表示,两条直线相交的位置关系就是由相交所成的 4 个小于平角的角决定的,这 4 个角的位置关系以及数量关系就是要研究的相交线的性质.
合作交流探索性质	**问题 7**　观察前面自己画的相交线(为方便描述,用 ∠1,∠2,∠3,∠4 表示 4 个角),如图 8.23 所示,你能发现哪些性质(4 个角的位置关系和数量关系)? 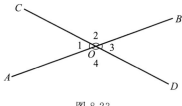 图 8.23 教师应依据学生的反应,将学生引导至研究两个角之间的关系: (1) 将 4 个角两两配对后,共有几对? (2) 配对后的两个角有怎样的位置关系? **追问 1**　将这 6 对角按位置特点进行分类,可以分为几种? 为什么这么分? 可从角的组成元素,也就是角的顶点和边去考虑.师生共同归纳出邻补角和对顶角的概念,之后继续追问,以促进学生对概念的进一步理解: **追问 2**　图 8.23 中互为邻补角的角有哪几对? 互为对顶角的角又有哪几对?

<table>
<tr><td rowspan="1">合作交流 探索性质</td><td>

问题8 配对后的两个角有怎样的大小关系? 如图 8.24 所示,通过上述分类后,也就是互为邻补角、互为对顶角的两个角之间存在怎样的数量关系?(自主探究)

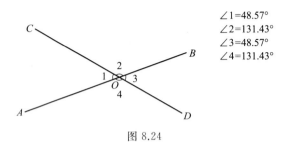

$\angle 1 = 48.57°$
$\angle 2 = 131.43°$
$\angle 3 = 48.57°$
$\angle 4 = 131.43°$

图 8.24

追问1 如何理解邻补角的邻和补?

"邻"指明了位置关系,两个角是相邻的,有一条公共边;"补"指明了数量关系,指互补,两个角相加起来为 $180°$,它们合起来恰好凑成一个平角.

追问2 互为邻补角的两个角是否互补? 互补的两个角是否互为邻补角?

接下来引导学生讨论互为对顶角的两个角满足的数量关系. 由图形,学生能直观猜想"对顶角相等",可让学生用量角器度量的方法加深感知. 再通过 GeoGebra,度量相交线所成的4个角,展示直线相交的动态变化图,通过度量验证"对顶角相等"的性质.

问题9 同学们度量角的大小时,可能会发现有时候只能得到差不多相等,在 GeoGebra 的演示中,同样是采用度量判断角度的关系. 度量值其实无法做到准确严谨,并且我们都是在具体图形中去度量的,所得结论没有一般性. 那如何用数学说理方式来说明任意两个对顶角都相等呢?

追问1 结合图形来看,能否从邻补角互补的这个数量关系来着手? 两种方法:利用邻补角概念和等量代换;利用"同角的补角相等"这个结论.

验证"对顶角相等"后,继续设问:

追问2 对顶角都相等,那是不是相等的角都是对顶角?

询问学生原因时,可让学生自己举出反例来说明问题.

</td></tr>
</table>

在"相交线的概念及性质"一课中,教师依据问题驱动,从学生的实际出发环环相扣,直逼这节课的主题,通过一系列的"问题链"紧紧抓住学生认知规律,进行适时适度的点拨,引导学生主动思考,在掌握数学知识的同时,启迪学生思维.

习 题

A 必做题

1. 数学课标中增加了哪些几何新内容? 这些新内容对学生的发展有何作用?

2. 几何教学中如何体现数学课标中的新理念?

3. 数学课标对几何教学有哪些重要作用?

4. 请用向量方法证明球面三角中的正弦定理、余弦定理.

5. 把地球看成半径为 R 的球，A,B 是北纬 α 纬线上的两点，它们的经度相差 β，求 A,B 两点之间的球面距离.

6. 一个简单多面体的各面都是三角形，且有 6 个顶点，求这个多面体的面数.

7. 已知一个十二面体共有 8 个顶点，其中两个顶点处各有 6 条棱，其他顶点处各有相同数目的棱，则其他顶点处各有几条棱？

8. 设正 $n(n=4,8,20)$ 面体的棱长为 a，求它的表面积公式.

B 选做题

9. 在处于信息时代的今天，如何重新审视初等几何的基础知识和基本技能的内涵？

10. 按照数学课标要求，应建立什么样的几何教学评价体系？

11. 为什么说学生的学习方式与教师的教学方式是相匹配的？

12. 经度和纬度分别指的是什么角？ 如何求两点之间的球面距离？

13. 在球心同侧有相距 9 cm 的两个平行截面，它们的面积分别为 49π cm^2 和 400π cm^2. 求球的表面积.

14. 设初始正三角形边长为 1，试探究科赫雪花 $(n\to\infty)$ 的面积和周长.

C 思考题

15. 现代教学方法有何显著特点？ 在几何教学法中如何体现这些特点？

16. 证明：没有棱数为 7 的多面体.

17. 已知凸多面体的各面都是四边形，求证：$F=V-2$.

18. 证明：四面体的任何两个顶点的连线都是棱，而其他凸多面体都不具有这一性质.

第八章部分习题

参考答案

第九章　与时俱进的几何课程

中国古代的数学教材是《九章算术》,西方常用的数学教材则是欧几里得的《原本》.19 世纪,欧洲主要资本主义国家进入教育普及阶段,数学课程开始脱离《原本》的框架,并出现了一些适合普通学生阅读的数学教科书.1840 年鸦片战争后,我国渐渐不再讲授中国古代数学,西方数学成为学校的主修科目;20 世纪初,中国京师大学堂的数学教科书已经按照《几何学》《代数学》《微积分学》等进行编制.不过,那时还信奉"中学为体,西学为用"的宗旨,数学教科书用的符号仍然是中国自己的一套,不准使用阿拉伯数字,和国际上不接轨.一百余年前的几何教科书和今天的几何教科书有如此之大的差别,可见几何课程改革乃是历史的必然.

§9.1　国际几何课程改革概述

在近百年的历次中小学数学课程改革中,几何课程的改革始终是一个焦点.从佩里(Perry)提出"数学教育应从欧几里得《原本》的桎梏下解放出来",到"新数学"运动的"欧几里得滚蛋",从克莱因的《埃尔兰根纲领》(在埃尔兰根大学提出的,主要观点是"一种几何学和一种群相对应"),到托姆(Thom)与迪厄多内(Dieudonné)之争,中小学的几何课程改革在风风雨雨中艰难前行.

§9.1.1　克莱因-佩里运动中的几何课程改革

1901 年,英国数学家佩里发表了"论数学教学"的著名演讲,阐述了"数学教育应该面向大众""数学教育必须重视应用"的思想,提出了改革数学教育的鲜明的主张.例如,要从欧几里得《原本》的束缚中完全解放出来;要充分重视实验几何;重视各种实际测量和近似计算;要充分利用坐标系;应多教些立体几何(含画法几何);较过去更多地利用几何学知识,等等.与此同时,著名数学家克莱因在德国也提出了相应的观点.这些观点给当时的中小学几何课程体系以强烈的冲击,由此掀起了一场波及多国的数学教育近代化运动.这场运动虽然起因于克莱因、佩里的演讲,但它却有几方面的根源:

从社会角度看,19 世纪末由于社会生产和科学技术的飞速发展,许多国家的学者都发现中小学数学教学的内容不适应时代发展的需要,不适应数学发展的需要,社会各界都产生了教育改革的强烈愿望.正如佩里所说:"我们再也没有欧几里得时代那样多的空间和时间了."

从心理角度看,作为 19 世纪课程设计理论基础的"官能心理学"受到了赫尔巴特

(Herbart)教育思想的有力挑战.赫尔巴特认为不应当把各种官能孤立起来看待,而应当把活动分成各个等级,最要紧的一点则是注意兴趣的培养,"令人厌倦是教学的最大失误".在这种观点下,以形式训练为手段、发展官能为目的的传统的欧几里得几何开始动摇.1871年,英国成立了几何教学改进协会,从那时候起,就试图用其他几何来代替欧几里得几何.

从数学角度看,早在18世纪,各国数学家就开始编写新的几何教材,其中已注意了几何与代数的结合.1872年,克莱因发表了著名的《埃尔兰根纲领》,用变换群的观点把各种几何统一起来,为几何的代数化提供了理论基础.在这种情况下,作为"孤岛"的欧几里得几何已不适应数学发展的要求.

克莱因—佩里运动由于两次世界大战的爆发被迫中断了许多有价值的实验与研究,但它对几何课程的影响是深刻的.例如,解析几何成为中学的核心课程;几何变换知识在中小学几何中得以充实,它也为后来的"新数学"运动起了先导的作用;而更主要的,它的许多观点在今天看来仍具有参考价值.

§9.1.2 "新数学"运动中的几何课程改革

"新数学"运动是20世纪最为轰轰烈烈的一场数学教育改革运动.关于这场运动的是非功过,在其后的三十余年间,始终是人们研究的一个重要课题.虽然,从整体上看,"新数学"运动以失败而告终,但它对中小学几何课程的影响至今仍在延续.

"新数学"运动出现的原因是多方面的,其中一个主要原因就是数学本身的变革,尤其是第二次世界大战后,布尔巴基(Bourbaki)学派(20世纪30年代末出现于法国的数学学派,由一群青年数学家创建,借用布尔巴基为集体的笔名,发表数学论文和有关数学基础问题的专著)的兴起,使数学抽象化、公理化、结构化的程度越来越高,并使得古典几何被排除在现代数学之外.布尔巴基在《数学史初步》中明确指出:"大家都同意在数学的发展中古典几何的重要性是无可争议的.但是,今天对于职业数学家来说,这种智力已被耗尽了,因为在它里面不再有任何结构的问题可以在数学的其他部分得到反应".布尔巴基学派的元老,"新数学"运动的精神领袖迪厄多内更为直接地喊出了"欧几里得滚蛋"的口号,他认为"欧几里得几何是以落后于时代的方法和思维方式所堆砌的一堆遗物""对现代的数学工作者来说,只不过像供消遣的魔方和国际象棋一样".因此,作为一门科学来说,欧几里得几何已经死了.在这种情况下,许多数学家都竭力主张彻底改革中学数学课程,用现代数学的思想方法和语言来重建初等数学,并引进新的现代数学内容.

在"新数学"运动中,几何被并到以集合为基础的初等数学的结构中.因此,数学教育的一般目标也就是几何教育的目标.又由于几何存在特殊性,因而对几何教学提出了特殊的目标,其中最突出的是:

(1)物理空间数学化和它的直接应用.欧几里得几何是在对物理空间的具体概念

进行组织的过程中发展起来的. 学生在面对具体的对象、具体的关系、具体的变换时，可以分别形象地表示为几何的对象、几何的关系、几何的变换. 几何教学的一个重要目标，就是要为实际应用作准备. 但是，这种应用不能归结为所谓建筑学的应用或普通工匠的水平，而是研究从具体空间中所提出的问题，并将它们导入数学化、局部的演绎推理等真正的数学活动. 很显然，物理空间不能也不应该是学生数学活动过程的唯一源泉，但这个源泉的重要性不应忽视.

（2）学习当代数学基本结构和对几何直觉加以提炼. 这是几何教学的一个新的重要目标. 过去一百余年的数学史揭示了几何可以为研究代数结构和某种空间的拓扑结构服务，仿射空间和向量空间是重要的结构，它们可以通过几何的途径得到. 某些重要的代数和拓扑结构的开头部分也可以在几何的结构内以自然的方式组织起来. 如果以这样的设想讲授几何，既能发展和提炼学生的直觉，又能发展他们的更加形式化的思维方法. 几何教育的重要目标之一就是抽象出结构并且加以应用.

（3）学习数学形式推理. 过去，欧几里得几何被认为是中学里科学严谨的逻辑演绎方法的唯一模型. 现在，欧几里得几何虽已丧失了这种特权地位，但是，甚至连那些反对欧几里得几何的整体或完全公理化的人都认为，几何仍应把启发学生的数学逻辑思维作为基本目标. 几何教学必然要对学生进行一定的思维训练，而学习数学形式推理，有利于对演绎推理的深入理解.

综上可知，"新数学"运动并没有改变传统几何教学的基本目标，它要改变的是实现这些目标的途径：在传统几何教学中是离开其他数学领域，孤立地学习几何事实，并且逐个地证明定理；而在"新数学"运动中，除了要求学生学会如何证明、提高推理能力和空间想象能力外，还要求把几何与其他数学分支统一起来，通过运用线性代数、群论和变换等现代数学工具对几何进行更一般的系统阐述. 应该说，"新数学"运动的这些出发点无疑是正确的，但良好的愿望不等于成功的实践.

§9.1.3　"回到基础"运动中的几何课程改革

由于"新数学"运动的失败，人们开始反思现代化运动的教训，从而又提出了"回到基础"的口号，并在第四届国际数学教育大会（1980 年）上得到了认可. 与"新数学"运动的轰轰烈烈成鲜明对比的是，"回到基础"几乎是悄无声息地进行的，既没有统一的纲领，也没有统一的行动. 它的出发点是希望重新引起对基本技能的重视. 但是，令人遗憾的是，"回到基础"不但没有提高教学水平，反而使几何教学回落到历史的最低谷.

调查结果显示：

"在美国全体中学生里，47%不学几何；6%学几何但中途退出；37%学习'不加证明'的几何；11%学证明但根本不会证明；9%只会一般的证明；7%取得中等水平的成功；13%能顺利地完成证明"（美国，1982）；

"在 20 年内，几何正从数学课程中消失，有些欧几里得定理在比先前较少严格的形式下幸存下来了,但是'现代'几何看起来更像代数.学生们能够'普遍地直接地把握现实空间的各个要素',已是很久以前的事了"(英国,1986);

"我们正在广泛地目睹几何教学的一个普遍的衰退"(法国,1986);

"欧几里得从学校中消失了!在一次调查中,初中一年级和二年级学生不知道欧几里得.82名初三学生只有一个人说得出欧几里得的事情.要知道,数学课本中有一页介绍,他们本来应该知道的"(日本,1988);

"在新数学运动之前,几何已经呈现衰退趋势,此后讲授的几何就更少了.定理的证明不再作为要求——回到基础的运动并没有使被取消的几何得以恢复"(新加坡,1986).

几何教学的这种"普遍衰退"并不能完全归咎于"新数学"运动的急功近利和"回到基础"的矫枉过正,实际上,还有其他一些重要的原因:

(1)从20世纪60年代开始,一方面新的数学内容加入中小学课程,如概率论、离散数学、统计等,另一方面数学课程的总课时在减少,几何在中学课程中的核心地位受到猛烈冲击.

(2)20世纪80年代以来,数学课程在总体上逐渐回到了传统的内容,并把重点放在问题情景和问题解决上;但是回到传统的欧几里得几何的工作却未成功,其原因是传统的几何课程把几何看成一种已经完成的、终结性的数学活动.

(3)学生人数飞速增长,原先仅为少数人设置的几何课程已经不适合现代教育的要求.同时,师资的质量与教学要求差距较大,作为研究领域的几何与作为教学任务的几何之间的距离在加大,至今尚未构建一座连接两者的理想桥梁.

这里,值得一提的是,在国际几何教学出现普遍衰落的同时,仍有少数国家的几何教学保持着较高的水平.其中,具有代表性的国家是苏联和中国.苏联在柯尔莫哥洛夫(Kolmogorov)几何课程受到越来越多的批评之后,从1983年开始改用由波戈列洛夫(Pogorelov)编著的几何教科书,1985年又公布了新的教学大纲,并编写了新的教材.此教材在基本恢复欧几里得几何的特征的同时,也吸取了教改实验中的一些成功之处,使中学的几何教学提升到了较高的水平.

§9.1.4 20世纪90年代以来的几何课程改革

20世纪90年代以来,几何课程及其教学仍然受到人们的极大关注:1996年的国际数学教育大会上,几何教学成了普遍的话题;各种数学教育专业期刊和论著中,有关几何课程改革的讨论方兴未艾;世界各国颁发的数学课程标准重新确认了几何的重要地位;国际数学教育委员会在1998年出版的有关几何教育的专辑中也明确提出了复兴几何教学的口号.从国际数学教育界对几何课程改革的反思来看,几何课程改革出现了新的变化:

(1)几何课程的地位有了新的界定.在制定中等教育阶段一般教育目的的前提下,明确数学教育的地位和功能,进而确定几何课程在数学教育中所分担的任务,使它与一般教育目的、数学教育功能成为一个有机整体.

（2）几何课程的价值呈现多元化. 几何学内容丰富多彩：作为各种数学结构的模型；作为现代公理化思想的典范；作为培养思维能力的有效途径；作为不同水平的创造活动的源泉；作为把握宇宙空间的一种工具；作为理解现实世界的一种手段，等等. 几何课程价值的多元化，既是它的一个突出的优点，也是历来争论的一大热点. 因此，如何做到二者之间的互相协调融合，就成为几何课程改革的重中之重.

（3）几何课程的内容必须取舍. 几何课程的价值呈现多元化，几何课程的内容必然具有多样性：从观察几何、实验几何，到欧几里得几何；从变换几何、向量几何到以线性代数、群论为基础的现代几何. 应该说，每一种几何都有其自身的特点和内容，都有其广泛的应用与独特的价值. 因此几何课程改革必然面临着如何取舍几何内容的问题.

（4）几何课程的实施凸显针对性. 从几何课程的价值来看，每一种价值都有其鲜明的特质；从几何课程的内容来看，不同的内容都存在着明显的特点；从几何课程的实施对象来看，不同的对象具有不同的兴趣与需求. 因此，几何课程改革成功与否的一个关键问题，就是如何协调好它们之间的关系，从而实现针对性，提高实效性.

§9.2 国内几何课程改革现状

深化几何课程改革，既要研究改革的历程，又要分析改革的现状，从研究改革的历程中吸取有益的经验教训，寻求改革途径；从分析改革的现状中发现问题，探索解决问题的对策.

§9.2.1 国内几何课程改革历程

由于社会经济和科学技术发展的需要，国内几何课程经历了多次变革，几何教材随之不断编写与修订.

1952 年，我国各地中学普遍采用原东北人民政府教育部编译的苏联中学数学课本，其中包括平面几何和立体几何. 这套教科书的特点是比较严谨，注重公理化体系，但习题、例题较少，技巧性问题较少.

1953 年，人民教育出版社以苏联中学数学课本为蓝本，编写出第二套全国通用平面几何和立体几何教材.

1958 年，国内掀起了一轮教育革命，在赶超世界先进国家科技教育的口号下，轰轰烈烈地对"旧教育"开始了"破坏"和"批判". 对几何课程采取了取消主义，把迪厄多内的"欧几里得滚蛋"奉为至理名言. 用画法几何代替几何学教学，以强调理论联系实际为名大搞实用主义. 在批判欧几里得几何教材内容陈腐落后、烦琐重复下，认为公理法是"束缚人们思想的羁绊、空洞无物的抽象化教条."直到 1961 年，教育部才颁布了"中学工作50条",拟订了教学大纲,提出了"中学仍需教代数、几何(平面、立体)、平面三角、平面解析几何的基本知识."

1962年,人民教育出版社在总结中学数学教学经验的基础上,从我国的实际情况出发,陆续编写出新的全日制十二年制的中学数学教材,其中有平面几何、立体几何和平面解析几何.在初中几何中增加了三角初步知识,并增加了平面解析几何的一些内容,加强了形、数结合的数学教育.但从体系上来说,几何教材并没有多大的变化.

1977年我国制定了《全日制十年制学校中学数学教学大纲》(试行草案),并据此大纲编写了全国通用教材,提出了数学教育内容现代化问题.在这套教材中,将代数、几何、三角融合为一体,统称为《数学》.由于该大纲和该教材难以适应全国教育水平极不平衡的状况,于是从1980年底起,又把混合编写的初中数学教材按代数、几何分科编写,其内容没有大的变化.

1982年下半年开始修改初中的几何课本,把有关解析几何的内容全部删掉,移到高中平面解析几何课本里.

1988年,根据实施义务教育、提高公民素质的要求,国家颁布了《九年义务教育全日制初级中学数学教学大纲》,组织编写了相应的实验教材.在初中,除了主要讲授平面几何有关内容外,适当增加了空间几何的一些知识,将学科名称从"平面几何"改为"几何".随后,国家颁布了《全日制普通高级中学数学教学大纲》和组织编写相应的实验教材,增加了向量的内容,开始了应用向量来处理立体几何问题的改革试验.

§9.2.2 新一轮几何课程改革的特点

为遵循"培养创新精神和实践能力,满足每个学生终身发展的需要,培养学生终身学习的愿望和能力"的教育总目标,并适应国际数学课程改革呈现出"大众数学的兴起""关注学生的个别差异""注意数学的应用""提倡计算器和计算机的应用""关注学生的参与活动,尤其是探究活动""注重课程设置的灵活性和统一性"以及"评价走向多元化与多样性"等新的趋势,我国中小学数学课程的改革势在必行.

2001年教育部颁布的《全日制义务教育数学课程标准(实验稿)》预示着新一轮数学课程改革的开启.《普通高中数学课程标准(实验)》《义务教育数学课程标准(2011年版)》《普通高中数学课程标准(2017年版)》《义务教育数学课程标准(2022年版)》等数学课程改革的纲领性文件的陆续颁布,体现了数学课程改革的逐步深化.多个版本的课程标准对几何课程的目标、内容、实施以及评价等都提出了明确的要求,呈现出几个显著特点:

(1)几何课程目标与时俱进.

1950年的数学教学大纲规定四大教学目标之一是:形数知识——以讲授数量计算、空间形式及其相互关系的普通知识为主.

1963年的数学教学大纲规定:使学生牢固地掌握代数、平面几何、立体几何、三角和平面解析几何的基础知识,培养学生正确而且迅速的计算能力,逻辑推理能力和空间想象能力,以适应参加生产劳动和进一步学习的需要.

1986 年的数学教学大纲规定:使学生学好从事社会主义现代化建设和进一步学习科学技术所必需的数学基础知识和基本技能,培养学生的运算能力,逻辑推理能力和空间想象能力,以逐步形成运用数学知识来分析和解决实际问题的能力.

2001 年颁布的课程标准中明确指出,义务教育阶段几何课程的主要目标是使学生更好地理解赖以生存的空间,发展学生的空间观念和几何直觉,培养一定的逻辑推理论证能力和推理能力.

课程标准强调:通过几何课程的学习,应使学生在观察物体、认识方向、制作模型、图案设计、实验操作等各种活动中更好地理解人类赖以生存的空间,理解和认识现实世界,探索图形性质的过程,培养和发展学生的几何直观、空间观念;通过对基本图形的基本性质进行必要的论证训练,使学生理解证明的意义,体会证明的思想,发展推理意识、推理能力,包括逻辑推理能力、合情推理能力和论证意识.

(2) 几何教学规律得以探索.

课程标准认为成功的几何教学应该是从学生的生活经验和已有的知识背景出发,向学生提供充分的数学活动和数学交流的机会,帮助他们在自主探索的过程中真正理解和掌握基本的数学知识和技能、基本的数学思想和方法,同时获得广泛的数学活动经验. 对学生而言,几何的学习内容应当是现实的、有趣的、富有挑战性的. 这些内容应当有利于学生主动地运用测量、计算、实际操作、图形变换、代数化以及简单推算等手段从事观察、实验、猜测、验证、推理与交流等数学活动,以利于学生自觉地解释和处理一些简单的几何问题.

课程标准主张呈现几何教学内容应采取不同的表达方式,以满足多样化的学习需求. 空间与图形应该是使学生在空间观念、合情推理和演绎论证、定量思维等方面获得发展的重要素材. 观察、操作、测量、实验、猜想、设计、欣赏、推理和论证的训练以及合作学习探索性活动等,都应该成为几何教与学的重要形式.

(3) 几何学习视野逐步拓宽.

课程标准将义务教育阶段的几何内容冠以"图形与几何"的名称,旨在更加突出这部分内容的主要特点,进一步明确其核心目标,将几何学习的视野拓广到学生生活的空间,强调空间与图形知识的现实背景. 第一学段(1—3 年级)使学生开始接触丰富多彩的几何世界;第二学段(4—6 年级)要求学生在生活情景中了解一些简单几何体和图形的基本特征,进一步学习图形变换、物体位置确定的方法,例如,图 9.1 中每个小方格为 1 个平方单位,试估计曲线所围部分的面积;第三学段(7—9 年级)既要认识基

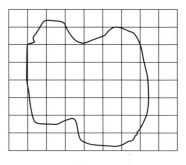

图 9.1

本图形,又要对某些性质进行证明,还要利用物体的影子对中心投影、平行投影问题进行探讨. 几何教材不仅涉及生活背景之下的图案设计、物体的相似图形的放大和缩小等一系列问题,而且还简介了科赫雪花曲线、默比乌斯(Möbius)带等十分有趣同时又能反映现代几何发展基本思想的内容.

几何教材不仅为学生提供了确定物体位置的不同方法,而且还通过适当的方式使学生感受几何的文化价值,体验空间与图形取材于现实、应用于现实的事实,逐步建立"图形与几何"和自然与社会以及人类生活密不可分的联系. 比如,在直角坐标系下,图 9.2(a)中的图案"A"经过变换分别变成图 9.2(b)—(d)中的相应图案(虚线为原图案),写出图 9.2(b)—(d)中各顶点的坐标,探索每次变换前后图案发生的变化、研究对应点的坐标之间的关系. 在高中阶段,球面几何、欧拉公式与闭曲面分类等作为选修内容出现在几何课程之中. 在此阶段,球面几何被视为"在理论上是一个与欧几里得几何不同的几何模型,是一个重要的非欧几里得几何的数学模型";欧拉公式与闭曲面分类则让学生感受初等几何与现代数学的一个重要分支——拓扑学之间的密切关系.

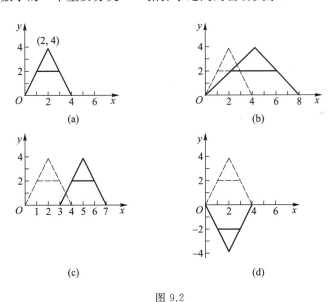

图 9.2

(4) 几何学习方式不断改变.

课程标准认为,理解数学首先要观察数学现象. 这里的观察不只是用眼睛去看,更主要的是根据切身感受去体会和内化数学,其本质就是"做数学". 没有做,学生就不可能有真正的理解. 有效的几何学习活动不能单纯地依赖模仿与记忆,动手实践、自主探索与合作交流都是学生学习几何内容的重要形式. 义务教育阶段的相当一部分时间在学习直观几何、实验几何. 与演绎几何相比,直观几何、实验几何更贴近学生的现实生活和日常经验,更有利于把几何学习变成一种有趣的、充满想象和富有推理的活动. 义务教育阶段的学生认识几何是从空间到平面再到空间的过程,其学习内容不能仅仅局限于二维的平面图形. 高中阶段也同样遵循从整体到局部的学习过程,比如立体几何的学习就是从对空间几何体的整体入手,再以长方体为载体,直观认识局部的空间点、线、面. 利用学习内容的可选择性,即必修内容(立体几何初步、平面解析几何初步等)与选修内容(空间向量与立体几何等)的有机结合,确保不同的学生通过直观感知、操作确认、思辨论证、度量计算等学习方式,在直观想象、逻辑推理等能力上获得不同的发展.

（5）几何内容结构有所变化.

义务教育阶段,改变了以欧几里得《原本》中的公理体系为主线,以"线段、角;相交、平行;三角形;四边形;相似形;解直角三角形;圆"为章节呈现几何内容的结构方式,而以图形的认识、图形与变换、图形与坐标、图形与论证的四条线索将其自然展开,遵循学生的认知特点,螺旋式上升,分学段层层推进. 整个内容围绕图形而展开,以培养空间观念、几何直觉、推理能力以及更好地认识与把握我们生存的现实空间为目标,使学生既理解和掌握一些必要的几何事实,又经历和体验几何活动的探索交流过程,形成几何学习的积极情感和态度. 与以往的几何教材采取"公理、定义—定理、性质—例题—习题"的结构形式不同,当前几何课程则以"问题情景—建立模型—解释、应用与拓展、反思"的基本模式展现几何内容,让学生经历数学化和再创造的过程.

高中阶段,为了增进学生对几何本质的理解,培养学生对几何学习的兴趣,改变了以往从局部到整体的内容结构,采取了从整体和局部展开几何内容的方式;改变了以往单一的内容结构,采取了分层的内容编排,比如,立体几何在必修课程中主要呈现几何图形的性质及其简单的推理、发现和论证,进一步的论证和度量则放在了选修课程中用向量进行讨论.

（6）几何学习评价发生变化.

以前,几何学习的评价方式单一,评价内容侧重于形式化的演绎证明. 现在,对几何学习的评价既关注学生几何学习的结果,也关注他们的几何学习过程;既关注学生几何学习的水平,也关注他们在几何学习中所表现出的情感态度;既重视对观察、动手操作等活动过程及由此探索出的结果的评价,考查学生的抽象能力和思维水平,又在评价过程中强调考查学生对几何概念和基本几何事实的理解程度,对基本作图技能、表达与交流技能的掌握程度;既强调多角度、多层次评价学生的自主探索意识,又注意学生的个性差异,关注学生的自我评价;既着重评价学生对证明意义的理解,对基本证明方法、技能的掌握;又注重对几何图形的性质、几何量的计算等具体结果的评价.

（7）几何证明方式发生改变.

新一轮数学课程改革对逻辑证明的要求并非局限于几何课程,而是贯穿于整个初等数学课程之中. 因而,教材对几何证明的处理有了较大的改变.

几何证明不再追求证明的难度、技巧和速度,而是要使学生养成"推理合乎逻辑,论证有根有据"的科学态度、尊重客观事实的精神,理解证明的必要性和重要性,体会证明的数学思想,掌握证明的基本方法.教学内容删去了过于繁难的几何证明题,降低了论证过程的形式化和证明技巧的要求;强调了几何证明内容的选材应具有现实背景,把以往几何中偏重于演绎推理的"证明",调整为合情推理与演绎推理相结合的"证明",使其几何证明成为"通过观察、实验、归纳、类比等获得数学猜想,并进一步寻求证据、给出依据或举出反例"的过程.

§9.3　几何课程改革问题争鸣

"百花齐放,百家争鸣"是发展科学文化的基本方针.新一轮几何课程改革开始后,以中国科学院院士领衔的一批数学家和广大的数学教育工作者参与若干问题的争鸣之中,使得本次的争鸣更为引人注目,也更为尖锐和激烈.虽然此次争鸣的问题形形色色、覆盖面很广,比如几何课程的容量和顺序问题,公理的组织问题,理论的深度问题以及不同地区、不同民族几何课程的特色问题,等等,但是,较为典型的问题只有两个.

§9.3.1　欧几里得几何是否过时

新一轮几何课程改革削弱了一些欧几里得几何中的"经典"内容(例如梯形的中位线定理等),加强了一些与生活实际紧密联系的内容(例如三视图等),由此引发"欧几里得几何是否过时"的争论.

一些专家学者认为,在中学里"欧几里得平面几何必须要讲,必须要教",其理由是:

(1)欧几里得几何有鲜明的几何直观与严谨精确的语言,这种几何直观与语言,对现代数学的发展是不可缺少的,对学生的训练是用其他方法难以得到的.

(2)欧几里得几何的内容虽然古老,但它研究的内容仍是基本图形的性质,具有广泛的应用价值,它所研究的对象是学生日常生活中经常接触的图形,如相交线、平行线、角、三角形、多边形、圆.结合图形直观学习几何,能为中学生所接受.

(3)欧几里得几何虽然在公理体系上并不完善,但作为研究数学公理化是有其科学及历史价值的.

(4)欧几里得几何有利于培养学生的数学思维能力.通过平面几何这门课的教学,帮助学生学会初步的逻辑方法,掌握、运用公理化方法和推理论证方法,既能培养学生良好的学风和作风,又对学生未来的发展具有重要的意义.

另一些专家学者却认为,欧几里得几何在几何课程中占主导地位的状况应该改变,其理由是:

(1)欧几里得几何体系在逻辑上有许多缺点,如公理的不完备性,易于导致推理基础的不巩固.

（2）在现代数学中，古典几何已经没有独立存在的必要，它的一些内容已经过时，它对数学的发展已起不了重要作用.

（3）在现代数学中，虽然几何语言和几何直觉还有生命力，但不一定取材于欧几里得几何的古老内容，作为数学教育的几何也不一定限于欧几里得几何的内容.

还有一些专家学者认为，虽然上述两方都有各自的道理，但都不应该走向极端. 我们的工作应该放在对欧几里得几何体系的"调整"与"改进"中，而不是简单、武断的"全盘肯定"或者"全盘否定". 正如美籍华裔数学家项武义教授在 2005 年的中国数学会数学教育工作委员会扩大会议上所说的："现在我们要初中孩子也要懂得欧几里得几何，要不要呢？ 要. 能不能完全按照欧几里得的办法教呢？ 不可以. 所以要想办法对欧几里得几何做出更深刻，更返璞归真的理解，然后把它教得简朴精当，务必能够把它精简合一，这个是否有可能呢？ 是有可能的."

§9.3.2　几何课程中的"证明"应该如何要求

新一轮几何课程改革，削弱了几何证明的教学内容，一度将"证明"改为了"说理"，一些专家学者（尤其是一些数学家）对此意见很大. 他们认为"证明"这种思想方法原本是人类文明进程中产生的科学、简明的"说理"方式，同时也是数学中最为重要的一种思想方法. 将几何中的"证明"舍弃不用，数学教育的独特思维训练价值又能体现在何处？ 数学的特点、数学的思维方式、数学的精神能使人们养成严谨的科学态度和习惯. 让学生自主探索、观察、实验、猜测、验证是好的，但绝不能代替数学上的严格证明. 数学与物理、化学、生物等以实验为基础的学科的最大区别就在于数学证明的逻辑严谨性. 数学经历了几千年的漫长发展历程，绝不能将欧几里得几何与"陈旧落后"画等号. 许多一线教师提出，因为"说理"没有确定的标准，教师难以把握，学生更不知道如何才能说得清楚，所以"说理"仍应为"证明".

另一些专家学者却主张"淡化几何中的证明""将证明改为'说理'". 他们认为这样做能够降低形式化要求，学生更容易掌握，避免由于几何"证明"的高要求所导致畏学、厌学的情绪大面积出现. 他们还认为数学中的证明不局限于几何，代数也有证明，这样可以让学生拓展对数学证明的理解.

还有一些专家学者认为，几何中的逻辑证明与非逻辑证明对于学生而言同样重要. 例如，我们在数学教学中应该重视非逻辑证明的教学；适当降低和减少逻辑演绎在数学教学中的地位与时段，加强实验、猜测、类比、归纳等合情推理在数学教学中的地位与作用. 但是，无论逻辑证明或非逻辑证明，都需要合理选择学生能够接受的. 强调一种、排斥另一种证明方法都会妨碍学生对数学的认识与理解.

引发上述争鸣的原因有很多，其中最为根本的原因是几何本身的多样性.

首先，几何的多样性反映在其特征上，其中包括作为空间科学的几何；作为概念和过程的直观表示的几何；作为数学理论与数学模型源泉结合点的几何；作为思维和理解的一种途径的几何;作为演绎推理教学范例的几何;作为应用的工具的几何等.

其次,几何的多样性反映在它的活动方式上.几何活动一般涉及三种认知过程:视觉、构造、推理,每一种过程通常又涉及多个方面.从视觉上看,有维度上的不同,结构上的差异,背景上的区分,位置上的变化;从构造上看,有实验性的操作、直观的构造、概念的形成、理论的构建;从推理上看,包括直觉的推理,归纳的推理,非严格的自然推理,严谨的逻辑演绎推理.正因为如此,几何既可以作为不同水平的创造活动的源泉,也可以成为训练各种推理能力的场所;既可以作为日常生活中所必需的基础知识,也可以成为解决各种问题的工具.几何的多样性还反映在几何问题处理的途径上.从认知过程看有操作的、直觉的、演绎的或者分析的几何;从课程结构上看,有静止的与动态的几何;从课程形式上看,又可以分为实验几何、欧几里得几何、仿射几何、解析几何、拓扑几何、非欧几里得几何等.

由于几何学科的多样性,几何教育价值呈现多元化:

(1) 学习几何有利于形成科学世界观和理性精神;

(2) 学习几何有助于培养良好的思维习惯;

(3) 学习几何有助于发展演绎推理和逻辑思维能力;

(4) 几何是一种理解、描述和联系现实空间的工具;

(5) 几何能为各种水平的创造活动提供丰富的素材;

(6) 几何可以作为各种抽象数学结构的模型.

不同的教育价值,产生不同的几何课程,形成不同的教育教学观点,引发诸多问题的争鸣.例如,以前的几何课程侧重于上述的(3)(6),因而强调几何证明的教学;新一轮的几何课程改革侧重于上述的(4)(5),从而淡化了几何证明,由此产生了一系列的争鸣问题.历史和现实的事实都表明,在科学文化的众多领域中,争鸣是客观存在的.因此,我们可以肯定地说,几何课程改革问题的争鸣将在科学文化的争鸣声中与时俱进.

§9.4　几种几何课程教材简介

早在 20 世纪中期,一些国家的专家学者就针对欧几里得几何体系存在的缺陷,对其进行了必要的改进,编写了新的教材.

苏联的柯尔莫哥洛夫主编的中学几何教材,就对欧几里得几何在体系上做了大量的改进,在内容上做了仔细的精选,它是数学教育现代化中的一个创举.该教材将十年制的4—10年级的几何教学分为三个阶段:第一阶段(4—5年级)以直观的方法建立几何基本概念,作图及可操作的变换先于归纳证明,培养学生由实验观察中得到结论并能给予明确的逻辑表达能力;第二阶段(6—8年级)明确规定基本假设(公理)构成的平面几何体系,逐步提出一些不加证明的命题,导入向量及与制图有关的立体几何初步知识;第三阶段(9—10 年级)讲授系统的立体几何、空间坐标和向量,并由标量与向量的结合而统一这些概念.

1968 年日本在"数学教育现代化"中,对欧几里得几何内容做了大量删减,初中一年级讲"基本图形""移动与作图""平面图形的性质";初中二年级讲"三角形""四边形""相似形"等;初中三年级讲"圆与球""图形的运动与变形""图形的变形"等,这些内容都是利用图形的拓扑性质讲述的. 1981 年日本实施了"新数学"的改革,取消了"集合与逻辑"的部分,并把大量直观几何内容下放到小学教材中,减轻中学生几何学习的负担. 在中学则通过操作理解图形性质并计算面积和体积,测量图形;以平行线性质为基础,考察基本平面图形的性质;理解数学推理的意义和学习数学推理的方法;考察圆和直线、两圆间及圆的性质.

事实上,国内外的历次几何课程改革都或多或少地对欧几里得几何体系进行了一些改造,由此诞生了不同编写体系的几何课程教材. 这些教材既是历次几何课程改革的"忠实见证者",又对今后的几何课程改革和编写新的几何教材有其积极的借鉴意义. 这里,我们仅就采用向量方法、面积方法以及变换群方法来组织编写的中学几何教材作一简介.

§9.4.1　用向量方法组织编写的几何教材

用向量计算代替欧几里得平面几何中有些过于复杂的演绎推理,这不仅是一种解题方法的变革,更重要的是研究平面几何的观点的变革. 这种变革,已逐渐成为几何教材改革的一种流派. 项武义教授所编的试验教材就是这一流派的产物.

我们知道,几何学要研究"空间图形"的各种性质,而空间最原始、最基本的概念是位置,空间就是宇宙中所有位置的总体. 在几何中,用"点"表示一个位置. 一个点从某一位置移至另一位置,所经过的路线是这个点运动的轨迹,它不仅有移动的距离(大小),还有移动的方向.

点和直线是平面几何的最基本的对象元素,点 P 由位置 A 移到 A',其最短路径是连接 A 和 A' 的线段. 向量 $\overrightarrow{AA'}$ 也表示了点 P 从 A 到 A' 的位移距离. 用向量法计算,使平面几何研究从演绎推理的定性层次(自然也有定量内容),向代数计算的定量层次发展,有时还可避免用演绎方法所带来的某些麻烦.

由于向量法和传统演绎推理法在研究平面图形时观点不同,所以对同样一组平面几何定理,所作的逻辑推理的路线也就存在较大区别. 下面就两直线平行、两三角形相似及"三角形两边之和大于第三边"定理的向量方法处理为例加以说明.

1. 平行和相似

(1) a,b 平行,则有 $a = kb$. 这里 k 为不等于零的常数.

(2) 相似三角形定理:两个三角形 $\triangle ABC$ 和 $\triangle A'B'C'$,若三个角对应相等,则其三条边应成比例,即

$$\frac{|\overrightarrow{A'B'}|}{|\overrightarrow{AB}|} = \frac{|\overrightarrow{B'C'}|}{|\overrightarrow{BC}|} = \frac{|\overrightarrow{C'A'}|}{|\overrightarrow{CA}|} = k \quad (k \text{ 为不等零的常数}).$$

相似三角形定理的逆定理:如两个三角形中两边成比例,其夹角相等,则这两个三角形相似.

下面我们用向量法对相似三角形定理的逆定理作证明.

如图 9.3 所示,已知 $\dfrac{|\boldsymbol{a}|}{|\boldsymbol{a}'|} = \dfrac{|\boldsymbol{b}|}{|\boldsymbol{b}'|} = k$,且 $\boldsymbol{a}, \boldsymbol{b}$ 夹角 $\langle \boldsymbol{a}, \boldsymbol{b} \rangle = \theta$,可推得

$$\begin{aligned}
|\boldsymbol{c}|^2 &= |\boldsymbol{a}|^2 + |\boldsymbol{b}|^2 - 2|\boldsymbol{a}||\boldsymbol{b}|\cos\theta \\
&= k^2|\boldsymbol{a}'|^2 + k^2|\boldsymbol{b}'|^2 - 2k^2|\boldsymbol{a}'||\boldsymbol{b}'|\cos\theta \\
&= k^2|\boldsymbol{c}'|^2.
\end{aligned}$$

又

$$\cos\varphi = \frac{|\boldsymbol{a}|^2 + |\boldsymbol{c}|^2 - |\boldsymbol{b}|^2}{2\boldsymbol{a} \cdot \boldsymbol{c}} = \frac{|\boldsymbol{a}'|^2 + |\boldsymbol{c}'|^2 - |\boldsymbol{b}'|^2}{2\boldsymbol{a}' \cdot \boldsymbol{c}'} = \cos\varphi',$$

且 $0 < \varphi < \pi, 0 < \varphi' < \pi$,所以 $\varphi = \varphi'$.

同理可证另一对对应角也相等,故证明了逆定理.

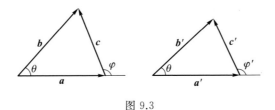

图 9.3

2. 平面几何最基本的不等量:三角形两边之和大于第三边

证明　设 $\triangle ABC$ 中,$\overrightarrow{AB} = \boldsymbol{a}, \overrightarrow{BC} = \boldsymbol{b}, \overrightarrow{AC} = \boldsymbol{c}$,则 $\boldsymbol{c} = \boldsymbol{a} + \boldsymbol{b}$. 因

$$\begin{aligned}
|\boldsymbol{a} + \boldsymbol{b}|^2 &= |\boldsymbol{a} + \boldsymbol{b}| \cdot |\boldsymbol{a} + \boldsymbol{b}| \\
&= \boldsymbol{a} \cdot \boldsymbol{a} + \boldsymbol{b} \cdot \boldsymbol{a} + \boldsymbol{a} \cdot \boldsymbol{b} + \boldsymbol{b} \cdot \boldsymbol{b} \\
&= |\boldsymbol{a}|^2 + |\boldsymbol{b}|^2 + 2|\boldsymbol{a}||\boldsymbol{b}|\cos\langle \boldsymbol{a} \cdot \boldsymbol{b} \rangle \\
&\leqslant |\boldsymbol{a}|^2 + |\boldsymbol{b}|^2 + 2|\boldsymbol{a}||\boldsymbol{b}| \\
&= (|\boldsymbol{a}| + |\boldsymbol{b}|)^2,
\end{aligned}$$

故 $|\boldsymbol{a} + \boldsymbol{b}| \leqslant |\boldsymbol{a}| + |\boldsymbol{b}|$,即 $|\boldsymbol{c}| \leqslant |\boldsymbol{a}| + |\boldsymbol{b}|$.

这里等号只有当 $\boldsymbol{a}$ 和 $\boldsymbol{b}$ 同向平行时成立.

§9.4.2　用面积方法组织编写的几何教材

几何学的产生,源于人们对土地面积测量的需要,而且面积很早就成为人们认识几何图形性质和证明几何定理的工具. 例如,著名的勾股定理,目前已有多种证明方法,但大多数是用面积知识证明的. 我国汉末三国初的数学家赵爽就在注《周髀算经》

中,利用"弦图"对勾股定理附了一个"勾股方圆图注",他说"勾股各自乘,并之为弦实,开方除之即弦". 如图 9.4 所示,设 a 为勾,b 为股,c 为弦,不难看出

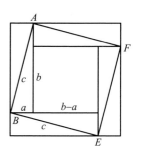

$$4 \cdot \frac{1}{2}ab + (b-a)^2 = c^2,$$

化简,则得 $a^2 + b^2 = c^2$. 因此,面积方法已经成为平面几何证明中的常用方法.

图 9.4

我国学者张景中教授在此方面做了大量的、卓有成效的工作,并在一些中学几何教材中予以呈现.

张景中教授利用矩形面积公式 $S = ab$,推算如图 9.5(a)所示的面积:

$$S = 2 \times 3 \times 1 \quad (1 \text{ 是单位正方形面积}).$$

如果把图 9.5(a)的直角变成某一个角 α,矩形变成了有一个夹角为 α 的平行四边形(图 9.5(b)),其面积为

$$S = 2 \cdot 3 \cdot S_{\text{菱形}} \quad (S_{\text{菱形}} \text{ 是有一个角为 } \alpha \text{、边长为 1 的菱形面积}).$$

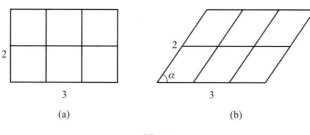

(a)   (b)

图 9.5

将边长为 1、一个内角为 α 的菱形面积记为 $\sin\alpha$,叫做 α 的面积系数(或 α 的"正弦",这里 $0° < \alpha \leqslant 180°$). 由此,可以定义平行四边形面积公式:若平行四边形有一个内角为 α,夹此角的两边为 a,b,则平行四边形面积为 $S_{\text{平行四边形}} = ab\sin\alpha$.

把平行四边形用对角线分成两个三角形,立即可得

$$S_{\text{三角形}} = \frac{1}{2}S_{\text{平行四边形}} = \frac{1}{2}ab\sin\alpha.$$

张景中教授把这个公式看成"几何城市的交通中心"——几何知识体系的核心,从这里可以"达到"各个基本定理.

比如,若四边形 $ABCD$ 的对角线 AC 与 BD 的夹角为 α,则其面积为

$$S_{\text{四边形}ABCD} = \frac{1}{2}AC \cdot BD \cdot \sin\alpha.$$

证明 (1) 若 $ABCD$ 为凸四边形(图 9.6(a)),对角线把它分成四块,则

$$S_{\text{四边形}ABCD} = \frac{1}{2}[ad\sin\alpha + bc\sin\alpha + ab\sin(180° - \alpha) +$$

$$cd\sin(180° - \alpha)\,\big]$$

$$= \frac{1}{2}\big[ad + bc + ab + cd\big]\sin\alpha$$

$$= \frac{1}{2}(c + a)(b + d)\sin\alpha$$

$$= \frac{1}{2}AC \cdot BD \cdot \sin\alpha.$$

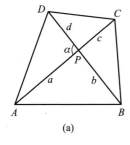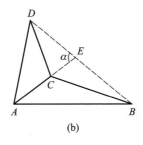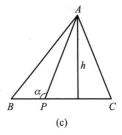

图 9.6

（2）若 $ABCD$ 为凹四边形（图 9.6(b)），同样可得

$$S = \frac{1}{2}AC \cdot BD \cdot \sin\alpha \quad （证明从略）.$$

再比如，应用上例又易得正弦定理. 事实上，如图 9.6(c) 所示，在 $\triangle ABC$ 的 BC 边上任取一点 P，AP 与 BC 的交角为 α，则得三角形面积公式

$$S_{\triangle ABC} = \frac{1}{2}AP \cdot BC \cdot \sin\alpha.$$

当 $\alpha = 90°$，$AP = h$ 时，令 $BC = a$，得 $S_{\triangle ABC} = \frac{1}{2}ah$. 由三角形面积公式

$$S_{\triangle ABC} = \frac{1}{2}bc\sin A = \frac{1}{2}ac\sin B = \frac{1}{2}ab\sin C,$$

两边同除以 $\frac{1}{2}abc$，得到正弦定理

$$\frac{\sin A}{a} = \frac{\sin B}{b} = \frac{\sin C}{c} = \frac{2S}{abc}.$$

对此有兴趣的读者，可以进一步阅读张景中教授所著的《平面几何新路》.

§9.4.3　用变换群方法组织编写的几何教材

基于变换群研究几何问题最突出的例子就是德国著名数学家克莱因的工作. 他探索了各种几何的相容性问题，着手寻求刻画各种几何特征的方法，不只是基于非度量和度量的性质，以及各种度量间的区分方法，而更要基于更加广泛的观点，即从这些几何所要完成的目标来刻画它们的特征. 克莱因在 1872 年被接纳进埃尔兰根大学教授会时的演说"关于近代几何学研究工作的比较"中,对这种刻画特征的方法作了论述. 这次演说中所表述的观点后来以《埃尔兰根纲领》之称而闻名于世,其基本观点是"每样几何都是由变换群所刻画的,并且每样几何所要做的实验就是在这个变换群下考虑其不变量."

传统的欧几里得几何教材则用公理法,即用静止的方法,通过演绎推理得到一系列的定理,用演绎推理的方法得到几何命题的解. 而用变换群观点编写的中学几何教材用的是一种运动的方法.

在用变换群方法组织编写的几何教材中,对称图形是这样定义的:"一个图形经过正交变换不变,则称这个变换为对称变换,这种图形叫做对称图形."这就告诉我们,对称图形总存在若干非恒等的对称变换,这些变换的全体和恒等变换一起构成这个图形的对称性群. 反之,如果一个图形存在一个关于这个图形的非恒等对称变换,则该图形就是对称图形. 不是对称的图形,是不可能找到非恒等的对称变换的.

更为具体的例子是,平面几何中的正多边形是对称图形,与它相对应的,便有若干个非恒等的对称变换. 以正方形 F 为例,其中心为点 O,保持正方形不变的变换只有:绕点 O 旋转 $90°,180°,270°,360°$ 以及以直线 l_1,l_2,l_3,l_4(分别为两条对角线和两组对边中点连线所在直线)为轴的反射(轴对称),因此,正方形的对称群由这 8 个元素组成. 如用 T 表示绕点 O 旋转 $90°$ 的变换,用 S 表示以直线 l_1 为轴作反射变换,利用变换的乘法,这 8 个元素构成 F 的对称群

$$G_{F_1} = \{T, T^2, T^3, T^4, S, ST, ST^2, ST^3\}.$$

正交变换(合同变换)中每种变换都可看成对图形作偶数次对称变换而得到的,即可以称为偶数次对称变换的乘积.

这里,还值得一提的是,我国新一轮几何课程改革中已渗透了"运动"的观点,在教材中已涉及几何变换的教学内容和教学要求. 尽管在教材中仅仅是渗透了变换的思想,并不是用变换群的方法组织编写教材,但这也充分体现了"变换"观点进入中学几何教材的大趋势,对培养学生辩证的观点和提高分析几何问题、运用几何知识的能力有着重要作用.

§9.5 不同版本初中数学课标教材几何编排比较

1. 我国初中数学课标教材版本统计

我国初中数学课标教材见表 9.1.

表 9.1 初中数学课标教材

序号	教材简称	出版社	所在省市	备注
1	人教版	人民教育出版社	北京	适用"六三制"
2	人教版	人民教育出版社	北京	适用"五四制"
3	北师大版	北京师范大学出版社	北京	
4	华东版	华东师范大学出版社	上海	
5	湘教版	湖南教育出版社	湖南长沙	
6	苏科版	江苏凤凰科学技术出版社	江苏南京	
7	冀教版	河北教育出版社	河北石家庄	
8	沪科版	上海科学技术出版社	上海	
9	浙教版	浙江教育出版社	浙江杭州	
10	鲁教版	山东教育出版社	山东青岛	
11	青岛版	青岛教育出版社	山东青岛	
12	沪教版	上海教育出版社	上海	
13	北京版	北京出版社	北京	

注:此表不包括香港、澳门、台湾等地区的教材.

人教版、北师大版、华东版初中数学课标教材使用区域很广,堪称主流教材.其他版本使用地区相对较少.沪科版初中数学课标教材,是为安徽 11 市量身定制的.沪教版初中数学课标教材,是为上海地区量身定制的.

湘教版初中、高中数学课标教材被台湾九章出版社看中,2010 年购买了湘教版初中数学课标教材中文繁体版权,还购买了 300 套湘教版高中数学课标教材在台湾地区销售.这是大陆中学数学教科书首次被引入台湾.台湾九章出版社创始人孙文先先生表示,湘教版教材吸引他们的主要原因是编辑队伍、教材内容等.他说:"我们非常看好这套教材,希望能让台湾师生对大陆的中学数学基础教育有一个更为直观的了解.这对两岸文化交流与合作必将起到推动作用."

2. 各版本教材部分几何章节内容的个性化处理

"图形与几何"在人教版、北师大版、华东版 3 种主流教材中章数设置分别为 13 章、16 章和 11 章.在"图形与几何"领域的平行四边形、特殊平行四边形,人教版合为一章,北师大版与华东版单列一章;轴对称、平移、旋转,人教版是轴对称、旋转单列一章,平移附在相交线平行线中,北师大版是轴对称单列一章,平移、旋转合为一章;华东版是三者合为一章.

（1）三角形

人教版课标教材将原统编教材"三角形"一章分裂,并适当充实成 4 章,分别为七年级下册"三角形",八年级上册"全等三角形""轴对称"（包括等腰三角形内容）,八年级下册"勾股定理".

北师大版"三角形"一章,包括全等三角形内容,加上"证明（一）""证明（二）"两章,完善相关内容.

湘教版将勾股定理附在"全等三角形"中.

浙教版将勾股定理涵盖于"特殊三角形"中.

青岛版将全等与相似并入一章,称为"平面图形的全等与相似".

北京版"三角形"一章,包括三角形内角和、全等三角形、勾股定理等.

（2）四边形

北师大版分成两章:八年级上册"四边形的性质探索",九年级上册"证明（三）".

华东版也分成两章:八年级上册"平行四边形的性质",八年级下册"平行四边形的判定".

浙教版仍分成两章:八年级下册"平行四边形""特殊平行四边形与梯形".

（3）圆

冀教版分成两章:九年级上册"圆（一）",九年级下册"圆（二）".

北京版也分成两章:九年级上册"圆（上）",九年级下册"圆（下）".

浙教版仍分成两章:九年级上册"圆的基本性质",九年级下册"直线与圆、圆与圆的位置关系".

3. 各版本教材安排的新章节

在几何图形方面,湘教版七年级上册第 3 章"图形欣赏与操作",包括图形欣赏、平面图形与空间图形、观察物体、图形操作.

浙教版八年级上册第 3 章"直棱柱",包括认识直棱柱、直棱柱的表面展开图、三视图、由三视图描述几何体.

泸教版六年级下册第 8 章"长方体的再认识",包括长方体的元素、长方体直观图的画法、长方体中棱与棱的位置关系、长方体中棱与平面的位置关系、长方体中平面与平面的位置关系,体现了以长方体为载体,为学习后续知识立体几何、空间坐标作铺垫.

习　　题

A 必做题

1. 简述"新数学"运动对几何课程改革的影响.

2. 我国自 20 世纪初开始的几何课程改革有何特点?

3. 对于"欧几里得几何体系是否过时"的争论,谈谈你的观点.

4. 对于"几何是一种理解、描述和联系现实空间的工具"的观点,谈谈你的理解.

B 选做题

5. 试用向量方法证明下列各题:

(1) 如图 9.7 所示,平行四边形 $ABCD$ 中,点 E,F 分别为 AD,DC 的中点,BE,BF 分别与 AC 交于 R,T 两点,你能发现 AR,RT,TC 之间的关系吗?

(2) 平面直角坐标系内有点 $P(\sin x,\cos x)$,$Q(\cos x,\sin x)$,$x\in\left[-\dfrac{\pi}{24},\dfrac{\pi}{12}\right]$,$O$ 为坐标原点,求 $\triangle OPQ$ 面积的最值.

6. 试用面积方法证明下列各题:

(1) 在四边形 $ABCD$ 中,P,Q 分别是 BC,CD 上的两点,且 $S_{\triangle BAP}=S_{\triangle DAQ}$,求证:$PQ\parallel BD$.

(2) 如图 9.8 所示,$\triangle ABC$ 中,$\angle BAC=120°$,$AB=3$,$AC=6$,求角平分线 AD 的长.

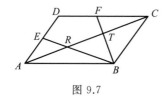

图 9.7

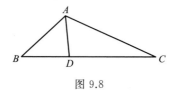

图 9.8

C 思考题

7. 现行的各个版本的义务教育数学教材都包含二维与三维图形间的转化(三视图、侧面展开图等)内容,请结合本章阐述的"新一轮几何课程改革的特点"谈谈包含此内容的利弊.

8. 综述我国几何课程改革的历程以及对其的认识.

第九章部分习题

参考答案

参 考 文 献

[1] 波利亚. 怎样解题[M]. 阎育苏,译. 北京:科学出版社,1982.

[2] 波利亚. 数学与猜想:数学中的归纳和类比[M]. 李心灿,王日爽,李志尧,译. 北京:科学出版社,2001.

[3] 波利亚. 数学与猜想:合情推理模式[M]. 李志尧,王日爽,李心灿,译. 北京:科学出版社,2001.

[4] 波利亚. 数学的发现:对解题的理解、研究和讲授[M]. 刘景麟,曹之江,邹清莲,译. 北京:科学出版社,2006.

[5] 克莱因. 古今数学思想:第一册[M]. 张理京,张锦炎,译. 上海:上海科学技术出版社,1979.

[6] 朱德祥,朱维宗. 初等几何研究[M]. 3版. 北京:高等教育出版社,2020.

[7] 梁绍鸿. 初等数学复习及研究[M]. 北京:人民教育出版社,1979.

[8] 张奠宙,宋乃庆. 中学几何研究[M]. 北京:高等教育出版社,2006.

[9] 井中,沛生. 从数学教育到教育数学[M]. 成都:四川教育出版社,1989.

[10] 鲍建生. 世纪回眸:中学几何课程的兴衰[J]. 中学数学月刊,2005,07.

[11] 鲍建生. 世纪回眸:中学几何课程的兴衰(续)[J]. 中学数学月刊,2005,08.

[12] 陈传理,张同君. 竞赛数学教程[M]. 4版. 北京:高等教育出版社,2022.

[13] 康纪权. 奥林匹克数学竞赛解谜[M]. 重庆:西南师范大学出版社,1990.

[14] 钟启泉. 国外课程改革透视[M]. 西安:陕西人民教育出版社,1993.

[15] 陈昌平. 数学教育比较研究[M]. 上海:华东师范大学出版社,1995.

[16] 邓鹏. 高等数学思想方法论[M]. 成都:四川教育出版社,2003.

[17] 鲍建生. 几何的教育价值与课程目标体系[J]. 教育研究,2000,04.

[18] 孔凡哲,刘晓玫,孙晓天.《义务教育阶段国家数学课程标准》"空间与图形"的特点[J]. 数学教育学报,2001,08.

[19] 左铨如,季素月. 初等几何研究[M]. 上海:上海科技教育出版社,1992.

[20] 康纪权,邓鹏,汤强. 初等数学研究概论[M]. 北京:科学出版社,2010.

读者意见反馈

为收集对教材的意见建议,进一步完善教材编写并做好服务工作,读者可将对本教材的意见建议通过如下渠道反馈至我社。

咨询电话　400 - 810 - 0598

反馈邮箱　hepsci@pub.hep.cn

通信地址　北京市朝阳区惠新东街 4 号富盛大厦 1 座

　　　　　高等教育出版社理科事业部

邮政编码　100029